소방설비산업기사 실기 기계 과년도 7개년

2026

초 超
격 格
자 差

황모아 · 이지원

모아북스

CONTENTS

격차를 뛀어넘어 압도적인 격차를 만들다

2025

2025.04.20

2025년 1회

3회독   월   일
2회독   월   일
1회독   월   일

점수 :

01

득점   배점   8

차고에 분말소화설비를 전역방출방식으로 설치하려고 한다. 다음 조건을 참조하여 각 물음에 답하시오.

> **조건**
>
> (1) 특정소방대상물의 크기는 가로 12 [m], 세로 15 [m], 높이 3.5 [m]인 내화구조로 되어 있다.
> (2) 특정소방대상물의 중앙에 가로 1 [m], 세로 1 [m] 기둥이 있고, 기둥을 통과하면서 가로, 세로 보가 교차되어 있으며, 보는 천장으로부터 0.6 [m], 너비 0.4 [m]의 크기이고, 보와 기둥은 내열성 재료이다.
> (3) 차고에는 6 [m²]인 개구부가 1개 설치되어 있으며, 자동폐쇄장치가 설치되어 있지 않다.
> (4) 소화약제량 산정 시 불연재료나 내열성의 재료로 밀폐된 구조물이 있는 경우에는 방호구역의 체적에서 그 구조물의 체적을 제외할 수 있다.
> (5) 소화약제 산정기준 및 기타 필요한 사항은 국가화재안전기술기준에 준한다.

가. 다음 ( ) 안을 완성하시오.

> **[보기]**
>
> 분진이 많이 날리는 곳에는 제(㉠)종 분말소화약제가 적당하며 주성분은 (㉡)이며, (㉢)으로 착색되며 일반화재에도 높은 소화효과를 나타낸다.

○ 답

　　㉠　　　　　　　　　㉡　　　　　　　　　㉢

나. 방호구역의 체적 [m³]을 구하시오.

○ 계산과정 :

○ 답 :

다. 방호구역의 체적 1 [m³]에 대한 소화약제의 양 [kg/m³]은?

○ 답 :

라. 방호구역의 개구부 1 [m²]에 대한 개구부 가산량 [kg/m²]은?

　〇 답 :

마. 필요한 분말소화약제의 저장량 [kg]을 구하시오.

　〇 계산과정 :

　〇 답 :

정답

가. ㉠ 3, ㉡ 제1인산암모늄, ㉢ 담홍색

나. 계산과정

　① 실의 체적 : 12 × 15 × 3.5 = 630 [m³]

　② 기둥 체적 : 1 × 1 × 3.5 = 3.5 [m³]

　③ 보의 체적

　　• 가로 보의 체적 : (0.6 × 0.4 × 5.5 × 2) = 2.64 [m³]

　　• 세로 보의 체적 : (0.6 × 0.4 × 7 × 2) = 3.36 [m³]

　④ 방호구역의 체적 V

　　V = 실의 체적 - 기둥 - 가로 보 - 세로 보

　　　= 630 - 3.5 - 2.64 - 3.36 = 620.5 [m³]

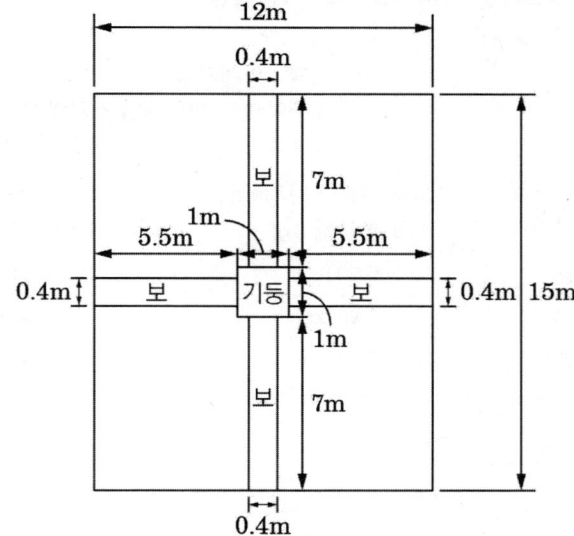

[보 및 기둥의 배치]

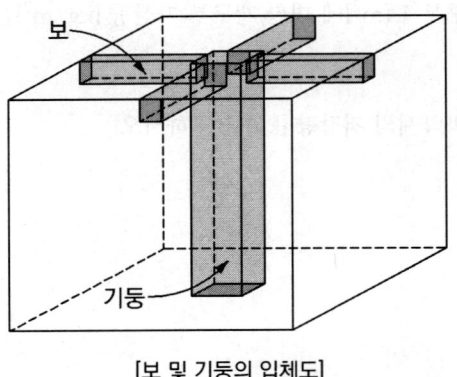

[보 및 기둥의 입체도]

답 | 620.5 [m³]

다. 0.36 [kg/m³]

라. 2.7 [kg/m²]

마. 계산과정

약제량 $W = (V \times \alpha) + (A \times \beta)$
$= (620.5\,[\text{m}^3] \times 0.36\,[\text{kg/m}^3]) + (6\,[\text{m}^2] \times 2.7\,[\text{kg/m}^2])$
$= 239.58\,[kg]$

답 | 239.58 [kg]

📌 · 핵심이론 분말소화설비 전역방출방식 약제량 산정

$W = (V \times \alpha) + (A \times \beta)$

W : 약제량 [kg], V : 방호구역의 체적 [m³]
α : 방호구역 1 [m³]에 대한 소화약제의 양 [kg/m³]
A : 개구부 면적 [m²], β : 개구부 가산량 [kg/m²]

소화약제의 종별	방호구역의 체적 1 [m³]에 대한 소화약제량 [kg]	개구부 면적 1 [m²]에 대한 소화약제량 [kg]
제1종 분말	0.60 [kg]	4.5 [kg]
제2종 · 제3종 분말	**0.36 [kg]**	**2.7 [kg]**
제4종 분말	0.24 [kg]	1.8 [kg]

02

전기실을 방호하기 위하여 할론 1301을 소화약제로 사용하였을 때 최소 저장용기 수를 구하시오. (단, 바닥면적 500 [m²], 높이 8.5 [m], 개구부에는 자동폐쇄장치가 있으며 개구부의 면적은 2 [m²]이다. 용기 1병당 약제 충전량은 50 [kg]이다)

○ 계산과정 :

○ 답 :

정답

☑ 계산과정

① 필요 약제량

$$W = (V \times \alpha) + (A \times \beta) = (500 \times 8.5)[m^3] \times 0.32[kg/m^3] = 1360[kg]$$

② 용기 수

$$용기 수 = \frac{1360[kg]}{50[kg/병]} = 27.2 ≒ 28[병]$$

답 | 28 [병]

핵심이론 할론소화설비(할론 1301) 전역방출방식 약제량 산정

$$W = (V \times \alpha) + (A \times \beta)$$

W : 약제량 [kg], V : 방호구역의 체적 [m³]

α : 방호구역 1 [m³]에 대한 소화약제의 양 [kg/m³]

A : 개구부 면적 [m²], β : 개구부 가산량 [kg/m²]

(개구부에 자동폐쇄장치 미설치 시 가산)

소방대상물 또는 그 부분	방호구역의 체적 1 [m³]당 소화약제의 양 [kg/m³] α	개구부 가산량 [kg/m²] β
• 차고·주차장·전기실·통신기기실·전산실 등 이와 유사한 전기설비가 설치되어 있는 부분 • 특수가연물(가연성 고체류, 가연성 액체류, 합성수지류)을 저장·취급하는 소방대상물 또는 그 부분	**0.32 이상** 0.64 이하	**2.4**
특수가연물(면화류, 나무껍질 및 대팻밥, 넝마 및 종이부스러기, 사류, 볏짚류, 목재가공품 및 나무부스러기)을 저장·취급하는 소방대상물 또는 그 부분	0.52 이상 0.64 이하	3.9

03

득점 | 배점 | 8

그림과 같은 옥내소화전설비를 조건에 따라 설치하려고 할 때 다음 물음에 답하시오.

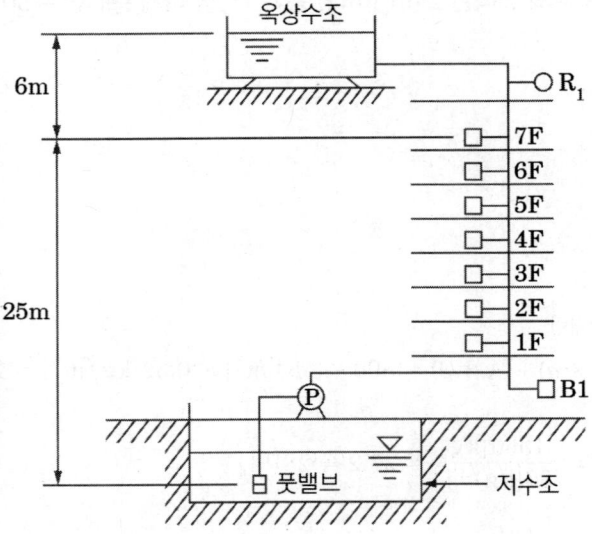

> **조건**
> (1) 풋밸브로부터 7층 옥내소화전함 호스접결구까지의 마찰손실 및 저항손실수두는 실양정의 40 [%]로 한다.
> (2) 펌프의 체적효율(η_v) = 0.95, 기계효율(η_m) = 0.9, 수력효율(η_h) = 0.85이다.
> (3) 옥내소화전의 개수는 각 층에 4개씩이 있다.
> (4) 소방호스의 마찰손실수두는 10 [m]이다.
> (5) 전동기 전달계수(K)는 1.1이다.
> (6) 그 외 사항은 국가화재안전기술기준에 준한다.

가. 펌프의 최소 토출량 [L/min]을 구하시오.

　○ 계산과정 :

　○ 답 :

나. 저수조의 최소 수원량 [m³]을 구하시오(옥상수조를 포함한다).

　○ 계산과정 :

　○ 답 :

다. 펌프의 최소 양정 [m]을 구하시오.

　○ 계산과정 :

　○ 답 :

라. 펌프의 전효율 [%]을 구하시오.

   ○ 계산과정 :

   ○ 답 :

마. 펌프의 전동기 동력(소요동력)은 몇 [kW]인지 구하시오.

   ○ 계산과정 :

   ○ 답 :

정답

가. 계산과정

   Q = 2 [개] × 130 [L/min] = 260 [L/min]

답 | 260 [L/min]

📌 핵심이론 옥내소화전설비의 펌프 토출량

층수	펌프 토출량
29층 이하	**N(최대 2개) × 130 [L/min]**
30층 이상	N(최대 5개) × 130 [L/min]

※ N : 옥내소화전의 설치개수가 가장 많은 층의 설치개수
(29층 이하 : 2개 이상 설치된 경우에는 2개,
30층 이상 : 5개 이상 설치된 경우에는 5개)

나. 계산과정

지하수조 저수량 $= 260\,[\text{L/min}] \times 20\,[\text{min}] = 5200\,[\text{L}] = 5.2\,[\text{m}^3]$

옥상수조 저수량 $= 5.2\,[\text{m}^3] \times \dfrac{1}{3} = 1.73\,[\text{m}^3]$

∴ 총 수원의 최소유효저수량 $= 5.2\,[\text{m}^3] + 1.73\,[\text{m}^3] = 6.93\,[\text{m}^3]$

답 | 6.93 [m³]

📌 핵심이론 옥내소화전설비 수원의 양(주수원)

층수	수원의 양
29층 이하	**N(최대 2개) × 130 [L/min] × 20 [min](= N × 2.6 [m³])**
30층 이상 49층 이하	N(최대 5개) × 130 [L/min] × 40 [min](= N × 5.2 [m³])
50층 이상	N(최대 5개) × 130 [L/min] × 60 [min](= N × 7.8 [m³])

※ N : 옥내소화전의 설치개수가 가장 많은 층의 설치개수
(29층 이하 : 2개 이상 설치된 경우에는 2개,
30층 이상 : 5개 이상 설치된 경우에는 5개)

다. 계산과정

① 실양정 h_1 : 25 [m]

② 배관 및 관부속품의 마찰손실수두 h_2 : 25 × 0.4 = 10 [m]

③ 소방용 호스 마찰손실수두 h_3 : 10 [m]

∴ 전양정 $H = h_1 + h_2 + h_3 + 17 = 25 + 10 + 10 + 17 = 62$ [m]

> **📌 핵심이론** **펌프의 전양정 [m]**
>
> | 전양정 $H = h_1 + h_2 + h_3 + 17$ | h_1 : 낙차(실양정) [m] |
> | --- | --- |
> | | h_2 : 배관 및 관부속품의 마찰손실수두 [m] |
> | | h_3 : 소방용 호스 마찰손실수두 [m] |
> | | 17 : 옥내소화전 최소 방수압 환산수두 [m] |
> | | (0.17 [MPa]) |
>
> ※ 호스릴옥내소화전설비 포함

답 | 62 [m]

라. 계산과정

전효율 = 체적효율 × 기계효율 × 수력효율

= 0.95 × 0.9 × 0.85 = 0.72675 = 72.68 [%]

답 | 72.68 [%]

마. 계산과정

$$소요동력\ P[kW] = \frac{\gamma[kN/m^3] \times Q[m^3/s] \times H[m]}{\eta} \times K$$

$$P = \frac{9.8[kN/m^3] \times \frac{0.26}{60}[m^3/s] \times 62[m]}{0.7268} \times 1.1 = 3.98[kW]$$

답 | 3.98 [kW]

04

경유를 저장하는 탱크의 내부 직경이 30 [m]인 플로팅루프탱크(Floating Roof Tank)에 포소화설비의 특형 방출구를 설치하여 방호하려고 할 때 다음 각 물음에 답하시오.

조건

(1) 소화약제는 3 [%]용의 단백포를 사용하며, 포수용액의 분당 방출량은 8 [L/m²·분]이고, 방사시간은 30분을 기준으로 한다.
(2) 탱크의 내면과 굽도리판의 간격은 1 [m]로 한다.

가. 탱크의 환상 부분 면적 [m²]은 얼마인가?

O 계산과정 :

O 답 :

나. 탱크의 특형 고정포방출구에 의하여 소화하는 데 필요한 수용액의 양 [L], 수원의 양 [L], 포원액의 양 [L]은 각각 얼마인가?

1) 수용액의 양 [L]

O 계산과정 :　　　　　　　　　O 답 :

2) 수원의 양 [L]

O 계산과정 :　　　　　　　　　O 답 :

3) 포원액의 양 [L]

O 계산과정 :　　　　　　　　　O 답 :

정답

가. 계산과정

$$A = \frac{\pi \times (D^2 - d^2)}{4}[\text{m}^2] = \frac{\pi \times (30^2 - 28^2)}{4}[\text{m}^2] = 91.11[\text{m}^2]$$　　답 | 91.11 [m²]

나. 계산과정

1) 수용액의 양

$Q = \text{A}[\text{m}^2] \times \text{Q}_\text{A}[\text{L/m}^2 \cdot \text{min}] \times \text{T}[\text{min}]$

$\quad = 91.11[\text{m}^2] \times 8[\text{L/m}^2 \cdot \text{min}] \times 30[\text{min}] = 21866.4[\text{L}]$　　답 | 21866.4 [L]

2) 수원의 양

$Q_1 = \text{A}[\text{m}^2] \times \text{Q}_\text{A}[\text{L/m}^2 \cdot \text{min}] \times \text{T}[\text{min}] \times (1 - \text{S})$

$\quad = 91.11[m^2] \times 8[L/m^2 \cdot \text{min}] \times 30[\text{min}] \times 0.97 = 21210.41[L]$

답 | 21210.41 [L]

3) 포원액의 양

$$Q_2 = A[m^2] \times Q_A[L/m^2 \cdot min] \times T[min] \times S$$
$$= 91.11[m^2] \times 8[L/m^2 \cdot min] \times 30[min] \times 0.03 = 655.99[L]$$

답 | 655.99 [L]

★·핵심이론 포소화약제의 저장량 – 고정포방출구방식

포소화약제 저장량 Q	=	고정포방출구에서 방출하기 위해 필요한 양 Q_1	+	보조포소화전에서 방출하기 위해 필요한 양 Q_2	+	송액관에 충전하기 위해 필요한 양 Q_3

고정포방출구방식은 다음의 양을 합한 양 이상으로 할 것

(1) 고정포방출구에서 방출하기 위하여 필요한 양

$$Q_1 = A \cdot Q_A \cdot T \cdot S$$

Q_1 : 포소화약제의 양 [L]

A : 탱크의 액표면적 [m²]

Q_A : 단위 포소화수용액의 양 [L/m² · min]

T : 방출시간 [min]

S : 포소화약제의 사용농도 [%]

(2) 보조포소화전에서 방출하기 위하여 필요한 양

$$Q_2 = N \cdot 8000 \cdot S$$

Q_2 : 포소화약제의 양 [L]

N : 호스 접결구의 수(3개 이상인 경우는 3개)

S : 포소화약제의 사용농도 [%]

(3) 가장 먼 탱크까지의 송액관에 충전하기 위하여 필요한 양(내경 75 [mm] 이하의 송액관은 제외)

$$Q_3 = V \times S \times 1000[L/m^3]$$

Q_3 : 포소화약제의 양 [L]

V : 송액관 내부의 체적 [m³]

S : 포소화약제의 사용농도 [%]

※ 송액관 : 수원으로부터 포헤드, 고정포방출구 또는 이동식 노즐에 급수하는 배관

05

| 득점 | | 배점 | 6 |

다음 도면을 참고로 하여 미완성된 부분을 완성하고 체절점, 설계점, 운전점에 대해 간단히 설명하시오.

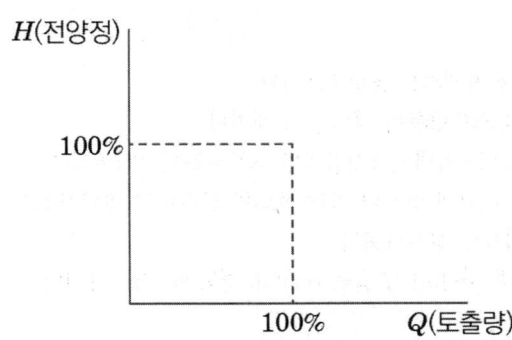

○ 답

1) 체절점 :

2) 설계점 :

3) 운전점 :

정답

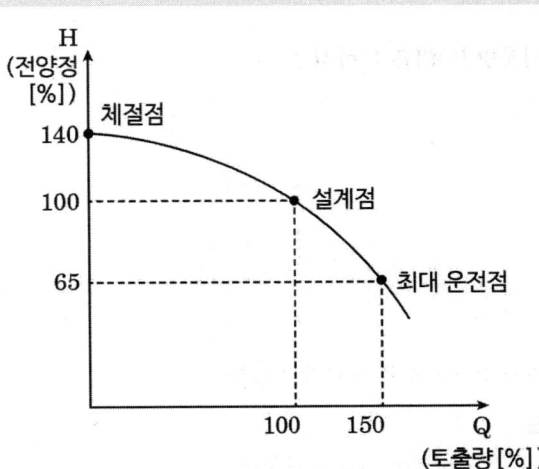

1) 체절점 : 정격토출양정의 140 [%] 이하

2) 설계점 : 정격토출양정의 100 [%] 이상

3) 운전점 : 정격토출양정의 65 [%] 이상

06

지하 2층 지상 13층의 건축물(판매시설)에 옥내소화전과 습식 스프링클러설비를 설치할 경우 조건을 참고하여 다음 각 물음에 답하시오.

> **조건**
> (1) 옥내소화전의 설치개수는 층당 6개이다.
> (2) 각 층당 설치된 스프링클러 헤드는 50개이다.
> (3) 수원과 소화펌프는 옥내소화전설비와 스프링클러설비를 겸용으로 사용한다.
> (4) 주펌프와 동등 이상의 성능이 있는 별도의 펌프로서 내연기관의 기동과 연동하여 작동되는 펌프를 설치하였다.
> (5) 펌프의 전양정은 48 [m], 효율은 60 [%], 전달계수는 1.1이다.

가. 수원의 저수량 [m³]을 구하시오. (단, 옥상수원을 설치해야 할 경우 옥상수원의 저수량을 포함하여 산정한다)

　◯ 계산과정 :

　◯ 답 :

나. 펌프의 토출량 [L/min]을 구하시오.

　◯ 계산과정 :

　◯ 답 :

다. 펌프의 전동기용량 [kW]를 구하시오.

　◯ 계산과정 :

　◯ 답 :

정답

가. 계산과정

　조건 (4)에 의해 옥상수조 설치 제외가 가능함

참고 옥상수조

(1) 옥상수조를 반드시 설치해야 하는 소화설비
　① 옥내소화전설비
　② 스프링클러설비
　③ 화재조기진압용 스프링클러설비
(2) 옥상수조 설치 제외기준
　① 지하층만 있는 건축물
　② 고가수조를 가압송수장치로 설치한 경우

③ 수원이 건축물의 최상층에 설치된 방수구(또는 헤드)보다 높은 위치에 설치된 경우

④ 건축물의 높이가 지표면으로부터 10 [m] 이하인 경우

⑤ <u>주펌프와 동등 이상의 성능이 있는 별도의 펌프로서 내연기관의 기동과 연동하여 작동되거나 비상전원을 연결하여 설치한 경우</u>

⑥ 가압수조를 가압송수장치로 설치한 경우

⑦ 학교·공장·창고시설로서 동결의 우려가 있는 장소에 있어서는 기동스위치에 보호판을 부착하여 옥내소화전함 내에 설치한 경우 [옥내소화전설비에만 해당]

① 옥내소화전 수원의 양

$$= N \times 130 \,[L/min] \times 20 \,[min] = 2 \times 2.6 \,[m^3] = 5.2 \,[m^3]$$

(옥내소화전의 설치개수는 층당 6개이므로 N : 2개)

② 스프링클러 수원의 양

$$= N \times 80 \,[L/min] \times 20 \,[min] = 30 \times 1.6 \,[m^3] = 48 \,[m^3]$$

(지하층을 제외한 층수가 11층 이상인 특정소방대상물이므로 기준개수 : 30개)

③ 수원의 양 = 옥내소화전 수원 + 스프링클러설비 수원

$$= 5.2 \,[m^3] + 48 \,[m^3] = 53.2 \,[m^3]$$

📌 핵심이론 1 옥내소화전설비 수원의 양(주수원)

층수	수원의 양
29층 이하	**N(최대 2개) × 130 [L/min] × 20 [min](= N × 2.6 [m³])**
30층 이상 49층 이하	N(최대 5개) × 130 [L/min] × 40 [min](= N × 5.2 [m³])
50층 이상	N(최대 5개) × 130 [L/min] × 60 [min](= N × 7.8 [m³])

※ N : 옥내소화전의 설치개수가 가장 많은 층의 설치개수
(29층 이하 : 2개 이상 설치된 경우에는 2개,
30층 이상 : 5개 이상 설치된 경우에는 5개)

📌 핵심이론 2 스프링클러설비 수원의 양(주수원) – 폐쇄형 스프링클러헤드의 경우

□ 수원의 양

층수	수원의 양
29층 이하	**N(기준개수) × 80 [L/min] × 20 [min](= N × 1.6 [m³])**
30층 이상 49층 이하	N(기준개수) × 80 [L/min] × 40 [min](= N × 3.2 [m³])
50층 이상	N(기준개수) × 80 [L/min] × 60 [min](= N × 4.8 [m³])

※ N : 스프링클러설비 설치장소별 스프링클러헤드의 기준개수
[스프링클러헤드의 설치개수가 가장 많은 층에 설치된 스프링클러헤드의 개수가 기준개수보다 작은 경우에는 그 설치개수를 말함]

□ 스프링클러설비 설치장소별 기준개수

스프링클러설비의 설치장소			기준개수
지하층을 제외한 층수가 10층 이하인 특정소방대상물	공장	특수가연물을 저장·취급하는 것	30
		그 밖의 것	20
	근린생활시설·판매시설· 운수시설 또는 복합건축물	판매시설 또는 복합건축물 (판매시설이 설치된 복합건축물)	30
		그 밖의 것	20
	그 밖의 것	헤드의 부착 높이가 8 [m] 이상인 것	20
		헤드의 부착 높이가 8 [m] 미만인 것	10
지하층을 제외한 층수가 11층 이상인 특정소방대상물(아파트 제외)·지하가 또는 지하역사			30
아파트등	아파트등의 각 동이 주차장으로 서로 연결되지 않은 구조인 경우		10
	아파트등의 각 동이 주차장으로 서로 연결된 구조인 경우		30
라지드롭형 스프링클러헤드를 설치한 창고시설			30

[비고] 하나의 소방대상물이 2 이상의 "스프링클러헤드의 기준개수"란에 해당하는 때에는 기준 개수가 많은 것을 기준으로 한다. 다만 각 기준개수에 해당하는 수원을 별도로 설치하는 경우에는 그렇지 않다.

※ 기준개수 : 화재발생 시 동시에 개방되는 스프링클러헤드의 개수

답 | 53.2 [m³]

나. 계산과정

① 옥내소화전 토출량

$= N \times 130[L/min] = 2 \times 130[L/min] = 260[L/min]$

② 스프링클러 토출량

$= N \times 80[L/min] = 30 \times 80[L/min] = 2400[L/min]$

③ 펌프 토출량 = 옥내소화전 토출량 + 스프링클러설비 토출량

$= 260[L/min] + 2400[L/min] = 2660[L/min]$

답 | 2660 [L/min]

다. 계산과정

$$소요동력 \ P[kW] = \frac{\gamma[kN/m^3] \times Q[m^3/s] \times H[m]}{\eta} \times K$$

$$P = \frac{9.8 \times \frac{2.66}{60} \times 48}{0.6} \times 1.1 = 38.233 ≒ 38.23[kW]$$

답 | 38.23 [kW]

07

| 득점 | | 배점 | 4 |

다음 조건을 참조하여 각 물음에 답하시오.

조건

(1) 소화수조의 수증기압은 0.0022 [MPa], 대기압은 0.1 [MPa], 흡입배관의 마찰손실수두는 1.03 [m]이다.

(2) 흡상일 때 풋밸브에서 펌프까지 수직거리는 3.78 [m]이다.

가. 펌프의 유효흡입양정($NPSH_{av}$)을 계산하시오.

○ 계산과정 :

○ 답 :

나. $NPSH_{av}$와 $NPSH_{re}$에 대하여 설명하시오.

○ 답

1) $NPSH_{av}$:

2) $NPSH_{re}$:

정답

가. 계산과정

$$\therefore NPSH_{av} = \frac{0.1 \times 10^3 [kPa]}{9.8 [kN/m^3]} - \frac{0.0022 \times 10^3 [kPa]}{9.8 [kN/m^3]} - 1.03[m] - 3.78[m] = 5.17[m]$$

참고 유효흡입양정 $NPSH_{av}$

$$NPSH_{av} = \frac{P_a}{\gamma} - \frac{P_v}{\gamma} - H_f \pm H_s [m]$$

여기서 $\frac{P_a}{\gamma}$: 흡입 수면의 대기압 환산수두 [m]

$\frac{P_v}{\gamma}$: 유체의 온도에 상당하는 포화증기압 환산수두 [m]

H_f : 흡입 측 배관의 마찰손실수두 [m]

H_s : 흡입 양정으로 흡상일 때 (-), 압입일 때(+) [m]

답 | 5.17 [m]

나. 1) $NPSH_{av}$: 펌프설비에서 얻어지는 값으로, 펌프 흡입 시 대기압에서 포화증기압, 압입 실양정 손실 등을 뺀 유효한 흡입양정이다.

2) $NPSH_{re}$: 펌프 자체가 필요로 하는 값으로, 펌프제조 시 정해지는 진공을 만드는 능력을 말한다.

핵심이론 공동현상 발생한계 조건

1. 유효흡입양정 $NPSH_{av}$(Available Net Positive Suction Head)

   펌프 기동 시 펌프 내로 유입되는 유체의 절대압력

2. 필요흡입양정 $NPSH_{re}$(Required Net Positive Suction Head)

   펌프 기동 시 공동현상을 일으키지 않기 위해 펌프가 요구하는 최소한의 흡입유체의 절대압력

3. 공동현상 발생한계 조건

공동현상 발생 안 함	$NPSH_{av} > NPSH_{re}$
공동현상 발생한계	$NPSH_{av} = NPSH_{re}$
공동현상 발생	$NPSH_{av} < NPSH_{re}$

08

득점		배점	6

바닥면적이 10 [m] × 20 [m]인 판매시설과 25 [m] × 20 [m]인 집회장에 분말소화기를 설치할 경우 각각의 장소에 필요한 분말소화기의 소화능력단위를 구하시오. (단, 두 건축물의 주요구조부가 내화구조이고, 벽 및 반자의 실내에 면하는 부분이 불연재료로 되어 있다)

가. 판매시설

　○ 계산과정 :

　○ 답 :

나. 집회장

　○ 계산과정 :

　○ 답 :

정답

가. 계산과정

$$\frac{10[m] \times 20[m]}{(100 \times 2)[m^2/단위]} = 1\,[단위]$$

답 | 1 [단위]

나. 계산과정

$$\frac{25[m] \times 20[m]}{(50 \times 2)[m^2/단위]} = 5\,[단위]$$

답 | 5 [단위]

참고 | 특정소방대상물별 소화기구의 능력단위기준

특정소방대상물	소화기구의 능력단위
1. 위락시설	해당 용도의 바닥면적 30 [m²]마다 능력단위 1단위 이상
2. 공연장, **집회장**, 관람장, 문화재, 장례식장 및 의료시설	해당 용도의 바닥면적 50 [m²]마다 능력단위 1단위 이상
3. 근린생활시설, **판매시설**, 운수시설, 숙박시설, 노유자시설, 전시장, 공동주택, 업무시설, 방송통신시설, 공장, 창고시설, 항공기 및 자동차 관련 시설 및 관광휴게시설	해당 용도의 바닥면적 100 [m²]마다 능력단위 1단위 이상
4. 그 밖의 것	해당 용도의 바닥면적 200 [m²]마다 능력단위 1단위 이상

[비고] 소화기구의 능력단위를 산출함에 있어서 **주요구조부가 내화구조**이고, **벽 및 반자의 실내에 면하는 부분이 불연재료·준불연재료 또는 난연재료로 된 특정대상물**에 있어서는 **위 표의 바닥면적의 2배**를 해당 특정소방대상물의 기준면적으로 한다.

09

득점		배점	5

다음 보기는 분말소화설비에 관한 내용이다. ㉠ ~ ㉤까지 알맞은 답을 작성하시오.

[보기]

• 동관을 사용하는 경우의 배관은 고정압력 또는 최고사용압력의 (㉠)배 이상의 압력에 견딜 수 있는 것을 사용할 것

• 강관을 사용하는 경우의 배관은 아연도금에 따른 배관용 탄소강관(KS D 3507)이나 이와 동등 이상의 강도·내식성 및 내열성을 가진 것으로 할 것. 다만 축압식 분말소화설비에 사용하는 것 중 20 [℃]에서 압력이 (㉡) [MPa] 이상 (㉢) [MPa] 이하인 것은 압력배관용 탄소강관(KS D 3562) 중 이음이 없는 스케줄 (㉣) 이상의 것 또는 이와 동등 이상의 강도를 가진 것으로서 아연도금으로 방식 처리된 것을 사용해야 한다.

• 전역방출방식의 분말소화설비를 설치한 특정소방대상물 또는 그 부분에 대하여는 다음의 기준에 따라 (㉤)를 설치해야 한다.

○ 답

㉠   ㉡   ㉢   ㉣   ㉤

정답

㉠ 1.5, ㉡ 2.5, ㉢ 4.2, ㉣ 40, ㉤ 자동폐쇄장치

10

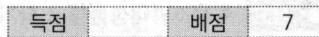

그림과 같은 방호대상물에 국소방출방식으로 이산화탄소소화설비(고압식)를 설치하고자 한다. 다음 각 물음에 답하시오. (단, 방호대상물 주변에 설치된 고정벽은 없다)

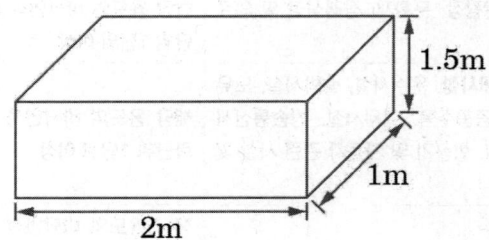

가. 방호공간의 체적 [m³]을 구하시오.
  O 계산과정 :
  O 답 :

나. 소화약제의 저장량 [kg]을 구하시오.
  O 계산과정 :
  O 답 :

다. 하나의 분사헤드에 대한 방출량 [kg/s]을 구하시오. (단, 분사헤드는 4개이다)
  O 계산과정 :
  O 답 :

정답

★ 핵심이론 | 이산화탄소소화설비 국소방출방식 약제량 산정

$$W[kg] = V[m^3] \times \left(8 - 6\frac{a}{A}\right)[kg/m^3] \times h(\text{할증계수})$$

W : 약제량 [kg]

V : 방호공간의 체적 [m³]

(방호대상물의 각 부분으로부터 0.6 [m]의 거리에 따라 둘러싸인 공간)

a : 방호대상물 주위에 설치된 벽면적의 합계 [m²]

A : 방호공간의 벽면적의 합계 [m²]

(벽이 없는 경우 : 벽이 있는 것으로 가정한 당해 부분의 면적)

h : 할증계수(고압식 : 1.4, 저압식 : 1.1)

가. 계산과정

V = (2 + 0.6 + 0.6) × (1 + 0.6 + 0.6) × (1.5 + 0.6) = 14.78 [m³]

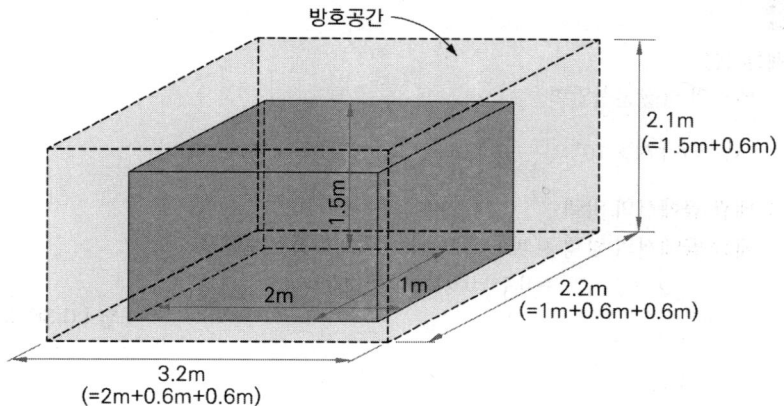

답 | 14.78 [m³]

나. 계산과정

① a : 0 [m²]

② A : (3.2 × 2.1 × 2) + (2.1 × 2.2 × 2) = 22.68 [m²]

$$\therefore \ W = 14.78[\text{m}^3] \times \left(8 - 6 \times \frac{0}{22.68}\right)[\text{kg/m}^3] \times 1.4 = 165.54[\text{kg}]$$

답 | 165.54 [kg]

다. 계산과정

$$하나의\ 분사헤드에\ 대한\ 방출량 \ = \frac{165.54[\text{kg}]}{30[\text{s}] \times 4[개]} = 1.38[\text{kg/s}]$$

답 | 1.38 [kg/s]

11

득점		배점	6

배관 내경이 40 [mm]이고 배관길이가 10 [m]인 배관에 유량이 300 [L/min]이다. 관의 조도는 120이고 배관입구의 압력이 0.4 [MPa]일 때 배관 끝에서의 압력 [MPa]은 얼마인가? (단, 하젠–윌리엄스의 식 $\triangle P_m[MPa/m] = 6.053 \times 10^4$ $\times \dfrac{Q^2}{C^2 \times D^5}$ 을 이용하라. 여기서 Q : 유량 [L/min], C : 조도, D : 직경 [mm]이다)

O 계산과정 :

O 답 :

정답

✓ 계산과정

① 배관의 마찰손실압력

$$\triangle P = 6.174 \times 10^4 \times \frac{300^2}{120^2 \times 40^5} \times 10 = 0.037 \fallingdotseq 0.04 [MPa]$$

② 배관 끝에서의 압력

배관 끝에서의 압력 = 배관 입구의 압력 – 마찰손실압력

$$= 0.4 - 0.04 = 0.36 [MPa]$$

답 | 0.36 [MPa]

12

| 득점 | | 배점 | 7 |

소화활동설비의 화재안전기술기준에 대한 다음 (   ) 안에 알맞은 말을 써넣으시오.

가. 연결살수설비의 배관설치기준

> • 개방형 헤드를 사용하는 연결살수설비의 수평주행배관은 헤드를 향하여 상향으로 (①) 이상의 기울기로 설치하고 주배관 중 낮은 부분에는 (②)를 「연결살수설비의 화재안전기술기준(NFTC 503)」의 2.1.3.3의 기준에 따라 설치해야 한다.
> • 교차배관은 가지배관과 수평으로 설치하거나 또는 가지배관 밑에 설치하고, 최소구경이 (③) [mm] 이상이 되도록 할 것

O 답

　　①　　　　　　　　②　　　　　　　　③

나. 연소방지설비의 방수헤드의 설치기준

> • 방수헤드 간의 수평거리는 연소방지설비 전용헤드의 경우에는 (①) [m] 이하, 스프링클러헤드의 경우에는 (②) [m] 이하로 할 것
> • 소방대원의 출입이 가능한 환기구·작업구마다 지하구의 양쪽 방향으로 살수헤드를 설정하되, 한쪽 방향의 살수구역의 길이는 (③) [m] 이상으로 할 것. 다만 환기구 사이의 간격이 (④) [m]를 초과할 경우에는 (④) [m] 이내마다 살수구역을 설정하되, 지하구의 구조를 고려하여 방화벽을 설치한 경우에는 그렇지 않다.

O 답

　　①　　　　　　　②　　　　　　　③　　　　　　　④

정답

가. ① $\frac{1}{100}$, ② 자동배수밸브, ③ 40

나. ① 2, ② 1.5, ③ 3, ④ 700

13

득점 | 배점 | 6

㉮실을 급기 가압하여 옥외와의 압력차가 50 [Pa]이 유지되도록 하려고 한다. 다음 항목을 구하시오.

조건

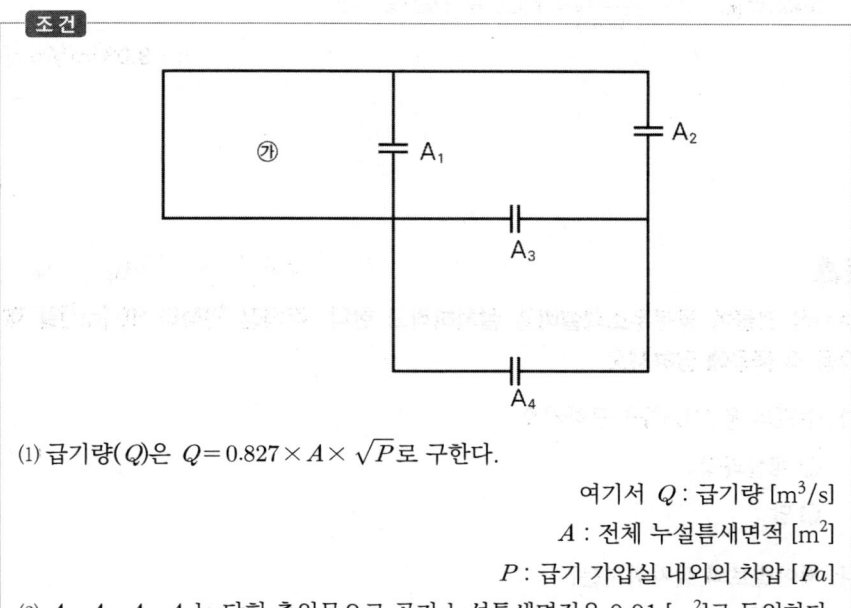

(1) 급기량(Q)은 $Q = 0.827 \times A \times \sqrt{P}$로 구한다.

여기서 Q : 급기량 [m³/s]

A : 전체 누설틈새면적 [m²]

P : 급기 가압실 내외의 차압 [Pa]

(2) A_1, A_2, A_3, A_4는 닫힌 출입문으로 공기 누설틈새면적은 0.01 [m²]로 동일하다.

가. 전체 누설면적 A [m²]를 구하시오. (단, 소수점 아래 여섯째자리에서 반올림 하여 소수점 아래 다섯째자리까지 구하시오)

　○ 계산과정 :

　○ 답 :

나. 급기량 [m³/min]을 구하시오.

　○ 계산과정 :

　○ 답 :

정답

가. 계산과정

직렬 $A_3 \sim A_4 = \dfrac{1}{\sqrt{\dfrac{1}{0.01^2} + \dfrac{1}{0.01^2}}} = 0.00707[m^2]$

병렬 $A_2 \sim A_4 = 0.01 + 0.00707 = 0.01707[m^2]$

직렬 $A_1 \sim A_4 = \dfrac{1}{\sqrt{\dfrac{1}{0.01^2} + \dfrac{1}{0.01707^2}}} = 0.008628 ≒ 0.00863[m^3]$

답 | 0.00863 [m²]

나. 계산과정

$Q = 0.827 \times 0.00863 \times \sqrt{50} = 0.050466 ≒ 0.05047[m^3/s]$

$0.05047[m^3/s] \times \dfrac{60[s]}{1[\text{min}]} = 3.028 ≒ 3.03[m^3/\text{min}]$

답 | 3.03 [m³/min]

14

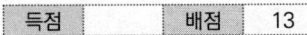

주차장 건물에 물분무소화설비를 설치하려고 한다. 주차장 면적이 80 [m²]일 때 다음 각 물음에 답하시오.

가. 수원의 용량 [m³]을 구하시오.

○ 계산과정 :

○ 답 :

나. 제어밸브의 설치위치는?

○ 답 :

다. 물분무소화설비와 펌프를 겸용으로 사용할 수 있는 설비를 쓰시오.

○ 답 :

라. 물분무소화설비의 소화효과 3가지만 쓰시오.

○ 답 :

정답

가. 계산과정

[물분무소화설비 토출량/수원량 산정]

소방대상물	수원량 산정방법	비고
특수가연물을 저장·취급하는 특정소방대상물 또는 그 부분	A [m²] × 10 [L/min · m²] × 20 [min] 이상 (A : 바닥면적)	최대 방수구역의 바닥면적을 기준으로 함 50 [m²] 이하인 경우에는 50 [m²]
절연유 봉입 변압기	A [m²] × 10 [L/min · m²] × 20 [min] (A : 바닥부분을 제외한 표면적을 합한 면적)	-
컨베이어벨트 등	A [m²] × 10 [L/min · m²] × 20 [min] (A : 벨트 부분의 바닥면적)	-
케이블 트레이, 케이블 덕트 등	A [m²] × 12 [L/min · m²] × 20 [min] (A : 투영된 바닥면적)	-
차고 · 주차장	A [m²] × 20 [L/min · m²] × 20 [min] (A : 바닥면적)	최대 방수구역의 바닥면적을 기준으로 함 50 [m²] 이하인 경우에는 50 [m²]

$$Q = A[m^2] \times 20[L/\min \cdot m^2] \times 20[\min]$$
$$= 80[m^2] \times 20[L/\min \cdot m^2] \times 20[\min] = 32000[L] = 32[m^3]$$

답 | 32 [m³]

나. 제어밸브는 바닥으로부터 0.8 [m] 이상 1.5 [m] 이하의 위치에 설치할 것

다. 옥내소화전설비 · 스프링클러설비 · 간이스프링클러설비 · 화재조기진압용 스프링클러설비 · 포소화설비 및 옥외소화전설비

라. 냉각효과, 질식효과, 유화효과, 희석효과

15

임펠러의 회전속도가 1770 [rpm]일 때 토출량은 4000 [L/min], 양정은 50 [m], 직경은 150 [mm]인 원심펌프가 있다. 이를 1170 [rpm]으로 회전수를 변경하고 직경을 200 [mm]로 바꾸었을 때 그 토출량 [L/min]과 양정 [m]은 각각 얼마가 되는지 구하시오.

가. 토출량 [L/min]

　　O 계산과정 :

　　O 답 :

나. 토출양정 [m]

　　O 계산과정 :

　　O 답 :

정답

핵심이론 펌프의 상사법칙

서로 다른 치수의 펌프를 비교(상사)했을 때

(1) 유량 $[m^3/s]$ 　$Q_2 = \left(\dfrac{N_2}{N_1}\right)^1 \times \left(\dfrac{D_2}{D_1}\right)^3 \times Q_1$

(2) 양정(압력) [m] 　$H_2 = \left(\dfrac{N_2}{N_1}\right)^2 \times \left(\dfrac{D_2}{D_1}\right)^2 \times H_1$

(3) 동력 [kW] 　$L_2 = \left(\dfrac{N_2}{N_1}\right)^3 \times \left(\dfrac{D_2}{D_1}\right)^5 \times L_1$

가. 계산과정

$$Q_2 = \left(\frac{N_2}{N_1}\right)^1 \times \left(\frac{D_2}{D_1}\right)^3 \times Q_1 = \left(\frac{1170}{1770}\right) \times \left(\frac{200}{150}\right)^3 \times 4000 = 6267.42 \,[\text{L/min}]$$

답 | 6267.42 [L/min]

나. 계산과정

$$H_2 = \left(\frac{N_2}{N_1}\right)^2 \times \left(\frac{D_2}{D_1}\right)^2 \times H_1 = \left(\frac{1170}{1770}\right)^2 \times \left(\frac{200}{150}\right)^2 \times 50 = 38.84 \,[\text{m}]$$

답 | 38.84 [m]

16

득점		배점	4

소화용수설비를 설치하는 지하 2층, 지상 3층의 특정소방대상물에 대한 연면적이 35000 [m²]이고, 지상 1층과 2층의 바닥면적의 합이 7500 [m²]일 때, 소화수조의 최소 저수량 [m³]을 구하시오.

○ 계산과정 :

○ 답 :

정답

☑ 계산과정

① 기준면적

지상 1층 및 2층의 바닥면적의 합계(7500 [m²])가 15000 [m²] 미만이드로

기준면적 = 12500 [m²]

② 저수량

$$\frac{연면적}{기준면적} = \frac{35000\,[m^2]}{12500\,[m^2]} = 2.8\,(소수점\ 이하\ 절상)\ ≒\ 3$$

$$∴\ 소화수조의\ 저수량 = 3 \times 20\,[m^3] = 60\,[m^3]$$

답 | 60 [m³]

✦ 핵심이론 소화수조 또는 저수조의 저수량

소화수조 또는 저수조의 저수량은 소방대상물의 연면적을 기준면적으로 나누어 얻은 수(소수점 이하의 수는 1로 본다)에 20 [m³]을 곱한 양 이상이 되도록 해야 한다.

[소방대상물별 기준면적]

소방대상물의 구분	기준면적
1. 1층 및 2층의 바닥면적의 합계가 15000 [m²] 이상인 소방대상물	7500 [m²]
2. 제1호에 해당하지 않는 그 밖의 소방대상물	12500 [m²]

소화수조 저수량 $[m^3]$

$$= \frac{소방대상물의\ 연면적\,[m^2]}{기준면적\,[m^2]} (소수점\ 이하\ 절상) \times 20\,[m^3]$$

2025.07.19

2025년 2회

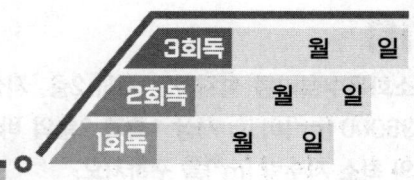

3회독	월	일
2회독	월	일
1회독	월	일

점수 :

01

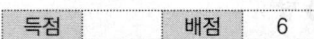

득점 | 배점 | 6

아래 그림과 같은 루프(Loop)배관에 직접 연결된 스프링클러헤드에서 물이 방수되고 있다. 화살표 방향으로 흐르는 Q_1 [L/min], Q_2 [L/min]를 산출하시오.

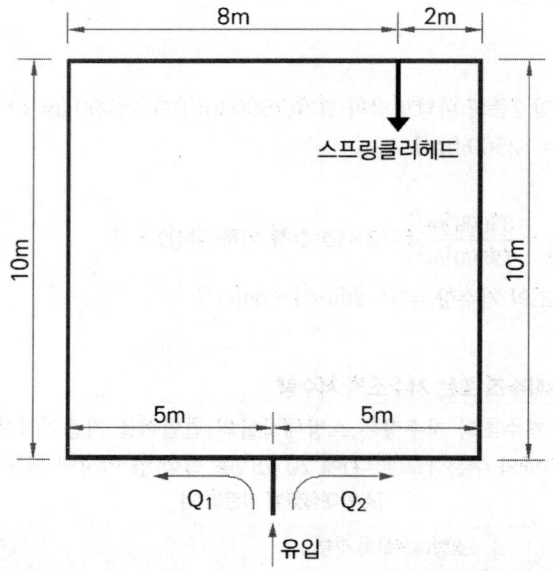

조건

(1) 배관 마찰손실은 하젠 - 윌리엄공식을 사용하되 계산 편의상 다음과 같다고 가정한다.

$$\Delta P_m = \frac{6 \times 10^4 \times Q^2}{100^2 \times d^5}$$

단, ΔP_m : 배관 1 [m]당 마찰손실압력 [MPa]

Q : 유량 $[L/min]$, d : 배관의 내경 [mm]

(2) 루프 배관의 호칭구경은 모두 같다.

(3) 헤드 선단의 방수압 및 방사량은 화재안전기술기준상 최소 방수압 및 최소 방사량으로 한다.

(4) 90°엘보의 등가길이는 1개당 1 [m]로 하고, 주어지지 않은 기타 조건은 고려하지 않는다.

○ 계산과정 :   ○ 답 :

정답

☑ 계산과정

$Q_1 + Q_2 = 80[L/\min]$ ·· (1)식

$\Delta P_1 = \Delta P_2$ ·· (2)식

$\Delta P_1 = \dfrac{6 \times 10^4 \times Q_1^2}{100^2 \times d^5} \times L_1$

$\Delta P_2 = \dfrac{6 \times 10^4 \times Q_2^2}{100^2 \times d^5} \times L_2$

여기서 L_1 = 직관길이 + 관부속품의 상당길이

$\qquad = (5 + 10 + 8) + \boxed{(1 + 1)}$

$\qquad = 25[m]$ $\longrightarrow$ 90°엘보 2개

$\qquad L_2$ = 직관길이 + 관부속품의 상당길이

$\qquad = (5 + 10 + 2) + \boxed{(1 + 1)}$

$\qquad = 19[m]$ $\longrightarrow$ 90°엘보 2개

$\Delta P_1 = \Delta P_2$이므로

$\dfrac{6 \times 10^4 \times Q_1^2}{100^2 \times d^5} \times 25 = \dfrac{6 \times 10^4 \times Q_2^2}{100^2 \times d^5} \times 19$

$\dfrac{\cancel{6 \times 10^4} \times Q_1^2}{\cancel{100^2 \times d^5}} \times 25 = \dfrac{\cancel{6 \times 10^4} \times Q_2^2}{\cancel{100^2 \times d^5}} \times 19$

$Q_1^2 \times 25 = Q_2^2 \times 19$

$Q_1^2 = \dfrac{19}{25} \times Q_2^2$

$Q_1 = \sqrt{\dfrac{19}{25}} \times Q_2$

$\therefore Q_1 = 0.872 \times Q_2$ ·································· (1)식에 대입

$80[L/\min] = Q_1 + Q_2$

$\qquad\qquad = (0.872 \times Q_2) + Q_2 = 1.872 Q_2$

$\therefore Q_2 = 42.735 \doteqdot 42.74[L/\min]$

$\therefore Q_1 = 80 - 42.74 = 37.26[L/\min]$

답 | $Q_1 = 37.26\,[L/\min]$

$Q_2 = 42.74\,[L/\min]$

02

득점		배점	5

옥내소화설비와 공업용수를 겸용으로 사용하는 저수조에서 소화용수로 유효한 수량 [m³]을 구하시오. (단, 수조의 단면적은 30 [m²]이다)

─ [범례] ─

(1) P-1 : 옥내소화전펌프
(2) P-2 : 생활공업용수펌프
(3) ■ : 풋밸브

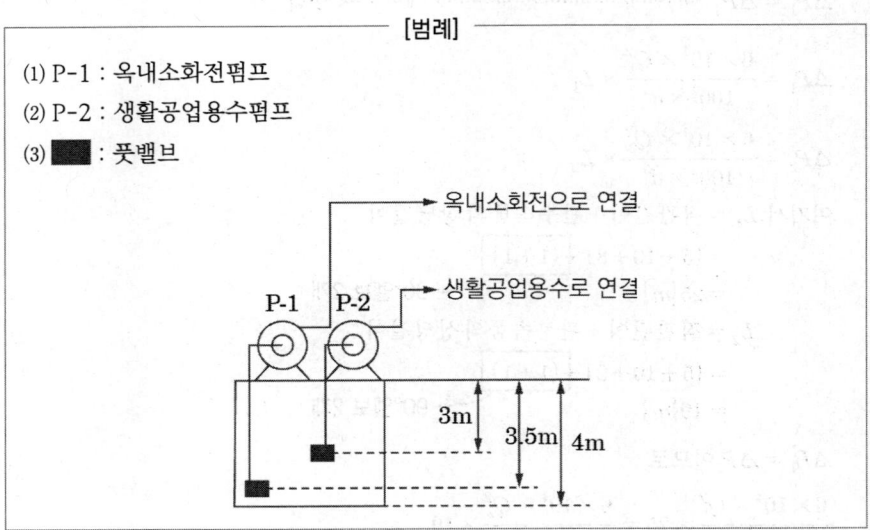

정답

$$30[\text{m}^2] \times (3.5 - 3)[\text{m}] = 15[\text{m}^3]$$

답 | 15 [m³]

참고 유효수량

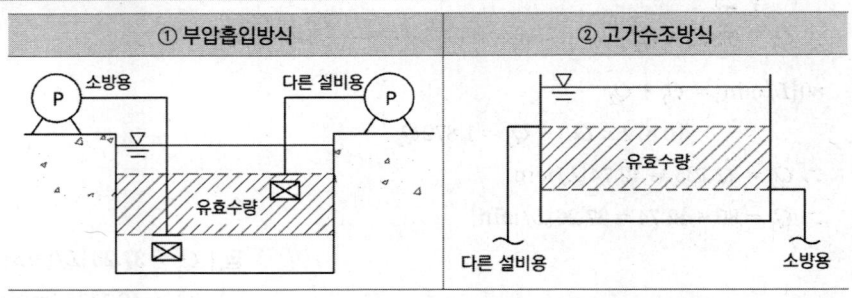

① 부압흡입방식	② 고가수조방식

03

득점   배점   12

어떤 사무소 건물의 지하층에 있는 발전기실에 전역방출방식의 이산화탄소소화설비를 설치하려고 한다. 화재안전기술기준과 주어진 조건에 의하여 다음 각 물음에 답하시오.

조건

(1) 소화설비는 고압식으로 한다.

(2) 발전기실의 크기 : 가로 5 [m] × 세로 8 [m] × 높이 4 [m]

(3) 발전기실의 개구부 크기 : 1.8 [m] × 3 [m] × 2개소(자동폐쇄장치 있음)

(4) 저장용기 내용적은 73 [L]이며, 충전비는 1.6이다.

(5) 발전기실의 화재는 표면화재로 가정한다.

(6) 개구부 가산량은 5 [kg/m²]로 한다.

가. 발전기실에 필요한 소화약제의 저장량 [kg]을 구하시오.

   ○ 계산과정 :

   ○ 답 :

나. 필요한 가스용기의 본수는 몇 본인가?

   ○ 계산과정 :

   ○ 답 :

다. 저장용기의 내압시험압력은 몇 [MPa]인가?

   ○ 답 :

라. 이산화탄소소화약제 저장용기와 선택밸브 또는 개폐밸브 사이에 설치하는 안전장치와 관련하여 다음 [보기]에서 괄호 안에 들어갈 말을 찾아 쓰시오.

[보기]

최소사용설계압력, 최대사용설계압력, 최소허용압력, 최대허용압력,
내부, 외부, 용전식, 파열판식, 중추식, 스프링식

이산화탄소소화약제 저장용기와 선택밸브 또는 개폐밸브 사이에는 배관의 (①   )과 (②   ) 사이의 압력에서 작동하는 안전장치를 설치해야 하며, 안전장치를 통하여 나온 소화가스는 전용의 배관 등을 통하여 건축물 (③   )로 배출될 수 있도록 해야 한다. 이 경우 안전장치로 (④   )을 사용해서는 안 된다.

마. 분사헤드의 방출압력은 21 [℃]에서 몇 [MPa] 이상이어야 하는가?

   ○ 답 :

정답

가. 계산과정

V = 5 × 8 × 4 = 160 [m³]

따라서 α = 0.8 [kg/m³] 이므로

W = (5 × 8 × 4) [m³] × 0.8 [kg/m³] = 128 [kg]

여기서 계산 값이 최저한도의 양 135 [kg]보다 작으므로

소화약제 저장량 W = 135 [kg]

답 | 135 [kg]

핵심이론 | 이산화탄소소화설비 전역방출방식 표면화재 약제량 산정

W = (V × α) × N + (A × β)

W : 약제량 [kg], V : 방호구역의 체적 [m³]

α : 방호구역 1 [m³]에 대한 소화약제의 양 [kg/m³]

A : 개구부 면적 [m²], β : 개구부 가산량 [kg/m²]

N : 보정계수(설계농도가 34 [%] 이상인 방호대상물의 소화약제량을 구할 때 보정계수를 곱하여 산출함)

방호구역의 체적	방호구역의 체적 1 [m³]에 대한 소화약제의 양 α	최저한도의 양	개구부 가산량 [kg/m²] β (자동폐쇄장치 미설치 시)
45 [m³] 미만	1 [kg/m³]	45 [kg](1병)	5 [kg/m²]
45 [m³] 이상 150 [m³] 미만	0.9 [kg/m³]	45 [kg](1병)	5 [kg/m²]
150 [m³] 이상 1450 [m³] 미만	0.8 [kg/m³]	135 [kg](3병)	5 [kg/m²]
1450 [m³] 이상	0.75 [kg/m³]	1125 [kg](25병)	5 [kg/m²]

나. 계산과정

한 병당 약제량 [kg] = $\dfrac{73[L]}{1.6[L/kg]}$ = 45.63 [kg]

가스용기 본수 = $\dfrac{135[kg]}{45.63[kg/병]}$ = 2.96 ≒ 3 [병]

답 | 3 [병]

다. 25 [MPa] 이상

라.

> 이산화탄소소화약제 저장용기와 선택밸브 또는 개폐밸브 사이에는 배관의 (① 최소사용설계압력)과 (② 최대허용압력) 사이의 압력에서 작동하는 안전장치를 설치해야 하며, 안전장치를 통하여 나온 소화가스는 전용의 배관 등을 통하여 건축물 (③ 외부)로 배출될 수 있도록 해야 한다. 이 경우 안전장치로 (④ 용전식)을 사용해서는 안 된다.

마. 2.1 [MPa] 이상

04

득점	배점	5

옥내소화전설비의 수원은 기준에 따라 계산하여 나온 유효수량 외에 유효수량의 3분의 1 이상을 옥상에 설치해야 한다. 다만 다음의 어느 하나에 해당하는 경우에는 그렇지 않다. 이때 괄호 안에 알맞은 내용을 쓰시오.

(1) 지하층만 있는 건축물
(2) (㉠)를 가압송수장치로 설치한 경우
(3) 수원이 건축물의 최상층에 설치된 방수구보다 (㉡) 위치에 설치된 경우
(4) 건축물의 높이가 지표면으로부터 (㉢) [m] 이하인 경우
(5) 주펌프와 동등 이상의 성능이 있는 별도의 펌프로서 (㉣)의 기동과 연동하여 작동되거나 (㉤)을 연결하여 설치한 경우
(6) 학교·공장·창고시설로서 동결의 우려가 있는 장소에 있어서는 기동스위치에 보호판을 부착하여 옥내소화전함 내에 설치하는 경우
(7) 가압수조를 가압송수장치로 설치한 경우

○ 답

　㉠　　　　　㉡　　　　　㉢　　　　　㉣　　　　　㉤

정답

㉠ 고가수조,　㉡ 높은,　㉢ 10,　㉣ 내연기관,　㉤ 비상전원

05

득점	배점	8

어떤 소방대상물에 옥외소화전 3개를 화재안전기술기준 등과 다음 [조건]을 따라 설치하려고 한다. 다음 각 물음에 답하시오.

조건

(1) 옥외소화전은 지상용 A형을 사용한다.
(2) 펌프에서 첫째 옥외소화전까지의 직관길이는 200 [m], 관의 내경은 100 [mm]이다.
(3) 모든 규격치는 최소량을 적용한다.

가. 수원의 최소 유효저수량은 몇 [m³]인가?

　○ 계산과정 :

　○ 답 :

나. 펌프의 최소 토출량[LPM]은 얼마인가?

　○ 계산과정 :　　　　　　　　　○ 답 :

다. 펌프에서 첫째 옥외소화전까지 연결된 배관 내 유속[m/s]은 얼마인가?

　○ 계산과정 :　　　　　　　　　○ 답 :

라. 펌프에서 첫 번째 옥외소화전까지 직관부분에서의 마찰손실수두[m]는 얼마인가? (Darcy Weisbach의 식을 사용하고 마찰손실계수는 0.02이다)

　○ 계산과정 :　　　　　　　　　○ 답 :

정답

☑ 계산과정

가. $Q = N \times 350[L/min] \times 20[min] = 2 \times 350 \times 20 = 14000[L] = 14[m^3]$

답 | 14 [m³]

나. $Q = N \times 350[L/min] = 2 \times 350 = 700[L/min]$　　　**답 | 700 [L/min]**

다. $Q = AV = \dfrac{\pi}{4}D^2 \times V$

$\therefore V = \dfrac{4Q}{\pi D^2} = \dfrac{4 \times \dfrac{0.7}{60}[m^3/s]}{\pi \times 0.1^2[m^2]} = 1.49[m/s]$　　　**답 | 1.49 [m/s]**

라. Darcy Weisbach방정식 : $h_L[m] = f \times \dfrac{L[m]}{D[m]} \times \dfrac{(V[m/s])^2}{2g[m/s^2]}$

$\therefore h_L = 0.02 \times \dfrac{200}{0.1} \times \dfrac{1.49^2}{2 \times 9.8} = 4.53[m]$　　　**답 | 4.53 [m]**

06

득점	배점	3

물분무소화설비를 설치하는 차고 또는 주차장에는 배수설비를 설치하여야 한다. 이 설치기준과 관련하여 (   ) 안에 들어갈 알맞은 내용을 쓰시오.

- 차량이 주차하는 장소의 적당한 곳에 높이 (㉠) [cm] 이상의 경계턱으로 배수구를 설치할 것
- 배수구에는 새어나온 기름을 모아 소화할 수 있도록 길이 (㉡) [m] 이하마다 집수관, 소화피트 등 기름분리장치를 설치할 것
- 차량이 주차하는 바닥은 배수구를 향하여 (㉢) 이상의 기울기를 유지할 것
- 배수설비는 가압송수장치의 최대송수능력의 수량을 유효하게 배수할 수 있는 크기 및 기울기로 할 것

정답

㉠ 10, ㉡ 40, ㉢ $\dfrac{2}{100}$

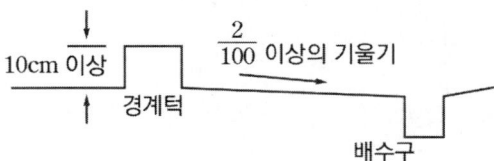

07

| 득점 | | 배점 | 6 |

지하 2층, 지상 11층의 사무소 건물에 스프링클러설비를 설계하려고 한다. 다음 조건을 참조하여 각 물음에 답하시오.

조건

(1) 건축물은 내화구조이며 기준층(1 ~ 11층)의 평면도는 다음과 같다.

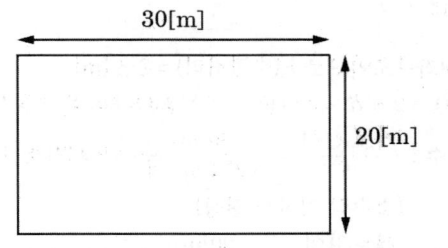

(2) 펌프의 풋밸브로부터 최상단 헤드까지의 실양정은 48 [m]이고, 배관 및 관 부속품에 대한 마찰손실수두는 12 [m]이다.

(3) 모든 규격치는 최소량을 적용한다.

(4) 펌프의 효율은 65 [%]이며, 동력전달계수는 1.1이다.

가. 지상층에 설치된 스프링클러헤드 개수는 몇 개인지 구하시오. (단, 정방형으로 배치한다)

○ 계산과정 :

○ 답 :

나. 펌프의 전양정[m]을 구하시오.

○ 계산과정 :

○ 답 :

다. 송수펌프의 전동기용량[kW]을 구하시오.

○ 계산과정 :

○ 답 :

정답

☑ 계산과정

가. 설치장소별 수평거리 R

설치장소	수평거리(R)
• 특수가연물을 저장 또는 취급하는 장소 • 무대부	1.7 [m] 이하

• 기타구조로 된 경우
• 라지드롭형 스프링클러헤드를 설치하는 창고
  (단, ① 특수가연물을 저장 또는 취급하는 창고 : 1.7 [m] 이하
       ② 내화구조로 된 창고 : 2.3 [m] 이하)
	2.1 [m] 이하

• 내화구조로 된 경우	2.3 [m] 이하
• 아파트등의 세대 내	2.6 [m] 이하

조건 (1)에 의해 내화구조이므로 R(수평거리) = 2.3 [m]

① S(헤드 간 거리) $= 2 \times R \times \cos 45° = 2 \times 2.3 \times \cos 45 = 3.253[m]$

② 가로열 헤드개수 : $\dfrac{가로길이}{S} = \dfrac{30[m]}{3.253[m/개]} = 9.222[개] ≒ 10[개]$

　　　　　　　　　(소수점 이하는 절상)

③ 세로열 헤드개수 : $\dfrac{세로길이}{S} = \dfrac{20[m]}{3.253[m/개]} = 6.148[개] ≒ 7[개]$

　　　　　　　　　(소수점 이하는 절상)

④ 지상층 1개의 층당 설치 헤드 개수 = 가로열 헤드 개수 × 세로열 헤드 개수

　　　　　　　　　　　　　　　　= 10 × 7 = 70개

⑤ 지상 1 ~ 11층까지의 헤드의 총 개수 = 70개 × 11층 = 770개

답 | 770개

나. 전양정 H

$$H = h_1 + h_2 + 10[m]$$

① h_1(실양정) $= 48[m]$, ② h_2(마찰손실) $= 12[m]$

∴ $H = h_1 + h_2 + 10m = 48 + 12 + 10 = 70[m]$

답 | 70 [m]

다. 전동기용량 P

$$동력 \ P[kW] = \frac{\gamma[kN/m^3] \times Q[m^3/s] \times H[m]}{\eta} \times K$$

보충 ▶ 스프링클러설비의 화재안전기술기준, 공동주택의 화재안전기술기준 및 창고시설의 화재안전기술기준에 명시된 내용을 반영한 표

TIP ▶ 지상층에 설치된 헤드 개수를 구해야 함을 유의한다.

여기서 토출량($Q[m^3/s]$)은

$Q = N \times 80[L/min]$

$\quad = N \times 80[L/min] = 30 \times 80[L/min] = 2400[L/min]$

따라서 펌프의 전동기용량(P)은

$$P[kW] = \frac{\gamma[kN/m^3] \times Q[m^3/s] \times H[m]}{\eta} \times K$$

$$= \frac{9.8[kN/m^3] \times \dfrac{2400}{1000 \times 60}[m^3/s] \times 70[m]}{0.65} \times 1.1 = 46.44[kW]$$

답 | 46.44 [kW]

📌 핵심이론 스프링클러설비 수원의 양(주수원) – 폐쇄형 스프링클러헤드의 경우

□ 수원의 양

층수	수원의 양
29층 이하	N(기준개수) × 80 [L/min] × 20 [min](= N × 1.6 [m³])
30층 이상 49층 이하	N(기준개수) × 80 [L/min] × 40 [min](= N × 3.2 [m³])
50층 이상	N(기준개수) × 80 [L/min] × 60 [min](= N × 4.8 [m³])

※ N : 스프링클러설비 설치장소별 스프링클러헤드의 기준개수
[스프링클러헤드의 설치개수가 가장 많은 층에 설치된 스프링클러헤드의 개수가
기준개수보다 작은 경우에는 그 설치개수를 말함]

□ 스프링클러설비 설치장소별 기준개수

스프링클러설비의 설치장소			기준개수
지하층을 제외한 층수가 10층 이하인 특정소방대상물	공장	특수가연물을 저장·취급하는 것	30
		그 밖의 것	20
	근린생활시설·판매시설·운수시설 또는 복합건축물	판매시설 또는 복합건축물 (판매시설이 설치된 복합건축물)	30
		그 밖의 것	20
	그 밖의 것	헤드의 부착 높이가 8 [m] 이상인 것	20
		헤드의 부착 높이가 8 [m] 미만인 것	10
지하층을 제외한 층수가 11층 이상인 특정소방대상물(아파트 제외)·지하가 또는 지하역사			30
아파트등	아파트등의 각 동이 주차장으로 서로 연결되지 않은 구조인 경우		10
	아파트등의 각 동이 주차장으로 서로 연결된 구조인 경우		30
라지드롭형 스프링클러헤드를 설치한 창고시설			30

[비고] 하나의 소방대상물이 2 이상의 "스프링클러헤드의 기준개수"란에 해당하는 때에는 기준
개수가 많은 것을 기준으로 한다. 다만 각 기준개수에 해당하는 수원을 별도로 설치하는
경우에는 그렇지 않다.

※ 기준개수 : 화재발생 시 동시에 개방되는 스프링클러헤드의 개수

08

득점 　　　 배점 6

다음 해당하는 칸에 ○로 표기하시오.

구분		건식	준비작동식	일제살수식
헤드의 종류	폐쇄형			
	개방형			
감지기의 설치유무	설치			
	미설치			
경보밸브 2차 측 상태 (일반적인 경우)	압축공기			
	대기압			

정답

구분		건식	준비작동식	일제살수식
헤드의 종류	폐쇄형	○	○	
	개방형			○
감지기의 설치유무	설치		○	○
	미설치	○		
경보밸브 2차 측 상태 (일반적인 경우)	압축공기	○		
	대기압		○	○

09

| 득점 | | 배점 | 5 |

길이 25 [m], 폭 4.5 [m]의 통로에 측벽형 스프링클러헤드를 설치하는 경우 설치해야 하는 헤드의 최소 수량을 계산하시오.

○ 계산과정 :

○ 답 :

정답

📌 **핵심이론** **스프링클러설비 – 측벽형 스프링클러헤드의 설치기준**

측벽형 스프링클러헤드를 설치하는 경우 긴 변의 한쪽 벽에 일렬로 설치(폭이 4.5 [m] 이상 9 [m] 이하인 실에 있어서는 긴변의 양쪽에 각각 일렬로 설치하되 마주보는 스프링클러헤드가 나란히꼴이 되도록 설치)하고 3.6 [m] 이내마다 설치할 것

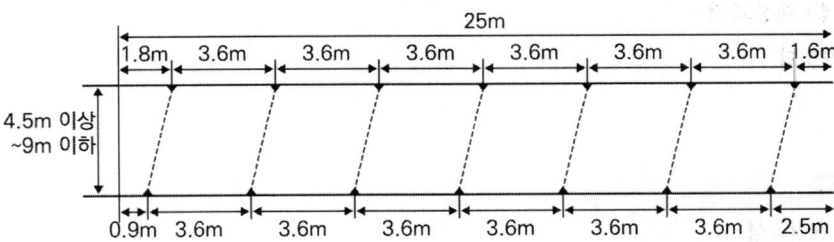

☑ **계산과정**

1) 한쪽 벽에 설치해야 하는 최소 헤드 수량

$$\frac{25[m]-\dfrac{3.6[m]}{2}}{3.6[m/개]}=6.4 \rightarrow 7[개]$$

2) 다른 한쪽 벽에 설치해야 하는 최소 헤드 수량

$$\frac{25[m]-\dfrac{1.8[m]}{2}}{3.6[m/개]}=6.7 \rightarrow 7[개]$$

3) 측벽형 스프링클러헤드의 최소 설치 수량

$$7[개]+7[개]=14[개]$$

답 | 14 [개]

10

바닥 면적이 24 [m] × 40 [m]인 다음의 장소에 분말소화기를 설치할 경우 각각의 장소에 필요한 분말소화기의 소화능력단위를 구하시오.

가. 슈퍼마켓(단, 건축물의 주요구조부가 내화구조이고, 벽 및 반자의 실내에 면하는 부분이 불연재료로 되어 있다)

　○ 계산과정 :

　○ 답 :

나. 산후조리원(단, 비내화구조이다)

　○ 계산과정 :

　○ 답 :

다. 관람장(단, 비내화구조이다)

　○ 계산과정 :

　○ 답 :

정답

가. 계산과정

슈퍼마켓은 판매시설에 해당하므로

$$\frac{24[m] \times 40[m]}{(50 \times 2)[m^2/단위]} = 9.6[단위]$$

답 | 9.6 [단위]

나. 계산과정

산후조리원은 근린생활시설에 해당하므로

$$\frac{24[m] \times 40[m]}{100[m^2/단위]} = 9.6[단위]$$

답 | 9.6 [단위]

다. 계산과정 : $\dfrac{24[m] \times 40[m]}{50[m^2/단위]} = 19.2[단위]$

답 | 19.2 [단위]

📌 핵심이론 특정소방대상물별 소화기구의 능력단위기준

특정소방대상물	소화기구의 능력단위
1. 위락시설	해당 용도의 바닥면적 **30** [m²]마다 능력단위 1단위 이상
2. 공연장, 집회장, **관람장**, 문화재, 장례식장 및 의료시설	해당 용도의 바닥면적 **50** [m²]마다 능력단위 1단위 이상
3. **근린생활시설**, **판매시설**, 운수시설, 숙박시설, 노유자시설, 전시장, 공동주택, 업무시설, 방송통신시설, 공장, 창고시설, 항공기 및 자동차 관련 시설 및 관광휴게시설	해당 용도의 바닥면적 **100** [m²]마다 능력단위 1단위 이상
4. 그 밖의 것	해당 용도의 바닥면적 **200** [m²]마다 능력단위 1단위 이상

[비고] 소화기구의 능력단위를 산출함에 있어서 주요구조부가 **내화구조**이고, 벽 및 반자의 실내에 면하는 부분이 **불연재료·준불연재료 또는 난연재료**로 된 특정대상물에 있어서는 위 표의 **바닥면적의 2배**를 해당 특정소방대상물의 기준면적으로 한다.

📁 참고 소방시설 설치 및 관리에 관한 법률 시행령 [별표 2] – 특정소방대상물

□ 근린생활시설

가. 슈퍼마켓과 일용품(식품, 잡화, 의류, 완구, 서적, 건축자재, 의약품, 의료기기 등) 등의 소매점으로서 같은 건축물(하나의 대지에 두 동 이상의 건축물이 있는 경우에는 이를 같은 건축물로 본다. 이하 같다)에 해당 용도로 쓰는 바닥면적의 합계가 1천 [m²] 미만인 것

나. 휴게음식점, 제과점, 일반음식점, 기원(棋院), 노래연습장 및 단란주점(단란주점은 같은 건축물에 해당 용도로 쓰는 바닥면적의 합계가 150 [m²] 미만인 것만 해당한다)

다. 이용원, 미용원, 목욕장 및 세탁소(공장에 부설된 것과 「대기환경보전법」, 「물환경보전법」 또는 「소음·진동관리법」에 따른 배출시설의 설치허가 또는 신고의 대상인 것은 제외한다)

라. 의원, 치과의원, 한의원, 침술원, 접골원(接骨院), 조산원, <u>산후조리원</u> 및 안마원(「의료법」 제82조 제4항에 따른 안마시술소를 포함한다)

마. 탁구장, 테니스장, 체육도장, 체력단련장, 에어로빅장, 볼링장, 당구장, 실내낚시터, 골프연습장, 물놀이형 시설(「관광진흥법」 제33조에 따른 안전성검사의 대상이 되는 물놀이형 시설을 말한다. 이하 같다), 그 밖에 이와 비슷한 것으로서 같은 건축물에 해당 용도로 쓰는 바닥면적의 합계가 500 [m²] 미만인 것

·····

11

| | 득점 | | 배점 | 7 |

다음은 특정소방대상물의 설치장소별 피난기구의 적응성에 대한 사항이다. 다음 각 물음에 답하시오.

가. 노유자시설 1층에 설치할 수 있는 피난기구 2가지를 쓰시오.

　○답 :

나. 숙박시설(5 ~ 9층)에 설치할 수 있는 피난기구 6가지를 쓰시오.

　○답 :

다. 다중이용업소(2 ~ 4층)에 설치할 수 있는 피난기구 6가지를 쓰시오.

　○답 :

정답

가. ① 미끄럼대
　② 구조대
　③ 다수인피난장비
　④ 승강식 피난기
　⑤ 피난교
　위 5가지 중 2가지 기술할 것
나. ① 구조대
　② 다수인피난장비
　③ 승강식 피난기
　④ 완강기
　⑤ 피난교
　⑥ 피난사다리
　(간이완강기, 공기안전매트 설치 불가함을 유의할 것)
다. ① 미끄럼대
　② 구조대
　③ 다수인피난장비
　④ 승강식 피난기
　⑤ 완강기
　⑥ 피난사다리

✖ 핵심이론 특정소방대상물의 설치장소별 피난기구의 적응성

층별 장소별	1층	2층	3층	4층 이상 10층 이하
1. 노유자시설	• 미끄럼대 • 구조대 • 다수인피난장비 • 승강식 피난기 • 피난교	• 미끄럼대 • 구조대 • 다수인피난장비 • 승강식 피난기 • 피난교	• 미끄럼대 • 구조대 • 다수인피난장비 • 승강식 피난기 • 피난교	• 구조대[1] • 다수인피난장비 • 승강식 피난기 • 피난교
2. 의료시설 · 근린생활시설 중 입원실이 있는 의원 · 접골원 · 조산원	-	-	• 미끄럼대 • 구조대 • 다수인피난장비 • 승강식 피난기 • 피난교 • 피난용 트랩	• 구조대 • 다수인피난장비 • 승강식 피난기 • 피난교 • 피난용 트랩
3. 다중이용업소로서 영업장의 위치가 4층 이하인 다중이용업소	-	• 미끄럼대 • 구조대 • 다수인피난장비 • 승강식 피난기 • 완강기 • 피난사다리	• 미끄럼대 • 구조대 • 다수인피난장비 • 승강식 피난기 • 완강기 • 피난사다리	• 미끄럼대 • 구조대 • 다수인피난장비 • 승강식 피난기 • 완강기 • 피난사다리
4. 그 밖의 것	-	-	• 미끄럼대 • 구조대 • 다수인피난장비 • 승강식 피난기 • 완강기 • 간이완강기[2] • 공기안전매트 • 피난교 • 피난사다리 • 피난용 트랩	• 구조대 • 다수인피난장비 • 승강식 피난기 • 완강기 • 간이완강기[2] • 공기안전매트 • 피난교 • 피난사다리

[비고]
1) 구조대의 적응성은 장애인 관련 시설로서 주된 사용자 중 스스로 피난이 불가한 자가 있는 경우 추가로 설치하는 경우에 한한다.
2) 간이완강기의 적응성은 숙박시설의 3층 이상에 있는 객실에 추가로 설치하는 경우에 한한다.

12

| 득점 | | 배점 | 6 |

다음 그림은 어느 실들의 평면도이다. 이 중 A실을 급기가압하고자 할 때 주어진 조건을 이용하여 다음을 구하시오.

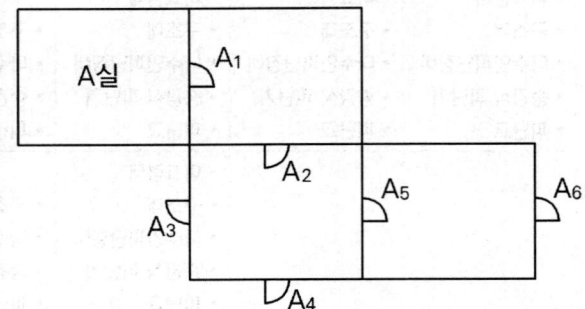

조건

(1) 실 외부 대기의 기압은 101300 [Pa]로 일정하다.

(2) A실에 유지하고자 하는 기압은 101500 [Pa]이다.

(3) 각 문의 틈새면적은 0.01 [m²]이다.

(4) 어느 실을 급기가압할 때 그 실의 문 틈새를 통하여 누출되는 공기의 양은 다음의 식에 따른다.

$$Q = 0.827 \times A \times \sqrt{P}$$

여기서 Q : 누출되는 공기의 양 [m³/s]

A : 문의 전체 누설틈새면적 [m²]

P : 문을 경계로 한 기압 차 [Pa]

가. A실의 전체 누설틈새면적 A [m²]을 구하시오. (단, 틈새면적 계산 시 소수점 아래 여섯째자리에서 반올림하여 소수점 아래 다섯째자리까지 나타내시오)

◯ 계산과정 :

◯ 답 :

나. A실에 유입해야 할 풍량 [m³/s]을 구하시오.

◯ 계산과정 :

◯ 답 :

정답

☑ 계산과정

가.

> **틈새면적[m²]의 합계 구하는 공식**
>
> 1. 병렬상태인 경우 : $A_T[m^2] = A_1 + A_2 + \cdots + A_n$
> 2. 직렬상태인 경우 :
>
> $$A_T[m^2] = \frac{1}{\sqrt{\left(\dfrac{1}{A_1^2} + \dfrac{1}{A_2^2} + \ldots + \dfrac{1}{A_n^2}\right)}} = \left(\frac{1}{A_1^2} + \frac{1}{A_2^2} + \ldots + \frac{1}{A_n^2}\right)^{-\frac{1}{2}}$$

A_5, A_6 직렬 $A_{5-6} = \left(\dfrac{1}{0.01^2} + \dfrac{1}{0.01^2}\right)^{-\frac{1}{2}} = 0.00707[m^2]$

A_3, A_4, A_{5-6} 병렬 $A_{3-6} = 0.01 + 0.01 + 0.00707 = 0.02707[m^2]$

A_1, A_2, A_{3-6} 직렬 $A_{1-6} = \left(\dfrac{1}{0.01^2} + \dfrac{1}{0.01^2} + \dfrac{1}{0.02707^2}\right)^{-\frac{1}{2}} = 0.00684[m^2]$

답 | 0.00684 [m²]

나. 누설량 산정

$Q = 0.827 \times A \times \sqrt{P}$

여기서 $P = 101500 - 101300 = 200[Pa]$

$Q = 0.827 \times A \times \sqrt{P} = 0.827 \times 0.00684 \times \sqrt{200} = 0.08[m^3/s]$

답 | 0.08 [m³/s]

13

| | 득점 | | 배점 | 4 |

다음 그림은 소방시설도시기호이다. 각각의 명칭을 쓰시오.

구분	가	나	다	라
도시 기호	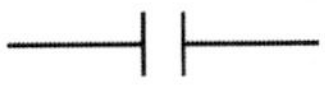	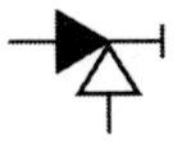	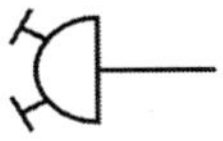	
명칭				

정답

가. 후렌지(또는 플랜지), 나. 앵글밸브, 다. 송수구, 라. 유량계

14

득점		배점	8

전기실에 제1종 분말소화약제를 사용한 분말소화설비를 전역방출방식의 가압식으로 설치하려고 한다. 다음 [조건]을 참조하여 각 물음에 답하시오.

조건

(1) 특정소방대상물의 크기는 가로 11 [m], 세로 9 [m], 높이 4.5 [m]인 내화구조로 되어 있다.

(2) 특정소방대상물의 중앙에 가로 1 [m], 세로 1 [m]의 기둥이 있고, 기둥을 중심으로 가로, 세로 보가 교차되어 있으며, 보는 천장으로부터 0.6 [m], 너비 0.4 [m]의 크기이고, 보와 기둥은 내열성 재료이다.

(3) 전기실에는 0.7 [m] × 1 [m], 1.2 [m] × 0.8 [m]인 개구부가 각각 1개씩 설치되어 있으며, 1.2 [m] × 0.8 [m]인 개구부에는 자동폐쇄장치가 설치되어 있다.

(4) 소화약제량 산정 시 불연재료나 내열성의 재료로 밀폐된 구조물이 있는 경우에는 방호구역의 체적에서 그 구조물의 체적을 제외할 수 있다.

(5) 분사헤드의 방출률은 7.82 [kg/mm² · min · 개]이다.

(6) 약제 저장용기 1개의 내용적은 50 [L]이다.

(7) 방출헤드 1개의 오리피스(방출구) 면적은 0.45 [cm²]이다.

(8) 소화약제 산정기준 및 기타 필요한 사항은 국가 화재안전기술기준에 준한다.

가. 저장해야 하는 분말소화약제의 최소량 [kg]은?

○ 계산과정 :

○ 답 :

나. 저장해야 하는 약제저장용기의 병 수는?

○ 계산과정 :

○ 답 :

다. 설치에 필요한 방출헤드의 최소 개수는?

○ 계산과정 :

○ 답 :

라. 분사헤드 1개의 방출량 [kg/min]은?

○ 계산과정 :

○ 답 :

정답

가. 계산과정 : 분말소화설비 전역방출방식 약제량 W [kg] $= (V \times \alpha) + (A \times \beta)$

V : 방호구역 체적 [m³]

α : 방호구역 1 [m³]에 대한 소화약제의 양 [kg/m³]

A : 개구부 면적 [m²], β : 개구부 가산량 [kg/m²]

소화약제의 종별	방호구역 체적 1 [m³]에 대한 소화약제량[kg]	개구부 면적 1 [m²]에 대한 소화약제량[kg]
제1종 분말	0.60 [kg]	4.5 [kg]
제2종·제3종 분말	0.36 [kg]	2.7 [kg]
제4종 분말	0.24 [kg]	1.8 [kg]

① 실의 체적 : 11 × 9 × 4.5 = 445.5 [m³]

② 기둥 체적 : 1 × 1 × 4.5 = 4.5 [m³]

③ 보의 체적

- 가로 보의 체적 : (0.6 × 0.4 × 5 × 2) = 2.4 [m³]

- 세로 보의 체적 : (0.6 × 0.4 × 4 × 2) = 1.92 [m³]

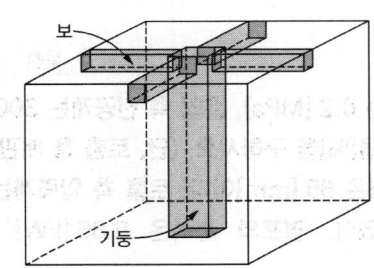

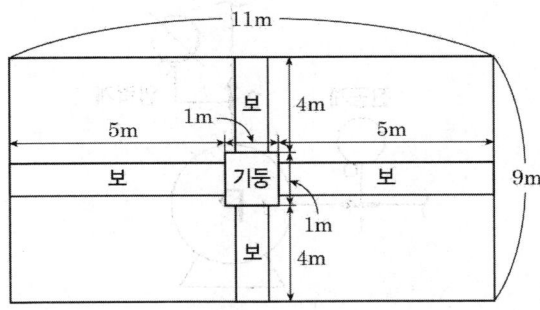

[보 및 기둥의 배치]

∴ 약제량 $= \{(V - 기둥 - 가로보 - 세로보) \times \alpha\} + (A \times \beta)$

$= \{(445.5 - 4.5 - 2.4 - 1.92)$ [m³] $\times 0.6$ [kg/m³]$\} + \{(0.7 \times 1)$ [m²]

$\times 4.5$ [kg/m²]$\}$

$= 265.16$ [kg]

답 | 265.16 [kg]

나. 계산과정 : 1개의 내용적이 50 [L], 제1종 분말소화약제의 충전비가 0.8이므로 병당 약제량은

$$0.8 = \frac{50[L]}{x[kg]} \qquad \therefore \text{한 병당 약제량 } x = 62.5[kg]$$

$$\text{병 수} : \frac{265.16[kg]}{62.5[kg/\text{병}]} = 4.24[\text{병}] \doteqdot 5[\text{병}]$$

답 | 5 [병]

다. 계산과정 : 분사헤드 1개의 방출률 7.82 [kg/mm² · min · 개]

$$= \frac{5[\text{병}] \times 62.5[kg/\text{병}]}{45[mm^2] \times 0.5[\min] \times N[\text{개}]}$$

$$\therefore N = 1.78[\text{개}] \doteqdot 2[\text{개}]$$

답 | 2 [개]

라. 계산과정 : $\dfrac{5[\text{병}] \times 62.5[kg/\text{병}]}{2[\text{개}] \times 0.5[\min]} = 312.5[kg/\min]$

답 | 312.5 [kg/min]

15

| 득점 | 배점 | 6 |

펌프의 토출 측 압력계는 0.2 [MPa], 흡입 측 진공계는 300 [mmHg]을 지시하고 있다. 펌프의 전동기 효율[%]을 구하시오. (단, 토출 측 배관의 직경은 50 [mm]이고, 흡입 측 배관의 직경은 65 [mm]이다. 토출 측 압력계는 펌프로부터 50 [cm] 높은 곳에 설치되어 있다. 펌프의 출력은 5.86 [kW], 펌프의 토출량은 1 [m³/min]이다)

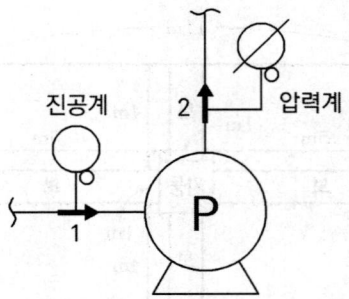

O 계산과정 :

O 답 :

정답

☑ 계산과정 [베르누이방정식]

$$\frac{P_1}{\gamma}+\frac{V_1^2}{2g}+Z_1+H_P=\frac{P_2}{\gamma}+\frac{V_2^2}{2g}+Z_2$$

1) 흡입 측 유속(V_1)과 토출 측 유속(V_2)

$$V=\frac{4Q}{\pi D^2}\ (\because Q=AV)$$

① $V_1=\dfrac{4Q}{\pi D_1^2}=\dfrac{4\times\dfrac{1}{60}[m^3/s]}{\pi\times(0.065[m])^2}=5.0226\fallingdotseq5.023[m/s]$

② $V_2=\dfrac{4Q}{\pi D_2^2}=\dfrac{4\times\dfrac{1}{60}[m^3/s]}{\pi\times(0.05[m])^2}=8.4882\fallingdotseq8.488[m/s]$

2) 펌프의 전양정 $H_P\,[m]$

① $\dfrac{P_1}{\gamma}[m]:=-300[mmHg]\times\dfrac{10.332[mAq]}{760[mmHg]}=-4.078[m]$

(※ 유의 : 진공압을 게이지압으로 변환하여 계산해야 한다)

② $\dfrac{V_1^2}{2g}[m]=\dfrac{(5.023)^2}{2\times9.8}[m]$

③ $Z_1[m]:0\,[m]$

④ $\dfrac{P_2}{\gamma}[m]:\dfrac{200[kPa]}{9.8[kN/m^3]}$

⑤ $\dfrac{V_2^2}{2g}[m]=\dfrac{(8.488)^2}{2\times9.8}[m]$

⑥ $Z_2[m]:0.5\,[m]$

따라서 베르누이방정식에 적용하면

$-4.078[m]+\dfrac{5.023^2}{2\times9.8}[m]+0[m]+H_P=\dfrac{200[kPa]}{9.8[kN/m^3]}+\dfrac{8.488^2}{2\times9.8}[m]+0.5[m]$

$\therefore H_P=27.374\fallingdotseq27.37[m]$

3) 전동기의 효율

$$P=\frac{\gamma QH_P}{\eta}$$

$5.86[kW]=\dfrac{9.8[kN/m^3]\times\dfrac{1}{60}[m^3/s]\times27.37[m]}{\eta}$

$\therefore \eta=0.7629$

따라서 $\eta[\%]=0.7629\times100=76.29[\%]$

답 | 76.29 [%]

👨‍🏫 **선생님 TIP**

이 식의 $\dfrac{P_1}{\gamma}$ 는 압력수두[m]를 의미합니다. 문제의 단위가 [mmHg]이므로 이를 수두[m]로 변환하기 위해서는 표준대기압을 이용한 단위환산이 가능하고, 또한 $P=\gamma H$를 이용한 단위환산도 가능합니다. 이 문제에서는 압력이 [mmHg]로 주어졌기 때문에, 계산과정이 더 간편한 표준대기압을 이용한 단위환산방식으로 풀이하였습니다.

중요▶ 이 문제는 토출 측 배관과 흡입 측 배관의 직경이 다르기 때문에 토출 측과 흡입 측 배관 내 유속이 서로 다르다. 따라서 "펌프의 전양정 = 토출 측 전양정 + 흡입 측 전양정"으로 풀 수 없다. 왜냐하면 "펌프의 전양정 = 토출 측 전양정 + 흡입 측 전양정"으로 풀이하면 토출 측과 흡입 측의 속도 차가 값에 반영되지 않기 때문이다.

16

소화용수설비를 설치하는 지하 2층, 지상 3층의 특정소방대상물의 연면적이 38500 [m²]이고, 각 층의 바닥면적이 다음과 같을 때 물음에 답하시오.

층수	지하 2층	지하 1층	지상 1층	지상 2층	지상 3층
바닥면적	2500 [m²]	2500 [m²]	13500 [m²]	13500 [m²]	6500 [m²]

가. 소화수조의 저수량[m³]을 구하시오.

　❍ 계산과정 :

　❍ 답 :

나. 저수조에 설치하여야 할 흡수관투입구 및 채수구의 최소 설치개수[개]를 구하시오.

　❍ 답
　　• 흡수관투입구의 개수 :
　　• 채수구의 개수 :

다. 저수조에 설치하는 가압송수장치의 송수량[L/min]은?

　❍ 답 :

정답

가. 계산과정
　① 기준면적
　　지상 1, 2층의 바닥면적의 합계(13500 + 13500 = 27000 [m²])가 15000 [m²] 이상이므로
　　기준면적 = 7500 [m²]

② 저수량

$$\frac{연면적}{기준면적} = \frac{38500\,[m^2]}{7500\,[m^2]} = 5.13 ≒ 6\ (소수점\ 이하\ 절상)$$

$$6 \times 20\,[m^3] = 120\,[m^3]$$

📌·**핵심이론** **소화수조 또는 저수조의 저수량**

소화수조 또는 저수조의 저수량은 소방대상물의 연면적을 기준면적으로 나누어 얻은 수(소수점 이하의 수는 1로 본다)에 20 $[m^3]$을 곱한 양 이상이 되도록 해야 한다.

[소방대상물별 기준면적]

소방대상물의 구분	기준면적
1층 2층 바닥면적 합계가 15000 [m²] 이상인 소방대상물	7500 [m²]
그 외	12500 [m²]

※ 소화수조 저수량

$$[m^3] = \frac{소방대상물의\ 연면적\,[m^2]}{기준면적\,[m^2]}(소수점\ 이하\ 절상) \times 20\,[m^3]$$

답 | 120 [m³]

나. 흡수관투입구의 개수 : 2개, 채수구의 개수 : 3개

📌·**핵심이론** **소화수조 및 저수조 – 흡수관투입구와 채수구**

소화수조 또는 저수조는 다음의 기준에 따라 흡수관투입구 또는 채수구를 설치해야 한다.

1. 흡수관투입구

지하에 설치하는 소화용수설비의 흡수관투입구는 그 한변이 0.6 [m] 이상이거나 직경이 0.6 [m] 이상인 것으로 하고, <u>소요수량이 80 [m³] 미만인 것은 1개 이상, 80 [m³] 이상인 것은 2개 이상을 설치</u>해야 하며, "흡수관투입구"라고 표시한 표지를 할 것

2. 채수구

1) 채수구는 다음 표에 따라 소방용 호스 또는 소방용 흡수관에 사용하는 구경 65 [mm] 이상의 나사식 결합금속구를 설치할 것

[소요수량에 따른 채수구의 수]

소요수량	20 [m³] 이상 40 [m³] 미만	40 [m³] 이상 100 [m³] 미만	100 [m³] 이상
채수구의 수	1개	2개	3개

2) 채수구는 지면으로부터의 높이가 0.5 [m] 이상 1 [m] 이하의 위치에 설치하고 "채수구"라고 표시한 표지를 할 것

다. 3300 [L/min]

★ 핵심이론 소화수조 및 저수조 - 가압송수장치

1. 소화수조 또는 저수조가 지표면으로부터의 깊이(수조 내부바닥까지의 길이를 말함)가 4.5 [m] 이상인 지하에 있는 경우에는 다음 표에 따라 가압송수장치를 설치해야 한다. 다만 기준에 따른 저수량을 지표면으로부터 4.5 [m] 이하인 지하에서 확보할 수 있는 경우에는 소화수조 또는 저수조의 지표면으로부터의 깊이에 관계없이 가압송수장치를 설치하지 않을 수 있다.

[소요수량에 따른 가압송수장치의 1분당 양수량]

소요수량	20 [m³] 이상 40 [m³] 미만	40 [m³] 이상 100 [m³] 미만	100 [m³] 이상
가압송수장치의 1분당 양수량	1100 [L/min] 이상	2200 [L/min] 이상	3300 [L/min] 이상

2. 소화수조가 옥상 또는 옥탑의 부분에 설치된 경우에는 지상에 설치된 채수구에서의 압력이 0.15 [MPa] 이상이 되도록 해야 한다.

2025.11.02

2025년 3회

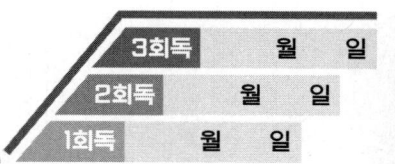

점수 :

01

득점		배점	6

다음 그림은 어느 습식 스프링클러설비에서 배관의 일부를 나타내는 평면도이다. 주어진 조건을 참조하여 점선 내의 배관에 관부속품 중 티에 대해 산출하여 빈칸에 수치를 넣으시오.

조건

(1) 티의 규격은 다음의 예시와 같은 방법으로 표기할 것

예시 1)

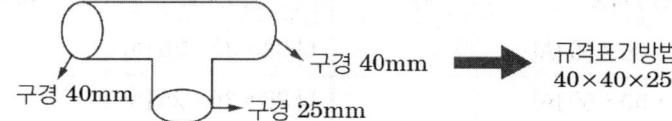

구경 40mm　구경 40mm　구경 25mm

규격표기방법
40×40×25

예시 2)

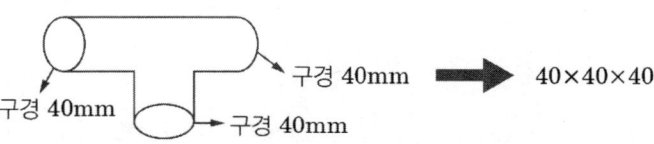

구경 40mm　구경 40mm　구경 40mm

40×40×40

(2) 티는 직류방향으로의 두 접속부의 구경만은 항상 동일한 것을 사용하는 것으로 한다.

(3) 도면에 도시된 사항만 적용하여 산출한다.

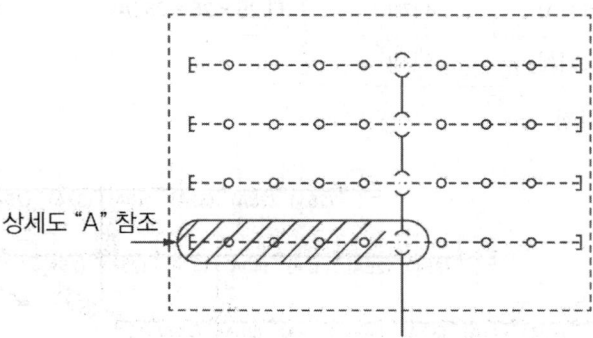

상세도 "A" 참조

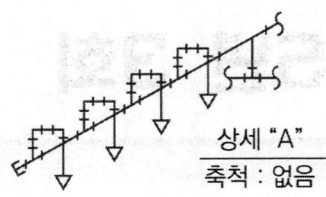

$$\frac{\text{상세 "A"}}{\text{축척 : 없음}}$$

(4) 스프링클러헤드 수별 급수관의 구경은 다음과 같다.

구분 \ 급수관의 구경	25 [mm]	32 [mm]	40 [mm]	50 [mm]	65 [mm]	80 [mm]	100 [mm]
폐쇄형 헤드 수	2개	3개	5개	10개	30개	60개	100개

O 답 :

관부속품	개수	관부속품	개수
티 65 × 65 × 50 [A]		티 32 × 32 × 25 [A]	
티 50 × 50 × 50 [A]		티 25 × 25 × 25 [A]	
티 40 × 40 × 25 [A]		–	–

정답

관부속품	개수	관부속품	개수
티 65 × 65 × 50 [A]	3 [개]	티 32 × 32 × 25 [A]	8 [개]
티 50 × 50 × 50 [A]	4 [개]	티 25 × 25 × 25 [A]	16 [개]
티 40 × 40 × 25 [A]	4 [개]	–	–

(1) 배관 구경 산정

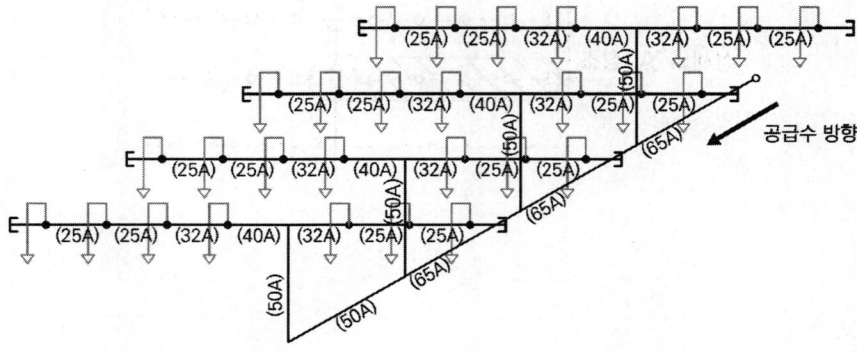

(2) 관 부속품 산정

① 티

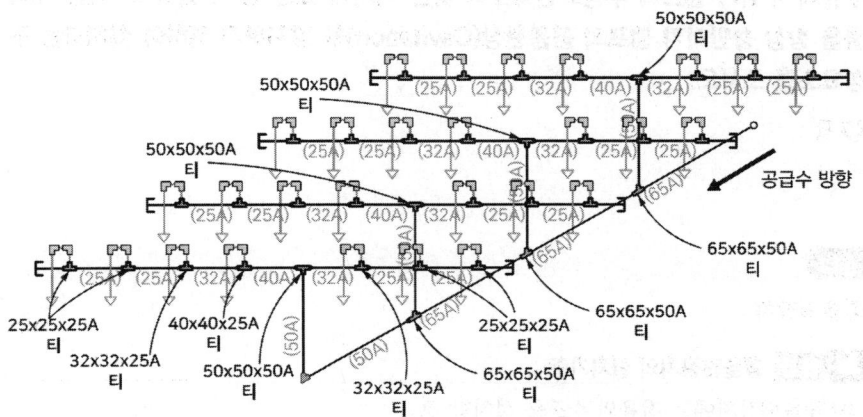

② 레듀셔

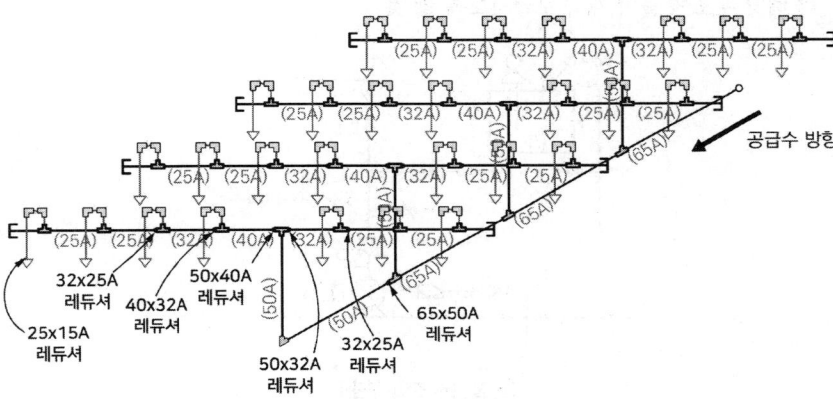

③ 90°엘보 및 캡

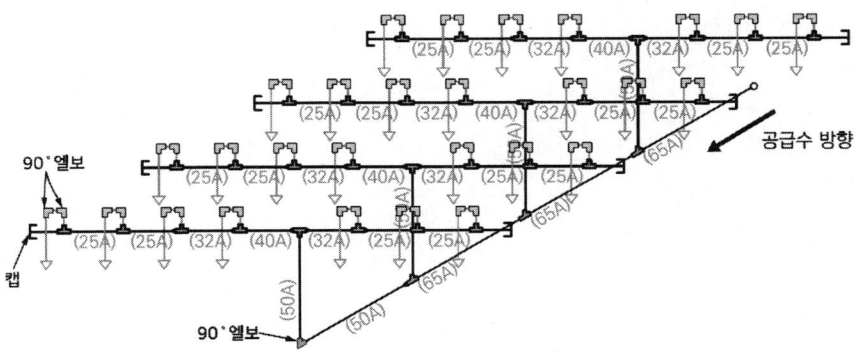

02

득점　　　배점　3

수원의 수위가 펌프의 수평회전축보다 낮은 위치에 있는 경우, 흡입 측 배관 내의 물을 항상 충만시켜 펌프의 공동현상(Cavitation)을 방지하기 위하여 설치하는 구성요소를 쓰시오.

○ 답 :

정답

물올림장치

참고 물올림장치의 설치기준

⑴ 물올림장치에는 전용의 수조를 설치할 것
⑵ 수조의 유효수량은 100 [L] 이상으로 하되, 구경 15 [mm] 이상의 급수배관에 따라 해당 수조에 물이 계속 보급되도록 할 것

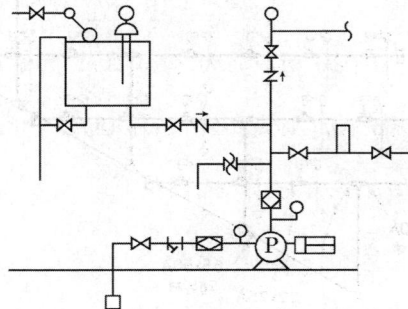

[물올림수조의 구조]

03

득점		배점	4

건식 스프링클러설비에서 건식 밸브의 클래퍼 상부에 일정한 수면(Priming Water Level)을 유지하는 이유를 2가지만 쓰시오.

○ 답 :

정답

① 평상시 2차 측의 저압의 공기로도 클래퍼를 닫힌 상태로 유지
② 누수를 확인하여 클래퍼의 개폐상태 확인

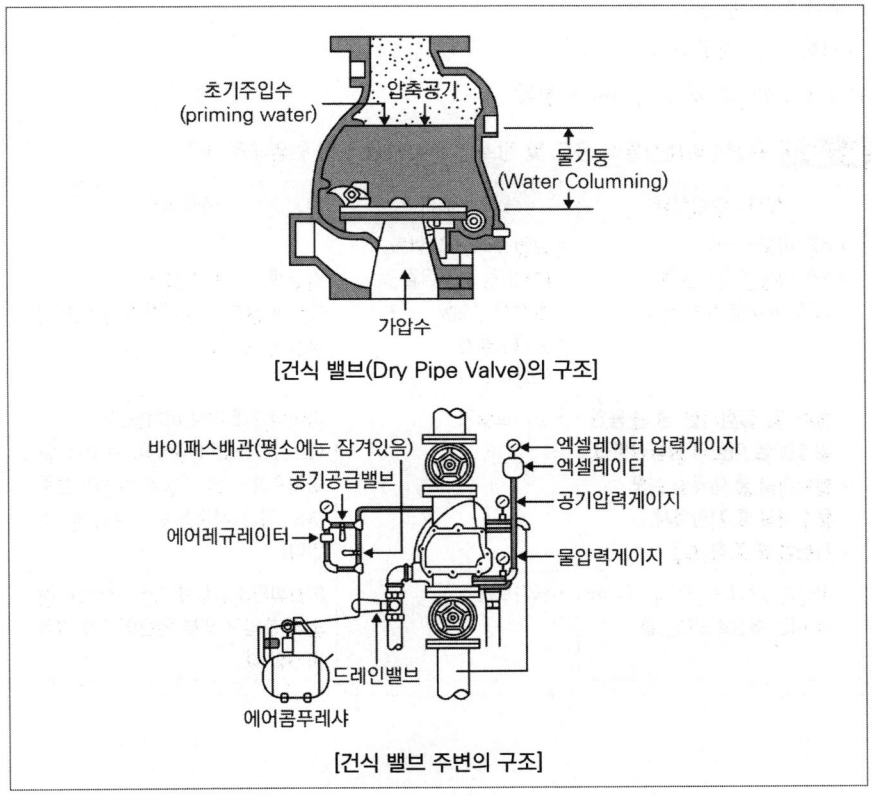

[건식 밸브(Dry Pipe Valve)의 구조]

[건식 밸브 주변의 구조]

04

| 득점 | 배점 | 6 |

층마다 공기호흡기를 설치하는 특정소방대상물 중 3가지를 쓰시오. 다만 방열복 및 인공소생기 등을 설치하지 않는 대상물이다.

○ 답 :

정답

① 수용인원 100명 이상의 영화상영관

② 판매시설 중 대규모점포

③ 운수시설 중 지하역사

④ 지하가 중 지하상가

위 4가지 중 3가지를 기재하면 정답

참고 특정소방대상물의 용도 및 장소별로 설치해야 할 인명구조기구

특정소방대상물	인명구조기구	설치 수량
• 5층 이상인 병원 • 7층 이상인 관광호텔 (모두 지하층 포함 층수)	• 방열복 또는 방화복 (안전모, 보호장갑 및 안전화 포함) • 공기호흡기 • 인공소생기	각 2개 이상 비치할 것 (단, 병원은 인공소생기 설치하지 않을 수 있다)
• **문화 및 집회시설 중 수용인 원 100명 이상의 영화상영관** • **판매시설 중 대규모 점포** • **운수시설 중 지하역사** • **지하가 중 지하상가**	• 공기호흡기	층마다 2개 이상 비치할 것 (단, 각 층마다 갖추어 두어야 할 공기호흡기 중 일부를 직원이 상주 하는 인근 사무실에 갖추어 둘 수 있다)
• 이산화탄소소화설비를 설치해 야 하는 특정소방대상물	• 공기호흡기	이산화탄소소화설비가 설치된 장 소의 출입구 외부 인근에 1개 이상 비치할 것

신유형! 05

| 득점 | | 배점 | 6 |

위험물을 저장하는 직경 12 [m], 높이 10 [m]의 콘루프탱크에 외면 노출화재를 방호하기 위하여 물분무소화설비를 설치하려고 한다. 다음 조건을 참고하여 물음에 답하시오.

조건

(1) 물분무헤드의 분사각도는 120°이다.
(2) 탱크의 표면에 방사하는 물의 양은 탱크의 원주길이 1 [m]에 대하여 분당 37 [L]으로 한다.
(3) 탱크 외벽과 물분무헤드 사이의 이격거리는 0.6 [m]이다.

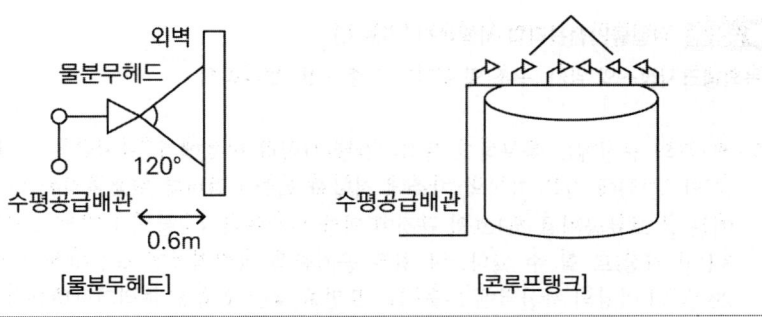

가. 위험물 탱크를 방호하기 위하여 필요한 물분무 유량 [L/min]을 구하시오.

○ 계산과정 :

○ 답 :

나. 탱크 둘레의 원주를 방호하기 위하여 1개의 수평공급배관에 설치하여야 하는 헤드의 수를 구하시오.

○ 계산과정 :

○ 답 :

정답

가. 계산과정

탱크의 표면에 방사하는 물의 양은 탱크의 원주길이 1 [m]에 대하여 37 [L/min]이므로

1) 탱크의 원주 $L = \pi D = \pi \times 12 = 37.699 [m]$

2) 필요한 총 물분무 유량 = 원주 $L[m] \times$ 기준방사량 $[L/min \cdot m]$
$$= 37.699 [m] \times 37 [L/min \cdot m]$$
$$= 1394.863 ≒ 1394.86 [L/min]$$

답 | 1394.86 [L/min]

나. 계산과정

1) 1개 헤드가 방호하는 길이(분무 폭)

방사각이 120°이므로 반각은 60°이다.

벽에서 d 만큼 떨어진 위치에서 벽에 형성되는 분무 폭(방호길이)은

$$\ell = 2d \times \tan\left(\frac{\theta}{2}\right) = 2 \times 0.6 \times \tan\left(\frac{120°}{2}\right) = 2.0784 ≒ 2.078\,[m]$$

즉, 헤드 1개당 방호길이는 2.078 [m]이다.

2) 원주 전체에 필요한 헤드 수

$$N = \frac{L}{\ell} = \frac{37.699}{2.078} = 18.14 \rightarrow 19\,[개]$$

답 | 19 [개]

▶· 참고 위험물안전관리법 시행규칙 [별표 6]

옥외탱크저장소의 위치·구조 및 설비의 기준 – Ⅱ. 보유공지

...

5. 제1호의 규정에도 불구하고 옥외저장탱크(이하 이호에서 "공지단축 옥외저장탱크"라 한다)에 다음 각목의 기준에 적합한 물분무설비로 방호조치를 하는 경우에는 그 보유공지를 제1호의 규정에 의한 보유공지의 2분의 1 이상의 너비(최소 3 [m] 이상)로 할 수 있다. 이 경우 공지단축 옥외저장탱크의 화재시 1[m²]당 20 [kW] 이상의 복사열에 노출되는 표면을 갖는 인접한 옥외저장탱크가 있으면 당해 표면에도 다음 각목의 기준에 적합한 물분무설비로 방호조치를 함께하여야 한다.

가. 탱크의 표면에 방사하는 물의 양은 탱크의 원주길이 1 [m]에 대하여 분당 37 [L] 이상으로 할 것

나. 수원의 양은 가목의 규정에 의한 수량으로 20분 이상 방사할 수 있는 수량으로 할 것

다. 탱크에 보강링이 설치된 경우에는 보강링의 아래에 분무헤드를 설치하되, 분무헤드는 탱크의 높이 및 구조를 고려하여 분무가 적정하게 이루어 질 수 있도록 배치할 것

라. 물분무소화설비의 설치기준에 준할 것

...

06

득점		배점	10

어떤 사무소 건물의 지하층에 있는 발전기실에 전역방출방식의 할론 1301 설비를 설치하고자 한다. 화재안전기술기준과 주어진 조건에 의해 다음 각 물음에 답하시오.

조건

(1) 소화설비는 고압식으로 한다.

(2) 약제저장용기의 밸브 개방방식은 기체압식(뉴메틱식)이다.

(3) 발전기실의 크기 : 가로 12 [m] × 세로 10 [m] × 높이 5 [m]

(4) 발전기실의 개구부 크기 및 개소 : 가로 2 [m] × 세로 2 [m] × 2개소(자동폐쇄장치가 있음)

(5) 저장용기 1본에 충전할 수 있는 충전량은 50 [kg]이다.

(6) 분사헤드의 방사량은 1.25 [kg/s·cm^2]이다.

(7) 분사헤드는 12개가 설치되어 있으며, 헤드에서의 소화약제 방출시간은 10초 이내이다.

(8) 주어진 조건 외의 것은 화재안전기술기준에 따른다.

가. 발전기실에 필요한 최소 약제량 [kg]을 구하시오. (다만 화재안전기술기준에 따른 양으로 한다)

　○ 계산과정 :

　○ 답 :

나. 발전기실에 필요한 최소 저장용기는 몇 개(본)으로 해야하는지 구하시오.

　○ 계산과정 :

　○ 답 :

다. 분사헤드 1개당의 방사량 [kg/s]을 구하시오. ('나'에서 구한 저장량을 기준으로 한다)

　○ 계산과정 :

　○ 답 :

라. 분사헤드 1개의 오리피스 등가분구면적 [cm^2]을 구하시오.

　○ 계산과정 :

　○ 답 :

정답

★ 핵심이론 **할론소화설비(할론 1301) 전역방출방식 약제량 산정**

$W = (V \times \alpha) + (A \times \beta)$

W : 약제량 [kg], V : 방호구역의 체적 [m³]
α : 방호구역 1 [m³]에 대한 소화약제의 양 [kg/m³]
A : 개구부 면적 [m²], β : 개구부 가산량 [kg/m²]
(개구부에 자동폐쇄장치 미설치 시 가산)

소방대상물 또는 그 부분	방호구역의 체적 1 [m³]당 소화약제의 양 [kg/m³] α	개구부 가산량 [kg/m²] β
• 차고·주차장·전기실·통신기기실·전산실 등 이와 유사한 전기설비가 설치되어 있는 부분 • 특수가연물(가연성 고체류, 가연성 액체류, 합성수지류)을 저장·취급하는 소방대상물 또는 그 부분	0.32 이상 0.64 이하	2.4
특수가연물(면화류, 나무껍질 및 대팻밥, 넝마 및 종이부스러기, 사류, 볏짚류, 목재가공품 및 나무부스러기)을 저장·취급하는 소방대상물 또는 그 부분	0.52 이상 0.64 이하	3.9

가. 계산과정

$W = (V \times \alpha) + (A \times \beta)$
$= (12 \times 10 \times 5) \times 0.32 = 192 \, [kg]$

답 | 192 [kg]

나. 계산과정

저장용기 수 $= \dfrac{192[kg]}{50[kg/본]} = 3.84 \to 4[본]$

답 | 4 [본]

다. 계산과정

발전기실의 분사헤드 1개에서 방출되는 유량 [kg/s]

유량$[kg/s \cdot 개] = \dfrac{50[kg/본] \times 4[본]}{12[개] \times 10[s]} = 1.666 ≒ 1.67[kg/s \cdot 개]$

답 | 1.67 [kg/s]

라. 계산과정

발전기실의 분사헤드 1개의 등가분구면적 [cm²]

$1.25[kg/(s \cdot cm^2 \cdot 개)] = \dfrac{50[kg/병] \times 4[병]}{10[s] \times 분구면적[cm^2] \times 12[개]}$

분구면적$[cm^2] = \dfrac{50[kg/병] \times 4[병]}{10[s] \times 1.25[kg/(s \cdot cm^2 \cdot 개)] \times 12[개]} = 1.333 ≒ 1.33[cm^2]$

답 | 1.33 [cm²]

07

그림과 같은 방호대상물에 국소방출방식으로 이산화탄소소화설비를 설치하고자 한다. 다음 각 물음에 답하시오. (단, 고정벽은 없으며, 저압식으로 설치한다)

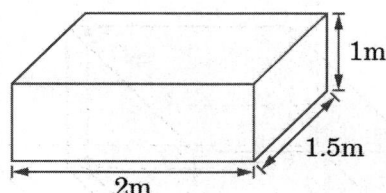

1m

1.5m

2m

가. 방호공간의 체적 [m³]을 구하시오.

　❍ 계산과정 :

　❍ 답 :

나. 소화약제의 저장량 [kg]을 구하시오.

　❍ 계산과정 :

　❍ 답 :

다. 하나의 분사헤드에 대한 방출량 [kg/s]을 구하시오. (단, 분사헤드는 4개이다)

　❍ 계산과정 :

　❍ 답 :

정답

🖈· 핵심이론 **이산화탄소소화설비 국소방출방식 약제량 산정**

$$W[kg] = V[m^3] \times \left(8 - 6\frac{a}{A}\right)[kg/m^3] \times h(할증계수)$$

W : 약제량 [kg]

V : 방호공간의 체적 [m³]

(방호대상물의 각 부분으로부터 0.6 [m]의 거리에 따라 둘러싸인 공간)

a : 방호대상물 주위에 설치된 벽면적의 합계 [m²]

A : 방호공간의 벽면적의 합계 [m²]

(벽이 없는 경우 : 벽이 있는 것으로 가정한 당해 부분의 면적)

h : 할증계수(고압식 : 1.4, 저압식 : 1.1)

가. 계산과정

$V = (2 + 0.6 + 0.6) \times (1.5 + 0.6 + 0.6) \times (1 + 0.6) = 13.82 \ [m^3]$

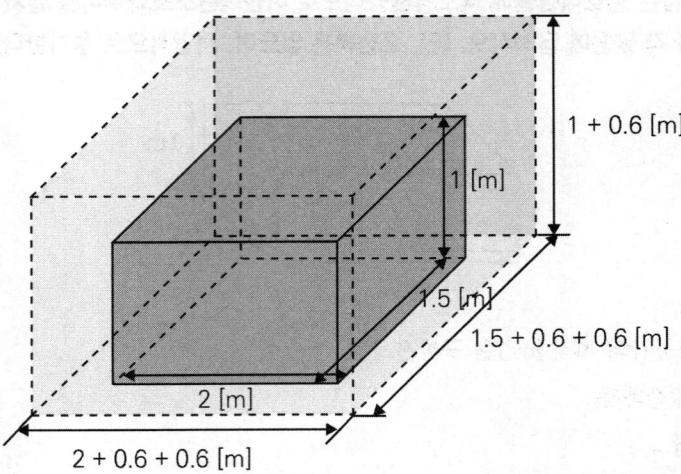

답 | 13.82 [m³]

나. 계산과정

① $a : 0 \ [m^2]$

② $A : (3.2 \times 1.6 \times 2) + (2.7 \times 1.6 \times 2) = 18.88 \ [m^2]$

$\therefore W = 13.82 \ [m^3] \times \left(8 - 6 \times \dfrac{0}{18.88}\right) [kg/m^3] \times 1.1 = 121.62 \ [kg]$ **답 | 121.62 [kg]**

다. 계산과정

하나의 분사헤드에 대한 방출량 $= \dfrac{121.62 \ [kg]}{30 \ [s] \times 4 \ [개]} = 1.01 \ [kg/s]$ **답 | 1.01 [kg/s]**

08

득점	배점	6

다음은 어느 실들의 평면도이다. 이 중 ㉮실을 급기가압하고자 할 때 주어진 [조건]을 이용하여 다음을 구하시오.

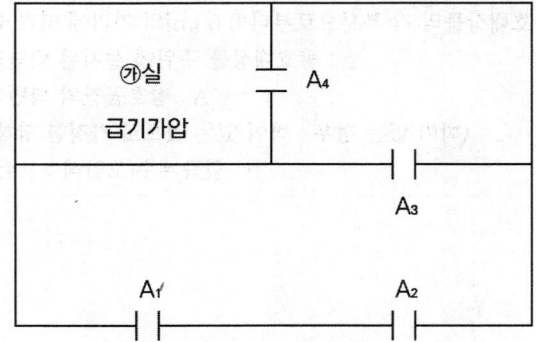

조건

(1) ㉮실과 외벽 간 유지하고자 하는 차압은 700 [Pa]이다.

(2) 각 실의 문들의 틈새면적은 0.02 [m²]이다.

(3) 어느 실을 급기가압할 때 급기하는 공기의 양은 다음의 식에 따른다.

$$Q = 0.827 \times A \times \sqrt{P}$$

여기서 Q : 급기하는 공기의 양[m³/s]

A : 문의 전체 누설틈새면적[m²]

P : 문을 경계로 한 기압 차[Pa]

가. ㉮실의 전체 누설틈새면적 A [m²]을 구하시오. (단, 소수점 아래 여섯째자리에서 반올림하여 소수점 아래 다섯째자리까지 나타내시오)

O 계산과정 :

O 답 :

나. ㉮실을 급기가압하는 경우, 각 실의 누설틈새면적을 고려한 급기량 [m³/s]을 구하시오.

O 계산과정 :

O 답 :

정답

가.

틈새면적[m²]의 합계 구하는 공식

1. 병렬상태인 경우 : $A_T[m^2] = A_1 + A_2 + \cdots + A_n$

2. 직렬상태인 경우

$$A_T[m^2] = \frac{1}{\sqrt{\left(\frac{1}{A_1^2} + \frac{1}{A_2^2} + ... + \frac{1}{A_n^2}\right)}} = \left(\frac{1}{A_1^2} + \frac{1}{A_2^2} + ... + \frac{1}{A_n^2}\right)^{-\frac{1}{2}}$$

① 병렬 $A_1, A_2 = 0.02 + 0.02 = 0.04 [m^2]$

② 직렬 $A_{1-2}, A_3, A_4 = \left(\frac{1}{0.04^2} + \frac{1}{0.02^2} + \frac{1}{0.02^2}\right)^{-\frac{1}{2}} = 0.013333 ≒ 0.01333 [m^2]$

답 | 0.01333 [m²]

나. P = 700 [Pa]이므로

$$Q = 0.827 \times A \times \sqrt{P}$$

$$= 0.827 \times 0.01333 [m^2] \times \sqrt{700 [Pa]} = 0.291 ≒ 0.29 [m^3/s]$$

답 | 0.29 [m³/s]

09

어느 특정소방대상물에 옥외소화전 5개를 화재안전기술기준과 다음 조건에 따라 설치하려고 한다. 다음 각 물음에 답하시오.

조건

(1) 옥외소화전은 지상용 표준형을 사용한다.

(2) 펌프에서 첫째 옥외소화전까지의 직관길이는 200 [m], 관의 내경은 100 [mm] 이다.

(3) 펌프의 전양정 H = 50 [m], 효율 η = 65 [%]

(4) 모든 규격치는 최소량을 적용한다.

가. 지하수원의 최소 유효저수량 [m³]을 구하시오.

   ○ 계산과정 :

   ○ 답 :

나. 펌프의 최소토출량 [L/min]을 구하시오.

   ○ 계산과정 :

   ○ 답 :

다. 펌프에서 첫 번째 옥외소화전까지 직관부분에서의 마찰손실수두 [m]를 구하시오. (단, Darcy - Weisbach의 식을 사용하고, 마찰손실계수는 0.02이다)

   ○ 계산과정 :

   ○ 답 :

라. 펌프작동용 전동기의 동력 [kW]을 구하시오. (단, 동력전달계수는 1로 간주한다)

   ○ 계산과정 :

   ○ 답 :

정답

가. 계산과정

$$Q = N \times 350[\text{L/min}] \times 20[\text{min}] = 2 \times 350 \times 20 = 14000[\text{L}] = 14[\text{m}^3]$$

답 | 14 [m³]

나. 계산과정

$$Q = N \times 350[\text{L/min}] = 2 \times 350 = 700[\text{L/min}]$$

답 | 700 [L/min]

다. 계산과정

Darcy - Weisbach방정식

$$h_L[m] = f \times \frac{L}{D} \times \frac{V^2}{2g}$$

h_L : 마찰손실 [m]
f : 마찰손실계수, L : 길이 [m], D : 직경 [m]
V : 유속 [m/s], g : 중력가속도 [m/s²]

$$V = \frac{4Q}{\pi D^2} = \frac{4 \times \frac{0.7}{60}[m^3/s]}{\pi \times 0.1^2[m^2]} = 1.485[m/s]$$

$$\therefore h_L = 0.02 \times \frac{200}{0.1} \times \frac{1.485^2}{2 \times 9.8} = 4.50[m]$$

답 | 4.5 [m]

라. 계산과정

$$소요동력 \ P[kW] = \frac{\gamma[kN/m^3] \times Q[m^3/s] \times H[m]}{\eta} \times K$$

$$P[kW] = \frac{9.8[kN/m^3] \times \frac{0.7}{60}[m^3/s] \times 50[m]}{0.65} \times 1 = 8.79[kW]$$

답 | 8.79 [kW]

참고 옥외소화전설비의 펌프토출량, 수원, 전양정

구분	옥외소화전설비
펌프 토출량	N × 350 [L/min] 여기서 N : 옥외소화전의 설치개수 (옥외소화전이 2개 이상 설치된 경우에는 2개)
수원의 유효수량	N × 350 [L/min] × 20 [min] (= N × 7[m³]) 여기서 N : 옥외소화전의 설치개수 (옥외소화전이 2개 이상 설치된 경우에는 2개)
전양정	H = h_1 + h_2 + h_3 + 25 여기서 H : 전양정 [m] h_1 : 낙차(실양정) [m] h_2 : 배관 및 관부속품의 마찰손실수두 [m] h_3 : 호스 마찰손실수두 [m] 25 : 최소 방수압 환산수두 [m](0.25 [MPa])

10

다음과 같이 펌프가 설치되어 있을 때 유효흡입양정(NPSHₐᵥ)을 계산하시오.

조건

(1) 설계기준 온도는 25 [℃]이다.

(2) 25 [℃]에서의 포화증기압 : 2.38 [kPa]

(3) 펌프흡입배관에서의 마찰손실수두 : 0.5 [m]

(4) 대기압은 101.3 [kPa]이다.

(5) 물의 비중량은 9.8 [kN/m³]이다.

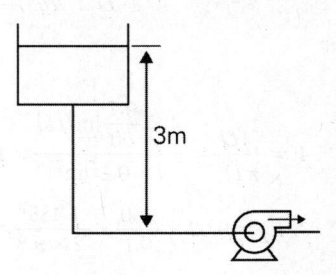

○ 계산과정 :

○ 답 :

정답

참고 **유효흡입양정 $NPSH_{av}$**

$$NPSH_{av} = \frac{P_a}{\gamma} - \frac{P_v}{\gamma} - H_f \pm H_s\,[m]$$

여기서 $\dfrac{P_a}{\gamma}$: 흡입 수면의 대기압 환산수두 [m]

$\dfrac{P_v}{\gamma}$: 유체의 온도에 상당하는 포화증기압 환산수두 [m]

H_f : 흡입 측 배관의 마찰손실수두 [m]

H_s : 흡입 양정으로 흡상일 때 (-), 압입일 때 (+) [m]

$$NPSH_{av} = \frac{101.3\,[kPa]}{9.8\,[kN/m^3]} - \frac{2.38\,[kPa]}{9.8\,[kN/m^3]} - 0.5\,[m] + 3\,[m] = 12.593 \fallingdotseq 12.59\,[m]$$

답 | 12.59 [m]

11

폐쇄형 스프링클러설비를 지상 7층의 백화점 건물에 설치할 경우 [조건]과 [그림]을 참고하여 다음 각 물음에 답하시오.

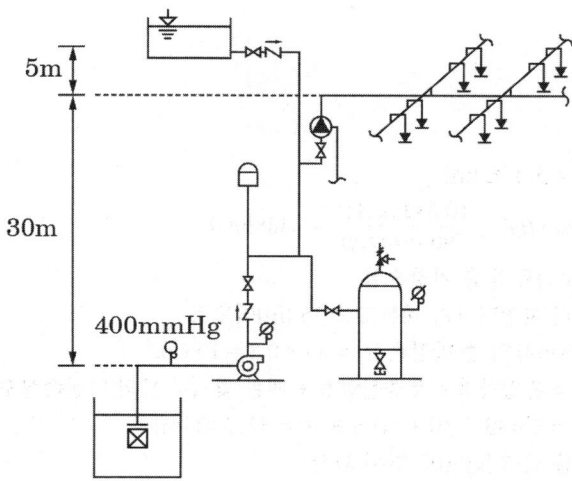

조건

(1) 배관 및 부속류의 총 마찰손실수두는 펌프로부터 자연낙차의 30 [%]이다.

(2) 펌프 입구의 연성계 눈금은 400 [mmHg]이다.

(3) 펌프 출구로부터 최고위 말단헤드까지의 수직 높이는 30 [m]이다.

(4) 헤드 수는 각 층별로 50개씩 설치되어 있다.

(5) 펌프의 체적효율은 0.9, 기계효율은 0.8, 수력효율은 0.7이다.

(6) 전동기의 동력전달계수는 1.1이다.

(7) 1기압은 101.325 [kPa](= 760 [mmHg])이다.

(8) 펌프로부터 최고위 말단헤드까지 높이는 최고위 말단 교차배관의 높이를 말한다.

가. 주펌프의 최소토출압력 [kPa]을 구하시오.

　◯ 계산과정 :

　◯ 답 :

나. 주펌프의 최소토출량 [L/min]을 구하시오.

　◯ 계산과정 :

　◯ 답 :

다. 주펌프의 전효율 [%]을 구하시오.

　◯ 계산과정 :

　◯ 답 :

라. 주펌프를 작동하기 위한 전동기의 최소동력 [kW]을 구하시오.

O 계산과정 :

O 답 :

정답

가. 계산과정

① 흡입양정 = 5.438 [m]

$$(\because 400[mmHg] \times \frac{10.332[mAq]}{760[mmHg]} = 5.438[m])$$

② 배관 및 부속류의 총 마찰손실

펌프로부터 자연낙차가 계통도상 35 [m]이므로

배관 및 부속류의 총 마찰손실 = 35 × 0.3 = 10.5[m]

③ 전양정 H = 흡입양정 + 토출실양정 + 배관 및 부속류의 마찰손실수두 + 방사압

= 5.438 + 30 + 10.5 + 10 = 55.938 [m]

④ 수두 [m]를 압력 [kPa]로 단위 환산

$$55.938[m] \times \frac{101.325[kPa]}{10.332[m]} = 548.578 \fallingdotseq 548.58[kPa]$$

답 | 548.58 [kPa]

나. 계산과정

$$N \times 80[L/min] = 30[개] \times 80[L/min] = 2400[L/min]$$

(지하층을 제외한 층수가 10층 이하인 특정소방대상물이고 판매시설(백화점)이므로 기준개수 30개)

답 | 2400 [L/min]

다. 계산과정

$$0.9 \times 0.8 \times 0.7 = 0.504 = 50.4[\%]$$

답 | 50.4 [%]

라. 계산과정

$$소요동력 \ P[kW] = \frac{\gamma[kN/m^3] \times Q[m^3/s] \times H[m]}{\eta} \times K$$

$$P[kW] = \frac{9.8[kN/m^2] \times \frac{2.4}{60}[m^3/s] \times 55.938[m]}{0.504} \times 1.1 = 47.858 \fallingdotseq 47.86[kW]$$

답 | 47.86 [kW]

핵심이론 스프링클러설비 수원의 양(주수원) – 폐쇄형 스프링클러헤드의 경우

□ 수원의 양

층수	수원의 양
29층 이하	**N(기준개수) × 80 [L/min] × 20 [min](= N × 1.6 [m³])**
30층 이상 49층 이하	N(기준개수) × 80 [L/min] × 40 [min](= N × 3.2 [m³])
50층 이상	N(기준개수) × 80 [L/min] × 60 [min](= N × 4.8 [m³])

※ N : 스프링클러설비 설치장소별 스프링클러헤드의 기준개수
[스프링클러헤드의 설치개수가 가장 많은 층에 설치된 스프링클러헤드의 개수가
기준개수보다 작은 경우에는 그 설치개수를 말함]

□ 스프링클러설비 설치장소별 기준개수

스프링클러설비의 설치장소			기준개수
지하층을 제외한 층수가 10층 이하인 특정소방대상물	공장	특수가연물을 저장·취급하는 것	30
		그 밖의 것	20
	근린생활시설·판매시설· 운수시설 또는 복합건축물	판매시설 또는 복합건축물 (판매시설이 설치된 복합건축물)	30
		그 밖의 것	20
	그 밖의 것	헤드의 부착 높이가 8 [m] 이상인 것	20
		헤드의 부착 높이가 8 [m] 미만인 것	10
지하층을 제외한 층수가 11층 이상인 특정소방대상물(아파트 제외)·지하가 또는 지하역사			30
아파트등	아파트등의 각 동이 주차장으로 서로 연결되지 않은 구조인 경우		10
	아파트등의 각 동이 주차장으로 서로 연결된 구조인 경우		30
라지드롭형 스프링클러헤드를 설치한 창고시설			30

[비고] 하나의 소방대상물이 2 이상의 "스프링클러헤드의 기준개수"란에 해당하는 때에는 기준
개수가 많은 것을 기준으로 한다. 다만 각 기준개수에 해당하는 수원을 별도로 설치하는
경우에는 그렇지 않다.

※ 기준개수 : 화재발생 시 동시에 개방되는 스프링클러헤드의 개수

12

| 득점 | 배점 | 5 |

다음 중 옥내소화전 방수구 설치 제외 장소에 해당되는 것을 [보기] 중에서 모두 골라 번호를 쓰시오.

보기

㉠ 냉장창고 중 온도가 영하인 냉장실 또는 냉동창고의 냉동실

㉡ 고온의 노가 설치된 장소 또는 물과 격렬하게 반응하는 물품의 저장 또는 취급 장소

㉢ 제5류 위험물을 저장하고 있는 장소

㉣ 발전소·변전소 등으로서 전기시설이 설치된 장소

㉤ 사람이 상주하고 있는 장소

㉥ 식물원·수족관·목욕실·수영장(관람석 부분을 제외한다) 또는 그 밖의 이와 비슷한 장소

㉦ 물에 심하게 반응하는 물질 또는 물과 반응하여 위험한 물질을 생성하는 물질을 저장 또는 취급하는 장소

㉧ 고온의 물질 및 증류범위가 넓어 끓어 넘치는 위험이 있는 물질을 저장 또는 취급하는 장소

㉨ 야외음악당·야외극장 또는 그 밖의 이와 비슷한 장소

㉩ 운전 시에 표면의 온도가 260 [℃] 이상으로 되는 등 직접 분무를 하는 경우 그 부분에 손상을 입힐 우려가 있는 기계장치 등이 있는 장소

○ 답 :

정답

㉠, ㉡, ㉣, ㉥, ㉨

📌 **핵심이론** **옥내소화전설비의 화재안전기술기준(NFTC 102) – 2.8 방수구의 설치 제외**

2.8.1 불연재료로 된 특정소방대상물 또는 그 부분으로서 다음의 어느 하나에 해당하는 곳에는 옥내소화전 방수구를 설치하지 않을 수 있다.

2.8.1.1 냉장창고 중 온도가 영하인 냉장실 또는 냉동창고의 냉동실

2.8.1.2 고온의 노가 설치된 장소 또는 물과 격렬하게 반응하는 물품의 저장 또는 취급 장소

2.8.1.3 발전소·변전소 등으로서 전기시설이 설치된 장소

2.8.1.4 식물원·수족관·목욕실·수영장(관람석 부분을 제외한다) 또는 그 밖의 이와 비슷한 장소

2.8.1.5 야외음악당·야외극장 또는 그 밖의 이와 비슷한 장소

13

득점	배점	6

주차장 바닥면적이 200 [m²]인 방호공간에 최대 방수구역의 바닥면적을 100 [m²]로 하여 물분무소화설비를 설치할 경우 다음 물음에 답하시오. (단, 효율은 65 [%], 전양정 50 [m], 전달계수 K = 1로 한다)

가. 수원의 최소 확보량[m³]을 구하시오.

　　○ 계산과정 :

　　○ 답 :

나. 펌프를 구동하기 위한 전동기의 최소용량[kW]을 구하시오.

　　○ 계산과정 :

　　○ 답 :

🖐 선생님 TIP

최대 방수구역을 유의하여 풀이합시다.

정답

가. 계산과정

$Q = A\,[m^2] \times 20\,[L/min \cdot m^2] \times 20\,[min]$

　　$= 100 \times 20 \times 20 = 40000\,[L] = 40\,[m^3]$

답 | 40 [m³]

나. 계산과정

① $Q = A\,[m^2] \times 20\,[L/min \cdot m^2] = 100 \times 20 = 2000\,[L/min]$

② $P[kW] = \dfrac{\gamma Q H}{\eta} \times K = \dfrac{9.8\,[kN/m^3] \times \frac{2}{60}\,[m^3/s] \times 50\,[m]}{0.65} \times 1 = 25.13\,[kW]$

답 | 25.13 [kW]

14

다음은 수계소화설비의 계통도이다. 잘못 설치되었거나 누락된 부분을 4군데 쓰고, 바르게 고쳐 쓰시오.

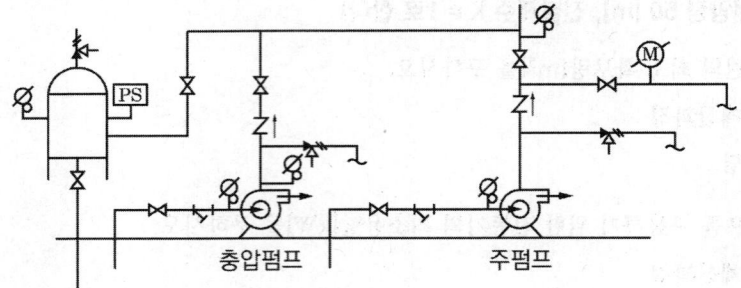

충압펌프   주펌프

◯ 답 :

잘못된 점	수정방법
①	①
②	②
③	③
④	④
⑤	⑤

정답

잘못된 점	수정방법
① 충압펌프와 주펌프의 흡입배관의 흡입구에 풋밸브 미설치	① 충압펌프와 주펌프의 흡입배관 흡입구에 풋밸브 설치
② 충압펌프와 주펌프의 흡입배관에 압력계 설치	② 충압펌프와 주펌프의 흡입배관에 연성계(진공계) 설치
③ 주펌프의 토출배관에 압력계의 설치 위치	③ 압력계는 주펌프에 가까이 설치
④ 주펌프의 성능시험 배관에 유량조절밸브 누락	④ 주펌프의 성능시험배관에 유량조절밸브를 설치
⑤ 충압펌프의 순환배관 및 릴리프밸브 설치	⑤ 충압펌프의 순환배관 및 릴리프밸브 제거
⑥ 물올림장치 누락	⑥ 물올림장치를 설치하여 주펌프 및 충압펌프의 흡입 측으로 물을 공급할 수 있도록 함
⑦ 압력챔버의 압력스위치 부족	⑦ 압력챔버의 압력스위치 1개 더 설치

이 중 5가지만 기재하면 정답

15

득점	배점	7

축압식 ABC분말소화기의 그림이다. 다음 각 물음에 답하시오.

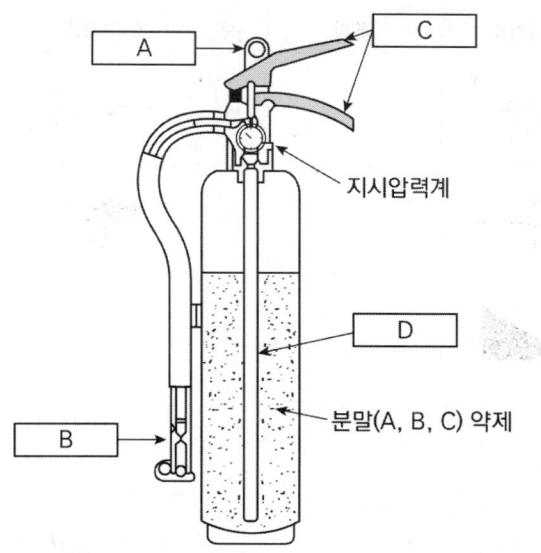

가. 위 그림에서 기호에 알맞은 용어를 쓰시오.

○ 답

A :　　　　　　B :　　　　　　C :　　　　　　D :

나. 위 소화기의 주된 소화효과 3가지를 쓰시오.

○ 답 :

정답

가. A : 안전밸브(안전핀)

B : 노즐

C : 레버

D : 사이폰관

나. ① 억제(부촉매) 소화효과

② 질식 소화효과

③ 냉각 소화효과

16

| 득점 | | 배점 | 5 |

그림은 소방시설 도시기호이다. 다음 각각의 명칭을 쓰시오.

구분	도시기호	명칭	구분	도시기호	명칭
(1)			(4)		
(2)			(5)		
(3)			–	–	–

정답

구분	도시기호	명칭	구분	도시기호	명칭
(1)		프리액션밸브	(4)		캡
(2)		송수구	(5)		앵글밸브
(3)		옥내소화전함	–	–	–

MOAG

모아바 www.moa-ba.com
모아소방전기학원 www.moate.co.kr

격차를 뛰어넘어 압도적인 격차를 만들다

2024

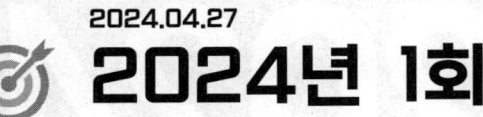

2024.04.27
2024년 1회

점수 :

01

득점 | 배점 | 5

그림과 같은 벤추리미터(Venturi-Meter)에서 관 속에 흐르는 물의 유량 [L/s]을 구하시오. (단, 유량계수는 0.9, 입구지름은 100 [mm], 목(Throat) 지름은 50 [mm], 수은주 높이 차이(Δh)는 46 [cm], 수은의 비중은 13.6이다)

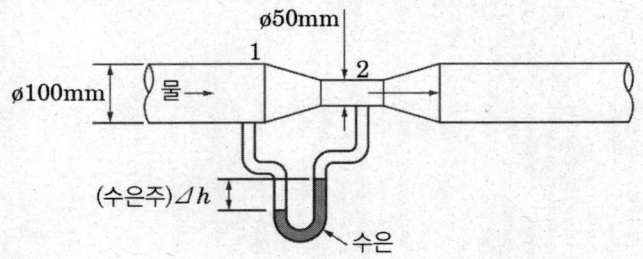

○ 계산과정 :

○ 답 :

정답

벤추리미터의 유량공식

$$Q = C_d \frac{A_2}{\sqrt{1-\left(\frac{A_2}{A_1}\right)^2}} \sqrt{2gh\left(\frac{S_0}{S}-1\right)}$$

Q : 유량 [m³/s], C_d : 유량계수

A_1 : 배관 단면적 [m²], A_2 : 벤추리관 단면적 [m²], $\frac{A_2}{A_1}$: 개구비

h : 마노미터 높이차 [m], S : 배관유체 비중, S_0 : U자관 액주계유체 비중

☑ 계산과정

$$Q = C \frac{A_2}{\sqrt{1-\left(\frac{A_2}{A_1}\right)^2}} \sqrt{2gh\left(\frac{S_0}{S}-1\right)} = C \frac{A_2}{\sqrt{1-\left(\frac{\frac{\pi}{4}D_2^2}{\frac{\pi}{4}D_1^2}\right)^2}} \sqrt{2gh\left(\frac{S_0}{S}-1\right)}$$

$$= C\frac{A_2}{\sqrt{1-\left(\dfrac{D_2}{D_1}\right)^4}}\sqrt{2gh\left(\frac{S_0}{S}-1\right)}$$

$$= 0.9\times\left(\frac{\pi}{4}\times0.05^2\right)\times\frac{1}{\sqrt{1-\left(\dfrac{0.05}{0.1}\right)^4}}\times\sqrt{2\times9.8\times0.46\times\left(\frac{13.6}{1}-1\right)}$$

$$= 0.0194526\,[m^3/s] \fallingdotseq 19.45\,[L/s]$$

답 | 19.45 [L/s]

02

득점	배점	7

아래 그림은 할론 1301 소화설비의 계통도이다. 그림을 참조하여 다음 각 물음에 답하시오.

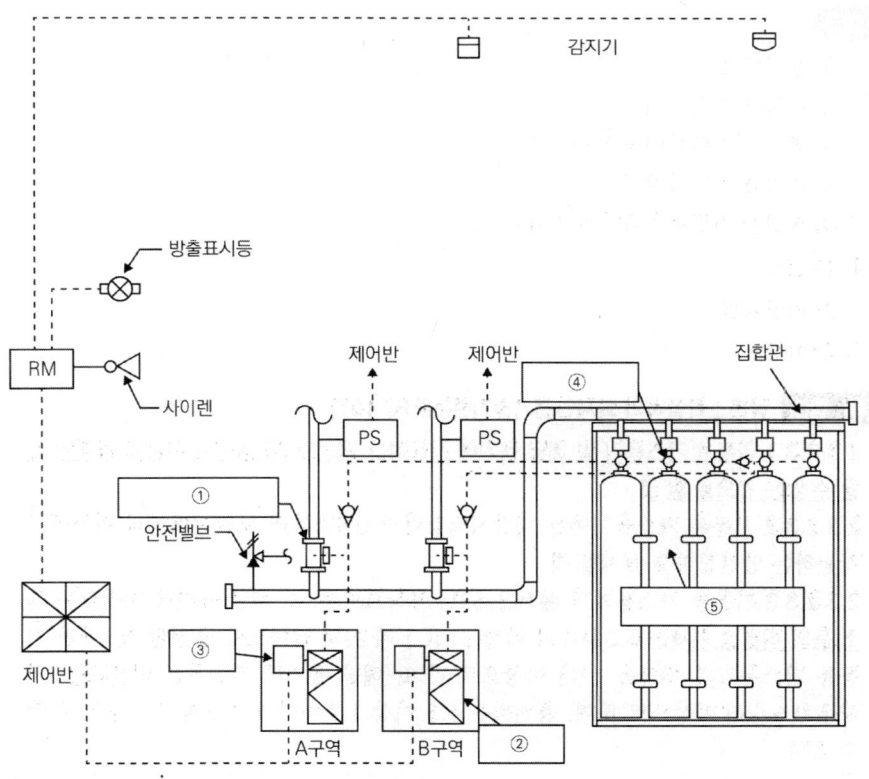

가. ①, ②, ③, ④, ⑤의 명칭을 쓰시오.

○ 답

①   ②

③   ④

⑤

나. ②에 사용할 수 있는 가스 2가지를 쓰시오.

○ 답

1)

2)

다. ②, ③에 사용하는 밸브는 몇 [MPa] 이상의 압력에 견딜 수 있는 것으로 해야 하는가?

○ 답 :

정답

가. ① 선택밸브

② 기동용 가스용기

③ 전자 개방밸브(솔레노이드밸브)

④ 저장용기 개방장치

⑤ 저장용기(할론소화약제 저장용기)

나. 1) 질소

2) 이산화탄소

다. 25 [MPa]

■·참고   **할론소화설비의 화재안전기술기준(NFTC 107)**

2.3.2.3.1 <u>기동용 가스용기 및 해당 용기에 사용하는 밸브는 25 [MPa] 이상의 압력에 견딜 수 있는 것으로 할 것</u>

2.3.2.3.2 기동용 가스용기에는 내압시험압력의 0.8배부터 내압시험압력 이하에서 작동하는 안전장치를 설치할 것

2.3.2.3.3 기동용 가스용기의 체적은 5 [L] 이상으로 하고, 해당 용기에 저장하는 <u>질소 등의 비활성 기체</u>는 6.0 [MPa] 이상(21 [℃] 기준)의 압력으로 충전할 것. 다만 기동용 가스용기의 체적을 1 [L] 이상으로 하고, 해당 용기에 저장하는 <u>이산화탄소</u>의 양은 0.6 [kg] 이상으로 하며, 충전비는 1.5 이상 1.9 이하의 기동용 가스용기로 할 수 있다.

03

득점 | | 배점 | 9

제4류 위험물을 저장하는 탱크의 내부 직경이 20 [m]인 콘루프탱크(Cone Roof Tank)에 Ⅰ형 고정포방출구를 설치하고, 보조소화전 4개를 설치하여 방호하려고 한다. 송액관의 직경은 150 [mm], 관의 길이는 150 [m]일 때 다음 각 물음에 답하시오. (단, Ⅰ형 고정포방출구에 대한 포수용액의 분당방출량은 4 [L/m² · min], 방사시간은 30분을 기준으로 하며, 포소화약제의 농도는 3 [%]이다)

가. 최소 포소화약제의 저장량 [L]을 구하시오.

○ 계산과정 :

○ 답 :

나. 포소화설비에 의해 소화하는 데 필요한 최소 수원의 양 [m³]을 구하시오.

○ 계산과정 :

○ 답 :

다. Ⅰ형 고정포방출구를 탱크옆판의 상부에 설치하여 액표면상에 포를 방출하는 방법을 쓰시오.

○ 답 :

정답

가. 계산과정

① 고정포 : $Q_1[L] = A[m^2] \times Q_A[L/m^2 \cdot min] \times T[min] \times S$

$$= \frac{\pi \times 20^2}{4}[m^2] \times 4[L/m^2 \cdot min] \times 30[min] \times 0.03$$

$$= 1130.973[L]$$

② 보조포 : $Q_2[L] = N \times 400[L/min] \times 20[min] \times S$

$$= 3 \times 400[L/min] \times 20[min] \times 0.03 = 720[L]$$

③ 배관 보정량 : $Q_3[L] = V[m^3] \times S \times 1000[L/m^3]$

$$= \left(\frac{\pi \times 0.15^2}{4}\right)[m^2] \times 150[m] \times 0.03 \times 1000[L/m^3]$$

$$= 79.521[L]$$

∴ ① + ② + ③ = 1130.973 + 720 + 79.521 = 1930.494 ≒ 1930.49 [L]

답 | 1930.49 [L]

나. 계산과정

① 고정포 : $Q_1[L] = A[m^2] \times Q_A[L/m^2 \cdot min] \times T[min] \times (1-S)$

$$= \frac{\pi \times 20^2}{4}[m^2] \times 4[L/m^2 \cdot min] \times 30[min] \times (1-0.03)$$

$$= 36568.138[L]$$

② 보조포 : $Q_2[L] = N \times 400[L/min] \times 20[min] \times (1-S)$

$$= 3 \times 400[L/min] \times 20[min] \times (1-0.03) = 23280[L]$$

③ 배관 보정량 : $Q_3[L] = V[m^3] \times (1-S) \times 1000[L/m^3]$

$$= \left(\frac{\pi \times 0.15^2}{4}\right)[m^2] \times 150[m] \times (1-0.03) \times 1000[L/m^3]$$

$$= 2571.197[L]$$

∴ ① + ② + ③ = 36568.138 + 23280 + 2571.197 = 62419.335 [L]

$$\fallingdotseq 62.42 \, [m^3]$$

답 | 62.42 [m³]

다. 상부포주입법(상부포주입방식)

> **참고** 위험물 저장탱크에 적용할 수 있는 포방출구의 종류

고정포방출구		작동원리
I형	 홈통 홈통(Trough)	고정지붕구조의 탱크에 상부포주입법(고정포방출구를 탱크옆판의 상부에 설치하여 액표면상에 포를 방출하는 방법을 말한다. 이하 같다)을 이용하는 것으로서 방출된 포가 액면 아래로 몰입되거나 액면을 뒤섞지 않고 액면상을 덮을 수 있는 통계단 또는 미끄럼판 등의 설비 및 탱크 내의 위험물증기가 외부로 역류되는 것을 저지할 수 있는 구조·기구를 갖는 포방출구
II형	 봉판 탱크 폼챔버 디플렉터 발포기 액면 스트레이너 완충장치	고정지붕구조 또는 부상덮개부착고정지붕구조(옥외저장탱크의 액상에 금속제의 플로팅, 팬 등의 덮개를 부착한 고정지붕구조의 것을 말한다. 이하 같다)의 탱크에 상부포주입법을 이용하는 것으로서 방출된 포가 탱크옆판의 내면을 따라 흘러내려 가면서 액면 아래로 몰입되거나 액면을 뒤섞지 않고 액면상을 덮을 수 있는 반사판 및 탱크 내의 위험물증기가 외부로 역류되는 것을 저지할 수 있는 구조·기구를 갖는 포방출구

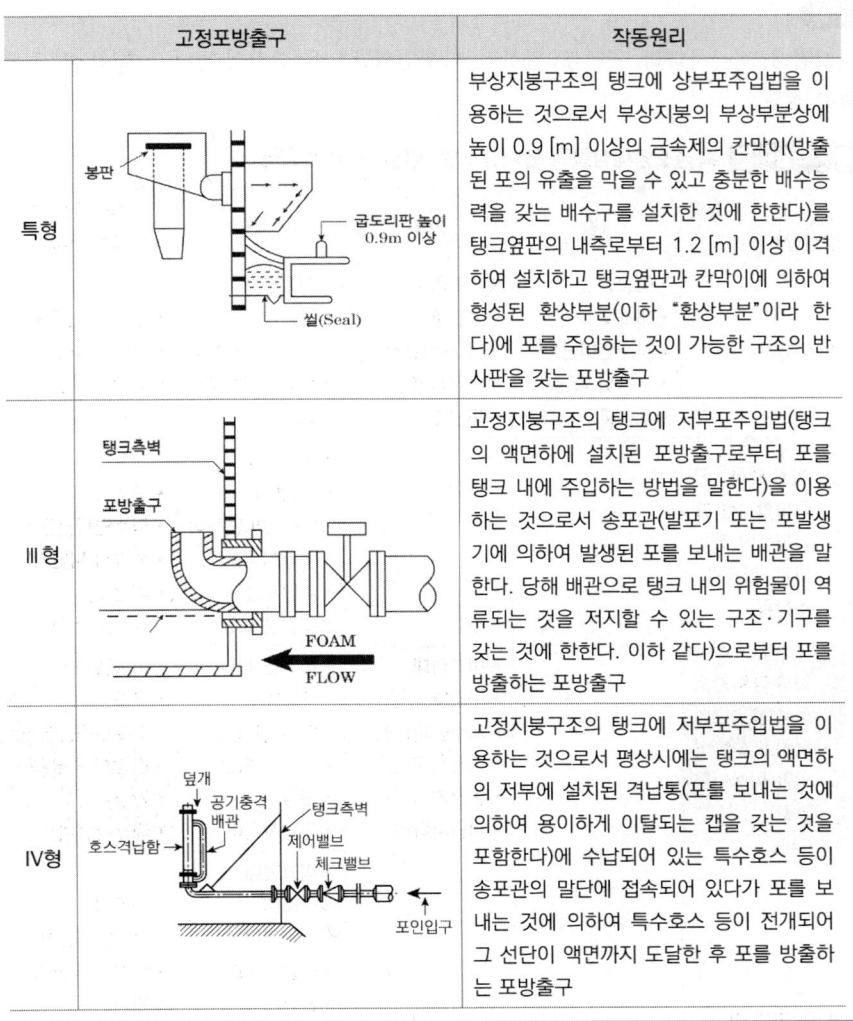

고정포방출구	작동원리
특형	부상지붕구조의 탱크에 상부포주입법을 이용하는 것으로서 부상지붕의 부상부분상에 높이 0.9 [m] 이상의 금속제의 칸막이(방출된 포의 유출을 막을 수 있고 충분한 배수능력을 갖는 배수구를 설치한 것에 한한다)를 탱크옆판의 내측으로부터 1.2 [m] 이상 이격하여 설치하고 탱크옆판과 칸막이에 의하여 형성된 환상부분(이하 "환상부분"이라 한다)에 포를 주입하는 것이 가능한 구조의 반사판을 갖는 포방출구
Ⅲ형	고정지붕구조의 탱크에 저부포주입법(탱크의 액면하에 설치된 포방출구로부터 포를 탱크 내에 주입하는 방법을 말한다)을 이용하는 것으로서 송포관(발포기 또는 포발생기에 의하여 발생된 포를 보내는 배관을 말한다. 당해 배관으로 탱크 내의 위험물이 역류되는 것을 저지할 수 있는 구조·기구를 갖는 것에 한한다. 이하 같다)으로부터 포를 방출하는 포방출구
Ⅳ형	고정지붕구조의 탱크에 저부포주입법을 이용하는 것으로서 평상시에는 탱크의 액면하의 저부에 설치된 격납통(포를 보내는 것에 의하여 용이하게 이탈되는 캡을 갖는 것을 포함한다)에 수납되어 있는 특수호스 등이 송포관의 말단에 접속되어 있다가 포를 보내는 것에 의하여 특수호스 등이 전개되어 그 선단이 액면까지 도달한 후 포를 방출하는 포방출구

04

영업장의 위치가 4층인 다중이용업소의 적응성이 있는 피난기구의 종류 4가지를 쓰시오.

○ 답

①   ②

③   ④

정답

미끄럼대, 피난사다리, 구조대, 완강기, 다수인피난장비, 승강식 피난기 중 4가지 기재하면 정답

✦ **핵심이론** 특정소방대상물의 설치장소별 피난기구의 적응성

층별 설치장소별	1층	2층	3층	4층 이상 10층 이하
1. 노유자시설	• 미끄럼대 • 구조대 • 다수인피난장비 • 승강식 피난기 • 피난교	• 미끄럼대 • 구조대 • 다수인피난장비 • 승강식 피난기 • 피난교	• 미끄럼대 • 구조대 • 다수인피난장비 • 승강식 피난기 • 피난교	• 구조대[1] • 다수인피난장비 • 승강식 피난기 • 피난교
2. 의료시설·근린생활시설 중 입원실이 있는 의원·접골원·조산원	-	-	• 미끄럼대 • 구조대 • 다수인피난장비 • 승강식 피난기 • 피난교 • 피난용 트랩	• 구조대 • 다수인피난장비 • 승강식 피난기 • 피난교 • 피난용 트랩
3. 다중이용업소로서 영업장의 위치가 4층 이하인 다중이용업소	-	• 미끄럼대 • 구조대 • 다수인피난장비 • 승강식 피난기 • 완강기 • 피난사다리	• 미끄럼대 • 구조대 • 다수인피난장비 • 승강식 피난기 • 완강기 • 피난사다리	• 미끄럼대 • 구조대 • 다수인피난장비 • 승강식 피난기 • 완강기 • 피난사다리
4. 그 밖의 것	-	-	• 미끄럼대 • 구조대 • 다수인피난장비 • 승강식 피난기 • 완강기 • 간이완강기[2] • 공기안전매트 • 피난교 • 피난사다리 • 피난용 트랩	• 구조대 • 다수인피난장비 • 승강식 피난기 • 완강기 • 간이완강기[2] • 공기안전매트 • 피난교 • 피난사다리

[비고]

1) 구조대의 적응성은 장애인 관련 시설로서 주된 사용자 중 스스로 피난이 불가한 자가 있는 경우 추가로 설치하는 경우에 한한다.

2) 간이완강기의 적응성은 숙박시설의 3층 이상에 있는 객실에 추가로 설치하는 경우에 한한다.

05

득점		배점	6

케이블실의 체적이 1000 [m³]인 방호구역에 심부화재를 대비하여 전역방출방식으로 이산화탄소소화약제를 방출할 시 설계농도를 50 [%]로 하려고 한다. 이때 이산화탄소소화약제의 약제량 [kg] 및 저장용기 수 [병]를 답하시오. (단, 저장용기 1병당 충전량은 45 [kg]이고, 개구부에는 자동폐쇄장치를 설치하였다)

가. 이산화탄소소화약제의 약제량 [kg]을 구하시오.

○ 계산과정 :

○ 답 :

나. 이산화탄소소화약제의 저장용기 수 [병]를 구하시오.

○ 계산과정 :

○ 답 :

정답

가. 계산과정

$$W = (V \times \alpha) + (A \times \beta)$$
$$= 1000 \times 1.3 = 1300 \text{ [kg]}$$

핵심이론 이산화탄소소화설비 전역방출방식 심부화재 약제량 산정

$$W = (V \times \alpha) + (A \times \beta)$$

W : 약제량 [kg], V : 방호구역의 체적 [m³]
α : 방호구역 1 [m³]에 대한 소화약제의 양 [kg/m³]
A : 개구부 면적 [m²], β : 개구부 가산량(심부화재 : 10 [kg/m²])

방호대상물	방호구역 1 [m³]에 대한 소화약제의 양 α	설계농도 [%]	개구부 가산량 [kg/m²] β (자동폐쇄장치 미설치 시)
유압기기를 제외한 전기설비, 케이블실	1.3 [kg/m³]	50	
체적 55 [m³] 미만의 전기설비	1.6 [kg/m³]	50	
서고, **전**자제품창고, **목**재가공품 창고, **박**물관	2.0 [kg/m³]	65	10 [kg/m²]
고무류, **모**피창고, **집**진설비, **석**탄창고, **면**화류 창고	2.7 [kg/m³]	75	

답 | 1300 [kg]

나. 계산과정

$$\frac{1300 [kg]}{45 [kg/병]} = 28.888 ≒ 29 [병]$$

답 | 29 [병]

암기 ▶ 서전목박

암기 ▶ 고모집석면

06

| 득점 | 배점 | 4 |

스프링클러설비의 화재안전기술기준 중 연소할 우려가 있는 개구부에 다음의 기준에 따른 드렌처설비를 설치한 경우에는 해당 개구부에 한하여 스프링클러헤드를 설치하지 않을 수 있다. 다음 빈칸에 알맞은 내용을 [보기]에서 찾아 쓰시오.

───── [보기] ─────

0.1, 0.17, 0.3, 1, 1.6, 2.5, 3.2, 80, 130, 230

(1) 드렌처헤드는 개구부 위 측에 (①) [m] 이내마다 1개를 설치할 것

(2) 제어밸브(일제개방밸브·개폐표시형 밸브 및 수동조작부를 합한 것을 말한다. 이하 같다)는 특정소방대상물 층마다에 바닥 면으로부터 0.8 [m] 이상 1.5 [m] 이하의 위치에 설치할 것

(3) 수원의 수량은 드렌처헤드가 가장 많이 설치된 제어밸브의 드렌처헤드의 설치개수에 (②) [m³]를 곱하여 얻은 수치 이상이 되도록 할 것

(4) 드렌처설비는 드렌처헤드가 가장 많이 설치된 제어밸브에 설치된 드렌처헤드를 동시에 사용하는 경우에 각각의 헤드선단에 방수압력이 (③) [MPa], 방수량이 (④) [L/min] 이상이 되도록 할 것

(5) 수원에 연결하는 가압송수장치는 점검이 쉽고 화재 등의 재해로 인한 피해우려가 없는 장소에 설치할 것

정답

① 2.5

② 1.6

③ 0.1

④ 80

07

연결송수관설비의 송수구 부근에는 밸브를 설치해야 한다. 다음 각 물음에 답하시오.

가. 송수구 부근에 설치해야 할 밸브의 종류를 습식과 건식의 경우로 구분하여 송수 흐름 방향에 따라 순서대로 쓰시오.

　(1) 습식의 경우 : 송수구 → (　　　　) → (　　　　)

　(2) 건식의 경우 : 송수구 → (　　　　) → (　　　　) → (　　　　)

나. 연결송수관설비의 송수구 부근 배관 계통도를 그리시오. (단, 도시기호는

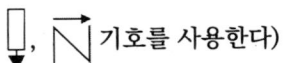 기호를 사용한다)

　(1) 습식의 경우

　(2) 건식의 경우

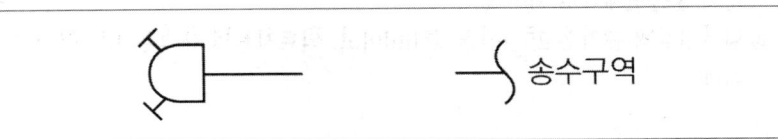

정답

가. (1) 습식의 경우 : 송수구 → (자동배수밸브) → (체크밸브)

　 (2) 건식의 경우 : 송수구 → (자동배수밸브) → (체크밸브) → (자동배수밸브)

나. (1) 습식의 경우

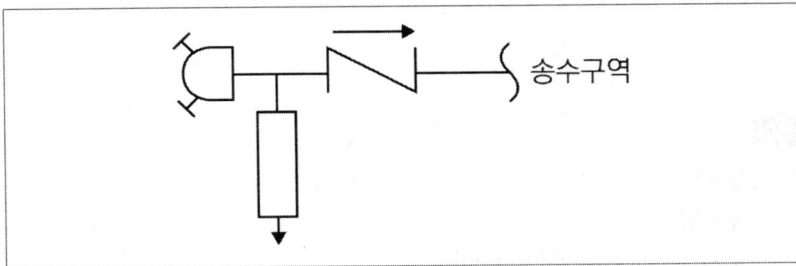

(2) 건식의 경우

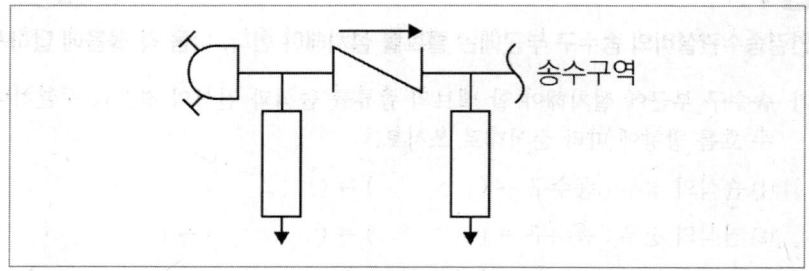

송수구역

08

득점　　　　배점　4

다음 조건에 따라 필요한 소화기구의 소화능력단위를 구하시오.

조건

(1) 업무시설의 주요구조부는 내화구조가 아니다.

(2) 의료시설의 주요구조부는 내화구조로 되어 있고, 벽 및 반자의 실내에 면하는 부분이 준불연재료로 되어 있다.

(3) 업무시설의 규격은 25 [m] × 16 [m]이고, 의료시설의 규격은 40 [m] × 30 [m]이다.

가. 업무시설

    ○ 계산과정 :

    ○ 답 :

나. 의료시설

    ○ 계산과정 :

    ○ 답 :

정답

가. 계산과정

    업무시설

$$소요능력단위 = \frac{25\,[m] \times 16\,[m]}{100\,[m^2/개]} = 4\,[단위]$$

답 | 4 [단위]

나. 계산과정

의료시설

$$소요능력단위 = \frac{40[m] \times 30[m]}{(50 \times 2)[m^2/개]} = 12[단위]$$

(주요구조부가 내화구조이고, 벽 및 반자의 실내에 면하는 부분이 준불연재료로 된 의료시설이므로 화재안전기술기준에 명시된 표의 바닥면적의 2배를 해당 특정소방대상물의 기준면적으로 한다)

답 | 12 [단위]

★• 핵심이론 특정소방대상물별 소화기구의 능력단위기준

특정소방대상물	소화기구의 능력단위
1. 위락시설	해당 용도의 바닥면적 30 [m²]마다 능력단위 1단위 이상
2. 공연장, 집회장, 관람장, 문화재, 장례식장 및 **의료시설**	해당 용도의 바닥면적 **50** [m²]마다 능력단위 1단위 이상
3. 근린생활시설, 판매시설, 운수시설, 숙박시설, 노유자시설, 전시장, 공동주택, **업무시설**, 방송통신시설, 공장, 창고시설, 항공기 및 자동차 관련 시설 및 관광휴게시설	해당 용도의 바닥면적 **100** [m²]마다 능력단위 1단위 이상
4. 그 **밖**의 것	해당 용도의 바닥면적 200 [m²]마다 능력단위 1단위 이상

[비고] 소화기구의 능력단위를 산출함에 있어서 주요구조부가 **내화구조**이고, 벽 및 반자의 실내에 면하는 부분이 **불연재료·준불연재료 또는 난연재료**로 된 특정대상물에 있어서는 위 표의 **바닥면적의 2배**를 해당 특정소방대상물의 기준면적으로 한다.

09

득점		배점	6

분말소화설비에서 정압작동장치의 기능을 간단히 적고 종류 3가지를 쓰시오.

가. 기능 :

나. 종류 :

정답

가. 기능 : 저장용기의 내부압력이 설정압력이 되었을 때 주밸브를 개방시키는 장치

나. 종류 : 압력스위치방식, 시한릴레이방식, 스프링방식, 기계식 중 3가지 기술할 것

📷 **참고** **정압작동장치**

1. 설치 목적 : 저장용기의 내부압력이 설정압력에 도달하면 작동하여 주밸브를 개 방시키는 장치
2. 종류

종류	주밸브 개방방식	구조
압력스위치식 (가스압력식)	탱크 내의 압력이 설 정 압력에 도달 시 **압 력스위치의 작동으로 솔레노이드밸브가 작 동**하여 주밸브 개방	
기계식	탱크 내의 압력이 설 정 압력에 도달 시 **가 스압력의 힘으로 밸 브의 레버를 당겨** 주 밸브 개방	
시한릴레이식 (전기식)	탱크 내의 압력이 설 정 압력에 도달 시 **미 리 시간을 시한릴레 이에 입력하여 작동 하면 솔레노이드밸브 가 작동**되어 주밸브 개방	

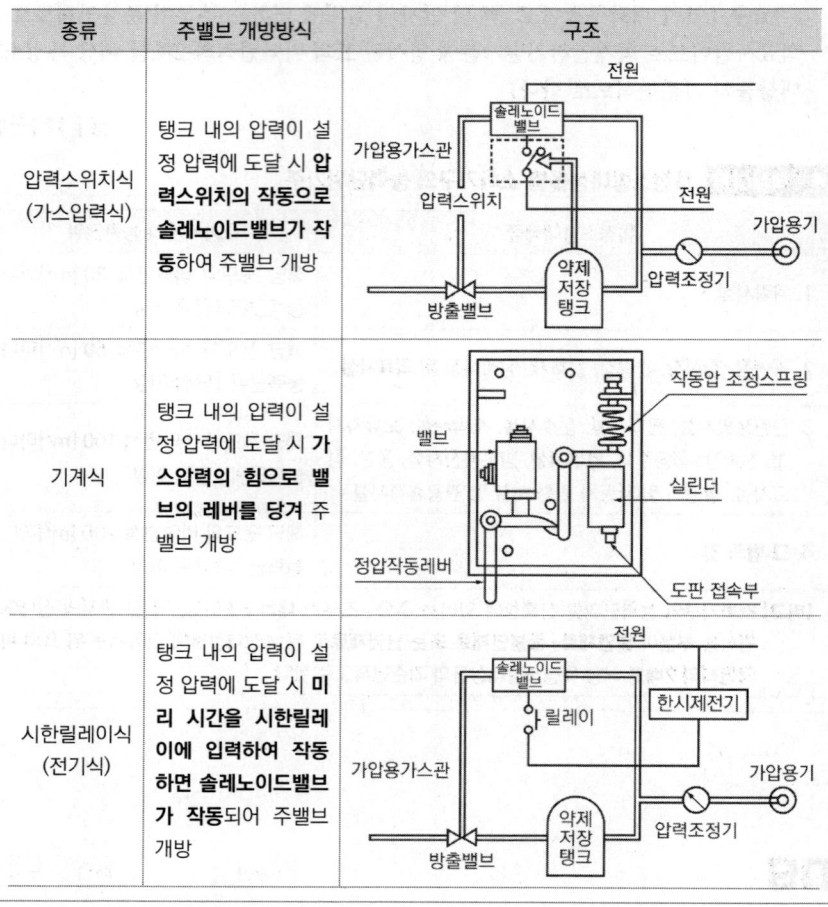

10

| 득점 | 배점 | 7 |

그림과 같은 옥내소화전설비를 다음 조건과 화재안전기술기준에 따라 설치하려고
한다. 다음 각 물음에 답하시오.

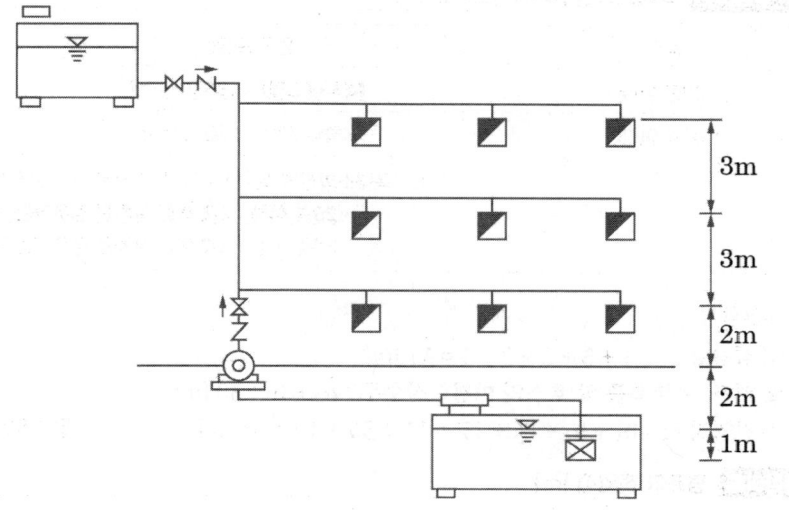

가. 펌프의 최소 토출량은 몇 [L/min]인가?

　○ 계산과정 :

　○ 답 :

나. 펌프의 최소 전양정 [m]을 구하시오. (단, 배관, 관부속 및 호스의 마찰손실수
　　두는 30 [m]이다)

　○ 계산과정 :

　○ 답 :

다. 펌프의 동력은 몇 [kW]인가? (단, 펌프의 효율은 60 [%], 전동기의 전달계수는
　　1.1로 한다)

　○ 계산과정 :

　○ 답 :

라. 수원의 최소 유효저수량은 몇 [m³]인가? (단, 옥상수조를 포함한다)

　○ 계산과정 :

　○ 답 :

정답

가. 계산과정

Q = 2 [개] × 130 [L/min] = 260 [L/min]

답 | 260 [L/min]

✦ 핵심이론 옥내소화전설비의 펌프 토출량

층수	펌프 토출량
29층 이하	**N(최대 2개) × 130 [L/min]**
30층 이상	N(최대 5개) × 130 [L/min]

※ N : 옥내소화전의 설치개수가 가장 많은 층의 설치개수
(29층 이하 : 2개 이상 설치된 경우에는 2개,
30층 이상 : 5개 이상 설치된 경우에는 5개)

나. 계산과정

① 실양정 h_1 : 3 + 3 + 2 + 2 + 1 = 11 [m]
② 배관, 관부속품 및 호스의 마찰손실수두 : $h_2 + h_3$: 30 [m]
∴ 전양정 H = $h_1 + h_2 + h_3 + 17$ = 11 + 30 + 17 = 58 [m]

답 | 58 [m]

✦ 핵심이론 펌프의 전양정 [m]

전양정 H = $h_1 + h_2 + h_3 + 17$

h_1 : 낙차(실양정) [m]
h_2 : 배관 및 관부속품의 마찰손실수두 [m]
h_3 : 소방용 호스 마찰손실수두 [m]
17 : 옥내소화전 최소 방수압 환산수두 [m]
(0.17 [MPa])

※ 호스릴옥내소화전설비 포함

다. 계산과정

$$소요동력 \ P[kW] = \frac{\gamma[kN/m^3] \times Q[m^3/s] \times H[m]}{\eta} \times K$$

$$P = \frac{9.8[kN/m^3] \times \frac{0.26}{60}[m^3/s] \times 58[m]}{0.6} \times 1.1 = 4.515 \fallingdotseq 4.52[kW]$$

답 | 4.52 [kW]

라. 계산과정

① 지하수조 저수량 = $2 \times 2.6[m^3] = 5.2[m^3]$

② 옥상수조 저수량 = $5.2[m^3] \times \frac{1}{3} = 1.73[m^3]$

∴ 총 수원의 최소 유효저수량 = $5.2[m^3] + 1.73[m^3] = 6.93[m^3]$

핵심이론 옥내소화전설비 수원의 양(주수원)

층수	수원의 양
29층 이하	N(최대 2개) × 130 [L/min] × 20 [min](= N × 2.6 [m³])
30층 이상 49층 이하	N(최대 5개) × 130 [L/min] × 40 [min](= N × 5.2 [m³])
50층 이상	N(최대 5개) × 130 [L/min] × 60 [min](= N × 7.8 [m³])

※ N : 옥내소화전의 설치개수가 가장 많은 층의 설치개수
(29층 이하 : 2개 이상 설치된 경우에는 2개,
30층 이상 : 5개 이상 설치된 경우에는 5개)

답 | 6.93 [m³]

11

득점		배점	5

옥내소화전설비의 호스접결구의 인입 측에 감압장치를 설치해야 하는 경우에 대하여 다음 각 물음에 답하시오.

가. 하나의 옥내소화전을 사용하는 노즐선단에서의 방수압력이 몇 [MPa]을 초과할 경우 감압장치를 설치해야 하는가?

○ 답 :

나. 호스접결구 인입 측에 설치하는 감압장치의 종류 2가지를 쓰시오.

○ 답
①
②

정답

가. 0.7 [MPa] 초과

핵심이론 옥내소화전설비의 화재안전기술기준(NFTC 102) − 2.2 가압송수장치

2.2.1.3 특정소방대상물의 어느 층에 있어서도 해당 층의 옥내소화전(2개 이상 설치된 경우에는 2개의 옥내소화전)을 동시에 사용할 경우 각 소화전의 노즐선단에서의 방수압력이 0.17 [MPa](호스릴옥내소화전설비를 포함한다) 이상이고, 방수량이 130 [L/min](호스릴옥내소화전설비를 포함한다) 이상이 되는 성능의 것으로 할 것. 다만 하나의 옥내소화전을 사용하는 노즐선단에서의 방수압력이 0.7 [MPa]을 초과할 경우에는 호스접결구의 인입 측에 감압장치를 설치해야 한다.

나. ① 오리피스, ② 감압밸브

12

건식 스프링클러설비에 하향식 스프링클러헤드를 설치하는 경우 설치하는 헤드의 이름과 설치 이유를 쓰시오.

가. 헤드 이름

　○ 답 :

나. 설치 이유

　○ 답 :

정답

가. 헤드 이름 : 드라이펜던트 스프링클러헤드

나. 설치 이유 : 동파방지를 위해

▶참고 **스프링클러설비의 화재안전기술기준(NFTC 103)**

2.7.7.7 습식 스프링클러설비 및 부압식 스프링클러설비 외의 설비에는 상향식 스프링클러헤드를 설치할 것. 다만 다음의 어느 하나에 해당하는 경우에는 그렇지 않다.

(1) 드라이펜던트 스프링클러헤드를 사용하는 경우

(2) 스프링클러헤드의 설치장소가 동파의 우려가 없는 곳인 경우

(3) 개방형 스프링클러헤드를 사용하는 경우

※ 드라이펜던트 스프링클러헤드
동파방지를 위해 헤드의 롱니플 내에 질소가스 또는 부동액이 채워져 있고, 유로를 차단하는 플런저가 설치되어 있어 헤드가 개방되지 않으면 물이 헤드의 몸체로 들어가지 않도록 설계된 헤드

13

20층인 아파트에 습식 스프링클러설비를 설치하려고 한다. 다음 각 물음에 답하시오.

조건

(1) 하나의 층에 2개의 세대가 있고, 한 세대당 10개의 폐쇄형 스프링클러헤드를 설치하였다.

(2) 지하수조에 설치한 풋밸브로부터 최고위 헤드까지 수직거리는 80 [m]이다.

(3) 펌프의 풋밸브로부터 최고위 스프링클러헤드까지의 배관 및 관부속품의 총 마찰손실수두는 30 [m]이다.

(4) 말단헤드의 방수압은 화재안전기술기준의 최소량을 적용한다.

(5) 펌프의 효율은 60 [%], 여유율은 1.15이다.

(6) 옥상수조는 설치하지 않는다.

가. 수원의 최소 유효수량 [m³]을 구하시오. (단, 옥상수원은 고려하지 않는다)

  ○ 계산과정 :

  ○ 답 :

나. 펌프의 최소 토출량 [L/min]을 구하시오.

  ○ 계산과정 :

  ○ 답 :

다. 펌프의 전동기 동력 [kW]을 구하시오.

  ○ 계산과정 :

  ○ 답 :

라. 소화펌프의 토출 측 배관에 대한 최소 구경 [mm]을 구하시오. (단, 토출 측 배관 내 유속은 2 [m/s]이다)

  ○ 계산과정 :

  ○ 답 :

정답

가. 계산과정

$N \times 1.6$ [m³] = 10 [개] $\times$ 1.6 [m³] = 16 [m³]

(스프링클러헤드의 설치개수가 가장 많은 세대에 설치된 스프링클러헤드의 개수 [10개]가 기준개수보다 작은 경우에는 그 설치개수가 기준개수이다. 따라서 기준개수는 10개이다)

답 | 16 [m³]

참고 공동주택의 화재안전성능기준(NFPC 608) – 제7조(스프링클러설비) [시행 2024.1.1.]

제7조(스프링클러설비) 스프링클러설비는 다음 각 호의 기준에 따라 설치해야 한다.

1. 폐쇄형 스프링클러헤드를 사용하는 아파트등은 기준개수 10개(스프링클러헤드의 설치개수가 가장 많은 세대에 설치된 스프링클러헤드의 개수가 기준개수보다 작은 경우에는 그 설치개수를 말한다)에 1.6 [m³]를 곱한 양 이상의 수원이 확보되도록 할 것. 다만 아파트등의 각 동이 주차장으로 서로 연결된 구조인 경우 해당 주차장 부분의 기준개수는 30개로 할 것

나. 계산과정

Q = N × 80 [L/min] = 10 [개] × 80 [L/min] = 800 [L/min]

답 | 800 [L/min]

핵심이론 스프링클러설비 수원의 양(주수원) – 폐쇄형 스프링클러헤드의 경우

1) 수원의 양

층수	수원의 양
29층 이하	N(기준개수) × 80 [L/min] × 20 [min](= N × 1.6 [m³])
30층 이상 49층 이하	N(기준개수) × 80 [L/min] × 40 [min](= N × 3.2 [m³])
50층 이상	N(기준개수) × 80 [L/min] × 60 [min](= N × 4.8 [m³])

※ N : 스프링클러설비 설치장소별 스프링클러헤드의 기준개수
[스프링클러헤드의 설치개수가 가장 많은 층에 설치된 스프링클러헤드의 개수가 기준개수보다 작은 경우에는 그 설치개수를 말함]

2) 스프링클러설비 설치장소별 기준개수

스프링클러설비의 설치장소		기준개수
아파트등	아파트등의 각 동이 주차장으로 서로 연결되지 않은 구조인 경우	10
	아파트등의 각 동이 주차장으로 서로 연결된 구조인 경우	30

[비고] 하나의 소방대상물이 2 이상의 "스프링클러헤드의 기준개수"란에 해당하는 때에는 기준개수가 많은 것을 기준으로 한다. 다만 각 기준개수에 해당하는 수원을 별도로 설치하는 경우에는 그렇지 않다.

※ 기준개수 : 화재발생 시 동시에 개방되는 스프링클러헤드의 개수

다. 계산과정

$$소요동력 \ P[kW] = \frac{\gamma[kN/m^3] \times Q[m^3/s] \times H[m]}{\eta} \times K$$

① 전양정 H

h = 실양정 + 마찰손실수두 + 방사압
= $h_1 + h_2 + 10$
= 80 + 30 + 10 = 120 [m]

핵심이론 펌프의 전양정 [m]

전양정 H = h₁ + h₂ + 10

h₁ : 낙차(실양정) [m]
h₂ : 배관 및 관부속품의 마찰손실수두 [m]
10 : 스프링클러 최소 방수압 환산수두 [m]
　　(0.1 [MPa])

② 펌프의 전동기 동력

$$P[kW] = \frac{\gamma[kN/m^3] \times Q[m^3/s] \times H[m]}{\eta} \times K$$

$$= \frac{9.8[kN/m^3] \times \frac{0.8}{60}[m^3/s] \times 120[m]}{0.6} \times 1.15 = 30.053 = 30.05[kW]$$

답 | 30.05 [kW]

라. 계산과정

$$Q = \frac{(D^2 \times \pi)}{4} \times V$$

$$D = \sqrt{\frac{4 \times Q[m^3/s]}{\pi \times V[m/s]}} = \sqrt{\frac{4 \times \frac{0.8}{60}[m^3/s]}{\pi \times 2[m/s]}} = 0.09213[m] = 92.13[mm]$$

답 | 92.13 [mm]

14

| 득점 | | 배점 | 5 |

옥내소화전설비에서 펌프의 흡입 측 및 토출 측 배관에 대한 화재안전기술기준의 내용이다. 다음 괄호 안에 알맞은 내용을 쓰시오.

가. 펌프의 흡입 측 배관은 (①)이/가 생기지 않는 구조로 하고 (②)을/를 설치할 것
나. 펌프의 토출 측 주배관의 구경은 유속이 (③) [m/s] 이하가 될 수 있는 크기 이상으로 해야 하고, 옥내소화전방수구와 연결되는 가지배관의 구경은 (④) [mm] 이상, 호스릴옥내소화전설비와 연결되는 가지배관의 구경은 (⑤) [mm] 이상으로 해야 한다.

○ 답

　① 　　　　② 　　　　③ 　　　　④ 　　　　⑤

정답

① 공기 고임, ② 여과장치, ③ 4, ④ 40, ⑤ 25

📌 · **핵심이론** **옥내소화전설비의 화재안전기술기준(NFTC 102) – 2.3 배관 등**

2.3.4 <u>펌프의 흡입 측 배관</u>은 다음의 기준에 따라 설치해야 한다.
2.3.4.1 <u>공기 고임</u>이 생기지 않는 구조로 하고 <u>여과장치</u>를 설치할 것
2.3.4.2 수조가 펌프보다 낮게 설치된 경우에는 각 펌프(충압펌프를 포함한다)마다 수조로부터 별도로 설치할 것
2.3.5 <u>펌프의 토출 측 주배관의 구경</u>은 <u>유속이 4 [m/s] 이하</u>가 될 수 있는 크기 이상으로 해야 하고, <u>옥내소화전방수구와 연결되는 가지배관의 구경은 40 [mm]</u>(호스릴옥내<u>화전설비의 경우에는 25 [mm]) 이상</u>으로 해야 하며, 주배관 중 수직배관의 구경은 50 [mm](호스릴옥내소화전설비의 경우에는 32 [mm]) 이상으로 해야 한다.
2.3.6 연결송수관설비의 배관과 겸용할 경우의 주배관은 구경 100 [mm] 이상, 방수구로 연결되는 배관의 구경은 65 [mm] 이상의 것으로 해야 한다.

15
| | 득점 | | 배점 | 5 |

지하에 온도가 50 [℃]인 축열조가 있다. 축열조의 수원을 소화수와 겸용하여 펌프를 설치하려 한다. 펌프의 흡입 측 배관 설치 시, 흡입 수면으로부터 펌프 중심까지 가능한 최대 높이는 몇 [m]인가? (단, 대기압환산수두는 10.33 [mAq], 50 [℃]일 때의 포화수증기압 환산수두는 1.26 [mAq], 배관 및 관부속품의 마찰손실수두는 1.5 [mAq]이며, 필요흡입양정은 5 [mAq]이다)

⭕ 계산과정 :

⭕ 답 :

정답

☑ 계산과정
유효흡입양정 $NPSH_{av} = H_a - H_v - H_f - H_s$
$$= 10.33[m] - 1.26[m] - 1.5[m] - H_s[m]$$
$$= 7.57[m] - H_s$$

여기서 H_a : 흡입 수면의 대기압 환산수두 [m]
H_v : 유체의 온도에 상당하는 포화증기압 환산수두 [m]
H_f : 흡입 측 배관의 마찰손실수두 [m]
H_s : 흡입양정 [m]

여기서 유효흡입양정($NPSH_{av}$) ≥ 필요흡입양정($NPSH_{re}$)이어야 하므로

$7.57[m] - H_s \geq 5[m]$

$H_s \leq 7.57[m] - 5[m]$

$\therefore H_s \leq 2.57[m]$

답 | 2.57 [m]

📂 참고   유효흡입양정과 필요흡입양정

1. 유효흡입양정 $NPSH_{av}$(Available Net Positive Suction Head)

펌프 기동 시 펌프 내로 유입되는 유체의 절대압력

$$NPSH_{av} = \frac{P_a}{\gamma} - \frac{P_v}{\gamma} - H_f \pm H_s \text{ [m]}$$

여기서 P_a : 흡입 수면의 대기압 [N/m²]

P_v : 유체의 온도에 상당하는 포화증기압 [N/m²]

H_f : 흡입 측 배관의 마찰손실수두 [m]

H_s : 흡입양정(-) 또는 압입 양정(+) [m]

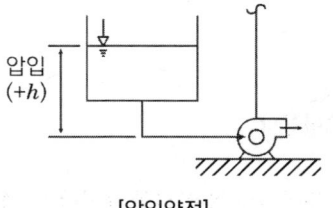
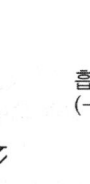
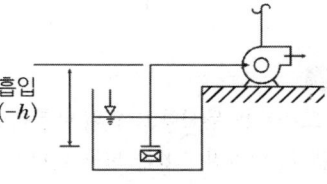

[압입양정]   [흡입양정]

2. 필요흡입양정 $NPSH_{re}$(Required Net Positive Suction Head)

펌프 기동 시 공동현상을 일으키지 않기 위해 펌프가 요구하는 최소한의 흡입유체의 절대압력

3. 공동현상 발생한계 조건

공동현상 발생 안 함	$NPSH_{av} > NPSH_{re}$
공동현상 발생한계	$NPSH_{av} = NPSH_{re}$
공동현상 발생	$NPSH_{av} < NPSH_{re}$

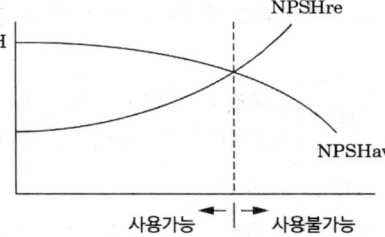

16

다음은 개방형 스프링클러설비의 일부분을 도식화한 그림이다. ①번 헤드의 방사량이 80 [L/min], 방사압이 0.1 [MPa]일 때, ④지점에서 필요한 송수량 [L/min] 및 요구압력 [MPa]을 구하려고 한다. [조건]을 참고하여 다음 표의 빈칸에 알맞은 값을 구하시오.

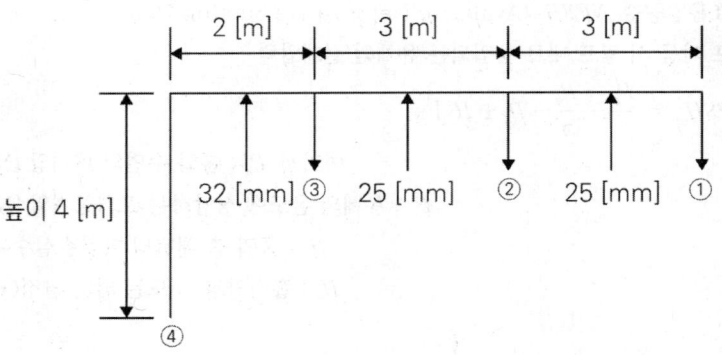

조건

(1) 속도수두는 무시하고 표의 마찰손실만 고려한다.
(2) 헤드의 방사상수 K는 모두 같다.
(3) 가지관과 헤드 사이의 배관, 관부속품 등 주어지지 않은 사항 무시하며, 표의 직관길이에 대한 손실만 고려한다.
(4) '요구압력' 항목을 산출 시 헤드인 경우 그 지점에서 필요 압력을 계산하여 명기하고 배관의 경우는 시작점에 필요 압력을 명기한다.
(5) 낙차에 대한 요구압력 산출 시 물의 비중량 9.8 [kN/m³]을 적용한다.

구간	유량 [L/min]	배관의 내경 [mm]	길이 [m]	마찰손실압력 [MPa] 1 [m]당	마찰손실압력 [MPa] 구간손실	낙차 [m]	요구압력 [MPa]
①헤드	80	–	–	–	–	–	0.1
①~②	80	25	3	0.01	(가)	0	–
②헤드	(다)	–	–	–	–	–	(나)
②~③	(라)	25	3	0.02	(마)	0	–
③헤드	(사)	–	–	–	–	–	(바)
③~④	(아)	32	6	0.01	(자)	4	–
④지점	(아)	–	–	–	–	–	(차)

○ 답

구분	계산과정	답
(가)		
(나)		
(다)		
(라)		
(마)		
(바)		
(사)		
(아)		
(자)		
(차)		

정답

구분	계산과정	답
(가)	$3[m] \times 0.01[MPa/m] = 0.03[MPa]$	0.03 [MPa]
(나)	$0.1[MPa] + 0.03[MPa] = 0.13[MPa]$	0.13 [MPa]
(다)	$80[L/\min] = K\sqrt{10 \times 0.1[MPa]}$, $K = 80$ $Q = K\sqrt{10P} = 80\sqrt{10 \times 0.13[MPa]} = 91.214 \fallingdotseq 91.21[L/\min]$	91.21 [L/min]
(라)	$80[L/\min] + 91.21[L/\min] = 171.21[L/\min]$	171.21 [L/min]
(마)	$3[m] \times 0.02[MPa/m] = 0.06[MPa]$	0.06 [MPa]
(바)	$0.13[MPa] + 0.06[MPa] = 0.19[MPa]$	0.19 [MPa]
(사)	$Q = K\sqrt{10P} = 80\sqrt{10 \times 0.19[MPa]} = 110.272 \fallingdotseq 110.27[L/\min]$	110.27 [L/min]
(아)	$80[L/\min] + 91.21[L/\min] + 110.27[L/\min] = 281.48[L/\min]$	281.48 [L/min]
(자)	$6[m] \times 0.01[MPa/m] = 0.06[MPa]$	0.06 [MPa]
(차)	$P = \gamma h = 9.8[kN/m^3] \times 4[m] = 39.2[kPa] = 0.0392[MPa]$ $0.19[MPa] + 0.06[MPa] + 0.0392[MPa] = 0.2892[MPa] \fallingdotseq 0.29[MPa]$	0.29 [MPa]

※ 추가해설

표에서 길이 [m] × 1 [m]당 마찰손실압력 [MPa] = 구간손실 [MPa]이다.

2024.07.28

2024년 2회

점수 :

01

득점 | 배점 | 5

분말소화설비의 소화약제 300 [kg]이 저장되어 있다. 제1종에서 제4종까지의 각각의 내용적 [L]을 구하시오. (단, 계산과정은 생략한다)

가. 제1종 분말소화약제

○ 답 :

나. 제2종 분말소화약제

○ 답 :

다. 제3종 분말소화약제

○ 답 :

라. 제4종 분말소화약제

○ 답 :

정답

핵심이론 분말소화설비의 화재안전기술기준(NFTC 108) – 분말소화약제의 저장용기

2.1.2 분말소화약제의 저장용기는 다음의 기준에 적합해야 한다.

2.1.2.1 저장용기의 내용적은 다음 표 2.1.2.1에 따를 것

[표 2.1.2.1 소화약제 종류에 따른 저장용기의 내용적]

소화약제의 종류	소화약제 1 [kg]당 저장용기의 내용적
제1종 분말	0.8 [L]
제2종 분말, 제3종 분말	1 [L]
제4종 분말	1.25 [L]

가. 제1종 분말소화약제

$300[kg] \times 0.8[L/kg] = 240[L]$ **답 | 240 [L]**

나. 제2종 분말소화약제

$300[kg] \times 1[L/kg] = 300[L]$ **답 | 300 [L]**

다. 제3종 분말소화약제

$300[kg] \times 1[L/kg] = 300[L]$ **답 | 300 [L]**

라. 제4종 분말소화약제

$300[kg] \times 1.25[L/kg] = 375[L]$ **답 | 375 [L]**

02

| 득점 | | 배점 | 7 |

스프링클러설비의 배관 중 그리드배관의 장점 2가지 쓰시오.

○ 답 :

정답

① 급수배관이 분산되어 마찰손실이 적고, 균일한 방사량 및 방사압력으로 방사가 가능

② 배관의 균열, 누수에도 소화수 공급 지속

③ 소화설비의 증설 및 이설이 용이

위 3가지 중 2가지 기술할 것

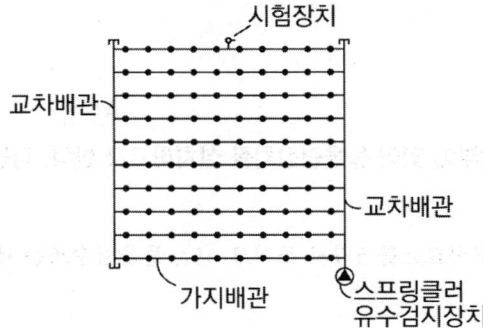

[그리드(격자) 배관방식]

참고 스프링클러설비의 배관방식

구분	그리드(격자)배관방식	루프배관방식	트리배관방식
설명	2개의 교차배관에 사이에 가지배관이 접속되어, 스프링클러설비 작동 시 2방향 이상으로 급수가 공급되는 방식으로 압력손실이 적고 방사압력이 균일하다.	2개의 교차배관에 사이에 가지배관이 접속되어, 스프링클러설비 작동 시 2방향 이상으로 급수가 공급되나 가지배관은 서로 연결되지 않는 방식이다.	주배관 → 수평주행배관 → 교차배관 → 가지배관 → 헤드의 방향으로 유수되며, 화재안전기준에 따라 일반적으로 사용하는 스프링클러 배관방식이다.
장점	① 급수배관이 분산되어 마찰손실이 적고, 균일한 방사량 및 방사압력으로 방사가 가능 ② 배관의 균열, 누수에도 소화수 공급 지속 ③ 소화설비의 증설 및 이설이 용이	① 유수의 흐름을 분산시켜 마찰손실이 적음 ② 배관의 균열, 누수에도 소화수 공급 지속 ③ 습식, 건식 설비에 적용 가능	수계산을 이용한 설계가 가능한 배관방식
단점	① 습식 설비에만 적용 가능 (건식, 준비작동식은 배관 내 과다한 공기로 방사가 지연됨) ② 배관 설계 프로그램만으로 설계가 가능	① 격자형에 비해 수력특성은 좋지 못함	① 배관의 균열, 누수 시 방사 능력 저하 ② 가압송수장치에서 멀어질수록 방사압력이 작아짐 (수력특성이 안 좋음) ③ 가지배관에 설치되는 헤드 개수에 제한이 있음

※ 최근 들어 수력 특성이 우수한 격자배관과 루프배관방식이 많이 채택되고 있음

03

득점		배점	9

펌프가 수원보다 상부에 있어 물올림장치를 설치하고자 한다. 다음 각 물음에 답하시오.

가. 물올림장치의 구성요소를 5가지 쓰시오. (단, 물올림수조는 제외한다)

　〇 답 :

나. 물올림수조의 유효수량 [L]은 얼마 이상으로 하여야 하는가?

　〇 답 :

정답

가. ① 수위계, ② 배수관, ③ 급수관, ④ 오버플로우관, ⑤ 자동급수밸브, ⑥ 배수밸브,
⑦ 볼탭, ⑧ 감수경보장치, ⑨ 체크밸브, ⑩ 개폐밸브

위 10가지 중 5가지 기술할 것

나. 100 [L]

핵심이론 **물올림장치의 설치기준**

(1) 물올림장치에는 전용의 수조를 설치할 것

(2) 수조의 유효수량은 100 [L] 이상으로 하되, 구경 15 [mm] 이상의 급수배관에 따라 해당 수조에 물이 계속 보급되도록 할 것

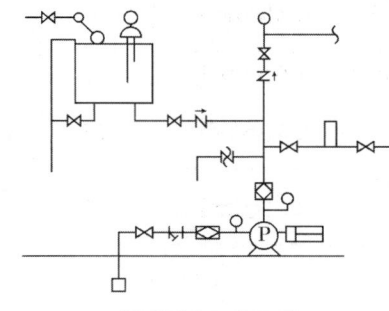

[물올림수조의 구조]

04

| 득점 | | 배점 | 4 |

케이블실의 체적이 1000 [m³]인 방호구역에 심부화재를 대비하여 이산화탄소소화설비에서 소화약제를 방출하려고 한다. 다음 각 물음에 답하시오.

가. 방호구역의 체적 1 [m³]에 대한 소화약제의 양 [kg]은 얼마 이상으로 해야 하는가?

○ 답 :

나. 이산화탄소소화약제 필요 약제량 [kg]을 구하시오.

○ 계산과정 :

○ 답 :

정답

가. 1.3 [kg/m³]

핵심이론 이산화탄소소화설비 전역방출방식 심부화재 약제량 산정

$W = (V \times \alpha) + (A \times \beta)$

W : 약제량 [kg], V : 방호구역의 체적 [m³]

α : 방호구역 1 [m³]에 대한 소화약제의 양 [kg/m³]

A : 개구부 면적 [m²], β : 개구부 가산량(심부화재 : 10 [kg/m²])

방호대상물	방호구역 1 [m³]에 대한 소화약제의 양 α	설계농도 [%]	개구부 가산량 [kg/m²] β (자동폐쇄장치 미설치 시)
유압기기를 제외한 전기설비, 케이블실	1.3 [kg/m³]	50	10 [kg/m²]
체적 55 [m³] 미만의 전기설비	1.6 [kg/m³]	50	
서고, **전**자제품창고, **목**재가공품 창고, **박**물관	2.0 [kg/m³]	65	
고무류, **모**피창고, **집**진설비, **석**탄창고, **면**화류 창고	2.7 [kg/m³]	75	

암기 ▶ 서전목박

암기 ▶ 고모집석면

나. 계산과정

$W = V \times \alpha$

$= 1000 \times 1.3 = 1300$ [kg]

답 | 1300 [kg]

05

득점 | | 배점 | 6

다음 그림은 소방시설도시기호이다. 각각의 명칭을 쓰시오.

구분	가	나	다	라	마	바
도시 기호	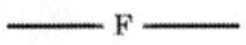 —F—	 ←—|	 ⊠	 ⧖	 —▷◁—	 Ⓜ
명칭						

정답

가. 포소화배관

나. 플러그

다. FOOT밸브 또는 풋밸브

라. 릴리프밸브(일반)

마. 게이트밸브(상시개방)

바. 모터밸브

06

득점 | **배점** | 4

피난기구에 대한 내용으로 다음 각 물음에 답하시오.

가. 사용자의 몸무게에 따라 자동적으로 내려올 수 있는 기구 중 사용자가 교대하여 연속적으로 사용할 수 있는 것의 피난기구 명칭을 쓰시오.

　　○ 답 :

나. 사용자의 몸무게에 따라 자동적으로 내려올 수 있는 기구 중 사용자가 교대하여 연속적으로 사용할 수 없는 것의 피난기구 명칭을 쓰시오.

　　○ 답 :

다. 소방청고시에 따라 최대사용하중에 상당하는 하중으로 좌우 교대하여 각각 1회 연속 강하시키는 경우 강하속도 [cm/s]는 얼마 미만이어야 하는지 보기 중에서 골라 쓰시오.

┌─────────── [보기] ───────────┐
　　　25, 100, 150, 200, 250, 750, 1500
└──────────────────────────────┘

　　○ 답 :

정답

가. 완강기

나. 간이완강기

다. 150 [cm/s]

참고 피난기구 – 완강기

(1) 정의

사용자의 몸무게에 따라 자동적으로 내려올 수 있는 기구 중 사용자가 교대하여 연속적으로 사용할 수 있는 것

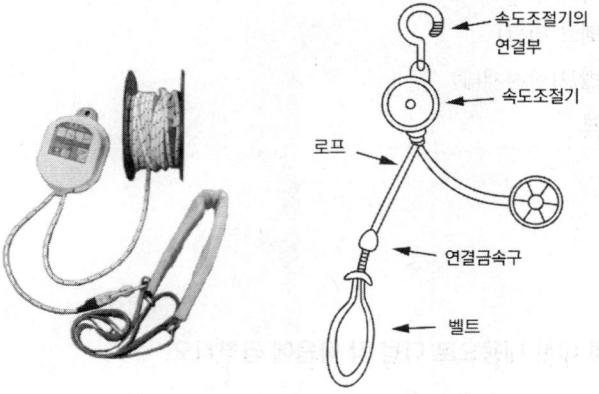

(2) 완강기의 형식승인 및 제품검사의 기술기준 – 제12조(강하속도)

로프의 길이를 최대한으로 사용하는 높이(로프의 길이가 15 [m]를 초과하는 것은 15 [m]의 높이)에 완강기를 설치하고 강하시험을 하는 경우 완강기의 강하속도는 다음 각 호에 적합하여야 하며, 주위온도 시험조건은 -20 ~ 50 [℃]의 상태에서 하여야 한다.

1. 250 [N]·750 [N]·1500 [N]의 하중, 최대사용자수에 750 [N]을 곱하여 얻은 값의 하중, 최대사용하중에 상당하는 하중으로 좌우 교대하여 각각 1회 연속 강하시키는 경우 각각의 강하속도는 25 [cm/s] 이상 150 [cm/s] 미만이어야 한다.

2. 완강기는 최대사용자수에 750 [N]을 곱하여 얻은 값의 하중으로 좌우 교대하여 각각 10회 연속 강하시키는 시험을 하는 경우 각각의 강하속도는 어느 경우에나 20회의 평균강하속도의 85 [%] 이상 115 [%] 이하이어야 한다.

3. 최대사용하중에 상당한 하중으로 좌우 교대하여, 각각 10(로프의 최대길이가 15 [m]를 초과하는 것에 있어서는 로프의 길이를 15 [m]로 나누어 얻어진 값에 10을 곱하여 얻어진 수치(소수점 첫째자리에서 절상))회 강하시키는 것을 1회로 하여, 5회 반복하는 시험을 한 후, 제1호의 시험을 하는 경우 동호에서 규정하는 속도범위 이내이어야 하며, 기능 또는 구조에 이상이 생기지 아니하여야 한다.

07

오리피스로 유량을 측정한 결과 그림과 같이 수은주의 높이차가 100 [mm]로 측정되었다. 이 오리피스를 통과하는 유량 [L/s]은 얼마인가? (단, 기체소화약제의 밀도는 60 [kg/m³], 수은의 밀도는 13600 [kg/m³]이다. 개구비와 오리피스 계수는 무시한다)

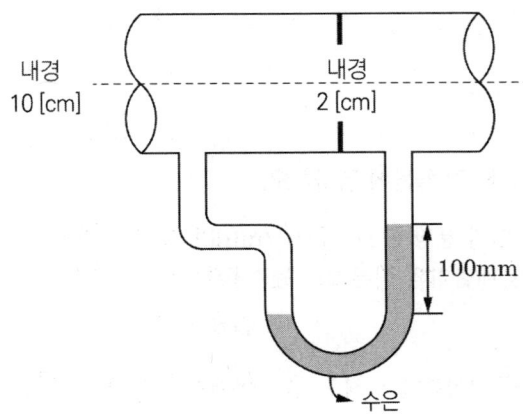

내경 10 [cm] 내경 2 [cm] 100mm 수은

○ 계산과정 :

○ 답 :

정답

☑ 계산과정

> □ 오리피스 유량계의 유량공식
>
> $$Q = C_v \frac{A_2}{\sqrt{1 - \left(\frac{A_2}{A_1}\right)^2}} \sqrt{2gh\left(\frac{\gamma_0}{\gamma} - 1\right)} = K \times A_2 \sqrt{2gh\left(\frac{\gamma_0}{\gamma} - 1\right)}$$
>
> Q : 유량 [m³/s], C_v : 속도계수
>
> K : 유량계수$\left(K = \dfrac{C_v}{\sqrt{1 - \left(\frac{A_2}{A_1}\right)^2}}\right)$
>
> h : 마노미터 높이차 [m], A_1 : 배관 단면적
>
> A_2 : 오리피스(벤추리관) 단면적, $\dfrac{A_2}{A_1}$: 개구비
>
> γ : 배관유체 비중량 [N/m^3]
>
> γ_0 : U자관 액주계유체 비중량 [N/m^3]

$$Q = A_2 \times \sqrt{2gh\left(\frac{\rho_0}{\rho} - 1\right)}$$

$$= \frac{\pi \times 0.02^2}{4} \times \sqrt{2 \times 9.8 \times 0.1 \times \left(\frac{13600}{60} - 1\right)}$$

$$= 6.607111 \times 10^{-3}[\text{m}^3/\text{s}] \fallingdotseq 6.61[\text{L/s}]$$

답 | 6.61 [L/s]

08

| 득점 | | 배점 | 4 |

제연설비에 대한 다음 각 물음에 답하시오.

가. 제연설비의 배연기 풍량이 1500 [m³/min]이고, 소요전압이 4 [mmHg], 효율이 60 [%]일 때 배출기의 이론 소요동력 [kW]을 구하시오.

○ 계산과정 :　　　　　　　　　　　　○ 답 :

나. 제연방식의 종류 2가지를 쓰시오. (단, 기계제연방식은 제외한다)

○ 답 :

다. 굴뚝현상(Stack Effect)의 정의와 발생하는 원인을 쓰시오.

○ 정의 :　　　　　　　　　　　　　　○ 발생 원인 :

정답

가. 계산과정

[풀이 1]

전압 $P_T = 4[mmHg] \times \dfrac{10332[mmAq]}{760[mmHg]} = 54.38[mmAq]$

동력 $P_T = \dfrac{P_t[mmAq] \times Q[m^3/s]}{102 \times \eta} = \dfrac{54.38[mmAq] \times \dfrac{1500}{60}[m^3/s]}{102 \times 0.6} = 22.21[kW]$

[풀이 2]

전압 $P_T = 4[mmHg] \times \dfrac{101.325[mmAq]}{760[mmHg]} = 0.533[kPa]$

동력 $P_T = \dfrac{P_t[kPa] \times Q[m^3/s]}{\eta} = \dfrac{0.533[kPa] \times \dfrac{1500}{60}[m^3/s]}{0.6} = 22.21[kW]$

답 | 22.21 [kW]

나. 자연제연방식, 스모크타워제연방식

다. • 정의 : 건축물 내부의 온도가 바깥보다 높고 밀도가 낮을 때 건물 내의 공기는 부력을 받아 이동하는데, 이를 '굴뚝효과' 또는 '연돌효과'라고 한다.

- 발생 원인 : 건축물의 내부와 외부 온도 차이로 인해 공기가 유동하는 것으로 건축물 내부의 온도가 바깥보다 높고 밀도가 낮을 때 건물 내의 공기는 부력으로 인해 생기는 현상이다.

09

득점		배점	6

그림과 같은 옥내소화전설비를 다음 조건과 화재안전기술기준에 따라 설치하려고 한다. 다음 각 물음에 답하시오.

조건

(1) P_1 : 옥내소화전펌프

(2) P_2 : 잡수용 양수펌프

(3) 펌프의 풋밸브로부터 9층 옥내소화전함 호스접결구까지의 마찰손실 및 저항손실수두는 실양정의 30 [%]로 한다.

(4) 펌프는 체적효율 95 [%], 기계효율 90 [%], 수력효율 85 [%]이다.

(5) 옥내소화전의 개수는 각 층당 2개씩 설치한다.

(6) 소화호스의 마찰손실수두는 7.8 [m]이다.

(7) P_1 풋밸브와 바닥면과의 간격은 0.2 [m]이다.

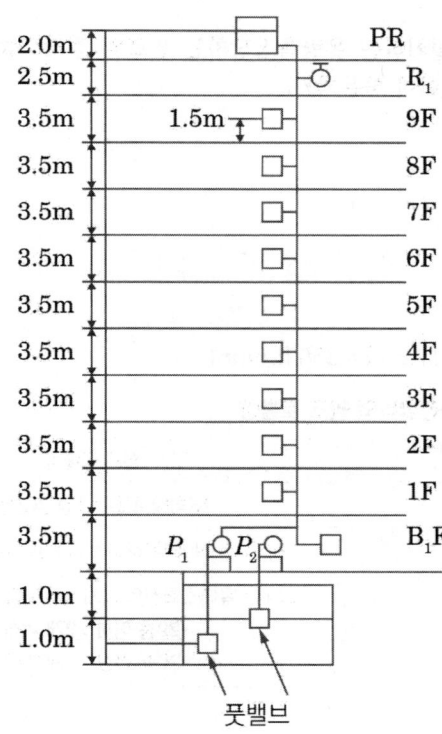

풋밸브

가. 펌프의 최소 토출량은 몇 [L/min]인가?

　○ 계산과정 :　　　　　　　　　　　　○ 답 :

나. 수원의 최소 유효수량은 몇 [m³]인가? (단, 옥상수조를 고려하지 않는다)

　○ 계산과정 :　　　　　　　　　　　　○ 답 :

다. 펌프의 양정은 몇 [m]인가?

　○ 계산과정 :　　　　　　　　　　　　○ 답 :

라. 펌프의 효율은 몇 [%]인가?

　○ 계산과정 :

　○ 답 :

마. 펌프의 동력은 몇 [kW]인가?

　○ 계산과정 :　　　　　　　　　　　　○ 답 :

바. 순환배관의 구경은 몇 [mm] 이상인가?

　○ 답 :

사. 연결송수관설비의 배관과 겸용할 경우의 주배관의 구경은 몇 [mm] 이상인가?

　○ 답 :

아. 성능시험배관에 설치하는 유량측정장치는 펌프의 정격토출량의 몇 [%] 이상까지 측정할 수 있어야 하는가?

　○ 답 :

정답

가. 계산과정

$$Q = 2 \,[\text{개}] \times 130 \,[\text{L/min}] = 260 \,[\text{L/min}]$$ 　　　　답 | 260 [L/min]

📌 핵심이론 옥내소화전설비의 펌프 토출량

층수	펌프 토출량
29층 이하	**N(최대 2개) × 130 [L/min]**
30층 이상	N(최대 5개) × 130 [L/min]

　　　　　　　　　　※ N : 옥내소화전의 설치개수가 가장 많은 층의 설치개수
　　　　　　　　　　(29층 이하 : 2개 이상 설치된 경우에는 2개,
　　　　　　　　　　30층 이상 : 5개 이상 설치된 경우에는 5개)

나. 계산과정

지하수조 저수량 = $260[L/min] \times 20[min] = 5200[L] = 5.2[m^3]$

📌 핵심이론 옥내소화전설비 수원의 양(주수원)

층수	수원의 양
29층 이하	**N(최대 2개) × 130 [L/min] × 20 [min](= N × 2.6 [m³])**
30층 이상 49층 이하	N(최대 5개) × 130 [L/min] × 40 [min](= N × 5.2 [m³])
50층 이상	N(최대 5개) × 130 [L/min] × 60 [min](= N × 7.8 [m³])

※ N : 옥내소화전의 설치개수가 가장 많은 층의 설치개수

(29층 이하 : 2개 이상 설치된 경우에는 2개,

30층 이상 : 5개 이상 설치된 경우에는 5개)

답 | 5.2 [m³]

다. 계산과정

① 실양정 h_1 : (1 - 0.2) + 1 + (3.5 × 9) + 1.5 = 34.8 [m]
② 배관 및 관부속품의 마찰손실수두 h_2 : 34.8 × 0.3 = 10.44 [m]
③ 소방용 호스 마찰손실수두 h_3 : 7.8 [m]
∴ 전양정 H = $h_1 + h_2 + h_3$ + 17 = 34.8 + 10.44 + 7.8 + 17 = 70.04 [m]

📌 핵심이론 펌프의 전양정 [m]

전양정 H = $h_1 + h_2 + h_3$ + 17

h_1 : 낙차(실양정) [m]
h_2 : 배관 및 관부속품의 마찰손실수두 [m]
h_3 : 소방용 호스 마찰손실수두 [m]
17 : 옥내소화전 최소 방수압 환산수두 [m]
(0.17 [MPa])

※ 호스릴옥내소화전설비 포함

답 | 70.04 [m]

라. 계산과정

$0.95 \times 0.9 \times 0.85 = 0.72675 = 72.68[\%]$

답 | 72.68 [%]

마. 계산과정

$$소요동력 \ P[kW] = \frac{\gamma[kN/m^3] \times Q[m^3/s] \times H[m]}{\eta} \times K$$

$$P = \frac{9.8[kN/m^3] \times \frac{0.26}{60}[m^3/s] \times 70.04[m]}{0.7268} = 4.09[kW]$$

답 | 4.09 [kW]

TIP ▶ 조건상 주어진 전달계수 K가 없으므로 전달계수는 고려하지 않는다.

바. 20 [mm]

핵심이론 옥내소화전설비의 화재안전기술기준(NFTC 102) – 2.3 배관 등

2.3.5 펌프의 토출 측 주배관의 구경은 유속이 4 [m/s] 이하가 될 수 있는 크기 이상으로 해야 하고, 옥내소화전방수구와 연결되는 가지배관의 구경은 40 [mm](호스릴옥내소화전설비의 경우에는 25 [mm]) 이상으로 해야 하며, 주배관 중 수직배관의 구경은 50 [mm](호스릴옥내소화전설비의 경우에는 32 [mm]) 이상으로 해야 한다.
2.3.6 <u>연결송수관설비의 배관과 겸용할 경우의 주배관은 구경 100 [mm] 이상, 방수구로 연결되는 배관의 구경은 65 [mm] 이상의 것으로 해야 한다.</u>
2.3.7 펌프의 성능시험배관은 다음의 기준에 적합하도록 설치해야 한다.
2.3.7.1 성능시험배관은 펌프의 토출 측에 설치된 개폐밸브 이전에서 분기하여 직선으로 설치하고, 유량측정장치를 기준으로 전단 직관부에는 개폐밸브를 후단 직관부에는 유량조절밸브를 설치할 것. 이 경우 개폐밸브와 유량측정장치 사이의 직관부 거리 및 유량측정장치와 유량조절밸브 사이의 직관부 거리는 해당 유량측정장치 제조사의 설치사양에 따르고, 성능시험배관의 호칭지름은 유량측정장치의 호칭지름에 따른다.
2.3.7.2 <u>유량측정장치는 펌프의 정격토출량의 175 [%] 이상까지 측정할 수 있는 성능이 있을 것</u>
2.3.8 <u>가압송수장치의 체절운전 시 수온의 상승을 방지하기 위하여 체크밸브와 펌프사이에서 분기한 구경 20 [mm] 이상의 배관에 체절압력 미만에서 개방되는 릴리프밸브를 설치할 것</u>

사. 100 [mm]

아. 175 [%]

10
| 득점 | | 배점 | 7 |

지상 8층의 판매시설이 있는 복합건축물에 스프링클러설비를 설치하려고 할 때 조건 및 화재안전기술기준에 따라 다음 각 물음에 답하시오.

조건

(1) 실양정 : 24 [m]
(2) 배관 및 관부속품의 마찰손실수두 : 12 [m]
(3) 각 층에 설치된 스프링클러헤드(폐쇄형) : 50 [개]
(4) 펌프의 효율 : 65 [%]
(5) 전달계수 : 1.2

가. 펌프에 요구되는 전양정 [m]을 구하시오.

　◯ 계산과정 :

　◯ 답 :

나. 펌프에 요구되는 최소 토출량 [m³/min]을 구하시오.

　◯ 계산과정 :

　◯ 답 :

다. 스프링클러설비에 요구되는 최소 유효수원의 양 [m³]을 구하시오. (단, 옥상수
원은 고려하지 않는다)

　◯ 계산과정 :

　◯ 답 :

라. 펌프의 동력 [kW]을 구하시오.

　◯ 계산과정 :

　◯ 답 :

정답

가. 계산과정

　① 실양정 $h_1 = 24[m]$

　② 배관 및 관부속품의 마찰손실수두 $h_2 = 12[m]$

　∴ 전양정 $H = h_1 + h_2 + 10 = 24 + 12 + 10 = 46[m]$

✖ 핵심이론 | 펌프의 전양정 [m]

전양정 H = $h_1 + h_2 + 10$	h_1 : 낙차(실양정) [m] h_2 : 배관 및 관부속품의 마찰손실수두 [m] 10 : 스프링클러 최소 방수압 환산수두 [m] (0.1 [MPa])

답 | 46 [m]

나. 계산과정

　$N \times 80[L/min] = 30[개] \times 80[L/min] = 2400[L/min] = 2.4[m^3/min]$

　(지상 8층의 판매시설이 있는 복합건축물이므로 기준개수 : 30개)

✦ 핵심이론 스프링클러설비의 수원의 양(주수원) – 폐쇄형 스프링클러헤드의 경우

1) 수원의 양

층수	수원의 양
29층 이하	N(기준개수) × 80 [L/min] × 20 [min](= N × 1.6 [m³])
30층 이상 49층 이하	N(기준개수) × 80 [L/min] × 40 [min](= N × 3.2 [m³])
50층 이상	N(기준개수) × 80 [L/min] × 60 [min](= N × 4.8 [m³])

※ N : 스프링클러설비 설치장소별 스프링클러헤드의 기준개수
[스프링클러헤드의 설치개수가 가장 많은 층에 설치된 스프링클러헤드의 개수가
기준개수보다 작은 경우에는 그 설치개수를 말함]

2) 스프링클러설비 설치장소별 기준개수

스프링클러설비의 설치장소			기준개수
지하층을 제외한 층수가 10층 이하인 특정소방대상물	공장	특수가연물을 저장·취급하는 것	30
		그 밖의 것	20
	근린생활시설·판매시설·운수시설 또는 복합건축물	판매시설 또는 복합건축물 (판매시설이 설치된 복합건축물)	30
		그 밖의 것	20
	그 밖의 것	헤드의 부착 높이가 8 [m] 이상인 것	20
		헤드의 부착 높이가 8 [m] 미만인 것	10
지하층을 제외한 층수가 11층 이상인 특정소방대상물(아파트 제외)·지하가 또는 지하역사			30
아파트등	아파트등의 각 동이 주차장으로 서로 연결되지 않은 구조인 경우		10
	아파트등의 각 동이 주차장으로 서로 연결된 구조인 경우		30
라지드롭형 스프링클러헤드를 설치한 창고시설			30

[비고] 하나의 소방대상물이 2 이상의 "스프링클러헤드의 기준개수"란에 해당하는 때에는 기준
개수가 많은 것을 기준으로 한다. 다만 각 기준개수에 해당하는 수원을 별도로 설치하는
경우에는 그렇지 않다.

※ 기준개수 : 화재발생 시 동시에 개방되는 스프링클러헤드의 개수

답 | 2.4 [m³/min]

다. 계산과정

$$N \times 80[L/\min] \times 20[\min] = 30[개] \times 80[L/\min] \times 20[\min] = 48000[L] = 48[m^3]$$

답 | 48 [m³]

라. 계산과정

$$소요동력\ P[kW] = \frac{\gamma[kN/m^3] \times Q[m^3/s] \times H[m]}{\eta} \times K$$

$$P[kW] = \frac{9.8[kN/m^3] \times \frac{2.4}{60}[m^3/s] \times 46[m]}{0.65} \times 1.2 = 33.289 \fallingdotseq 33.29[kW]$$

답 | 33.29 [kW]

11

| 득점 | | 배점 | 5 |

등유를 저장하는 위험물 옥외탱크저장소에 포소화설비를 설치하려고 한다. [조건]을 참고하여 각 물음에 답하시오.

조건

(1) 보조포소화전 1개를 적용한다.

(2) 콘루프탱크 지름은 30 [m]이다.

(3) Ⅱ형 포방출구를 적용하며, 방출량 4 [L/min·m²], 방사시간 30 [min]이다.

(4) 포소화약제는 3 [%] 단백포이다.

(5) 혼합방식은 프레셔사이드 프로포셔너방식을 적용한다.

(6) 송액관에 저장되는 양은 무시한다.

(7) 계산은 관련 법에서 요구하는 최솟값을 구한다.

가. 고정포방출구에 대한 포소화약제의 저장량 [L]을 구하시오.

⭕ 계산과정 :

⭕ 답 :

나. 고정포방출구에 대한 수원의 양 [L]을 구하시오.

⭕ 계산과정 :

⭕ 답 :

다. 고정포방출구에 대한 포수용액의 양 [m³]을 구하시오.

⭕ 계산과정 :

⭕ 답 :

라. 보조포소화전에 대한 포소화약제의 저장량 [L]을 구하시오.

⭕ 계산과정 :

⭕ 답 :

마. 보조포소화전에 대한 수원의 양 [L]을 구하시오.

　　○ 계산과정 :

　　○ 답 :

바. 포소화약제탱크에 필요한 약제의 총 양 [L]을 구하시오.

　　○ 계산과정 :

　　○ 답 :

사. 포소화설비 운영에 필요한 수원의 총 저수량 [m³]을 구하시오.

　　○ 계산과정 :

　　○ 답 :

정답

가. 계산과정

$$Q[L] = A[m^2] \times Q_A[L/m^2 \cdot min] \times T[min] \times S$$

$$= (\frac{\pi}{4} \times 30^2)[m^2] \times 4[L/min \cdot m^2] \times 30[min] \times 0.03 = 2544.69[L]$$

답 | 2544.69 [L]

나. 계산과정

$$Q[L] = A[m^2] \times Q_A[L/m^2 \cdot min] \times T[min] \times (1-S)$$

$$= (\frac{\pi}{4} \times 30^2)[m^2] \times 4[L/min \cdot m^2] \times 30[min] \times 0.97 = 82278.31[L]$$

답 | 82278.31 [L]

다. 계산과정

$$Q[L] = A[m^2] \times Q_A[L/m^2 \cdot min] \times T[min]$$

$$= (\frac{\pi}{4} \times 30^2)[m^2] \times 4[L/min \cdot m^2] \times 30[min] = 84823[L] = 84.82[m^3]$$

답 | 84.82 [m³]

라. 계산과정

$$Q[L] = N \times 400[L/min] \times 20[min] \times S$$

$$= 1[개] \times 400[L/min] \times 20[min] \times 0.03 = 240[L]$$ **답 | 240 [L]**

마. 계산과정

$$Q[L] = N \times 400[L/min] \times 20[min] \times (1-S)$$

$$= 1[개] \times 400[L/min] \times 20[min] \times 0.97 = 7760[L]$$ **답 | 7760 [L]**

바. 계산과정

> 포소화약제 저장량 = 고정포방출구의 약제량 + 보조포소화전의 약제량 +
> 송액관의 보충량

※ 송액관에 대한 조건이 없으므로 송액관 보충량은 고려하지 않는다.

포소화약제량 = 고정포방출구의 약제량 + 보조포소화전의 약제량

$$= 2544.69 + 240 = 2784.69[L]$$

답 | 2784.69 [L]

사. 계산과정

> 수원의 양 = 고정포방출구의 필요량 + 보조포소화전의 필요량 +
> 송액관 보정에 필요한 양

※ 송액관에 대한 조건이 없으므로 송액관 보정에 필요한 양은 고려하지 않는다.

수원의 양 = 고정포방출구의 필요량 + 보조포소화전의 필요량

$$= 82278.31 + 7760$$

$$= 90038.31[L] = 90.04[m^3]$$

답 | 90.04 [m³]

📌 핵심이론 포소화약제의 저장량 – 고정포방출구방식

포소화약제 저장량 Q	=	고정포방출구에서 방출하기 위해 필요한 양 Q_1	+	보조포소화전에서 방출하기 위해 필요한 양 Q_2	+	송액관에 충전하기 위해 필요한 양 Q_3

고정포방출구방식은 다음의 양을 합한 양 이상으로 할 것

(1) 고정포방출구에서 방출하기 위하여 필요한 양

$$Q_1 = A \cdot Q_A \cdot T \cdot S$$

Q_1 : 포소화약제의 양 [L]

A : 탱크의 액표면적 [m²]

Q_A : 단위 포소화수용액의 양 [L/m²·min]

T : 방출시간 [min]

S : 포소화약제의 사용농도 [%]

(2) 보조포소화전에서 방출하기 위하여 필요한 양

$$Q_2 = N \cdot 8000 \cdot S$$

Q_2 : 포소화약제의 양 [L]

N : 호스 접결구의 수(3개 이상인 경우는 3개)

S : 포소화약제의 사용농도 [%]

(3) 가장 먼 탱크까지의 송액관에 충전하기 위하여 필요한 양(내경 75 [mm] 이하의 송액관은 제외)

$$Q_3 = V \times S \times 1000[L/m^3]$$

Q_3 : 포소화약제의 양 [L]

V : 송액관 내부의 체적 [m³]

S : 포소화약제의 사용농도 [%]

※ 송액관 : 수원으로부터 포헤드, 고정포방출구 또는 이동식 노즐에 급수하는 배관

12

| 득점 | | 배점 | 6 |

전기실을 방호하기 위하여 할론 1301을 소화약제로 사용하였을 때 최소 저장용기 수를 구하시오. (단, 바닥면적 500 [m²], 높이 8.5 [m], 개구부에는 자동폐쇄장치가 있으며 개구부의 면적은 2 [m²]이다. 용기 1병당 약제 충전량은 50 [kg]이다)

○ 계산과정 :

○ 답 :

정답

☑ 계산과정

① 필요 약제량

$$W = (V \times \alpha) + (A \times \beta) = (500 \times 8.5)[m^3] \times 0.32[kg/m^3] = 1360[kg]$$

② 용기 수

$$용기 수 = \frac{1360[kg]}{50[kg/병]} = 27.2 ≒ 28[병]$$

답 | 28 [병]

핵심이론 할론소화설비(할론 1301) 전역방출방식 약제량 산정

$$W = (V \times \alpha) + (A \times \beta)$$

W : 약제량 [kg], V : 방호구역의 체적 [m³]
α : 방호구역 1 [m³]에 대한 소화약제의 양 [kg/m³]
A : 개구부 면적 [m²], β : 개구부 가산량 [kg/m²]
(개구부에 자동폐쇄장치 미설치 시 가산)

소방대상물 또는 그 부분	방호구역의 체적 1 [m³]당 소화약제의 양 [kg/m³] α	개구부 가산량 [kg/m²] β
• 차고·주차장·전기실·통신기기실·전산실 등 이와 유사한 전기설비가 설치되어 있는 부분 • 특수가연물(가연성 고체류, 가연성 액체류, 합성수지류)을 저장·취급하는 소방대상물 또는 그 부분	**0.32 이상** 0.64 이하	**2.4**
특수가연물(면화류, 나무껍질 및 대팻밥, 넝마 및 종이부스러기, 사류, 볏짚류, 목재가공품 및 나무부스러기)을 저장·취급하는 소방대상물 또는 그 부분	0.52 이상 0.64 이하	3.9

13

득점		배점	11

다음 그림은 스프링클러설비가 설치된 특정소방대상물이다. 천장의 기울기가 $\frac{1}{10}$ 을 초과하여 천장의 최상부를 중심으로 가지관을 서로 마주보게 설치하고자 한다. 이때 X, Y의 간격은 얼마로 하여야 하는가?

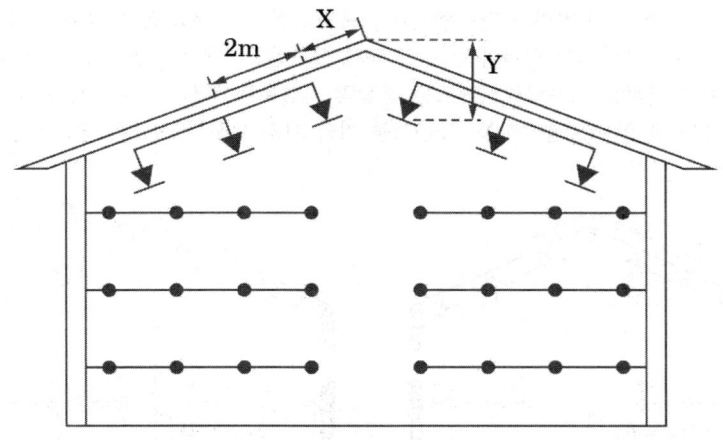

X	Y
○ 계산과정 :	
○ 답 :	○ 답 :

정답

X	Y
계산과정 : $2[\text{m}] \times \frac{1}{2} = 1[\text{m}]$	
답 | 1 [m]	답 | 90 [cm] 이하

▶참고 스프링클러설비의 화재안전기술기준(NFTC 103) – 스프링클러헤드의 설치

2.7.7.5 천장의 기울기가 10분의 1을 초과하는 경우에는 가지관을 천장의 마루와 평행하게 설치하고, 스프링클러헤드는 다음의 어느 하나에 적합하게 설치할 것

2.7.7.5.1 천장의 최상부에 스프링클러헤드를 설치하는 경우에는 최상부에 설치하는 스프링클러헤드의 반사판을 수평으로 설치할 것

2.7.7.5.2 천장의 최상부를 중심으로 가지관을 서로 마주보게 설치하는 경우에는 최상부의 가지관 상호 간의 거리가 가지관상의 스프링클러헤드 상호 간의 거리의 2분의 1 이하(최소 1 [m] 이상이 되어야 한다)가 되게 스프링클러헤드를 설치하고, 가지관의 최상부에 설치하는 스프링클러헤드는 천장의 최상부로부터의 수직거리가 90 [cm] 이하가 되도록 할 것. 톱날지붕, 둥근지붕 기타 이와 유사한 지붕의 경우에도 이에 준한다.

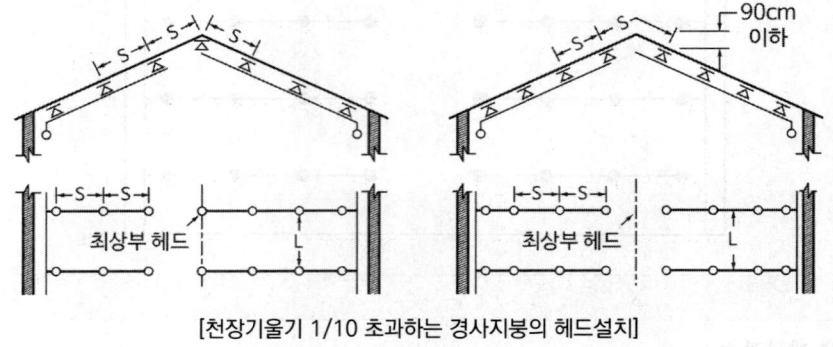

[천장기울기 1/10 초과하는 경사지붕의 헤드설치]

14

득점   배점   5

소화설비배관의 밸브에 대한 다음 각 물음에 답하시오.

가. 개폐표시가 가능한 밸브의 종류 2가지를 쓰시오.

　○ 답

　　①

　　②

나. 펌프 흡입 측에 사용하지 않는 밸브의 명칭을 쓰시오.

　○ 답 :

다. '나' 항의 밸브를 펌프 흡입 측에 사용하지 않는 이유를 쓰시오.

　○ 답 :

정답

가. ① OS&Y밸브, ② 버터플라이밸브

나. 버터플라이밸브

다. 밸브의 순간적인 개폐로 수격작용이 발생할 우려가 있다. 유체저항이 매우 커서 원활한 흡입이 되지 않아 공동현상이 발생할 우려가 있다.

핵심이론 개폐표시형 밸브

(1) OS&Y타입 게이트밸브

유체의 흐름을 완전히 차단 또는 조정하는 밸브이다. 완전히 개방되었을 대에는 배관의 지름과 같으므로 압력손실이 적다.

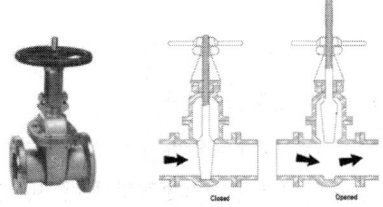

(2) 버터플라이밸브

밸브 몸체 속에 축을 기준으로 디스크(평판)가 회전함으로써 개폐되는 밸브이다. 완전 개방 시에도 유로상에 디스크(평판)가 존재하므로 마찰저항이 커서 소화펌프의 흡입 측 배관에는 사용할 수 없는 밸브이다.

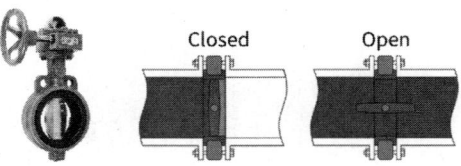

15

득점 | 배점 | 5

특정소방대상물 각 부분으로부터 다음 소방시설물과의 수평거리 [m] 또는 보행거리 [m]를 쓰시오.

가. 옥내소화전 방수구

답 :

나. 옥외소화전 방수구

답 :

다. 연결송수관설비의 방수구(지상층의 바닥면적의 합계 3000 [m²] 미만인 소방대상물)

   ○ 답 :

라. 호스릴 포방수구

   ○ 답 :

마. 소형소화기

   ○ 답 :

정답

가. 옥내소화전 방수구 : 수평거리 25 [m] 이하

나. 옥외소화전 방수구 : 수평거리 40 [m] 이하

다. 연결송수관설비의 방수구(지상층의 바닥면적의 합계 3000 [m²] 미만인 소방대상물) : 수평거리 50 [m] 이하

라. 호스릴 포방수구 : 수평거리 15 [m] 이하

마. 소형소화기 : 보행거리 20 [m] 이하

16

득점		배점	10

다음은 연결송수관설비의 배관 등에 대한 내용이다. ( ) 안에 알맞은 말을 넣으시오.

(1) 주배관의 구경은 (①) [mm] 이상의 것으로 할 것. 다만 주 배관의 구경이 100 [mm] 이상인 옥내소화전설비의 배관과는 겸용할 수 있다.

(2) 지면으로부터의 높이가 (②) [m] 이상인 특정소방대상물 또는 지상 (③)층 이상인 특정소방대상물에 있어서는 습식 설비로 할 것

○ 답

   ①   ②   ③

정답

① 100, ② 31, ③ 11

참고 **연결송수관설비**

(1) 습식과 건식

　① 습식 : 고가수조에 의해 물이 항상 채워져 있음

　② 건식 : 송수관 내 물을 채워 두지 않고 소방차에 의해 물을 공급받음(별도의 배수 필요)

(2) 송수구 부근 밸브 설치

　송수구의 부근에는 자동배수밸브 및 체크밸브를 다음의 기준에 따라 설치할 것. 이 경우 자동배수밸브는 배관안의 물이 잘빠질 수 있는 위치에 설치하되, 배수로 인하여 다른 물건이나 장소에 피해를 주지 않아야 한다.

　① 습식의 경우 : 송수구 · 자동배수밸브 · 체크밸브의 순으로 설치할 것

　② 건식의 경우 : 송수구 · 자동배수밸브 · 체크밸브 · 자동배수밸브의 순으로 설치할 것

암기 (습식) 송자체, (건식) 송자체자

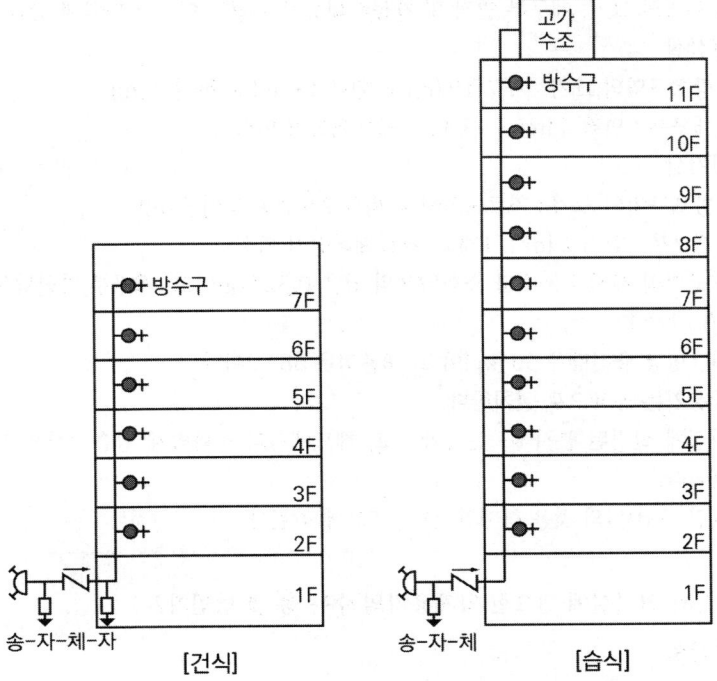

2024.11.02

2024년 3회

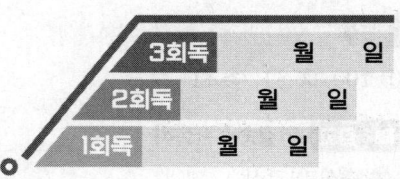

점수 :

01

득점 | 배점 | 12

어떤 사무소 건물의 지하층에 있는 전산실과 전기실에 전역방출방식의 할론소화설비(할론 1301)를 설치하고자 한다. 다음 조건을 참조하여 각 물음에 답하시오.

> **조 건**
>
> ⑴ 소화설비는 고압식으로 한다.
> ⑵ 약제저장용기의 밸브개방방식은 기체압식(뉴메틱식)이다.
> ⑶ 방호구역의 크기, 개구부 면적 및 자동폐쇄장치의 설치 여부는 다음과 같다.
> - 전산실
>   - 방호구역의 크기 : 가로 10 [m] × 세로 15 [m] × 높이 3 [m]
>   - 개구부 : 면적 4 [m²], 1개소, 자동폐쇄장치 미설치
> - 전기실
>   - 방호구역의 크기 : 가로 9 [m] × 세로 7 [m] × 높이 3 [m]
>   - 개구부 : 면적 2 [m²], 1개소, 자동폐쇄장치 미설치
> ⑷ 방호구역의 체적 1 [m³]당 소화약제의 양은 0.32 [kg]이고, 개구부 가산량은 5 [kg/m²]이다.
> ⑸ 용기 1병당 충전량은 50 [kg]이고, 내용적은 68 [L]이다.
> ⑹ 저장용기는 공용으로 설치한다.
> ⑺ 전기실에 설치된 분사헤드는 2개이고, 헤드에서의 소화약제 방출시간은 10초 이내이다.
> ⑻ 주어진 조건 외의 것은 화재안전기술기준에 따른다.

가. 전산실과 전기실에 필요한 약제용기의 수는 총 몇 병인가?

　　1) 전산실

　　　　◐ 계산과정 :

　　　　◐ 답 :

　　2) 전기실

　　　　◐ 계산과정 :

　　　　◐ 답 :

나. 저장용기 간의 간격은 점검에 지장이 없도록 몇 [cm] 이상의 간격을 유지하여야 하는가?

○ 답 :

다. 분사헤드의 방사압력은 몇 [MPa] 이상이어야 하는가?

○ 답 :

라. 전기실의 분사헤드 1개에서 방출되는 유량 [kg/s]은?

○ 계산과정 :

○ 답 :

마. 전기실의 분사헤드에서 방사율이 1.77 [kg/(mm² · s)]이면 분사헤드 1개의 등가분구면적 [mm²]을 구하시오.

○ 계산과정 :

○ 답 :

정답

📌 핵심이론 할론소화설비(할론 1301) 전역방출방식 약제량 산정

$W = (V \times \alpha) + (A \times \beta)$

W : 약제량 [kg], V : 방호구역의 체적 [m³]
α : 방호구역 1 [m³]에 대한 소화약제의 양 [kg/m³]
A : 개구부 면적 [m²], β : 개구부 가산량 [kg/m²]
(개구부에 자동폐쇄장치 미설치 시 가산)

소방대상물 또는 그 부분	방호구역의 체적 1 [m³]당 소화약제의 양 [kg/m³] α	개구부 가산량 [kg/m²] β
• 차고 · 주차장 · 전기실 · 통신기기실 · 전산실 등 이와 유사한 전기설비가 설치되어 있는 부분 • 특수가연물(가연성 고체류, 가연성 액체류, 합성수지류)을 저장 · 취급하는 소방대상물 또는 그 부분	**0.32 이상** 0.64 이하	**2.4**
특수가연물(면화류, 나무껍질 및 대팻밥, 넝마 및 종이부스러기, 사류, 볏짚류, 목재가공품 및 나무부스러기)을 저장 · 취급하는 소방대상물 또는 그 부분	0.52 이상 0.64 이하	3.9

가. 계산과정

1) 전산실

소요약제량 = $(10 \times 15 \times 3)$ [m³] $\times 0.32$ [kg/m³] + 4 [m²] $\times 5$ [kg/m²]

= 164 [kg]

저장용기 수 = $\dfrac{164\,[\text{kg}]}{50\,[\text{kg/병}]} = 3.28 \rightarrow 4$ [병]

답 | 4 [병]

2) 전기실

소요약제량 = (9 × 7 × 3) [m³] × 0.32 [kg/m³] + 2 [m²] × 5 [kg/m²]

= 70.48 [kg]

저장용기 수 = $\dfrac{70.48[kg]}{50[kg/병]}$ = 1.409 → 2 [병]

답 | 2 [병]

나. 3 [cm]

다. 0.9 [MPa]

할론소화설비의 화재안전기술기준(NFTC 107) – 2.7 분사헤드

2.7.1 전역방출방식의 할론소화설비의 분사헤드는 다음의 기준에 따라 설치해야 한다.

2.7.1.1 방출된 소화약제가 방호구역의 전역에 균일하고 신속하게 확산할 수 있도록 할 것

2.7.1.2 할론 2402를 방출하는 분사헤드는 해당 소화약제가 무상으로 분무되는 것으로 할 것

2.7.1.3 분사헤드의 방출압력은 할론 2402를 방출하는 것은 0.1 [MPa] 이상, 할론 1211을 방출하는 것은 0.2 [MPa] 이상, 할론 1301을 방출하는 것은 0.9 [MPa] 이상으로 할 것

2.7.1.4 2.2에 따른 기준저장량의 소화약제를 10초 이내에 방출할 수 있는 것으로 할 것

라. **계산과정**

전기실의 분사헤드 1개에서 방출되는 유량 [kg/s]

유량$[kg/s \cdot 개] = \dfrac{50[kg/병] \times 2[병]}{2[개] \times 10[s]} = 5[kg/s \cdot 개]$

답 | 5 [kg/s]

마. **계산과정**

전기실의 분사헤드 1개의 등가분구면적 [mm²]

$1.77[kg/(mm^2 \cdot s \cdot 개)] = \dfrac{50[kg/병] \times 2[병]}{분구면적[mm^2] \times 10[s] \times 2[개]}$

분구면적$[mm^2] = \dfrac{50[kg/병] \times 2[병]}{1.77[kg/mm^2 \cdot min \cdot 개] \times 10[s] \times 2[개]} = 2.824 ≒ 2.82[mm^2]$

답 | 2.82 [mm²]

02

| 득점 | | 배점 | 5 |

건식 스프링클러설비에 하향식 스프링클러헤드를 설치하는 경우 설치하는 헤드의 이름과 설치 이유를 쓰시오.

가. 헤드 이름

　○ 답 :

나. 설치 이유

　○ 답 :

정답

가. 헤드 이름 : 드라이펜던트 스프링클러헤드

나. 설치 이유 : 동파방지를 위해

참고 스프링클러설비의 화재안전기술기준(NFTC 103)

2.7.7.7 습식 스프링클러설비 및 부압식 스프링클러설비 외의 설비에는 상향식 스프링클러헤드를 설치할 것. 다만 다음의 어느 하나에 해당하는 경우에는 그렇지 않다.

(1) 드라이펜던트 스프링클러헤드를 사용하는 경우

(2) 스프링클러헤드의 설치장소가 동파의 우려가 없는 곳인 경우

(3) 개방형 스프링클러헤드를 사용하는 경우

※ 드라이펜던트 스프링클러헤드
동파방지를 위해 헤드의 롱니플 내에 질소가스 또는 부동액이 채워져 있고, 유로를 차단하는 플런저가 설치되어 있어 헤드가 개방되지 않으면 물이 헤드의 몸체로 들어가지 않도록 설계된 헤드

03

임펠러의 회전속도가 1770 [rpm]일 때 토출량은 4000 [L/min], 양정은 50 [m], 직경은 150 [mm]인 원심펌프가 있다. 이를 1170 [rpm]으로 회전수를 변경하고 직경을 200 [mm]로 바꾸었을 때 그 토출량 [L/min]과 양정 [m]은 각각 얼마가 되는지 구하시오.

가. 토출량 [L/min]

  ⭕ 계산과정 :

  ⭕ 답 :

나. 토출양정 [m]

  ⭕ 계산과정 :

  ⭕ 답 :

정답

★ 핵심이론 **펌프의 상사법칙**

서로 다른 치수의 펌프를 비교(상사)했을 때

(1) 유량 $[m^3/s]$ $Q_2 = \left(\dfrac{N_2}{N_1}\right)^1 \times \left(\dfrac{D_2}{D_1}\right)^3 \times Q_1$

(2) 양정(압력) [m] $H_2 = \left(\dfrac{N_2}{N_1}\right)^2 \times \left(\dfrac{D_2}{D_1}\right)^2 \times H_1$

(3) 동력 [kW] $L_2 = \left(\dfrac{N_2}{N_1}\right)^3 \times \left(\dfrac{D_2}{D_1}\right)^5 \times L_1$

가. 계산과정

$$Q_2 = \left(\frac{N_2}{N_1}\right)^1 \times \left(\frac{D_2}{D_1}\right)^3 \times Q_1 = \left(\frac{1170}{1770}\right) \times \left(\frac{200}{150}\right)^3 \times 4000 = 6267.42 \,[\text{L/min}]$$

답 | 6267.42 [L/min]

나. 계산과정

$$H_2 = \left(\frac{N_2}{N_1}\right)^2 \times \left(\frac{D_2}{D_1}\right)^2 \times H_1 = \left(\frac{1170}{1770}\right)^2 \times \left(\frac{200}{150}\right)^2 \times 50 = 38.84 \,[\text{m}]$$

답 | 38.84 [m]

04

득점		배점	6

공동예상제연구역 안에 설치된 예상제연구역(거실)이 각각 벽으로 구획된 경우 제연설비에 대하여 다음 조건 및 도면을 보고 각 물음에 답하시오.

조건

(1) 여유율은 10 [%]를 적용한다.

(2) 효율은 60 [%]이다.

(3) 전압은 40 [mmAq]이다.

(4) 각 실마다 제어댐퍼가 설치되어 있다.

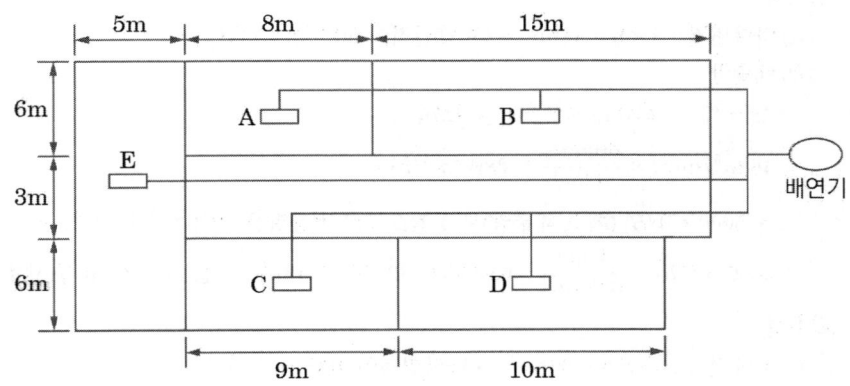

가. 각 방호구역의 배출량 [m³/min]을 구하시오.

　1) A실

　　○ 계산과정 :

　　○ 답 :

　2) B실

　　○ 계산과정 :

　　○ 답 :

　3) C실

　　○ 계산과정 :

　　○ 답 :

　4) D실

　　○ 계산과정 :

　　○ 답 :

　5) E실

　　○ 계산과정 :

　　○ 답 :

나. 제연댐퍼의 설치위치를 도면에 기입하시오. (단, 댐퍼는 ⊘로 표시할 것)

다. 송풍기의 전동기 소요 동력 [kW]은 얼마인지 구하시오.

　○ 계산과정 :

　○ 답 :

정답

가. 계산과정

　1) A실

　　(1) 바닥면적 : $8 \times 6 = 48[m^2]$ → 바닥면적이 400 [m²] 미만

　　(2) 배출량

　　　$48[m^2] \times 1[CMM/m^2] = 48[CMM]$

　　　$48[m^3/min] \times \dfrac{60[\min]}{1[hr]} = 2880[m^3/h]$

　　　→ $5000[CMH]$ (최소 배출량)보다 작으므로 배출량은 $5000[m^3/h]$이다.

　　　$5000[m^3/h] \times \dfrac{1[hr]}{60[\min]} = 83.333 ≒ 83.33[m^3/min]$　　　**답 | 83.33 [m³/min]**

　2) B실

　　(1) 바닥면적 : $15 \times 6 = 90[m^2]$ → 바닥면적이 400 [m²] 미만

　　(2) 배출량

　　　$90[m^2] \times 1[CMM/m^2] = 90[CMM]$

　　　$90[m^3/min] \times \dfrac{60[\min]}{1[hr]} = 5400[m^3/h]$

　　　→ $5000[CMH]$(최소 배출량)보다 크므로 배출량은 $90[m^3/min]$이다.

　　　　　　　　　　　　　　　　　　　　　　　　　　　　　답 | 90 [m³/min]

　3) C실

　　(1) 바닥면적 : $9 \times 6 = 54[m^2]$ → 바닥면적이 400 [m²] 미만

　　(2) 배출량

　　　$54[m^2] \times 1[CMM/m^2] = 54[CMM]$

　　　$54[m^3/min] \times \dfrac{60[\min]}{1[hr]} = 3240[m^3/h]$

　　　→ $5000[CMH]$(최소 배출량)보다 작으므로 배출량은 $5000[m^3/h]$이다.

　　　$5000[m^3/h] \times \dfrac{1[hr]}{60[\min]} = 83.333 ≒ 83.33[m^3/min]$　　　**답 | 83.33 [m³/min]**

　4) D실

　　(1) 바닥면적 : $10 \times 6 = 60[m^2]$ → 바닥면적이 400 [m²] 미만

　　(2) 배출량

　　　$60[m^2] \times 1[CMM/m^2] = 60[CMM]$

$$60[m^3/\min] \times \frac{60[\min]}{1[hr]} = 3600[m^3/h]$$

→ 5000[CMH] (최소 배출량)보다 작으므로 배출량은 5000[m³/h]이다.

$$5000[m^3/h] \times \frac{1[hr]}{60[\min]} = 83.333 ≒ 83.33[m^3/\min] \qquad \text{답} \mid \textbf{83.33 [m}^3\textbf{/min]}$$

5) E실

(1) 바닥면적 : $15 \times 5 = 75[m^2]$ → 바닥면적이 400 [m²] 미만

(2) 배출량

$$75[m^2] \times 1[CMM/m^2] = 75[CMM]$$

$$75[m^3/\min] \times \frac{60[\min]}{1[hr]} = 4500[m^3/h]$$

→ 5000[CMH] (최소 배출량)보다 작으므로 배출량은 5000[m³/h]이다.

$$5000[m^3/h] \times \frac{1[hr]}{60[\min]} = 83.333 ≒ 83.33[m^3/\min] \qquad \text{답} \mid \textbf{83.33 [m}^3\textbf{/min]}$$

나.

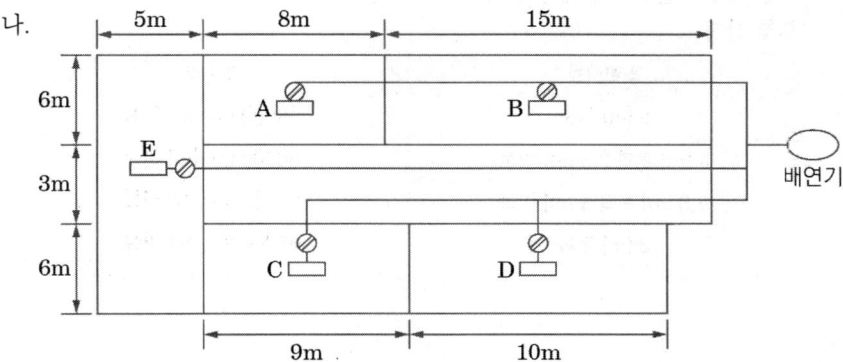

다. 계산과정

$$\text{소요동력 } P[kW] = \frac{P_t[mmAq] \times Q[m^3/s]}{102\eta} \times K$$

$$\therefore P = \frac{40[\text{mmAq}] \times \frac{90}{60}[m^3/s]}{102 \times 0.6} \times 1.1 = 1.08[\text{kW}]$$

답 | **1.08 [kW]**

▶ 참고 **제연설비의 화재안전기술기준(NFTC 501) – 배출량**

(1) 거실의 바닥면적이 400 [m²] 미만으로 구획된 예상제연구역에 대한 배출량
바닥면적 1 [m²]당 1 [m³/min] 이상으로 하되, 예상제연구역에 대한 최소 배출
량은 5000 [m³/hr] 이상으로 할 것

$$Q = A[m^2] \times 1[m^3/\min \cdot m^2] \times 60[\min/hr]$$

여기서 Q : 배출량 [m³/hr] (최소 배출량은 5000 [m³/hr] 이상)

A : 바닥면적 [m²]

(2) 바닥면적 400 [m²] 이상인 거실의 예상제연구역의 배출량
　① 예상제연구역이 직경 40 [m]인 원의 범위 안에 있을 경우
　　배출량 40000 [m³/hr] 이상
　　다만 예상제연구역이 제연경계로 구획된 경우에는 그 수직거리에 따른 배출량
　　으로 산정

수직거리	배출량
2 [m] 이하	40000 [m³/hr] 이상
2 [m] 초과 2.5 [m] 이하	45000 [m³/hr] 이상
2.5 [m] 초과 3 [m] 이하	50000 [m³/hr] 이상
3 [m] 초과	60000 [m³/hr] 이상

　② 예상제연구역이 직경 40 [m]인 원의 범위를 초과할 경우
　　배출량 45000 [m³/hr] 이상
　　다만 예상제연구역이 제연경계로 구획된 경우에는 그 수직거리에 따른 배출량
　　으로 산정

수직거리	배출량
2 [m] 이하	45000 [m³/hr] 이상
2 [m] 초과 2.5 [m] 이하	50000 [m³/hr] 이상
2.5 [m] 초과 3 [m] 이하	55000 [m³/hr] 이상
3 [m] 초과	65000 [m³/hr] 이상

05

득점		배점	5

조건을 참조하여 제연설비에 대한 다음 각 물음에 답하시오.

> **조건**
> (1) 배연기의 풍량은 50000 [CMH]이다.
> (2) 배연 Duct의 길이는 120 [m]이고, Duct의 저항은 1 [m]당 0.2 [mmAq]이다.
> (3) 배출구 저항은 8 [mmAq], 배기그릴 저항은 4 [mmAq], 관부속품의 저항은 Duct
> 　저항의 40 [%]이다.
> (4) 효율은 50 [%]이고, 여유율은 10 [%]로 한다.

가. 배연기의 소요전압 [mmAq]은 얼마인가?

　◯ 계산과정 :

　◯ 답 :

나. 배출기의 이론소요동력 [kW]은?

◯ 계산과정 :

◯ 답 :

정답

가. 계산과정

$$P_t = (120[m] \times 0.2[mmAq/m]) + 8[mmAq] + 4[mmAq]$$
$$+ (120 \times 0.2)[mmAq] \times 0.4$$
$$= 45.6[mmAq]$$

답 | 45.6 [mmAq]

나. 계산과정

$$\text{소요동력 } P[kW] = \frac{P_t[mmAq] \times Q[m^3/s]}{102\eta} \times K$$

$$P[kW] = \frac{P_t Q}{102\eta} \times K = \frac{45.6[mmAq] \times \frac{50000}{3600}[m^3/s]}{102 \times 0.5} \times 1.1 = 13.66[kW]$$

답 | 13.66 [kW]

06

득점 | 배점 | 5

콘루프탱크의 액표면적이 962 [m²]이고, 조건과 같이 탱크를 방호하기 위한 포소화설비를 설치하는 경우 다음 각 물음에 답하시오.

조건

(1) 설치된 방출구의 종류 : I형 방출구

(2) 포소화약제 : 단백포 3 [%]

(3) 포방출률 : 4 [L/m² · min]

(4) 포수용액량 : 120 [L/m²]

가. 고정포방출구에 필요한 포약제량 [L]을 구하시오.

◯ 계산과정 :

◯ 답 :

나. 고정포방출구에 필요한 수원의 양 [L]을 구하시오.

◯ 계산과정 :

◯ 답 :

정답

가. 계산과정

조건 (3), (4)를 통해 방출시간을 먼저 구하면,

$$T[\min] = \frac{120[L/m^2 \cdot \min]}{4[L/m^2]} = 30[\min]$$

포약제량 $Q_1[L] = A[m^2] \times Q_A[L/m^2 \cdot \min] \times T[\min] \times S$

$$= 962[m^2] \times 4[L/m^2 \cdot \min] \times 30[\min] \times 0.03 = 3463.2[L]$$

답 | 3463.2 [L]

나. 계산과정

수원의 양 $Q_2[L] = A[m^2] \times Q_A[L/m^2 \cdot \min] \times T[\min] \times (1-S)$

$$= 962[m^2] \times 4[L/m^2 \cdot \min] \times 30[\min] \times 0.97 = 111976.8[L]$$

답 | 111976.8 [L]

07

| 득점 | | 배점 | 3 |

45 [kg]의 액화 이산화탄소가 체적 250 [m³]인 공간에 방출되었을 때 이산화탄소의 부피는 몇 [m³]이 되겠는가? (단, 이산화탄소의 분자량은 44, 기체상수는 8.3143 [kJ/kmol · K]이고, 실내 대기의 온도는 20 [℃], 압력은 표준대기압상태이다)

◯ 계산과정 :

◯ 답 :

정답

☑ 계산과정

📌 **핵심이론** **이상기체 상태방정식**

$$PV = nRT = \frac{W}{M}RT$$

P : 절대압력 [kPa], V : 부피 [m³]

n : 몰수 [kmol]

M : 분자량 [kg/kmol], W : 질량 [kg]

T : 절대온도 [K]

R : 일반기체상수 [kPa · m³/kmol · K]

　　(= [kJ/kmol · K])

암기 ▶ 일반기체상수 R

= 8.314 [kPa · m³/kmol · K]

= 0.082 [atm · m³/kmol · K]

$$PV = \frac{W}{M}RT$$

$$V = \frac{WRT}{PM} = \frac{45[kg] \times 8.3143[kJ/kmol \cdot K] \times (20+273)[\text{℃}]}{101.325[kPa] \times 44[kg/kmol]} = 24.588$$

$$\fallingdotseq 24.59[m^3]$$

답 | 24.59 [m^3]

▶참고 CO₂ 농도 [%] 및 체적 [m³] 관련 공식 정리

(1) CO_2 농도 [%]

① CO_2 농도 [%] $= \dfrac{21 - O_2[\%]}{21} \times 100$

② CO_2 농도 [%] $= \dfrac{\text{방출 } CO_2 \text{ 체적}}{\text{방호구역 체적} + \text{방출 } CO_2 \text{ 체적}} \times 100$

(2) CO_2 체적 [m³]

① CO_2 체적 [m³] $= \dfrac{21 - O_2}{O_2} \times$ 방호구역의 체적 [m³]

② $PV = \dfrac{W}{M}RT \rightarrow V = \dfrac{WRT}{PM}$

08

득점		배점	5

어느 배관의 인장강도가 320 [MPa]이고, 최고사용압력이 6400 [kPa]이다. 이 배관의 스케줄 번호(Schedule No)는 얼마인가? (단, 배관의 안전율은 4이다)

○ 계산과정 :

○ 답 :

정답

☑ 계산과정

배관의 스케줄 번호공식

스케줄 번호 $= \dfrac{\text{최고사용압력 } P}{\text{재료의 허용응력 } S} \times 1000$

(단, 최고사용압력과 재료의 허용응력의 단위를 일치시킨다)

여기서 재료의 허용응력 $S = \dfrac{\text{인장강도}}{\text{안전율}}$

재료의 허용응력 $S = \dfrac{320[MPa]}{4} = 80[MPa]$

스케줄 번호 $= \dfrac{\text{최고사용압력 } P}{\text{재료의 허용응력 } S} \times 1000 = \dfrac{6.4[MPa]}{80[MPa]} \times 1000 = 80$ 　　　**답 | 80**

보충▶ 스케줄 번호 : 배관의 두께를 표시하는 번호

09

건축물 무대부의 넓이(내측기준)가 가로 60 [m] × 세로 20 [m]인 곳에 정사각형 형태로 스프링클러헤드를 배치하고자 한다. 최소 소요 헤드개수를 구하시오.

◯ 계산과정 :

◯ 답 :

정답

☑ 계산과정

설치장소별 수평거리 R

설치장소	수평거리(R)
• **특수**가연물을 저장 또는 취급하는 장소 • **무**대부	1.7 [m] 이하

• **기**타구조
• 라지드롭형 스프링클러헤드를 설치하는 **창**고
  (단, ① 특수가연물을 저장 또는 취급하는 창고 : 1.7 [m] 이하
      ② **내**화구조로 된 창고 : 2.3 [m] 이하)
	2.1 [m] 이하

• **내**화구조	2.3 [m] 이하
• **아**파트등의 세대 내	2.6 [m] 이하

R(수평거리) = 1.7 [m]

S(헤드 간 거리) = $2R\cos\theta = 2 \times 1.7 \times \cos45 = 2.40$ [m]

가로열에 설치할 헤드 수 : $\dfrac{60[m]}{2.4[m/개]} = 25$ [개]

세로열에 설치할 헤드 수 : $\dfrac{20[m]}{2.4[m/개]} = 8.33$ [개] ≒ 9 [개]

∴ 25 × 9 = 225 [개]

답 | 225 [개]

암기 ▶ 특수 무기 창 내아

10

| 득점 | | 배점 | 8 |

다음 지상 9층의 업무시설에 완강기를 설치하고자 한다. 다음 조건을 참고하여 각 물음에 답하시오.

조건

(1) 업무시설의 각 층 바닥면적은 4000 [m²]이다.

(2) 특정소방대상물은 주요구조부가 내화구조이고 피난계단이 2개소 설치되어 있다.

(3) 기타 조건 이외의 감소되거나 면제되는 조건은 없다.

가. 각 층에 설치해야 할 완강기 설치개수를 구하시오.

　　O 계산과정 :

　　O 답 :

나. 해당 특정소방대상물에 설치하여야 할 완강기의 개수를 구하시오.

　　O 계산과정 :

　　O 답 :

다. 피난 또는 소화활동상 유효한 개구부의 기준에 대한 다음 (　) 안을 완성하시오.

[보기]

가로 (㉠) [m] 이상 세로 (㉡) [m] 이상인 것을 말한다. 이 경우 개구부 하단이 바닥에서 (㉢) [m] 이상이면 발판 등을 설치하여야 하고, 밀폐된 창문은 쉽게 파괴할 수 있는 파괴장치를 비치해야 한다.

정답

가. 계산과정

각 층에 설치해야 할 완강기 설치개수

$$\frac{\text{바닥면적}\,[m^2]}{1000\,[m^2/\text{개}]} = \frac{4000\,[m^2]}{1000\,[m^2/\text{개}]} = 4\,[\text{개}]$$

설치감소 조건에 적합하므로 $4\,[\text{개}] \times \dfrac{1}{2}$ → 설치개수 = 2 [개]

답 | 2 [개]

나. 계산과정

지상 9층의 업무시설에 설치해야 할 완강기 설치개수

2 [개/층] × 7 [층] = 14 [개]

(3 ~ 9층에 설치하므로 총 7개의 층에 완강기를 설치한다)

답 | 14 [개]

다. ㉠ 0.5, ㉡ 1, ㉢ 1.2

📌 **핵심이론** **특정소방대상물의 설치장소별의 설치장소별 피난기구의 적응성**

장소별 \ 층별	1층	2층	3층	4층 이상 10층 이하
1. 노유자시설	• 미끄럼대 • 구조대 • 다수인피난장비 • 승강식 피난기 • 피난교	• 미끄럼대 • 구조대 • 다수인피난장비 • 승강식 피난기 • 피난교	• 미끄럼대 • 구조대 • 다수인피난장비 • 승강식 피난기 • 피난교	• 구조대[1] • 다수인피난장비 • 승강식 피난기 • 피난교
2. 의료시설 · 근린생활시설 중 입원실이 있는 의원 · 접골원 · 조산원	–	–	• 미끄럼대 • 구조대 • 다수인피난장비 • 승강식 피난기 • 피난교 • 피난용 트랩	• 구조대 • 다수인피난장비 • 승강식 피난기 • 피난교 • 피난용 트랩
3. 다중이용업소로서 영업장의 위치가 4층 이하인 다중이용업소	–	• 미끄럼대 • 구조대 • 다수인피난장비 • 승강식 피난기 • 완강기 • 피난사다리	• 미끄럼대 • 구조대 • 다수인피난장비 • 승강식 피난기 • 완강기 • 피난사다리	• 미끄럼대 • 구조대 • 다수인피난장비 • 승강식 피난기 • 완강기 • 피난사다리
4. 그 밖의 것	–	–	• 미끄럼대 • 구조대 • 다수인피난장비 • 승강식 피난기 • 완강기 • 간이완강기[2] • 공기안전매트 • 피난교 • 피난사다리 • 피난용 트랩	• 구조대 • 다수인피난장비 • 승강식 피난기 • 완강기 • 간이완강기[2] • 공기안전매트 • 피난교 • 피난사다리

[비고]
1) 구조대의 적응성은 장애인 관련 시설로서 주된 사용자 중 스스로 피난이 불가한 자가 있는 경우 추가로 설치하는 경우에 한한다.
2) 간이완강기의 적응성은 숙박시설의 3층 이상에 있는 객실에 추가로 설치하는 경우에 한한다.

★ 핵심이론 | 피난기구의 화재안전기술기준(NFTC 301)

(1) 피난기구의 설치개수

피난기구는 다음의 기준에 따른 개수 이상을 설치해야 한다.

층마다 설치하되, 숙박시설·노유자시설 및 의료시설로 사용되는 층에 있어서는 그 층의 바닥면적 500 [m²]마다, 위락시설·문화집회 및 운동시설·판매시설로 사용되는 층 또는 복합용도의 층에 있어서는 그 층의 바닥면적 800 [m²]마다, 계단실형 아파트에 있어서는 각 세대마다, 그 밖의 용도의 층에 있어서는 그 층의 바닥면적 1000 [m²]마다 1개 이상 설치할 것

용도	피난기구 설치개수
숙박시설·노유자시설·의료시설	그 층의 바닥면적 500 [m²]마다 1개 이상
위락시설·문화집회 및 운동시설·판매시설로 사용되는 층 또는 복합용도의 층	그 층의 바닥면적 800 [m²]마다 1개 이상
그 밖의 용도의 층	그 층의 바닥면적 **1000** [m²]마다 1개 이상
계단실형 아파트	각 세대마다

(2) 피난기구의 설치 감소

피난기구를 설치하여야 할 소방대상물 중 <u>다음의 기준에 적합한 층</u>에는 피난기구의 2분의 1을 감소할 수 있다. 이 경우 설치하여야 할 피난기구의 수에 있어서 소수점 이하의 수는 1로 한다.

1. 주요구조부가 <u>내화구조</u>로 되어 있을 것
2. 직통계단인 <u>피난계단 또는 특별피난계단</u>이 2 이상 설치되어 있을 것

11

득점		배점	5

저발포 포소화약제의 종류 5가지를 쓰시오.

(1)   (2)

(3)   (4)

(5)

정답

(1) 단백포   (2) 불화단백포

(3) 합성계면활성제포   (4) 수성막포

(5) 내알코올포

12

| 득점 | 배점 | 8 |

지상 1층 및 2층의 바닥면적의 합계가 32000 [m²]인 공장에 소화수조 또는 저수조를 설치하고자 한다. 다음 각 물음에 답하시오.

가. 소화수조 또는 저수조를 설치 시 저수조에 확보하여야 할 저수량 [m³]을 구하시오.

　○ 계산과정 :

　○ 답 :

나. 저수조에 설치하여야 할 흡수관투입구의 최소 설치수량을 구하시오.

　○ 답 :

다. 저수조에 설치하여야 할 채수구의 최소 설치수량은 몇 개인가?

　○ 답 :

라. 흡수관투입구가 원형의 경우에는 지름이 몇 [cm] 이상이어야 하는가?

　○ 답 :

정답

가. 계산과정

① 기준면적

　지상 1, 2층의 바닥면적의 합계(32000 [m²])가 15000 [m²] 이상 → 기준면적 7500 [m²]

② 저수량

$$\frac{연면적}{기준면적} = \frac{32000\,[m^2]}{7500\,[m^2]} = 4.26 ≒ 5(소수점\ 이하\ 절상)$$

$$5 \times 20\,[m^3] = 100\,[m^3]$$

답 | 100 [m³]

✦ 핵심이론 소화수조 또는 저수조의 저수량

소화수조 또는 저수조의 저수량은 소방대상물의 연면적을 기준 면적으로 나누어 얻은 수(소수점 이하의 수는 1로 본다)에 20 [m³]을 곱한 양 이상이 되도록 해야 한다.

[소방대상물별 기준면적]

소방대상물의 구분	기준 면적
1층 2층 바닥면적 합계가 15000 [m²] 이상인 소방대상물	7500 [m²]
그 외	12500 [m²]

※ 소화수조 저수량 [m³]

$$= \frac{소방대상물의\ 연면적\,[m^2]}{기준면적\,[m^2]}(소수점\ 이하\ 절상) \times 20\,[m^3]$$

나. 2개

핵심이론 소화수조 및 저수조 – 흡수관투입구와 채수구

소화수조 또는 저수조는 다음의 기준에 따라 흡수관투입구 또는 채수구를 설치해야 한다.

(1) 흡수관투입구

지하에 설치하는 소화용수설비의 <u>흡수관투입구는 그 한 변이 0.6 [m] 이상이거나 직경이 0.6 [m] 이상인 것</u>으로 하고, 소요수량이 80 [m^3] 미만인 것은 1개 이상, 80 [m^3] 이상인 것은 2개 이상을 설치해야 하며, "흡수관투입구"라고 표시한 표지를 할 것

(2) 채수구

1) 채수구는 다음 표에 따라 소방용 호스 또는 소방용 흡수관에 사용하는 구경 65 [mm] 이상의 나사식 결합금속구를 설치할 것

[소요수량에 따른 채수구의 수]

소요수량	20 [m^3] 이상 40 [m^3] 미만	40 [m^3] 이상 100 [m^3] 미만	100 [m^3] 이상
채수구의 수	1개	2개	3개

2) 채수구는 지면으로부터의 높이가 0.5 [m] 이상 1 [m] 이하의 위치에 설치하고 "채수구"라고 표시한 표지를 할 것

다. 3 [개]

라. 60 [cm]

13

득점		배점	8

다음 조건에 따른 위험물 옥내저장소에 제1종 분말소화약제를 사용하는 분말소화설비를 전역방출방식으로 설치하고자 할 때 다음을 구하시오.

조건
(1) 방호구역의 크기는 가로 20 [m], 세로 10 [m], 높이 3 [m]이고 개구부는 없다.
(2) 분말소화설비의 분사헤드의 사양은 1.5 [kg/초]이다.
(3) 방출시간은 30초 기준이다.

가. 방호구역의 체적 1 [m^3]에 대한 소화약제의 양 [kg/m^3]은?

⭕ 답 :

나. 필요한 분말소화약제 최소 소요량 [kg]을 구하시오.

⭕ 계산과정 :

⭕ 답 :

다. 가압용 가스(질소)의 최소 필요량 [L]을 구하시오. (단, 35 [℃], 1기압으로 환산한 값을 구할 것)

⭕ 계산과정 :

⭕ 답 :

라. 분말소화설비의 분사헤드의 최소 소요수량 [개]을 구하시오.

⭕ 계산과정 :

⭕ 답 :

정답

가. $0.6 \, [\text{kg/m}^3]$

📌 핵심이론 **분말소화설비 전역방출방식의 소화약제량 산정**

분말소화설비 전역방출방식의 약제량 $W \, [\text{kg}] = (V \times \alpha) + (A \times \beta)$

V : 방호구역의 체적 $[\text{m}^3]$

α : 방호구역 $1 \, [\text{m}^3]$에 대한 소화약제의 양 $[\text{kg/m}^3]$

A : 개구부 면적 $[\text{m}^2]$, β : 개구부 가산량 $[\text{kg/m}^2]$

소화약제의 종별	방호구역의 체적 1 [m³]에 대한 소화약제량 [kg]	개구부 면적 1 [m²]에 대한 소화약제량 [kg]
제1종 분말	**0.60 [kg]**	4.5 [kg]
제2종·제3종 분말	0.36 [kg]	2.7 [kg]
제4종 분말	0.24 [kg]	1.8 [kg]

나. 계산과정

$W \, [\text{kg}] = V \times \alpha$

$= (20 \times 10 \times 3)[\text{m}^3] \times 0.6 [\text{kg/m}^3] = 360 [\text{kg}]$

답 | 360 [kg]

다. 계산과정

가압용 가스	• 질소가스는 소화약제 1 [kg]마다 40 [L] 이상 • 이산화탄소는 소화약제 1 [kg]에 대하여 20 [g] 이상	+	배관 청소에 필요한 양 (이산화탄소만 해당)
축압용 가스	• 질소가스는 소화약제 1 [kg]에 대하여 10 [L] 이상 • 이산화탄소는 소화약제 1 [kg]에 대하여 20 [g] 이상	+	배관 청소에 필요한 양 (이산화탄소만 해당)

※ 배관의 청소에 필요한 양의 가스는 별도의 용기에 저장할 것

가압용 가스(질소) 양 $= 360 [\text{kg}] \times 40 [\text{L/kg}] = 14400 [\text{L}]$

답 | 14400 [L]

라. 계산과정

$$분사헤드의 최소 소요수량 = \frac{360[kg]}{1.5[kg/s \cdot 개] \times 30[s]} = 8[개]$$

답 | 8 [개]

14

| 득점 | | 배점 | 9 |

그림과 같은 옥내소화전설비를 조건에 따라 설치하려고 할 때 다음 물음에 답하시오.

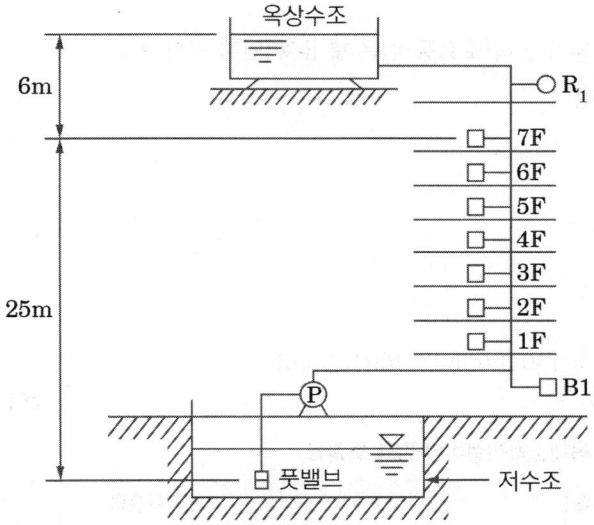

조건

(1) 풋밸브로부터 7층 옥내소화전함 호스접결구까지의 마찰손실 및 저항손실수두는 실양정의 40 [%]로 한다.

(2) 펌프의 체적효율(η_v) = 0.95, 기계효율(η_m) = 0.9, 수력효율(η_h) = 0.85이다.

(3) 옥내소화전의 개수는 각 층에 4개씩이 있다.

(4) 소방호스의 마찰손실수두는 10 [m]이다.

(5) 전동기 전달계수(K)는 1.1이다.

(6) 그 외 사항은 국가화재안전기술기준에 준한다.

가. 펌프의 최소 토출량 [L/min]을 구하시오.

○ 계산과정 :

○ 답 :

나. 저수조의 최소 수원량 [m³]을 구하시오(옥상수조를 포함한다).

　◎ 계산과정 :

　◎ 답 :

다. 펌프의 최소 양정 [m]을 구하시오.

　◎ 계산과정 :

　◎ 답 :

라. 펌프의 전효율 [%]을 구하시오.

　◎ 계산과정 :

　◎ 답 :

마. 펌프의 전동기 동력(소요동력)은 몇 [kW]인지 구하시오.

　◎ 계산과정 :

　◎ 답 :

정답

가. 계산과정

Q = 2 [개] × 130 [L/min] = 260 [L/min]

답 | 260 [L/min]

✦ 핵심이론 **옥내소화전설비의 펌프 토출량**

층수	펌프 토출량
29층 이하	**N(최대 2개) × 130 [L/min]**
30층 이상	N(최대 5개) × 130 [L/min]

※ N : 옥내소화전의 설치개수가 가장 많은 층의 설치개수
(29층 이하 : 2개 이상 설치된 경우에는 2개,
30층 이상 : 5개 이상 설치된 경우에는 5개)

나. 계산과정

지하수조 저수량 = $260[\text{L/min}] \times 20[\text{min}] = 5200[\text{L}] = 5.2[\text{m}^3]$

옥상수조 저수량 = $5.2[\text{m}^3] \times \frac{1}{3} = 1.73[\text{m}^3]$

∴ 총 수원의 최소유효저수량 = $5.2[\text{m}^3] + 1.73[\text{m}^3] = 6.93[\text{m}^3]$　　　**답 | 6.93 [m³]**

핵심이론 옥내소화전설비 수원의 양(주수원)

층수	수원의 양
29층 이하	N(최대 2개) × 130 [L/min] × 20 [min](= N × 2.6 [m³])
30층 이상 49층 이하	N(최대 5개) × 130 [L/min] × 40 [min](= N × 5.2 [m³])
50층 이상	N(최대 5개) × 130 [L/min] × 60 [min](= N × 7.8 [m³])

※ N : 옥내소화전의 설치개수가 가장 많은 층의 설치개수
(29층 이하 : 2개 이상 설치된 경우에는 2개,
30층 이상 : 5개 이상 설치된 경우에는 5개)

다. 계산과정

① 실양정 h_1 : 25 [m]

② 배관 및 관부속품의 마찰손실수두 h_2 : 25 × 0.4 = 10 [m]

③ 소방용 호스 마찰손실수두 h_3 : 10 [m]

∴ 전양정 H = h_1 + h_2 + h_3 + 17 = 25 + 10 + 10 + 17 = 62 [m]

핵심이론 펌프의 전양정 [m]

전양정 H = h_1 + h_2 + h_3 + 17

h_1 : 낙차(실양정) [m]

h_2 : 배관 및 관부속품의 마찰손실수두 [m]

h_3 : 소방용 호스 마찰손실수두 [m]

17 : 옥내소화전 최소 방수압 환산수두 [m]
   (0.17 [MPa])

※ 호스릴옥내소화전설비 포함

답 | 62 [m]

라. 계산과정

전효율 = 체적효율 × 기계효율 × 수력효율 = 0.95 × 0.9 × 0.85 = 0.72675
    = 72.68 [%]

답 | 72.68 [%]

마. 계산과정

$$소요동력\ P[kW] = \frac{\gamma[kN/m^3] \times Q[m^3/s] \times H[m]}{\eta} \times K$$

$$P = \frac{9.8[kN/m^3] \times \frac{0.26}{60}[m^3/s] \times 62[m]}{0.7268} \times 1.1 = 3.98[kW]$$

답 | 3.98 [kW]

15

20층 규모의 계단실형 아파트 3동(전체 360세대)에 습식 스프링클러설비를 설치하려고 한다. 다음 물음에 답하시오. (단, 아파트의 각 동이 주차장으로 서로 연결된 구조가 아니다)

가. 스프링클러헤드의 층별 기준개수는 몇 개인지 쓰시오. (단, 스프링클러헤드는 화재안전기술기준상 최대 기준개수 이상 설치된 것으로 가정한다)

　　○ 답 :

나. 스프링클러설비에 요구되는 최소 유효수원의 양 $[m^3]$을 구하시오. (단, 옥상수원은 고려하지 않는다)

　　○ 계산과정 :

　　○ 답 :

다. 소화펌프의 최소 토출량 $[L/min]$을 구하시오.

　　○ 계산과정 :

　　○ 답 :

라. 소화펌프의 전양정은 60 $[m]$, 전동기의 효율은 60 $[\%]$, 전달계수 1.2일 때 필요한 소화펌프의 최소동력 $[kW]$을 구하시오.

　　○ 계산과정 :

　　○ 답 :

정답

▶ **참고** 공동주택의 화재안전성능기준(NFPC 608) – 제7조(스프링클러설비) [시행 2024.1.1.]

제7조(스프링클러설비) 스프링클러설비는 다음 각 호의 기준에 따라 설치해야 한다.

1. 폐쇄형 스프링클러헤드를 사용하는 아파트등은 기준개수 10개(스프링클러헤드의 설치개수가 가장 많은 세대에 설치된 스프링클러헤드의 개수가 기준개수보다 작은 경우에는 그 설치개수를 말한다)에 1.6 $[m^3]$를 곱한 양 이상의 수원이 확보되도록 할 것. 다만 아파트등의 각 동이 주차장으로 서로 연결된 구조인 경우 해당 주차장 부분의 기준개수는 30개로 할 것

가. 10개

나. 계산과정

　　$N \times 1.6[m^3] = 10[개] \times 1.6[m^3] = 16[m^3]$

　　　　　　　　　　　　　　　　　　　　　　답 | 16 $[m^3]$

다. 계산과정

$$N \times 80[L/min] = 10[개] \times 80[L/min] = 800[L/min]$$

답 | 800 [L/min]

라. 계산과정

$$소요동력 \ P[kW] = \frac{\gamma[kN/m^3] \times Q[m^3/s] \times H[m]}{\eta} \times K$$

$$P = \frac{9.8[kN/m^3] \times \dfrac{0.8}{60}[m^3/s] \times 60[m]}{0.6} \times 1.2 = 15.68[kW]$$

답 | 15.68 [kW]

🎯 핵심이론 스프링클러설비 수원의 양(주수원) – 폐쇄형 스프링클러헤드의 경우

□ 수원의 양

층수	수원의 양
29층 이하	N(기준개수) × 80 [L/min] × 20 [min](= N × 1.6 [m³])
30층 이상 49층 이하	N(기준개수) × 80 [L/min] × 40 [min](= N × 3.2 [m³])
50층 이상	N(기준개수) × 80 [L/min] × 60 [min](= N × 4.8 [m³])

※ N : 스프링클러설비 설치장소별 스프링클러헤드의 기준개수
[스프링클러헤드의 설치개수가 가장 많은 층에 설치된 스프링클러헤드의 개수가
기준개수보다 작은 경우에는 그 설치개수를 말함]

□ 스프링클러설비 설치장소별 기준개수

스프링클러설비의 설치장소			기준개수
지하층을 제외한 층수가 10층 이하인 특정소방대상물	공장	특수가연물을 저장·취급하는 것	30
		그 밖의 것	20
	근린생활시설·판매시설·운수시설 또는 복합건축물	판매시설 또는 복합건축물 (판매시설이 설치된 복합건축물)	30
		그 밖의 것	20
	그 밖의 것	헤드의 부착 높이가 8 [m] 이상인 것	20
		헤드의 부착 높이가 8 [m] 미만인 것	10
지하층을 제외한 층수가 11층 이상인 특정소방대상물(아파트 제외)·지하가 또는 지하역사			30
아파트등	아파트등의 각 동이 주차장으로 서로 연결되지 않은 구조인 경우		10
	아파트등의 각 동이 주차장으로 서로 연결된 구조인 경우		30
라지드롭형 스프링클러헤드를 설치한 창고시설			30

[비고] 하나의 소방대상물이 2 이상의 "스프링클러헤드의 기준개수"란에 해당하는 때에는 기준
개수가 많은 것을 기준으로 한다. 다만 각 기준개수에 해당하는 수원을 별도로 설치하는
경우에는 그렇지 않다.

※ 기준개수 : 화재발생 시 동시에 개방되는 스프링클러헤드의 개수

16

소방용 배관설계도에서 다음 기호(심벌)의 명칭을 쓰시오.

가.		나.	
다.		라.	

정답

가. 가스체크밸브

나. 체크밸브

다. 경보밸브(습식)

라. 모터밸브

격차를 뛰어넘어 압도적인 격차를 만들다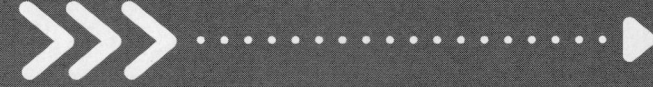

2023

2023년 1회

3회독	월	일
2회독	월	일
1회독	월	일

점수 :

01

득점 | 배점 | 4

옥내소화전을 설치하고 최상층에 설치된 시험장치의 개폐밸브 후단의 압력을 측정한 결과 0.4 [MPa]이었다. 이때 방수량이 116.38 [L/min]이었다면 노즐의 구경 [mm]은 얼마인가?

◯ 계산과정 :

◯ 답 :

정답

☑ 계산과정

📷 **참고** 방수량공식

$$Q = 2.086 \times D^2 \times \sqrt{P}$$

Q : 방수량 [L/min]
D : 관경(노즐구경) [mm], P : 방수압력 [MPa]

$116.38[L/min] = 2.086 \times D^2 \times \sqrt{0.4[MPa]}$

$\therefore D[mm] = 9.392 ≒ 9.39[mm]$

답 | 9.39 [mm]

02

| 득점 | | 배점 | 3 |

물분무소화설비의 화재안전기술기준상 물분무헤드를 설치하지 않을 수 있는 장소에 관한 내용이다. 다음 ( ) 안에 알맞은 답을 적으시오.

- (㉠)에 심하게 반응하는 물질 또는 물과 반응하여 위험한 물질을 생성하는 물질을 저장 또는 취급하는 장소
- 고온의 물질 및 (㉡)가 넓어 끓어 넘치는 위험이 있는 물질을 저장 또는 취급하는 장소
- 운전 시에 표면의 온도가 (㉢) [℃] 이상으로 되는 등 직접 분무를 하는 경우 그 부분에 손상을 입힐 우려가 있는 기계장치 등이 있는 장소

○ 답

㉠　　　　　　　　㉡　　　　　　　　㉢

정답

㉠ 물, ㉡ 증류범위, ㉢ 260

03

| 득점 | | 배점 | 4 |

지하 1층의 바닥면적이 2000 [m²]인 내화구조로 되어 있는 판매시설에 분말소화기를 설치할 경우 필요한 소화기는 최소 몇 개인지 구하시오. (단, 벽 및 반자의 실내에 면하는 부분은 불연재료 및 준불연재료 또는 난연재료가 아니며, 소화기 1개의 소화능력단위는 A급 2단위이다)

○ 계산과정 :

○ 답 :

정답

☑ 계산과정

- 소요능력단위 $= \dfrac{2000[\text{m}^2]}{100[\text{m}^2/\text{단위}]} = 20[\text{단위}]$

- 소화기의 개수 $= \dfrac{20[\text{단위}]}{2[\text{단위}/\text{개}]} = 10[\text{개}]$

답 | 10 [개]

★· 핵심이론 **특정소방대상물별 소화기구의 능력단위기준**

특정소방대상물	소화기구의 능력단위
1. 위락시설	해당 용도의 바닥면적 30 [m²]마다 능력단위 1단위 이상
2. 공연장, 집회장, 관람장, 문화재, 장례식장 및 의료시설	해당 용도의 바닥면적 50 [m²]마다 능력단위 1단위 이상
3. 근린생활시설, **판매시설**, 운수시설, 숙박시설, 노유자시설, 전시장, 공동주택, 업무시설, 방송통신시설, 공장, 창고시설, 항공기 및 자동차 관련 시설 및 관광휴게시설	해당 용도의 바닥면적 100 [m²]마다 능력단위 1단위 이상
4. 그 밖의 것	해당 용도의 바닥면적 200 [m²]마다 능력단위 1단위 이상

[비고] 소화기구의 능력단위를 산출함에 있어서 주요구조부가 **내화구조**이고, 벽 및 반자의 실내에 면하는 부분이 **불연재료·준불연재료 또는 난연재료**로 된 특정대상물에 있어서는 위 표의 **바닥면적의 2배**를 해당 특정소방대상물의 기준면적으로 한다.

04

물소화설비 설치 시 가압송수장치용 펌프가 수조(수원)보다 상부에 있어 물올림수조(Priming Tank)를 설치하고자 한다. 다음 각 물음에 답하시오.

가. 펌프 흡입 측 배관 끝에 설치되는 밸브의 명칭을 쓰시오.

　○ 답 :

나. 해당 밸브를 설치하는 이유에 대해 설명하시오. (단, 펌프 기동과 관련된 사항을 위주로 설명한다)

　○ 답 :

정답

가. 풋밸브(Foot Valve)

나. 풋밸브의 역류방지 기능으로 인하여 흡입관 내에 물을 만충하여 펌프 기동 시 공동현상을 방지하기 위하여 설치한다.

05

득점		배점	8

경유를 저장하는 탱크의 내부 직경이 60 [m]인 플로팅루프탱크(Floating Roof Tank)에 포소화설비의 특형 방출구를 설치하여 방호하려고 할 때 다음 각 물음에 답하시오.

조건

(1) 소화약제는 6 [%]용의 단백포를 사용하며, 포수용액의 분당방출량은 12 $[L/m^2 \cdot 분]$이고, 방사시간은 20분을 기준으로 한다.

(2) 탱크의 내면과 굽도리판의 간격은 4 [m]로 한다.

가. 상기 탱크의 특형 고정포방출구에 의하여 소화하는 데 필요한 포수용액의 양 $[m^3]$은 얼마인지 구하시오.

○ 계산과정 :

○ 답 :

나. 상기 탱크의 특형 고정포방출구에 의하여 소화하는 데 필요한 수원의 양 $[m^3]$은 얼마인지 구하시오.

○ 계산과정 :

○ 답 :

다. 상기 탱크의 특형 고정포방출구에 의하여 소화하는 데 필요한 포소화약제의 양 [L]은 얼마인지 구하시오.

○ 계산과정 :

○ 답 :

정답

가. 계산과정

$$포수용액 = A[m^2] \times Q_A[L/m^2 \cdot min] \times T[min]$$

$$= \frac{\pi \times (60^2 - 52^2)}{4}[m^2] \times 12[L/m^2 \cdot min] \times 20[min]$$

$$= 168892.021[L] ≒ 168.89[m^3]$$

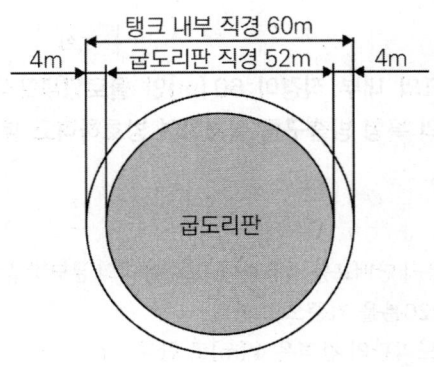

답 | 168.89 [m³]

나. 계산과정

$$수원의\ 양 = A[m^2] \times Q_A[L/m^2 \cdot min] \times T[min] \times (1-S)$$
$$= 168.89[m^3] \times 0.94 = 158.756 ≒ 158.76[m^3]$$

답 | 158.76 [m³]

다. 계산과정

$$포소화약제의\ 양 = A[m^2] \times Q_A[L/m^2 \cdot min] \times T[min] \times S$$
$$= 168892.021[L] \times 0.06 = 10133.521 ≒ 10133.52[L]$$

답 | 10133.52 [L]

✦ **핵심이론** | **포소화약제의 저장량 – 고정포방출구방식**

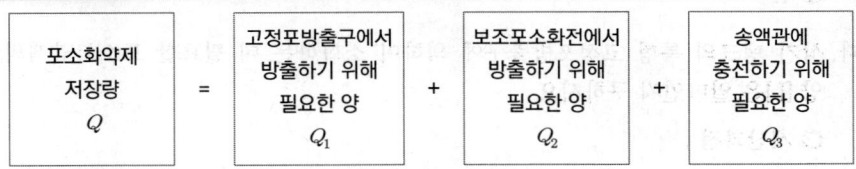

고정포방출구방식은 다음의 양을 합한 양 이상으로 할 것

(1) 고정포방출구에서 방출하기 위하여 필요한 양

$$Q_1 = A \cdot Q_A \cdot T \cdot S$$

Q_1 : 포소화약제의 양 [L]

A : 탱크의 액표면적 [m²]

Q_A : 단위 포소화수용액의 양 [L/m² · min]

T : 방출시간 [min]

S : 포소화약제의 사용농도 [%]

(2) 보조포소화전에서 방출하기 위하여 필요한 양

$$Q_2 = N \cdot 8000 \cdot S$$

Q_2 : 포소화약제의 양 [L]

N : 호스 접결구의 수(3개 이상인 경우는 3개)

S : 포소화약제의 사용농도 [%]

(3) 가장 먼 탱크까지의 송액관에 충전하기 위하여 필요한 양(내경 75 [mm] 이하의 송액관은 제외)

$$Q_3 = V \times S \times 1000[L/m^3]$$

Q_3 : 포소화약제의 양 [L]
V : 송액관 내부의 체적 [m³]
S : 포소화약제의 사용농도 [%]

※ 송액관 : 수원으로부터 포헤드, 고정포방출구 또는 이동식 노즐에 급수하는 배관

06

득점 [　] 배점 [7]

다음은 스프링클러설비에 관련된 그림이다. 아래 그림을 보고 알맞은 답을 적으시오.

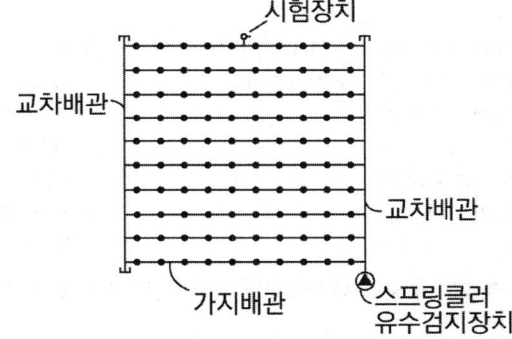

가. 위 그림은 어떠한 배관방식인가?

　○답 :

나. '가'항의 배관방식으로 설치하였을 경우 특징 4가지를 적으시오.

　○답 :

정답

가. 격자형(그리드형) 배관방식

나. ① 급수배관이 분산되어 마찰손실이 적고, 균일한 방사량 및 방사압력으로 방사가 가능
② 배관의 균열, 누수에도 소화수 공급 지속
③ 소화설비의 증설 및 이설이 용이
④ 배관 설계 프로그램만으로 설계가 가능

참고 스프링클러설비의 배관방식

구분	그리드(격자) 배관방식	루프 배관방식	트리 배관방식
설명	2개의 교차배관에 사이에 가지배관이 접속되어, 스프링클러설비 작동 시 2방향 이상으로 급수가 공급되는 방식으로 압력손실이 적고 방사압력이 균일하다.	2개의 교차배관에 사이에 가지배관이 접속되어, 스프링클러설비 작동 시 2방향 이상으로 급수가 공급되나 가지배관은 서로 연결되지 않는 방식이다.	주배관 → 수평주행배관 → 교차배관 → 가지배관 → 헤드의 방향으로 유수되며, 화재안전기준에 따라 일반적으로 사용하는 스프링클러 배관방식이다.
장점	① 급수배관이 분산되어 마찰손실이 적고, 균일한 방사량 및 방사압력으로 방사가 가능 ② 배관의 균열, 누수에도 소화수 공급 지속 ③ 소화설비의 증설 및 이설이 용이	① 유수의 흐름을 분산시켜 마찰손실이 적음 ② 배관의 균열, 누수에도 소화수 공급 지속 ③ 습식, 건식 설비에 적용 가능	수계산을 이용한 설계가 가능한 배관방식
단점	① 습식 설비에만 적용 가능 (건식, 준비작동식은 배관 내 과다한 공기로 방사가 지연됨) ② 배관 설계 프로그램만으로 설계가 가능	① 격자형에 비해 수력특성은 좋지 못함	① 배관의 균열, 누수 시 방사 능력 저하 ② 가압송수장치에서 멀어질수록 방사압력이 작아짐(수력특성이 안 좋음) ③ 가지배관에 설치되는 헤드 개수에 제한이 있음

※ 최근 들어 수력 특성이 우수한 격자배관과 루프배관방식이 많이 채택되고 있음

07

득점		배점	4

소화용수설비를 설치하는 지하 2층, 지상 3층의 특정소방대상물에 대한 연면적이 35000 [m²]이고, 지상 1층과 2층의 바닥면적의 합이 7500 [m²]일 때, 소화수조의 최소 저수량 [m³]을 구하시오.

○ 계산과정 :

○ 답 :

정답

☑ 계산과정

① 기준면적

지상 1층 및 2층의 바닥면적의 합계(7500 [m²])가 15000 [m²] 미만이므로

기준면적 = 12500 [m²]

② 저수량

$$\frac{연면적}{기준면적} = \frac{35000\,[m^2]}{12500\,[m^2]} = 2.8\,(소수점\ 이하\ 절상) ≒ 3$$

∴ 소화수조의 저수량 $= 3 \times 20\,[m^3] = 60\,[m^3]$

답 | 60 [m³]

핵심이론 소화수조 또는 저수조의 저수량

소화수조 또는 저수조의 저수량은 소방대상물의 연면적을 기준면적으로 나누어 얻은 수(소수점 이하의 수는 1로 본다)에 20 [m³]을 곱한 양 이상이 되도록 해야 한다.

[소방대상물별 기준면적]

소방대상물의 구분	기준면적
1. 1층 및 2층의 바닥면적의 합계가 15000 [m²] 이상인 소방대상물	7500 [m²]
2. 제1호에 해당하지 않는 그 밖의 소방대상물	12500 [m²]

소화수조 저수량 $[m^3]$

$$= \frac{소방대상물의\ 연면적\,[m^2]}{기준면적\,[m^2]}(소수점\ 이하\ 절상) \times 20\,[m^3]$$

08

득점   배점   4

임펠러의 회전속도가 1770 [rpm]일 때 토출량은 4000 [L/min], 양정은 50 [m], 직경은 150 [mm]인 원심펌프가 있다. 이를 1170 [rpm]으로 회전수를 변경하고 직경을 200 [mm]로 바꾸었을 때 그 토출량 [L/min]과 양정 [m]은 각각 얼마가 되는지 구하시오.

가. 토출량 [L/min]

   ○ 계산과정 :

   ○ 답 :

나. 토출양정 [m]

   ○ 계산과정 :

   ○ 답 :

정답

★ 핵심이론 펌프의 상사법칙

서로 다른 치수의 펌프를 비교(상사)했을 때

(1) 유량 $[m^3/s]$ $Q_2 = \left(\dfrac{N_2}{N_1}\right)^1 \times \left(\dfrac{D_2}{D_1}\right)^3 \times Q_1$

(2) 양정(압력) [m] $H_2 = \left(\dfrac{N_2}{N_1}\right)^2 \times \left(\dfrac{D_2}{D_1}\right)^2 \times H_1$

(3) 동력 [kW] $L_2 = \left(\dfrac{N_2}{N_1}\right)^3 \times \left(\dfrac{D_2}{D_1}\right)^5 \times L_1$

가. 계산과정

$$Q_2 = \left(\frac{N_2}{N_1}\right)^1 \times \left(\frac{D_2}{D_1}\right)^3 \times Q_1 = \left(\frac{1170}{1770}\right) \times \left(\frac{200}{150}\right)^3 \times 4000 = 6267.42 \text{ [L/min]}$$

답 | 6267.42 [L/min]

나. 계산과정

$$H_2 = \left(\frac{N_2}{N_1}\right)^2 \times \left(\frac{D_2}{D_1}\right)^2 \times H_1 = \left(\frac{1170}{1770}\right)^2 \times \left(\frac{200}{150}\right)^2 \times 50 = 38.84 \text{ [m]}$$

답 | 38.84 [m]

09

옥내소화전설비의 수원은 기준에 따라 산출한 유효수량의 1/3 이상을 옥상에 설치해야 한다. 옥상수조를 설치하지 않을 수 있는 경우를 5가지만 쓰시오.

○ 답

①

②

③

④

⑤

정답

① 지하층만 있는 건축물

② 고가수조를 가압송수장치로 설치한 경우

③ 수원이 건축물의 최상층에 설치된 방수구보다 높은 위치에 설치된 경우

④ 건축물의 높이가 지표면으로부터 10 [m] 이하인 경우

⑤ 주펌프와 동등 이상의 성능이 있는 별도의 펌프로서 내연기관의 기동과 연동하여 작동되거나 비상전원을 연결하여 설치한 경우

⑥ 학교·공장·창고시설로서 동결의 우려가 있는 장소에 있어서는 기동스위치에 보호판을 부착하여 옥내소화전함 내에 설치하는 경우

⑦ 가압수조를 가압송수장치로 설치한 경우

위 7가지 중 5가지 기술할 것

10

안지름이 각각 36 [cm]와 13 [cm]의 원관이 직접 연결되어 있다. 안지름이 큰 관에서 작은 관 방향으로 매분 5.6 [m³]의 물이 흐르고 있을 때 돌연축소부분에서의 손실수두 [m]을 구하시오. (단, 중력가속도는 9.8 [m/s²]이고, 부차적 손실계수는 0.86이다)

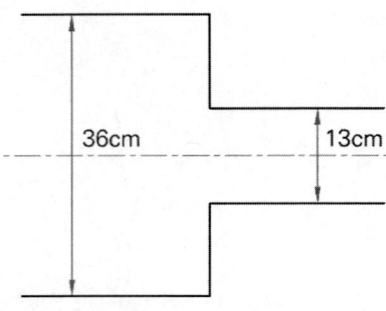

○ 계산과정 :

○ 답 :

정답

☑ 계산과정

돌연 축소관 손실수두

$$h = \frac{(V_0 - V_2)^2}{2g} = K\frac{V_2^2}{2g}$$

h_L : 부차적 손실수두 [m]

K : 손실계수

$$\left[K = \left(\frac{A_2}{A_0} - 1 \right)^2 = \left(\frac{1}{C_c} - 1 \right)^2 \right]$$

C_c : 수축계수 $\left[C_c = \frac{A_0}{A_2} \right]$

V : 유속 [m/s]

g : 중력가속도 [m/s²]

(1) 유속 $V_2 = \dfrac{Q}{A_2} = \dfrac{4Q}{\pi D^2} = \dfrac{4 \times \frac{5.6}{60}[m^3/s]}{\pi \times 0.13^2[m^2]} = 7.031 ≒ 7.03\,[m/s]$

(2) 손실수두 $h[m] = K\dfrac{V_2^2}{2g} = 0.86 \times \dfrac{7.03^2}{2 \times 9.8} = 2.168 ≒ 2.17\,[m]$

답 | 2.17 [m]

11

| 득점 | | 배점 | 8 |

다음 그림은 주차장의 일부이다. 이곳에 포소화설비를 설치할 경우 조건을 참고하여 다음 물음에 답하시오.

조건
(1) 방호구역은 가로 32 [m], 세로 32 [m]인 주차장이다.
(2) 주차장에 포헤드를 설치하며, 헤드 배치 시 정방형으로 한다.
(3) 포약제는 수성막포를 사용한다.

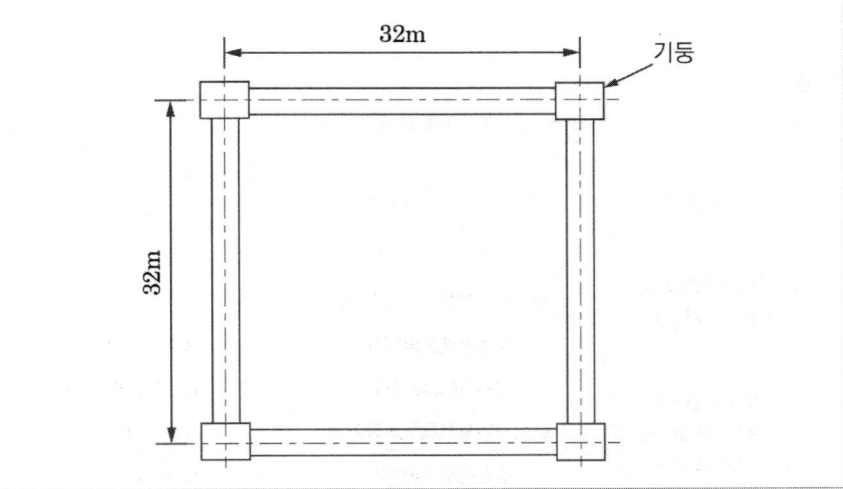

가. 바닥면적 1 [m²]당 분당 방사량은 몇 [L] 이상이어야 하는지 쓰시오.

　○답 :

나. 포헤드 상호 간의 거리 [m]를 구하시오.

　○계산과정 :

　○답 :

다. 주차장에 설치해야 할 포헤드의 수는 최소 몇 개인지 구하시오. (단, 정방형 배치방식으로 산출하시오)

　○계산과정 :

　○답 :

라. 포헤드는 바닥면적 몇 [m²]마다 1개 이상으로 하여 화재를 유효하게 소화할 수 있도록 하여야 하는지 쓰시오.

　○답 :

마. 주차장에 설치해야 할 포헤드의 수는 최소 몇 개인지 구하시오. (단, 정방형 배치방식을 적용하지 않고 '라'항을 기준으로 포헤드의 개수를 산출하시오)

　○ 계산과정 :

　○ 답 :

바. 주차장에 설치해야 하는 최종 포헤드 개수를 구하시오.

　○ 답 :

정답

가. [포헤드설비 – 1분당 바닥면적 1 [m²]에 대한 방사량]　　　　　답 | 3.7 [L] 이상

소방대상물	포소화약제의 종류	1분당 바닥면적 1 [m²]에 대한 방사량
차고·주차장 및 항공기격납고	단백포소화약제	6.5 [L] 이상
	합성계면활성제포소화약제	8.0 [L] 이상
	수성막포소화약제	**3.7 [L] 이상**
특수가연물을 저장·취급하는 소방대상물	단백포소화약제	6.5 [L] 이상
	합성계면활성제포소화약제	6.5 [L] 이상
	수성막포소화약제	6.5 [L] 이상

나. 계산과정

포헤드 정방형 배치 시 헤드 상호 간 거리

$S = 2r \times \cos 45°$

　　　　　　　S : 포헤드 상호 간의 거리 [m], r : 유효반경 2.1 [m]

∴ $S = 2 \times 2.1 \times \cos 45° = 2.97$ [m]

답 | 2.97 [m]

다. 계산과정

① 가로 및 세로 열에 설치할 헤드 수

$$\frac{방호구역 한 변의 길이}{헤드 상호 간 거리} = \frac{32[m]}{2.97[m]} = 10.77[개] ≒ 11[개]$$

② 총 헤드 개수 : 11[개] × 11[개] = 121[개]　　　　　답 | 121 [개]

라. 9 [m²]

마. 계산과정

$$\frac{32[m] \times 32[m]}{9[m^2/개]} = 113.78[개] ≒ 114[개]$$

답 | 114 [개]

바. 121 [개]

12

득점		배점	10

지하 1층, 지상 14층인 특정소방대상물에 연결송수관설비를 겸용으로 사용하고 있는 옥내소화전설비를 설치하고자 한다. 다음 조건을 참고하여 각 물음에 답하시오.

조건

(1) 옥내소화전은 각 층당 4개씩 설치한다.
(2) 펌프는 지하 1층에 설치되어 있고, 풋밸브에서 지상 1층의 바닥까지의 수직높이는 5 [m]이다.
(3) 소방호스는 2개를 사용하고, 하나의 길이는 15 [m]이다.
(4) 호스의 마찰손실수두는 호스 100 [m]당 26 [m]이다.
(5) 배관 및 관부속의 마찰손실수두 합계는 10 [m]이다.
(6) 각 층의 높이는 3 [m]이고, 방수구는 각 층의 바닥으로부터 1.5 [m] 위에 설치되어 있다.
(7) 호칭구경에 따른 배관의 내경

호칭구경	15 [A]	20 [A]	25 [A]	32 [A]	40 [A]	50 [A]	65 [A]	80 [A]	100 [A]
내경 [mm]	16.4	21.9	27.5	36.2	42.1	53.2	69	81	105.3

(8) 펌프의 동력전달계수

동력전달형식	전달계수
전동기	1.1
전동기 이외의 것	1.2

(9) 펌프의 효율은 80 [%]이고, 방사시간은 20분이다.
(10) 위의 조건 외의 추가적인 조건은 화재안전기술기준에 따른다.

가. 최소 수원량 [m³]을 구하시오. (단, 옥상수조는 제외한다)

○ 계산과정 :

○ 답 :

나. 옥상수조의 수원량 [m³]을 구하시오.

○ 계산과정 :

○ 답 :

다. 소방펌프의 정격유량 [L/min]을 구하시오.

○ 계산과정 :

○ 답 :

라. 전양정 [m]을 구하시오.

　◯ 계산과정 :

　◯ 답 :

마. 소방펌프의 전동기 소요동력은 몇 [kW]인가?

　◯ 계산과정 :

　◯ 답 :

바. 소화펌프의 토출 측 주배관의 최소 구경을 구하여 호칭경으로 답하시오.

　◯ 계산과정 :

　◯ 답 :

정답

가. 계산과정

★·핵심이론 **옥내소화전설비 수원의 양(주수원)**

층수	수원의 양
29층 이하	N(최대 2개) × 130 [L/min] × 20 [min](= N × 2.6 [m³])
30층 이상 49층 이하	N(최대 5개) × 130 [L/min] × 40 [min](= N × 5.2 [m³])
50층 이상	N(최대 5개) × 130 [L/min] × 60 [min](= N × 7.8 [m³])

※ N : 옥내소화전의 설치개수가 가장 많은 층의 설치개수

(29층 이하 : 2개 이상 설치된 경우에는 2개,

30층 이상 : 5개 이상 설치된 경우에는 5개)

$$수원의\ 양 = 2[개] \times 2.6[m^3] = 5.2[m^3]$$

답 | 5.2 [m³]

나. 계산과정

★·핵심이론 **옥내소화전설비의 화재안전기술기준(NFTC 102) – 2.1 수원**

2.1.1 옥내소화전설비의 수원은 그 저수량이 옥내소화전의 설치개수가 가장 많은 층의 설치개수(2개 이상 설치된 경우에는 2개)에 2.6 [m³](호스릴옥내소화전설비를 포함한다)를 곱한 양 이상이 되도록 해야 한다.

2.1.2 옥내소화전설비의 수원은 2.1.1에 따라 계산하여 나온 <u>유효수량 외에 유효수량의 3분의 1 이상을 옥상</u>(옥내소화전설비가 설치된 건축물의 주된 옥상을 말한다. 이하 같다)<u>에 설치해야 한다.</u> 다만 다음의 어느 하나에 해당하는 경우에는 그렇지 않다.

$$옥상수원 = 5.2[m^3] \times \frac{1}{3} = 1.733 ≒ 1.73[m^3]$$

답 | 1.73 [m³]

다. 계산과정

📌 **핵심이론** 옥내소화전설비의 펌프 토출량

층수	펌프 토출량
29층 이하	**N(최대 2개) × 130 [L/min]**
30층 이상	N(최대 5개) × 130 [L/min]

※ N : 옥내소화전의 설치개수가 가장 많은 층의 설치개수
(29층 이하 : 2개 이상 설치된 경우에는 2개,
30층 이상 : 5개 이상 설치된 경우에는 5개)

2개 × 130 [L/min] = 260 [L/min]

답 | 260 [L/min]

라. 계산과정

📌 **핵심이론** 펌프의 전양정 [m]

전양정 $H = h_1 + h_2 + h_3 + 17$

h_1 : 낙차(실양정) [m]
h_2 : 배관 및 관부속품의 마찰손실수두 [m]
h_3 : 소방용 호스 마찰손실수두 [m]
17 : 옥내소화전 최소 방수압 환산수두 [m]
  (0.17 [MPa])

※ 호스릴옥내소화전설비 포함

① 낙차(실양정) h_1 : $5 + (3 \times 13) + 1.5 = 45.5[m]$
② 배관 및 관부속품의 마찰손실수두 h_2 : $10[m]$
③ 소방용 호스 마찰손실수두 h_3 : $(15 \times 2) \times \dfrac{26}{100} = 7.8[m]$

∴ 전양정 $H = h_1 + h_2 + h_3 + 17 = 45.5 + 10 + 7.8 + 17 = 80.3[m]$ 답 | 80.3 [m]

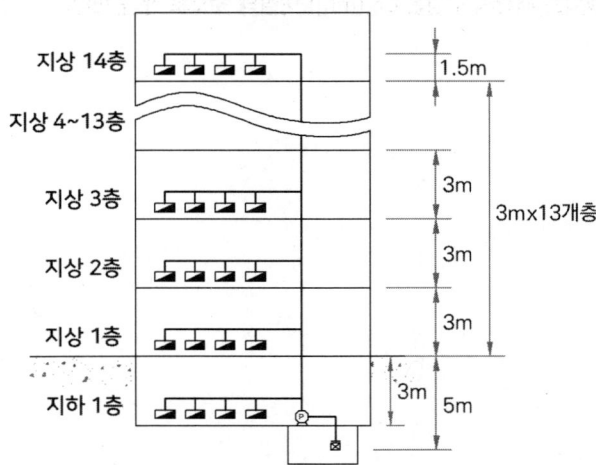

[실양정 = 풋밸브로부터 지상 14층에 설치된 방수구까지의 높이]

마. 계산과정

$$소요동력\ P[kW] = \frac{\gamma[kN/m^3] \times Q[m^3/s] \times H[m]}{\eta} \times K$$

$$P = \frac{9.8[kN/m^3] \times \frac{0.26}{60}[m^3/s] \times 80.3[m]}{0.8} \times 1.1 = 4.688 \fallingdotseq 4.69[kW]$$

① 펌프 효율 η : 0.8
② 전달계수 K : 1.1(동력전달형식이 전동기[모터]이므로)

답 | 4.69 [kW]

바. 계산과정

$$Q = A \cdot V = \frac{\pi D^2}{4} \cdot V$$

$$\therefore D[m] = \sqrt{\frac{4 \times Q[m^3/s]}{\pi \times V[m/s]}} = \sqrt{\frac{4 \times \frac{0.26}{60}[m^3/s]}{\pi \times 4[m/s]}} = 0.03714[m] = 37.14[mm]$$

$\rightarrow 100[A]$

(연결송수관설비의 배관과 겸용할 경우의 주배관은 구경 100 [mm] 이상이어야 하므로)

옥내소화전설비의 화재안전기술기준(NFTC 102)

2.3.5 펌프의 토출 측 주배관의 구경은 <u>유속이 4 [m/s] 이하가 될 수 있는 크기 이상</u>으로 해야 하고, 옥내소화전방수구와 연결되는 가지배관의 구경은 40 [mm] (호스릴옥내소화전설비의 경우에는 25 [mm]) 이상으로 해야 하며, 주배관 중 수직배관의 구경은 50 [mm](호스릴옥내소화전설비의 경우에는 32 [mm]) 이상으로 해야 한다.

2.3.6 <u>연결송수관설비의 배관과 겸용할 경우의 주배관은 구경 100 [mm] 이상, 방수구로 연결되는 배관의 구경은 65 [mm] 이상의 것으로 해야 한다.</u>

답 | 100 [A]

13

| 득점 | | 배점 | 6 |

어떤 특정소방대상물에 스프링클러설비를 설치하려고 한다. 다음 빈칸을 채우시오.

스프링클러 설비	장점	설치하는 스프링클러헤드의 종류
습식	① ②	
건식	① ②	
준비작동식	① ②	

정답

스프링클러 설비	장점	설치하는 스프링클러헤드의 종류
습식	① 헤드 개방 시 즉시 살수가 가능하다. ② 다른 방식에 비해 유지 및 관리가 용이하다. ③ 다른 스프링클러설비보다 구조가 간단하고 경제성이 높다. 위 3가지 중 2가지 기술할 것	폐쇄형 스프링클러헤드
건식	① 동결우려가 있는 장소에서 사용이 가능하다. ② 별도의 감지장치가 필요하지 않다. ③ 옥외에서도 사용이 가능하다. 위 3가지 중 2가지 기술할 것	폐쇄형 스프링클러헤드
준비작동식	① 동결우려가 있는 장소에서 사용이 가능하다. ② 헤드가 개방되기 전에 감지기에 의한 경보가 발생하므로 조기대응이 가능하다. ③ 평상시 헤드가 파손 등으로 개방되어도 밸브 개방 전까지는 수손의 피해가 없다. 위 3가지 중 2가지 기술할 것	폐쇄형 스프링클러헤드

2023

14

어떤 사무소 건물의 지하층에 있는 전산실과 전기실에 전역방출방식의 할론소화설비(할론 1301)를 설치하고자 한다. 다음 조건을 참조하여 각 물음에 답하시오.

> **조건**
>
> (1) 소화설비는 고압식으로 한다.
> (2) 약제저장용기의 밸브개방방식은 기체압식(뉴메틱식)이다.
> (3) 방호구역의 크기, 개구부 면적 및 자동폐쇄장치의 설치 여부는 다음과 같다.
>   • 전산실
>   - 방호구역의 크기 : 가로 10 [m] × 세로 15 [m] × 높이 3 [m]
>   - 개구부 : 면적 4 [m²], 1개소, 자동폐쇄장치 미설치
>   • 전기실
>   - 방호구역의 크기 : 가로 9 [m] × 세로 7 [m] × 높이 3 [m]
>   - 개구부 : 면적 2 [m²], 1개소, 자동폐쇄장치 미설치
> (4) 방호구역의 체적 1 [m³]당 소화약제의 양은 0.32 [kg]이고, 개구부 가산량은 5 [kg/m²]이다.
> (5) 용기 1병당 충전량은 50 [kg]이고, 내용적은 68 [L]이다.
> (6) 저장용기는 공용으로 설치한다.
> (7) 전기실에 설치된 분사헤드는 2개이고, 헤드에서의 소화약제 방출시간은 10초 이내이다.
> (8) 주어진 조건 외의 것은 화재안전기술기준에 따른다.

가. 전산실과 전기실에 필요한 약제용기의 수는 총 몇 병인가?

　1) 전산실

　　О 계산과정 :

　　О 답 :

　2) 전기실

　　О 계산과정 :

　　О 답 :

나. 저장용기 간의 간격은 점검에 지장이 없도록 몇 [cm] 이상의 간격을 유지하여야 하는가?

　О 답 :

다. 분사헤드의 방사압력은 몇 [MPa] 이상이어야 하는가?

　О 답 :

라. 전기실의 분사헤드 1개에서 방출되는 유량 [kg/s]은?

    ⭕ 계산과정 :

    ⭕ 답 :

마. 전기실의 분사헤드에서 방사율이 1.77 [kg/(mm²·s)]이면 분사헤드 1개의 등가분구면적 [mm²]을 구하시오.

    ⭕ 계산과정 :

    ⭕ 답 :

정답

📌 **핵심이론** **할론소화설비(할론 1301) 전역방출방식 약제량 산정**

$W = (V \times \alpha) + (A \times \beta)$

W : 약제량 [kg], V : 방호구역의 체적 [m³]

α : 방호구역 1 [m³]에 대한 소화약제의 양 [kg/m³]

A : 개구부 면적 [m²], β : 개구부 가산량 [kg/m²]

(개구부에 자동폐쇄장치 미설치 시 가산)

소방대상물 또는 그 부분	방호구역의 체적 1 [m³]당 소화약제의 양 [kg/m³] α	개구부 가산량 [kg/m²] β
• 차고·주차장·전기실·통신기기실·전산실 등 이와 유사한 전기설비가 설치되어 있는 부분 • 특수가연물(가연성 고체류, 가연성 액체류, 합성수지류)을 저장·취급하는 소방대상물 또는 그 부분	**0.32 이상** 0.64 이하	2.4
특수가연물(면화류, 나무껍질 및 대팻밥, 넝마 및 종이부스러기, 사류, 볏짚류, 목재가공품 및 나무부스러기)을 저장·취급하는 소방대상물 또는 그 부분	0.52 이상 0.64 이하	3.9

가. 계산과정

  1) 전산실

    소요약제량 = $(10 \times 15 \times 3)$ [m³] × 0.32 [kg/m³] + 4 [m²] × 5 [kg/m²]

             = 164 [kg]

    저장용기 수 = $\dfrac{164\,[\text{kg}]}{50\,[\text{kg/병}]} = 3.28 \rightarrow 4$ [병]

                                             답 | 4 [병]

  2) 전기실

    소요약제량 = $(9 \times 7 \times 3)$ [m³] × 0.32 [kg/m³] + 2 [m²] × 5 [kg/m²]

             = 70.48 [kg]

    저장용기 수 = $\dfrac{70.48\,[\text{kg}]}{50\,[\text{kg/병}]} = 1.409 \rightarrow 2$ [병]

                                             답 | 2 [병]

나. 3 [cm]

다. 0.9 [MPa]

> **할론소화설비의 화재안전기술기준(NFTC 107) – 2.7 분사헤드**
> 2.7.1 전역방출방식의 할론소화설비의 분사헤드는 다음의 기준에 따라 설치해야 한다.
> 2.7.1.1 방출된 소화약제가 방호구역의 전역에 균일하고 신속하게 확산할 수 있도록 할 것
> 2.7.1.2 할론 2402를 방출하는 분사헤드는 해당 소화약제가 무상으로 분무되는 것으로 할 것
> 2.7.1.3 분사헤드의 방출압력은 할론 2402를 방출하는 것은 0.1 [MPa] 이상, 할론 1211을 방출하는 것은 0.2 [MPa] 이상, <u>할론 1301을 방출하는 것은 0.9 [MPa] 이상</u>으로 할 것
> 2.7.1.4 2.2에 따른 <u>기준저장량의 소화약제를 10초 이내에 방출할 수 있는 것</u>으로 할 것

라. 계산과정

전기실의 분사헤드 1개에서 방출되는 유량 [kg/s]

$$유량[kg/s \cdot 개] = \frac{50[kg/병] \times 2[병]}{2[개] \times 10[s]} = 5[kg/s \cdot 개]$$

답 | 5 [kg/s]

마. 계산과정

전기실의 분사헤드 1개의 등가분구면적 [mm²]

$$1.77[kg/(mm^2 \cdot s \cdot 개)] = \frac{50[kg/병] \times 2[병]}{분구면적[mm^2] \times 10[s] \times 2[개]}$$

$$분구면적[mm^2] = \frac{50[kg/병] \times 2[병]}{1.77[kg/mm^2 \cdot \min \cdot 개] \times 10[s] \times 2[개]} = 2.824 ≒ 2.82[mm^2]$$

답 | 2.82 [mm²]

15

특정소방대상물인 해당 그림에 분말소화설비의 헤드를 정방형으로 설치하였다. 토너먼트 배관방식으로 설치하려고 할 때, 알맞게 그리시오.

[범례]

● : 분사헤드   ─ : 배관

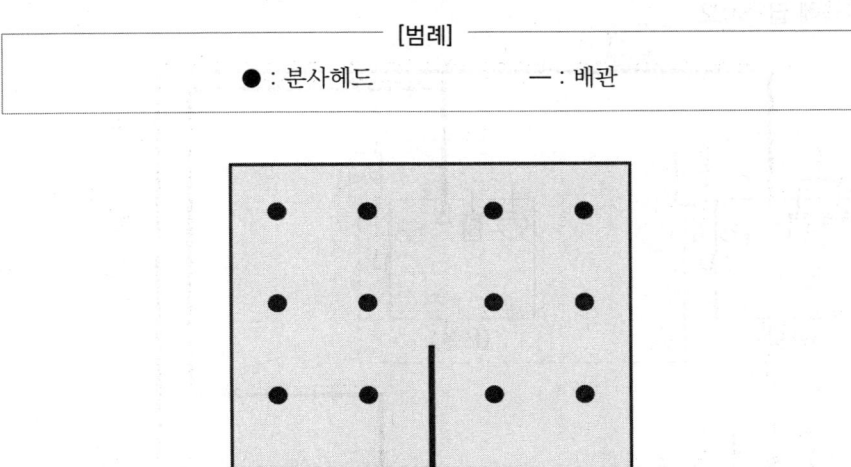

[방호구역]

정답

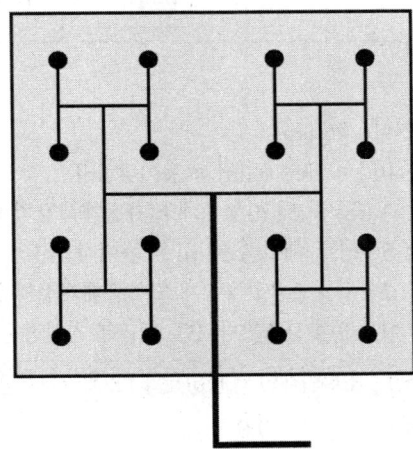

16

득점   배점   12

특정소방대상물의 지하층에 있는 A실과 B실에 전역방출방식의 고압식 이산화탄소 소화설비를 설치하려고 한다. 화재안전기술기준과 주어진 조건에 의하여 다음 각 물음에 답하시오.

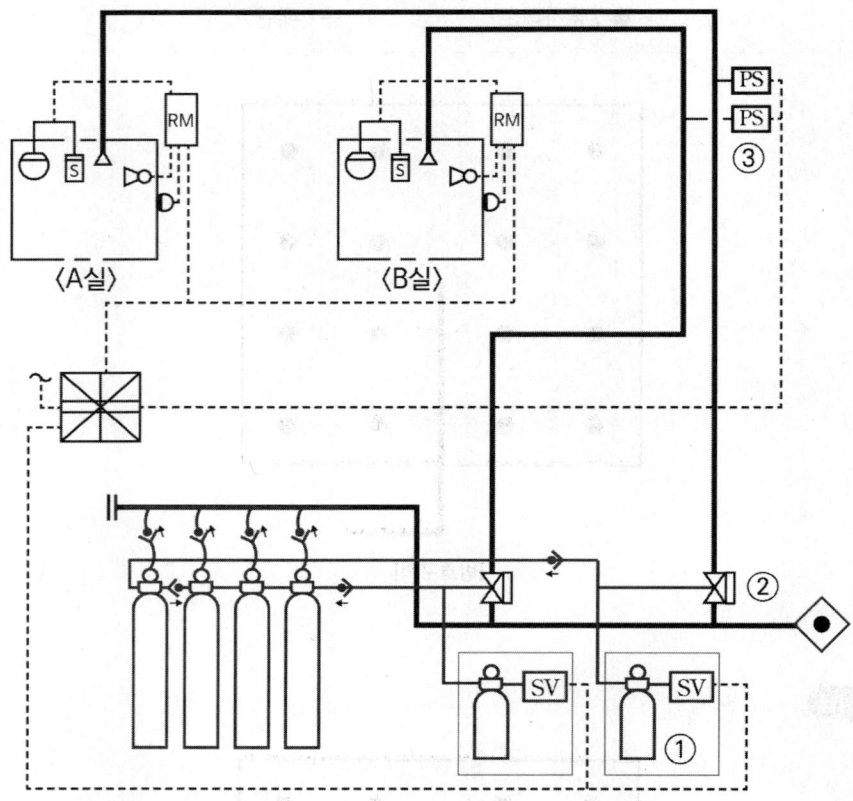

조건

(1) 가스용기 1본당 충전량 : 45 [kg]

(2) A실의 크기 : 가로 8 [m] × 세로 6 [m] × 높이 4 [m]

(3) A실의 개구부 크기 : 1 [m] × 2 [m] × 2개소(자동폐쇄장치 없음)

(4) B실의 크기 : 가로 4.5 [m] × 세로 3.5 [m] × 높이 4 [m]

(5) B실의 개구부 크기 : 2 [m] × 3 [m] × 2개소(자동폐쇄장치 없음)

(6) 가스량은 다음 표를 이용하여 산출한다. (단, 개구부 가산량은 5 [kg/m²]로 한다)

방호구역의 체적 [m³]	소화약제의 양 [kg/m³]	소화약제저장량의 최저한도 [kg]
50 이상 150 미만	0.9	45
150 이상 1450 미만	0.8	135

가. ① ~ ③의 명칭을 적으시오. (단, 약어를 쓰지 않도록 한다)

　　○ 답

　　　① 　　　　　　　　 ② 　　　　　　　　 ③

나. A실에 필요한 소화약제 저장용기의 수는 몇 병인지 구하시오.

　　○ 계산과정 :

　　○ 답 :

다. B실에 필요한 소화약제 저장용기의 수는 몇 병인지 구하시오.

　　○ 계산과정 :

　　○ 답 :

라. 분사헤드의 방출압력은 21 [℃]에서 몇 [MPa] 이상이어야 하는지 쓰시오.

　　○ 답 :

마. 강관을 사용하는 경우의 배관은 압력배관용 탄소강관(KS D 3562) 중 스케줄 얼마 이상의 것을 사용하여야 하는지 쓰시오.

　　○ 답 :

바. 소화약제 저장용기실의 온도는 몇 [℃] 이하이어야 하는지 쓰시오.

　　○ 답 :

정답

가. ① 기동용 가스용기, ② 선택밸브, ③ 압력스위치

나. **계산과정**

　A실에 필요한 가스용기의 수

　(1) A실에 필요한 약제량 W = (V × α) + (A × β)

　　① $V = 8 \times 6 \times 4 = 192[m^3]$ ⇨ 따라서 $\alpha = 0.8[kg/m^3]$

　　② $V \times \alpha = 192[m^3] \times 0.8[kg/m^3] = 153.6[kg]$ ⇨ 최저한도량 135 [kg]보다 큼

　　③ 위 기준에 따라 산출한 기본 소화약제량에 개구부 가산량을 더하여 산출한다.

　　④ $W = 153.6[kg] + (1 \times 2 \times 2)[m^2] \times 5[kg/m^2] = 173.6[kg]$

　(2) 저장용기 수 $= \dfrac{173.6[\text{kg}]}{45[\text{kg/병}]} = 3.86 = 4[\text{병}]$

답 | 4 [병]

다. 계산과정

　B실에 필요한 가스용기의 수

　(1) B실에 필요한 약제량 $W = (V \times \alpha) + (A \times \beta)$

　　　① $V = 4.5 \times 3.5 \times 4 = 63[m^3]$ ⇨ 따라서 $\alpha = 0.9[kg/m^3]$

　　　② $V \times \alpha = 63[m^3] \times 0.9[kg/m^3] = 56.7[kg]$ ⇨ 최저한도량 45 [kg]보다 큼

　　　③ 위 기준에 따라 산출한 기본 소화약제량에 개구부 가산량을 더하여 산출한다.

　　　④ $W = 56.7[kg] + (2 \times 3 \times 2)[m^2] \times 5[kg/m^2] = 116.7[kg]$

　(2) 저장용기 수 $= \dfrac{116.7[kg]}{45[kg/병]} = 2.59 ≒ 3[병]$

답 | 3 [병]

라. 2.1 [MPa] 이상

마. 80 이상

바. 40 [℃] 이하

✈·핵심이론 **이산화탄소소화설비 전역방출방식 표면화재 약제량 산정**

$W = (V \times \alpha) \times N + (A \times \beta)$

W : 약제량 [kg], V : 방호구역의 체적 [m³]

α : 방호구역 1 [m³]에 대한 소화약제의 양 [kg/m³]

A : 개구부 면적 [m²], β : 개구부 가산량 [kg/m²]

N : 보정계수(설계농도가 34 [%] 이상인 방호대상물의 소화약제량을 구할 때 보정계수를 곱하여 산출함)

방호구역의 체적	방호구역의 체적 1 [m³]에 대한 소화약제의 양 α	최저한도의 양	개구부 가산량 [kg/m²] β (자동폐쇄장치 미설치 시)
45 [m³] 미만	1 [kg/m³]	45 [kg](1병)	5 [kg/m²]
45 [m³] 이상 150 [m³] 미만	0.9 [kg/m³]		
150 [m³] 이상 1450 [m³] 미만	0.8 [kg/m³]	135 [kg](3병)	
1450 [m³] 이상	0.75 [kg/m³]	1125 [kg](25병)	

2023.07.22

2023년 2회

3회독	월	일
2회독	월	일
1회독	월	일

점수 :

01

| 득점 | | 배점 | 3 |

위락시설로서 바닥면적이 300 [m²]일 경우 이 장소에 필요한 소화기구의 능력단위를 구하시오. (단, 건축물의 주요구조부가 내화구조이고 벽 및 반자의 실내에 면하는 부분이 불연재료로 되어 있다)

○ 계산과정 :

○ 답 :

정답

📖 참고 특정소방대상물별 소화기구의 능력단위 표

특정소방대상물	소화기구의 능력단위
1. **위락시설**	**해당 용도의 바닥면적 30 [m²]마다 능력단위 1단위 이상**
2. 공연장, 집회장, 관람장, 문화재, 장례식장 및 의료시설	해당 용도의 바닥면적 50 [m²]마다 능력단위 1단위 이상
3. 근린생활시설, 판매시설, 운수시설, 숙박시설, 노유자시설, 전시장, 공동주택, 업무시설, 방송통신시설, 공장, 창고시설, 항공기 및 자동차 관련 시설 및 관광휴게시설	해당 용도의 바닥면적 100 [m²]마다 능력단위 1단위 이상
4. 그 밖의 것	해당 용도의 바닥면적 200 [m²]마다 능력단위 1단위 이상

[비고] 소화기구의 능력단위를 산출함에 있어서 **건축물의 주요구조부가 내화구조**이고, **벽 및 반자의 실내에 면하는 부분이 불연재료 · 준불연재료 또는 난연재료**로 된 특정소방대상물에 있어서는 위 표의 바닥면적의 2배를 해당 특정소방대상물의 기준면적으로 한다.

☑ 계산과정

$$\frac{300[m^2]}{(2\times30)[m^2/단위]}=5[단위]$$

답 | 5 [단위]

02

| 득점 | | 배점 | 4 |

다음 도면에 제연댐퍼 2개를 설치하고 A구역과 B구역 각각 화재 시 각 구역의 댐퍼 개방과 폐쇄에 대하여 설명하시오. (단, 댐퍼는 ⊘로 아래 도면에 직접 도시한다)

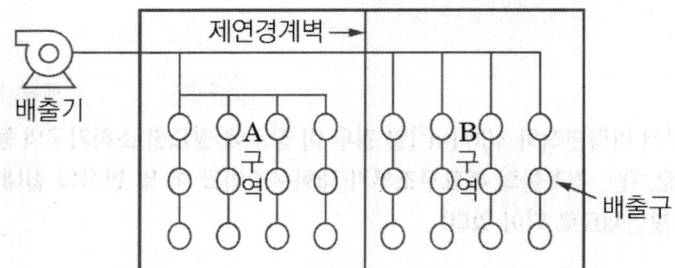

가. 위 도면에 제연댐퍼 2개를 도시하고, 왼쪽에 그리는 댐퍼는 'D_A', 오른쪽에 그리는 댐퍼는 'D_B'로 댐퍼 옆에 기호를 표기하시오.

나. A, B 두 구역에서 각각 화재 시 댐퍼의 '개방'과 '폐쇄'상태를 표에 쓰시오.

구분	댐퍼 D_A	댐퍼 D_B
A구역 화재 시		
B구역 화재 시		

정답

가.

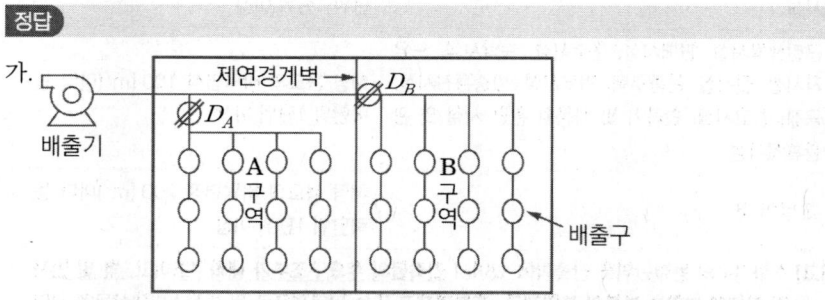

나.

구분	댐퍼 D_A	댐퍼 D_B
A구역 화재 시	개방	폐쇄
B구역 화재 시	폐쇄	개방

03

| 득점 | | 배점 | 7 |

축압식 ABC분말소화기의 그림이다. 다음 각 물음에 답하시오.

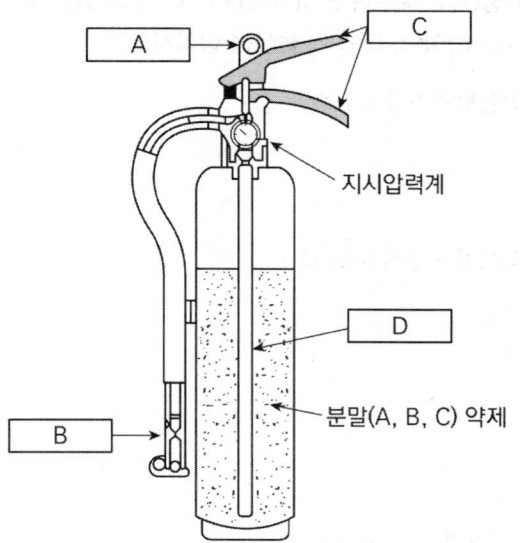

A

C

지시압력계

D

B

분말(A, B, C) 약제

가. 위 그림에서 기호에 알맞은 용어를 쓰시오.

　❍ 답

　　A :　　　　　　, B :　　　　　　, C :　　　　　　, D :

나. 위 소화기의 주된 소화효과 3가지를 쓰시오.

　❍ 답 :

정답

가. A : 안전밸브(안전핀)

　　B : 노즐

　　C : 레버

　　D : 사이폰관

나. • 억제(부촉매) 소화효과

　　• 질식 소화효과

　　• 냉각 소화효과

04

득점   배점   5

할론 1301 소화설비를 설계하고자 한다. 소요약제량은 450 [kg]이고, 약제방출 헤드가 12개 설치되었다. 헤드에서 방출압력이 1.8 [MPa]일 때 헤드 1개당 방출률은 1.25 [kg/s · cm²]이다. 다음 각 물음에 답하시오.

가. 헤드 1개당 약제 방출량 [kg/s]은?

○ 계산과정 :

○ 답 :

나. 방출 헤드의 등가분구면적 [cm²]은?

○ 계산과정 :

○ 답 :

정답

가. 계산과정 : $\dfrac{450[kg]}{10[s] \times 12[개]} = 3.75[kg/s]$

답 | 3.75 [kg/s]

나. 계산과정 : $1.25[kg/s \cdot cm^2 \cdot 개] = \dfrac{450[kg]}{10[s] \times 등가분구면적[cm^2] \times 12[개]}$

∴ 등가분구면적 $= 3[cm^2]$

답 | 3 [cm²]

05

득점		배점	5

다음은 특정소방대상물별 소화기구의 능력단위기준을 나타내는 표이다. 다음 각 물음에 답하시오.

가. 다음 보기 중 ㉮와 ㉯에 포함되는 것을 모두 적으시오.

[보기]

ㄱ. 문화재	ㄴ. 의료시설
ㄷ. 창고	ㄹ. 판매시설

특정소방대상물	소화기구의 능력단위
㉮ ( )	해당 용도의 바닥면적 50 [m²]마다 능력단위 1단위 이상
㉯ ( )	해당 용도의 바닥면적 100 [m²]마다 능력단위 1단위 이상

나. 대형소화기의 경우 특정소방대상물의 각 부분으로부터 1개의 소화기까지의 보행거리기준을 쓰시오.

○ 답 :

정답

가.

특정소방대상물	소화기구의 능력단위
㉮ (ㄱ, ㄴ)	해당 용도의 바닥면적 50 [m²]마다 능력단위 1단위 이상
㉯ (ㄷ, ㄹ)	해당 용도의 바닥면적 100 [m²]마다 능력단위 1단위 이상

나. 30 [m] 이내가 되도록 배치한다.

★ 핵심이론 소화기구 및 자동소화장치의 화재안전기술기준(NFTC 101) – 소화기

2.1.1.4 소화기는 다음의 기준에 따라 설치할 것

2.1.1.4.1 특정소방대상물의 각 층마다 설치하되, 각 층이 2 이상의 거실로 구획된 경우에는 각 층마다 설치하는 것 외에 바닥면적이 33 [m²] 이상으로 구획된 각 거실에도 배치할 것 〈개정 2024.1.1.〉

2.1.1.4.2 특정소방대상물의 각 부분으로부터 1개의 소화기까지의 보행거리가 소형소화기의 경우에는 20 [m] 이내, 대형소화기의 경우에는 30 [m] 이내가 되도록 배치할 것. 다만 가연성 물질이 없는 작업장의 경우에는 작업장의 실정에 맞게 보행거리를 완화하여 배치할 수 있다.

06

득점   배점   4

습식 스프링클러설비에서 펌프 토출 측에 체크밸브가 설치되어 있고, 그 위에 기동용 수압개폐장치가 연결된 배관이 접속되어 있다. 이때 펌프 토출 측 체크밸브 고장 시 발생하는 현상에 대하여 간단히 설명하시오.

○ 답 :

정답

펌프 토출 측 체크밸브 고장 시 펌프 토출 측 체크밸브 2차 측 물이 1차 측으로 역류된다. 따라서 체크밸브의 2차 측 압력이 떨어지고, 기동용 수압개폐장치의 압력스위치가 낮아진 압력을 검지하여 펌프를 기동시킨다. 이때 유수검지장치가 모두 폐쇄상태이므로 체절운전 형태가 되어 릴리프밸브가 개방된다.

07

득점   배점   6

지하 2층 지상 13층의 건축물(판매시설)에 옥내소화전과 습식 스프링클러설비를 설치할 경우 조건을 참고하여 다음 각 물음에 답하시오.

조건

(1) 옥내소화전의 설치개수는 층당 6개이다.
(2) 각 층당 설치된 스프링클러 헤드는 50개이다.
(3) 수원과 소화펌프는 옥내소화전설비와 스프링클러설비를 겸용으로 사용한다.
(4) 주펌프와 동등 이상의 성능이 있는 별도의 펌프로서 내연기관의 기동과 연동하여 작동되는 펌프를 설치하였다.
(5) 펌프의 전양정은 48 [m], 효율은 60 [%], 전달계수는 1.1이다.

가. 수원의 저수량 [m³]을 구하시오. (단, 옥상수원을 설치해야 할 경우 옥상수원의 저수량을 포함하여 산정한다)

○ 계산과정 :

○ 답 :

나. 펌프의 토출량 [L/min]을 구하시오.

○ 계산과정 :

○ 답 :

다. 펌프의 전동기용량 [kW]를 구하시오.

⭕ 계산과정 :

⭕ 답 :

정답

가. 계산과정

조건 (4)에 의해 옥상수조 설치 제외가 가능함

▶ 참고 옥상수조

(1) 옥상수조를 반드시 설치해야 하는 소화설비

① 옥내소화전설비

② 스프링클러설비

③ 화재조기진압용 스프링클러설비

(2) 옥상수조 설치 제외기준

① 지하층만 있는 건축물

② 고가수조를 가압송수장치로 설치한 경우

③ 수원이 건축물의 최상층에 설치된 방수구(또는 헤드)보다 높은 위치에 설치된 경우

④ 건축물의 높이가 지표면으로부터 10 [m] 이하인 경우

⑤ <u>주펌프와 동등 이상의 성능이 있는 별도의 펌프로서 내연기관의 기동과 연동하여 작동되거나 비상전원을 연결하여 설치한 경우</u>

⑥ 가압수조를 가압송수장치로 설치한 경우

⑦ 학교·공장·창고시설로서 동결의 우려가 있는 장소에 있어서는 기동스위치에 보호판을 부착하여 옥내소화전함 내에 설치한 경우 [옥내소화전설비에만 해당]

---

① 옥내소화전 수원의 양

= $N \times 130[L/min] \times 20[min] = 2 \times 2.6[m^3] = 5.2[m^3]$

(옥내소화전의 설치개수는 층당 6개이므로 N : 2개)

② 스프링클러 수원의 양

= $N \times 80[L/min] \times 20[min] = 30 \times 1.6[m^3] = 48[m^3]$

(지하층을 제외한 층수가 11층 이상인 특정소방대상물이므로 기준개수 : 30개)

③ 수원의 양 = 옥내소화전 수원 + 스프링클러설비 수원

= $5.2[m^3] + 48[m^3] = 53.2[m^3]$

✒️·핵심이론 1 　옥내소화전설비 수원의 양(주수원)

층수	수원의 양
29층 이하	N(최대 2개) × 130 [L/min] × 20 [min](= N × 2.6 [m³])
30층 이상 49층 이하	N(최대 5개) × 130 [L/min] × 40 [min](= N × 5.2 [m³])
50층 이상	N(최대 5개) × 130 [L/min] × 60 [min](= N × 7.8 [m³])

※ N : 옥내소화전의 설치개수가 가장 많은 층의 설치개수
(29층 이하 : 2개 이상 설치된 경우에는 2개,
30층 이상 : 5개 이상 설치된 경우에는 5개)

✒️·핵심이론 2 　스프링클러설비 수원의 양(주수원) – 폐쇄형 스프링클러헤드의 경우

▫ 수원의 양

층수	수원의 양
29층 이하	**N(기준개수) × 80 [L/min] × 20 [min](= N × 1.6 [m³])**
30층 이상 49층 이하	N(기준개수) × 80 [L/min] × 40 [min](= N × 3.2 [m³])
50층 이상	N(기준개수) × 80 [L/min] × 60 [min](= N × 4.8 [m³])

※ N : 스프링클러설비 설치장소별 스프링클러헤드의 기준개수
[스프링클러헤드의 설치개수가 가장 많은 층에 설치된 스프링클러헤드의 개수가
기준개수보다 작은 경우에는 그 설치개수를 말함]

▫ 스프링클러설비 설치장소별 기준개수

스프링클러설비의 설치장소			기준개수
지하층을 제외한 층수가 10층 이하인 특정소방대상물	공장	특수가연물을 저장·취급하는 것	30
		그 밖의 것	20
	근린생활시설·판매시설·운수시설 또는 복합건축물	판매시설 또는 복합건축물 (판매시설이 설치된 복합건축물)	30
		그 밖의 것	20
	그 밖의 것	헤드의 부착 높이가 8 [m] 이상인 것	20
		헤드의 부착 높이가 8 [m] 미만인 것	10
지하층을 제외한 층수가 11층 이상인 특정소방대상물(아파트 제외)·지하가 또는 지하역사			30
아파트등	아파트등의 각 동이 주차장으로 서로 연결되지 않은 구조인 경우		10
	아파트등의 각 동이 주차장으로 서로 연결된 구조인 경우		30
라지드롭형 스프링클러헤드를 설치한 창고시설			30

[비고] 하나의 소방대상물이 2 이상의 "스프링클러헤드의 기준개수"란에 해당하는 때에는 기준개수가 많은 것을 기준으로 한다. 다만 각 기준개수에 해당하는 수원을 별도로 설치하는 경우에는 그렇지 않다.

※ 기준개수 : 화재발생 시 동시에 개방되는 스프링클러헤드의 개수

답 | 53.2 [m³]

나. 계산과정

① 옥내소화전 토출량 = $N \times 130[L/\min] = 2 \times 130[L/\min] = 260[L/\min]$

② 스프링클러 토출량 = $N \times 80[L/\min] = 30 \times 80[L/\min] = 2400[L/\min]$

③ 펌프 토출량 = 옥내소화전 토출량 + 스프링클러설비 토출량

$= 260[L/\min] + 2400[L/\min] = 2660[L/\min]$

답 | 2660 [L/min]

다. 계산과정

$$소요동력 \ P[kW] = \frac{\gamma[kN/m^3] \times Q[m^3/s] \times H[m]}{\eta} \times K$$

$$P = \frac{9.8 \times \dfrac{2.66}{60} \times 48}{0.6} \times 1.1 = 38.233 \fallingdotseq 38.23[kW]$$

답 | 38.23 [kW]

08

득점		배점	6

다음 도시기호의 명칭을 쓰시오.

구분	도시기호	명칭	구분	도시기호	명칭
(1)			(4)		
(2)			(5)		
(3)			(6)		

2026 초격차 소방설비산업기사 과년도 7개년 실기 기계

정답

구분	도시기호	명칭	구분	도시기호	명칭
(1)		90°엘보	(4)		유니온
(2)		티	(5)		캡
(3)		크로스	(6)		맹플랜지

참고 배관 접속기구의 종류

구분	종류
(1) 관의 방향을 바꿀 때	[엘보(Elbow)]
(2) 2개의 관을 연결할 때	[유니온(Union)]　　[플랜지(Flange)]　　[니플(Nipple)]
(3) 관의 지름을 바꿀 때	[레듀서(Reducer)]
(4) 관의 끝을 막을 때	[플러그(Plug)]　　[캡(Cap)]
(5) 관을 도중에 분기할 때	[티(Tee)]　　[와이(Y)]　　[크로스(Cross)]

09

| 득점 | | 배점 | 4 |

다음 해당하는 칸에 ○로 표기하시오.

구분		건식	준비작동식	일제살수식
헤드의 종류	폐쇄형			
	개방형			
감지기의 설치유무	설치			
	미설치			
경보밸브 2차 측 상태 (일반적인 경우)	압축공기			
	대기압			

정답

구분		건식	준비작동식	일제살수식
헤드의 종류	폐쇄형	○	○	
	개방형			○
감지기의 설치유무	설치		○	○
	미설치	○		
경보밸브 2차 측 상태 (일반적인 경우)	압축공기	○		
	대기압		○	○

10

소화설비용 펌프의 흡입 측 배관에 대하여 다음 각 물음에 답하시오.

가. 펌프 흡입 측 배관에 설치하는 밸브류 등의 관부속품 종류 5가지를 도시하여 미완성된 그림을 완성하시오. (단, 엘보, 레듀셔와 같은 관부속품은 설치된 것으로 가정한다)

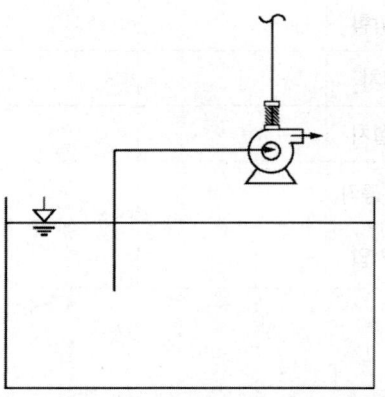

나. '가'항에서 도시한 관부속품의 종류 5가지에 대한 명칭과 역할을 쓰시오.

    ○ 답 :

정답

가.

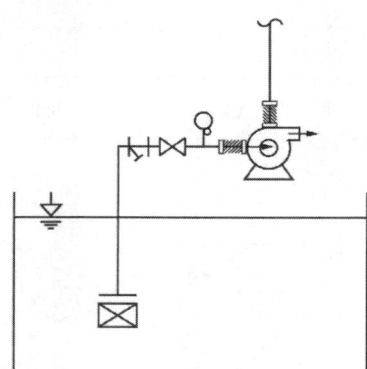

나. ① 플렉시블조인트 : 펌프의 진동을 흡수하기 위해 펌프의 흡입 측 및 토출 측에 각각 설치한다.

     ② 연성계 : 대기압 이상의 압력과 대기압 이하의 압력을 측정할 수 있는 계측기를 말한다(또는 진공계 : 대기압 이하의 압력을 측정할 수 있는 계측기를 말한다).

     ③ 개폐표시형 밸브 : 밸브의 개폐 여부를 외부에서 식별할 수 있는 밸브를 말한다.

     ④ Y형 스트레이너 : 배관 내 이물질을 제거하기 위하여 펌프의 흡입 측에 설치한다.

     ⑤ 풋밸브 : 펌프 흡입 측 배관의 만수상태를 유지하고 이물질을 제거하기 위하여 설치한다.

11

득점		배점	11

바닥면적이 360 [m²]인 거실의 제연설비에 대해 다음 물음에 답하시오.

> **조건**
> (1) 바닥면적이 360 [m²]이다.
> (2) 배출기(다익형 송풍기)의 전압이 25 [mmAq], 효율이 55 [%]이다. (단, 송풍기의 여유율은 20 [%]이다)
> (3) 공기유입구에서 공기가 유입되는 순간의 풍속은 5 [m/s] 이하이다.

가. 소요배출량 [m³/h]을 구하시오.

⭕ 계산과정 :

⭕ 답 :

나. 배출기의 흡입 측 사각 풍도의 높이를 500 [mm]로 할 때 풍도의 최소 폭 [mm]을 구하시오.

⭕ 계산과정 :

⭕ 답 :

다. 배출기의 배출 측 원형 풍도의 최소 직경 [mm]을 구하시오.

⭕ 계산과정 :

⭕ 답 :

라. 배출용 송풍기의 전동기 동력 [kW]을 구하시오.

⭕ 계산과정 :

⭕ 답 :

마. 예상제연구역의 각 부분으로부터 하나의 배출구까지의 수평거리는 몇 [m] 이내가 되도록 하여야 하는지 쓰시오.

⭕ 답 :

바. 공기유입구의 최소 면적 [m²]은 얼마인가?

⭕ 계산과정 :

⭕ 답 :

정답

📂·참고 **제연설비의 화재안전기술기준(NFTC 501) – 배출량**

(1) 거실의 바닥면적이 400 [m²] 미만으로 구획된 예상제연구역에 대한 배출량
바닥면적 1 [m²]당 1 [m³/min] 이상으로 하되, 예상제연구역에 대한 최소 배출량은 5000 [m³/hr] 이상으로 할 것

$$Q = A[m^2] \times 1[m^3/min \cdot m^2] \times 60[min/hr]$$

여기서 Q : 배출량 [m³/hr] (최소 배출량은 5000 [m³/hr] 이상)
A : 바닥면적 [m²]

(2) 바닥면적 400 [m²] 이상인 거실의 예상제연구역의 배출량
① 예상제연구역이 직경 40 [m]인 원의 범위 안에 있을 경우
배출량 40000 [m³/hr] 이상
다만 예상제연구역이 제연경계로 구획된 경우에는 그 수직거리에 따른 배출량으로 산정

수직거리	배출량
2 [m] 이하	40000 [m³/hr] 이상
2 [m] 초과 2.5 [m] 이하	45000 [m³/hr] 이상
2.5 [m] 초과 3 [m] 이하	50000 [m³/hr] 이상
3 [m] 초과	60000 [m³/hr] 이상

② 예상제연구역이 직경 40 [m]인 원의 범위를 초과할 경우
배출량 45000 [m³/hr] 이상
다만 예상제연구역이 제연경계로 구획된 경우에는 그 수직거리에 따른 배출량으로 산정

수직거리	배출량
2 [m] 이하	45000 [m³/hr] 이상
2 [m] 초과 2.5 [m] 이하	50000 [m³/hr] 이상
2.5 [m] 초과 3 [m] 이하	55000 [m³/hr] 이상
3 [m] 초과	65000 [m³/hr] 이상

가. 계산과정
소요배출량 [m³/h]
바닥면적(360 [m²])이 400 [m²] 미만이므로

배출량 $Q = 360[m^2] \times 1[CMM/m^2] \times \dfrac{60[min]}{1[hr]} = 21600[m^3/h]$

답 | 21600 [m³/h]

나. 계산과정

흡입 측 풍도의 최소 폭 [mm]
① 흡입 측 최소 단면적

$$A = \frac{Q[m^3/s]}{V[m/s]} = \frac{\frac{21600}{3600}[m^3/s]}{15[m/s]}$$

$$= 0.4[m^2]$$

② 흡입 측 풍도의 최소 폭 L

$$L = \frac{단면적\ A[m^2]}{풍도\ 높이\ L[m]} = \frac{0.4[m^2]}{0.5[m]} = 0.8[m]$$

$$= 800[mm]$$

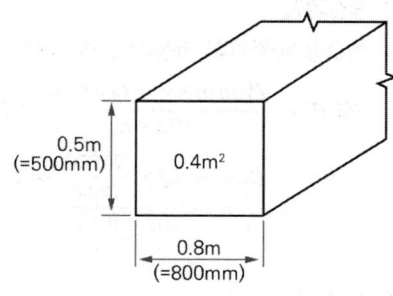

답 | 800 [mm]

다. 계산과정

배출 측 원형 풍도의 최소 직경 [mm]
① 배출 측 최소 단면적

$$A = \frac{Q[m^3/s]}{V[m/s]} = \frac{\frac{21600}{3600}[m^3/s]}{20[m/s]} = 0.3[m^2]$$

② 배출 측 원형 풍도의 직경 D

$$A = \frac{\pi}{4} \times D^2$$

$$0.3[m^2] = \frac{\pi}{4} \times D^2$$

$$D[m] = 0.618038[m] = 618.04[mm]$$

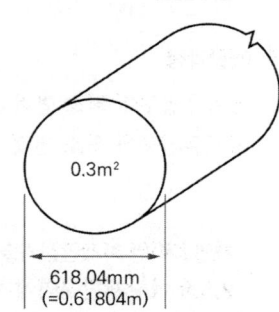

답 | 618.04 [mm]

참고 **제연설비의 화재안전기술기준(NFTC 501) – 2.6 배출기 및 배출풍도**

2.6.2.2 배출기의 **흡입 측 풍도** 안의 풍속은 15 [m/s] 이하로 하고 배출 측 풍속은 20 [m/s] 이하로 할 것

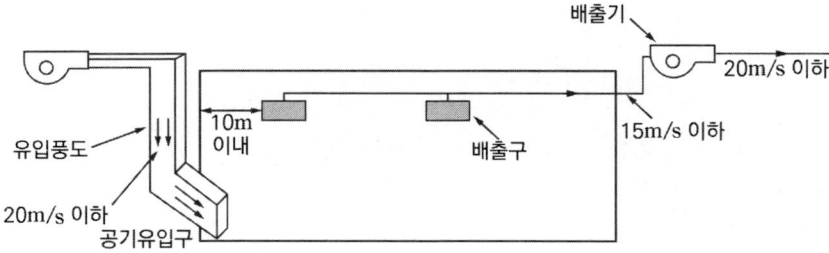

라. 계산과정

배출용 송풍기의 전동기 동력 [kW]

$$P[kW] = \frac{P_t[mmAq] \times Q[m^3/s]}{102 \times \eta} \times K$$

$$= \frac{25[mmAq] \times \frac{21600}{3600}[m^3/s]}{102 \times 0.55} \times 1.2 = 3.208 = 3.21[kW]$$

답 | 3.21 [kW]

마. 10 [m]

제연설비의 화재안전기술기준(NFTC 501) – 2.4 배출구
2.4.2 예상제연구역의 각 부분으로부터 하나의 배출구까지의 수평거리는 <u>10 [m] 이내</u>가 되도록 해야 한다.

바. 계산과정

공기유입구의 최소 면적 [m²] = 예상제연구역 배출량 [m³/min] × 35[cm²/CMM]

공기유입구의 최소 면적 $A = 360[CMM] \times 35[cm^2/CMM] = 12600[cm^2]$

$$= 1.26[m^2]$$

제연설비의 화재안전기술기준(NFTC 501) – 2.5 공기유입방식 및 유입구
2.5.6 예상제연구역에 대한 공기유입구의 크기는 해당 예상제연구역 배출량 1 [m³/min]에 대하여 35 [cm²] 이상으로 해야 한다.

※ 공기유입량(Q)에 대한 조건이 제시되지 않았으므로 공기가 유입되는 순간의 풍속(5 [m/s] 이하) 조건은 해당 문제를 풀이하는 데 적용할 수 없다. 즉, $Q = AV$ 로 풀 수 없다.

12

45 [kg]의 액화 이산화탄소가 체적 250 [m³]인 공간에 방출되었을 때 이산화탄소의 부피는 몇 [m³]이 되겠는가? (단, 이산화탄소의 분자량은 44, 기체상수는 8.3143 [kJ/kmol·K]이고, 실내 대기의 온도는 20 [℃], 압력은 표준대기압상태이다)

⭕ 계산과정 :

⭕ 답 :

정답

📌 핵심이론 **이상기체 상태방정식**

$$PV = nRT = \frac{W}{M}RT$$

P : 절대압력 [kPa], V : 부피 [m³]
n : 몰수 [kmol]
M : 분자량 [kg/kmol], W : 질량 [kg]
T : 절대온도 [K]
R : 일반기체상수 [kPa·m³/kmol·K]
$\qquad$ (= [kJ/kmol·K])

암기 일반기체상수 R
= 8.314 [kPa·m³/kmol·K]
= 0.082 [atm·m³/kmol·K]

☑ 계산과정

$$PV = \frac{W}{M}RT$$

$$V = \frac{WRT}{PM} = \frac{45\,[kg] \times 8.3143\,[kJ/kmol \cdot K] \times (20+273)\,[℃]}{101.325\,[kPa] \times 44\,[kg/kmol]} = 24.588 \fallingdotseq 24.59\,[m^3]$$

답 | 24.59 [m³]

📖 참고 **CO_2 농도 [%] 및 체적 [m³] 관련 공식 정리**

(1) CO_2 농도 [%]

① CO_2 농도 [%] = $\dfrac{21 - O_2\,[\%]}{21} \times 100$

② CO_2 농도 [%] = $\dfrac{\text{방출}\ CO_2\ \text{체적}}{\text{방호구역 체적} + \text{방출}\ CO_2\ \text{체적}} \times 100$

(2) CO_2 체적 [m³]

① CO_2 체적 [m³] = $\dfrac{21 - O_2}{O_2} \times$ 방호구역의 체적 [m³]

② $PV = \dfrac{W}{M}RT \rightarrow V = \dfrac{WRT}{PM}$

13

지하 2층 지상 12층의 사무실(업무용) 건물에 있어서 화재안전기술기준과 아래 조건에 따라 스프링클러설비를 설계하려고 한다. 다음 각 물음에 답하시오.

조건

(1) 전 층에 설치하는 폐쇄형 스프링클러헤드의 수량은 층당 60개이다.

(2) 입상배관의 내경은 150 [mm]이고, 높이는 60 [m]이다.

(3) 펌프의 풋밸브로부터 최상층 스프링클러헤드까지의 실고는 72 [m]이다.

(4) 입상배관의 마찰손실수두를 제외한 펌프의 풋밸브로부터 최상층, 즉 가장 먼 스프링클러헤드까지의 마찰 및 저항 손실수두는 18 [m]이다.

(5) 모든 규격치는 최소량을 적용한다.

(6) 펌프의 효율은 55 [%]이다.

가. 펌프의 최소 유량 [L/min]을 구하시오.

　○ 계산과정 :

　○ 답 :

나. 수원의 최소 유효저수량 [m³]을 구하시오. (단, 옥상수원은 고려하지 않는다)

　○ 계산과정 :

　○ 답 :

다. 입상배관에서의 마찰손실수두 [m]를 구하시오. (단, 수직배관은 직관으로 간주하고, Darcy - Weisbach의 식을 사용, 마찰손실계수는 0.02이다)

　○ 계산과정 :

　○ 답 :

라. 펌프의 최소 양정 [m]을 구하시오.

　○ 계산과정 :

　○ 답 :

마. 펌프의 축동력 [kW]을 구하시오.

　○ 계산과정 :

　○ 답 :

정답

핵심이론 스프링클러설비 수원의 양(주수원) – 폐쇄형 스프링클러헤드의 경우

□ 수원의 양

층수	수원의 양
29층 이하	N(기준개수) × 80 [L/min] × 20 [min](= N × 1.6 [m³])
30층 이상 49층 이하	N(기준개수) × 80 [L/min] × 40 [min](= N × 3.2 [m³])
50층 이상	N(기준개수) × 80 [L/min] × 60 [min](= N × 4.8 [m³])

※ N : 스프링클러설비 설치장소별 스프링클러헤드의 기준개수
[스프링클러헤드의 설치개수가 가장 많은 층에 설치된 스프링클러헤드의 개수가
기준개수보다 작은 경우에는 그 설치개수를 말함]

□ 스프링클러설비 설치장소별 기준개수

스프링클러설비의 설치장소			기준개수
지하층을 제외한 층수가 10층 이하인 특정소방대상물	공장	특수가연물을 저장·취급하는 것	30
		그 밖의 것	20
	근린생활시설·판매시설·운수시설 또는 복합건축물	판매시설 또는 복합건축물 (판매시설이 설치된 복합건축물)	30
		그 밖의 것	20
	그 밖의 것	헤드의 부착 높이가 8 [m] 이상인 것	20
		헤드의 부착 높이가 8 [m] 미만인 것	10
지하층을 제외한 층수가 11층 이상인 특정소방대상물(아파트 제외)·지하가 또는 지하역사			30
아파트등	아파트등의 각 동이 주차장으로 서로 연결되지 않은 구조인 경우		10
	아파트등의 각 동이 주차장으로 서로 연결된 구조인 경우		30
라지드롭형 스프링클러헤드를 설치한 창고시설			30

[비고] 하나의 소방대상물이 2 이상의 "스프링클러헤드의 기준개수"란에 해당하는 때에는 기준
개수가 많은 것을 기준으로 한다. 다만 각 기준개수에 해당하는 수원을 별도로 설치하는
경우에는 그렇지 않다.

※ 기준개수 : 화재발생 시 동시에 개방되는 스프링클러헤드의 개수

가. 계산과정

$Q = N \times 80[L/min] = 30 \times 80[L/min] = 2400[L/min]$
(지하층을 제외한 층수가 11층 이상인 특정소방대상물이므로 기준개수 : 30개)

답 | 2400 [L/min]

나. 계산과정

$$Q = N \times 80[L/min] \times 20[min] = 30 \times 1.6[m^3] = 48[m^3]$$

답 | 48 [m³]

다. 계산과정

Darcy - Weisbach방정식

$$h_L[m] = f \times \frac{L}{D} \times \frac{V^2}{2g}$$

h$_L$: 마찰손실 [m]
f : 마찰손실계수, L : 길이 [m], D : 직경 [m]
V : 유속 [m/s], g : 중력가속도 [m/s²]

$$V = \frac{4Q}{\pi D^2} = \frac{4 \times \dfrac{2.4}{60}}{\pi \times 0.15^2} = 2.2635 \fallingdotseq 2.264[m/s]$$

$$\therefore h_L = 0.02 \times \frac{60}{0.15} \times \frac{2.264^2}{2 \times 9.8} = 2.0921 \fallingdotseq 2.09[m]$$

답 | 2.09 [m]

라. 계산과정

📌 **핵심이론** **펌프의 전양정 [m]**

전양정 H = h₁ + h₂ + 10

h₁ : 낙차(실양정) [m]
h₂ : 배관 및 관부속품의 마찰손실수두 [m]
10 : 스프링클러 최소 방수압 환산수두 [m]
　　 (0.1 [MPa])

h = 실양정 + 마찰손실환산수두 + 방사압
　 $= 72 + (18 + 2.09) + 10 = 102.09[m]$

답 | 102.09 [m]

마. 계산과정

$$축동력 \ P[kW] = \frac{\gamma[kN/m^3] \times Q[m^3/s] \times H[m]}{\eta}$$

$$P = \frac{\gamma \times Q \times H}{\eta} = \frac{9.8 \times \dfrac{2.4}{60} \times 102.09}{0.55} = 72.762 \fallingdotseq 72.76[kW]$$

답 | 72.76 [kW]

14

득점		배점	4

물소화설비의 직관의 길이가 250 [m]이고 직경이 100 [mm]인 배관에 유량 2.4 [m³/min]가 흐르고 있다. 이때 직관에서의 마찰손실수두 [m]를 구하시오. (단, Darcy - Weisbach의 식을 사용하고, 마찰손실계수는 0.015이다)

○ 계산과정 :

○ 답 :

정답

☑ 계산과정

Darcy - Weisbach방정식

$$h_L[m] = f \times \frac{L}{D} \times \frac{V^2}{2g}$$

h_L : 마찰손실 [m]
f : 마찰손실계수, L : 길이 [m], D : 직경 [m]
V : 유속 [m/s], g : 중력가속도 [m/s²]

$$V = \frac{4Q}{\pi D^2} = \frac{4 \times \frac{2.4}{60}[m^3/s]}{\pi \times (0.1[m])^2} = 5.0929 ≒ 5.093[m/s]$$

$$\therefore h_L = 0.015 \times \frac{250}{0.1} \times \frac{5.093^2}{2 \times 9.8} = 49.6275 ≒ 49.63[m]$$

답 | 49.63 [m]

15

득점		배점	9

그림과 같은 건축물 내에 이산화탄소(CO_2)소화설비를 전역방출방식으로 시설하고자 한다. 제시된 [조건]을 참조하여 다음 각 물음에 답하시오. (단, 계산 및 설계업무 수행 시 화장실, 용기실은 제외하고 보일러실 및 전기실만 적용한다)

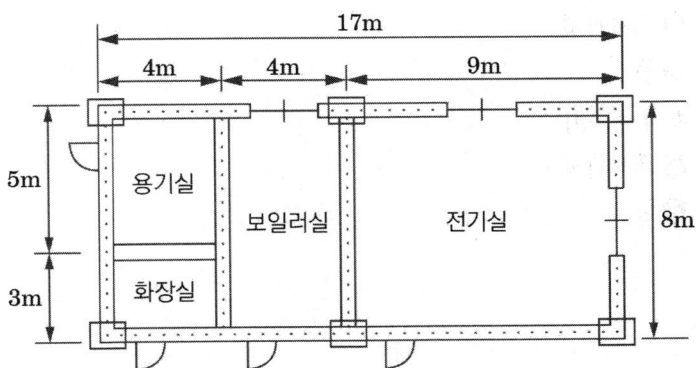

조건

※ 시설적용기준은 다음과 같다.

1. 건축개요

   건축 층고는 4 [m]이고, 개구부 면적은 다음과 같다.

   ① 보일러실 : 2 [m] × 1.5 [m], 1개소, 자동폐쇄장치 없음

   ② 전기실 : 2 [m] × 3 [m], 2개소, 자동폐쇄장치 없음

2. 적용조건

   ① 보일러실은 표면화재기준이고, 설계농도는 34 [%]로 방호구역의 체적 1 [m³]당 CO_2 약제 0.9 [kg]을 적용한다.

   ② 전기실은 심부화재기준으로 설계농도는 50 [%]로 방호구역의 체적 1 [m³]당 CO_2 약제 1.3 [kg]을 적용한다.

   ③ 개구부 가산량은 표면화재의 경우는 5 [kg/m²], 심부화재의 경우는 10 [kg/m²]을 적용한다.

   ④ CO_2소화약제 저장용기는 1병당 45 [kg]으로 적용한다.

   ⑤ 고압식 CO_2설비 및 전역방출방식으로 설계한다.

   ⑥ CO_2 분사노즐 기준사양은 분당 45 [kg]의 약제 방출기준으로 적용한다.

가. 각 실별로 요구되는 CO_2 약제량 [kg] 및 용기 수 [병]를 구하시오.

① 보일러실

   ㉠ CO_2 약제량 [kg]

   ⭕ 계산과정 :

   ⭕ 답 :

   ㉡ 용기 수 [병]

   ⭕ 계산과정 :

   ⭕ 답 :

② 전기실

   ㉠ CO_2 약제량 [kg]

   ⭕ 계산과정 :

   ⭕ 답 :

   ㉡ 용기 수 [병]

   ⭕ 계산과정 :

   ⭕ 답 :

나. 화재안전기술기준에서 요구하는 용기실의 최소 저장용기 수 및 각 실별 방출시간 [분]을 쓰시오.

> • 최소 저장용기 수 : (   )병
> • 보일러실 적용 방출시간 : (   )분 이내
> • 전기실 적용 방출시간 : (   )분 이내

다. 각 실별로 요구되는 CO_2 분사노즐의 최소 적용 수량 [개]을 구하시오. (단, 심부화재 시 설계농도가 2분 이내에 30 [%]에 도달해야 하는 것은 고려하지 않고 산출한다)

① 보일러실

○ 계산과정 :

○ 답 :

② 전기실

○ 계산과정 :

○ 답 :

정답

가. 계산과정

핵심이론 이산화탄소소화설비 전역방출방식 약제량 산정

□ 표면화재

$$W = (V \times \alpha) \times N + (A \times \beta)$$

W : 약제량 [kg], V : 방호구역의 체적 [m³]

α : 방호구역 1 [m³]에 대한 소화약제의 양 [kg/m³]

A : 개구부 면적 [m²], β : 개구부 가산량 [kg/m²]

N : 보정계수(설계농도가 34 [%] 이상인 방호대상물의 소화약제량을 구할 때 보정계수를 곱하여 산출함)

방호구역의 체적	방호구역의 체적 1 [m³]에 대한 소화약제의 양 α	최저한도의 양	개구부 가산량 [kg/m²] β (자동폐쇄장치 미설치 시)
45 [m³] 미만	1 [kg/m³]		
45 [m³] 이상 150 [m³] 미만	0.9 [kg/m³]	45 [kg](1병)	
150 [m³] 이상 1450 [m³] 미만	0.8 [kg/m³]	135 [kg](3병)	5 [kg/m²]
1450 [m³] 이상	0.75 [kg/m³]	1125 [kg](25병)	

□ 심부화재

$$W = (V \times \alpha) + (A \times \beta)$$

W : 약제량 [kg], V : 방호구역의 체적 [m³]
α : 방호구역 1 [m³]에 대한 소화약제의 양 [kg/m³]
A : 개구부 면적 [m²], β : 개구부 가산량 [kg/m²]

방호대상물	방호구역 1 [m³]에 대한 소화약제의 양 α	설계농도 [%]	개구부 가산량 [kg/m²] β (자동폐쇄장치 미설치 시)
유압기기를 제외한 전기설비, 케이블실	1.3 [kg/m³]	50	
체적 55 [m³] 미만의 전기설비	1.6 [kg/m³]	50	
서고, **전**자제품창고, **목**재가공품 창고, **박**물관	2.0 [kg/m³]	65	10 [kg/m²]
고무류, **모**피창고, **집**진설비, **석**탄창고, **면**화류 창고	2.7 [kg/m³]	75	

① 보일러실
　㉠ 약제량
　　㉮ V = 4 × 8 × 4 = 128 [m³]
　　　⇨ 방호구역의 체적이 45 [m³] 이상 150 [m³] 미만이므로 α = 0.9 [kg/m³]
　　㉯ V × α = 128 [m³] × 0.9 [kg/m³] = 115.2 [kg]
　　　⇨ 최저한도의 양 45 [kg] 이상이므로 위 계산 값으로 적용
　　㉰ W = 115.2 [kg] + (2 × 1.5 [m²] × 5 [kg/m²]) = 130.2 [kg]

답 | 130.2 [kg]

　㉡ 용기 수 = $\dfrac{\text{필요 약제량[kg]}}{\text{한 병당 약제저장량[kg/병]}} = \dfrac{130.2[kg]}{45[kg/병]} = 2.89[병] ≒ 3[병]$

답 | 3 [병]

② 전기실
　㉠ 약제량
　　V = 9 × 8 × 4 = 288 [m³]
　　W = (V × α) + (A × β)
　　　= (288 [m³] × 1.3 [kg/m³]) + (2 × 3 [m²] × 2 [개] × 10 [kg/m²])
　　　= 494.4 [kg]

답 | 494.4 [kg]

　㉡ 용기 수 = $\dfrac{\text{필요 약제량[kg]}}{\text{한 병당 약제저장량[kg/병]}} = \dfrac{494.4[kg]}{45[kg/병]} = 10.99[병] ≒ 11[병]$

답 | 11 [병]

나.
- 최소 저장용기 수 : (11)병
- 보일러실 적용 방출시간 : (1)분 이내
- 전기실 적용 방출시간 : (7)분 이내

이산화탄소소화설비의 화재안전기술기준(NFTC 106)

2.5.2 배관의 구경은 이산화탄소소화약제의 소요량이 다음의 기준에 따른 시간 내에 방출될 수 있는 것으로 해야 한다.

2.5.2.1 전역방출방식에 있어서 가연성 액체 또는 가연성 가스 등 <u>표면화재 방호대상물의 경우에는 1분</u>

2.5.2.2 전역방출방식에 있어서 종이, 목재, 석탄, 섬유류, 합성수지류 등 <u>심부화재 방호대상물의 경우에는 7분</u>. 이 경우 설계농도가 2분 이내에 30 [%]에 도달하여야 한다.

2.5.2.3 국소방출방식의 경우에는 30초

다. 계산과정

① 보일러실

약제의 방출량 = $\dfrac{45[kg] \times 3[병]}{1[min]} = 135[kg/min]$

분사노즐개수 = $\dfrac{135[kg/min]}{45[kg/min \cdot 개]} = 3[개]$　　　　**답 | 3 [개]**

② 전기실

약제의 방출량 = $\dfrac{45[kg] \times 11[병]}{7[min]} = 70.71[kg/min]$

분사노즐개수 = $\dfrac{70.71[kg/min]}{45[kg/min \cdot 개]} = 1.57[개] \fallingdotseq 2[개]$　　　**답 | 2 [개]**

16

득점		배점	8

주차장에 포소화설비를 설치할 경우 조건을 참조하여 다음 물음에 답하시오.

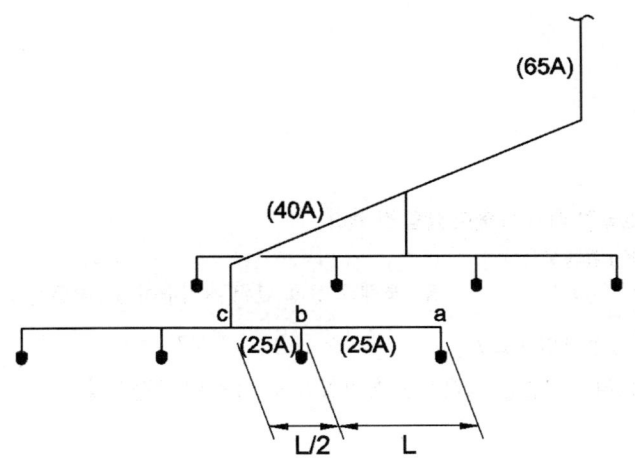

조건

(1) 말단 포헤드의 방수량은 72 [L/min]이다.

(2) 말단 포헤드의 방수압력은 0.3 [MPa]이며, 헤드 간 거리 L은 헤드를 정방형으로 설치 시 화재안전기술기준에 적합한 최대 길이로 한다.

(3) 설치된 헤드는 1/2인치용 헤드가 설치된 것으로 한다.

(4) 포수용액의 비중량은 10 [kN/m³]으로 한다.

(5) 방출계수 K는 모든 헤드가 같다고 가정한다.

(6) 헤드와 가지배관 사이의 배관에서의 마찰손실은 무시한다.

(7) 구간별 마찰손실은 아래 표에 따른다.

구간	1 [m]당 마찰손실수두 [m]	관이음쇠의 마찰손실수두에 상당하는 직관길이 [m]	
a – b	0.387	90°엘보	0.9
		직류티	0.27
b – c	0.387	분류티	1.5
		레듀셔	0.54

가. b지점에서의 필요최소압력 [MPa]을 구하여라. (단, b지점은 포수용액이 b지점의 티를 통과하기 전 지점으로 한다)

○ 계산과정 :

○ 답 :

나. b와 c 사이의 유량 [L/min]을 구하여라.

○ 계산과정 :

○ 답 :

정답

가. 계산과정

> 포헤드 정방형 배치 시 헤드 상호 간 거리
>
> $S = 2r \times \cos45°$
>
> S : 포헤드 상호 간의 거리 [m], r : 유효반경 2.1 [m]

$P_b = a$헤드 방사압 $+ \triangle P_{a-b}$

a ~ b 구간의 마찰손실 $\triangle P_{a-b} =$ 등가길이 × 1 [m]당 마찰손실

(1) 등가길이

① a ~ b 구간의 직관길이 $L = 2 \times r \times \cos 45° = 2 \times 2.1[m] \times \cos 45°$
$$= 2.969[m]$$

② a ~ b 구간의 등가길이 = 직관길이 + 상당길이(90°엘보 + 분류티)
$$= 2.969 + 0.9 + 1.5 = 5.369[m]$$

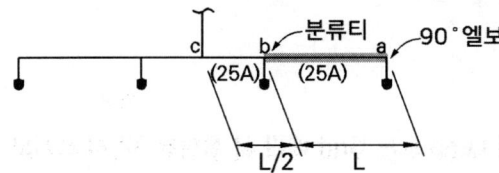

(2) a ~ b 구간의 마찰손실 $\triangle P_{a-b} = 5.369[m] \times \dfrac{0.387[m]}{1[m]} = 2.078[m]$

조건에 주어진 포수용액의 비중량을 이용하여 마찰손실수두 [m]를 마찰손실압력 [MPa]으로 변환하면

$P = \gamma h = 10[kN/m^3] \times 2.078[m] = 20.78[kPa] = 0.02078[MPa] \fallingdotseq 0.021[MPa]$

$\therefore P_b = a$헤드 방사압 $+ \triangle P_{a-b} = 0.3 + 0.021 = 0.321[MPa] \fallingdotseq 0.32[MPa]$

답 | 0.32 [MPa]

나. 계산과정

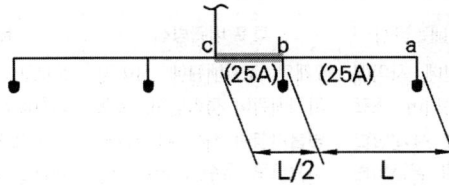

$Q_{b-c} = Q_a + Q_b$

(1) 방출계수 K

$Q = K\sqrt{10P}$

$72 = K\sqrt{10 \times 0.3}$

$\therefore K = 41.569$

(2) b헤드의 방수량

$Q_b = K\sqrt{10P} = 41.569 \times \sqrt{10 \times 0.32} = 74.36[L/min]$

(3) a헤드의 방수량

조건에 따라 $Q_a = 72[L/min]$

$\therefore Q_{b-c} = Q_a + Q_b = 72 + 74.36 = 146.36 = 146.36[L/min]$

답 | 146.36 [L/min]

2023.11.05

2023년 4회

3회독	월 일
2회독	월 일
1회독	월 일

점수 :

01

| 득점 | | 배점 | 6 |

소방 배관에 있어서 Loop 또는 Grid 배관 시 장점을 3가지 쓰시오.

◯ 답 :

정답

① 한쪽 배관 고장 및 수리 시에도 소화수 공급 가능
② 유수의 흐름을 분산시키기 때문에 배관 내 충격파 발생 시 분산 가능
③ 소화설비의 증설 및 이설 시 용이

참고 스프링클러설비의 배관방식

구분	그리드(격자) 배관방식	루프 배관방식	트리 배관방식
설명	2개의 교차배관에 사이에 가지배관이 접속되어, 스프링클러설비 작동 시 2방향 이상으로 급수가 공급되는 방식으로 압력손실이 적고 방사압력이 균일하다.	2개의 교차배관에 사이에 가지배관이 접속되어, 스프링클러설비 작동 시 2방향 이상으로 급수가 공급되나 가지배관은 서로 연결되지 않는 방식이다.	주배관 → 수평주행배관 → 교차배관 → 가지배관 → 헤드의 방향으로 유수되며, 화재안전기준에 따라 일반적으로 사용하는 스프링클러 배관방식이다.
장점	① 급수배관이 분산되어 마찰손실이 적고, 균일한 방사량 및 방사압력으로 방사가 가능 ② 배관의 균열, 누수에도 소화수 공급 지속 ③ 소화설비의 증설 및 이설이 용이	① 유수의 흐름을 분산시켜 마찰손실이 적음 ② 배관의 균열, 누수에도 소화수 공급 지속 ③ 습식, 건식 설비에 적용 가능	수계산을 이용한 설계가 가능한 배관방식
단점	① 습식 설비에만 적용 가능 (건식, 준비작동식은 배관 내 과다한 공기로 방사가 지연됨) ② 배관 설계 프로그램만으로 설계가 가능	① 격자형에 비해 수력특성은 좋지 못함	① 배관의 균열, 누수 시 방사 능력 저하 ② 가압송수장치에서 멀어질수록 방사압력이 작아짐 (수력특성이 안 좋음) ③ 가지배관에 설치되는 헤드 개수에 제한이 있음

※ 최근 들어 수력 특성이 우수한 격자배관과 루프배관방식이 많이 채택되고 있음

02

지상 5층의 특정소방대상물에 옥외소화전을 3개 설치하려고 한다. 다음 각 물음에 답하시오.

---조건---

(1) 실양정은 20 [m]이고, 소방용 호스 및 배관의 마찰손실수두는 25 [m]이다.

(2) 펌프의 효율은 60 [%], 전달계수는 1.1 이다.

(3) 모든 규격치는 최소량을 적용한다.

가. 수원의 저수량 [m³]은 얼마 이상이어야 하는가?

　◯ 계산과정 :

　◯ 답 :

나. 펌프의 최소 동력 [kW]을 구하시오.

　◯ 계산과정 :

　◯ 답 :

---정답---

가. 계산과정

$$Q = N \times 350[\text{L/min}] \times 20[\text{min}] = 2 \times 350 \times 20 = 14000[\text{L}] = 14[\text{m}^3]$$

답 | 14 [m³]

나. 계산과정

$$\text{소요동력 } P[kW] = \frac{\gamma[kN/m^3] \times Q[m^3/s] \times H[m]}{\eta} \times K$$

H = 실양정 + 소방용 호스 및 배관의 마찰손실수두 + 방사압 환산수두

　= $20 + 25 + 25 = 70[m]$

$Q = N \times 350[\text{L/min}] = 2 \times 350 = 700[\text{L/min}]$

$$P = \frac{9.8[\text{kN/m}^3] \times \dfrac{0.7}{60}[\text{m}^3/\text{s}] \times 70[\text{m}]}{0.6} \times 1.1 = 14.672 \fallingdotseq 14.67[kW]$$

답 | 14.67 [kW]

참고 옥외소화전설비의 펌프토출량, 수원, 전양정

구분	옥외소화전설비
펌프 토출량	$N \times 350$ [L/min] 여기서 N : 옥외소화전의 설치개수 (옥외소화전이 2개 이상 설치된 경우에는 2개)
수원의 유효수량	$N \times 350$ [L/min] $\times 20$ [min] ($= N \times 7$[m³]) 여기서 N : 옥외소화전의 설치개수 (옥외소화전이 2개 이상 설치된 경우에는 2개)
전양정	$H = h_1 + h_2 + h_3 + 25$ 여기서 H : 전양정 [m] h_1 : 낙차(실양정) [m] h_2 : 배관 및 관부속품의 마찰손실수두 [m] h_3 : 호스 마찰손실수두 [m] 25 : 최소 방수압 환산수두 [m](0.25 [MPa])

03

득점		배점	6

어느 방호대상물에 할론소화설비(약제 : 할론 1301)를 설치하려고 한다. 조건을 참조하여 필요한 소화약제의 최소 저장량 [kg]을 계산하시오.

조건

(1) 국소방출방식으로 가로 5 [m], 세로 5 [m], 높이 4 [m]인 방호대상물에 할론소화설비를 설치한다.
(2) 약제량 산정에 필요한 X 및 Y의 수치는 X : 4, Y : 3 으로 한다.
(3) 윗면이 개방된 용기에 저장하는 경우와 화재 시 연소면이 1면에 한정되고 가연물이 비산할 우려가 없는 경우는 제외한다.
(4) 방호대상물 주위에 설치된 벽이 없다고 가정한다.

○ 계산과정 :

○ 답 :

정답

✓ 계산과정

📌 **핵심이론** **할론(할론1301)소화설비 국소방출방식 약제량 산정**

$$W[kg] = V[m^3] \times \left(4 - 3\frac{a}{A}\right)[kg/m^3] \times 1.25$$

W : 약제량 [kg]

V : 방호공간의 체적 [m³]

(방호대상물의 각 부분으로부터 0.6 [m]의 거리에 따라 둘러싸인 공간)

a : 방호대상물 주위에 설치된 벽면적의 합계 [m²]

A : 방호공간의 벽면적의 합계 [m²]

(벽이 없는 경우 : 벽이 있는 것으로 가정한 당해 부분의 면적)

(1) 방호공간의 체적 V [m³]

V = (5 [m] + 0.6 [m] × 2) × (5 [m] + 0.6 [m] × 2) × (4 [m] + 0.6 [m])

= 176.824 = 176.82 [m³]

(2) 방호공간의 벽면적의 합계 A [m²]

A = (6.2 [m] × 4.6 [m]) × 2 + (6.2 [m] × 4.6 [m]) × 2 = 114.08 [m²]

(3) 방호대상물 주위에 설치된 벽면적의 합계 a [m²]

a = 0(실제 설치된 고정 벽면이 없으므로)

∴ 최소 약제량 $W = 176.82 \times \left(4 - 3\frac{0}{114.08}\right) \times 1.25 = 884.1\,[kg]$

답 | 884.1 [kg]

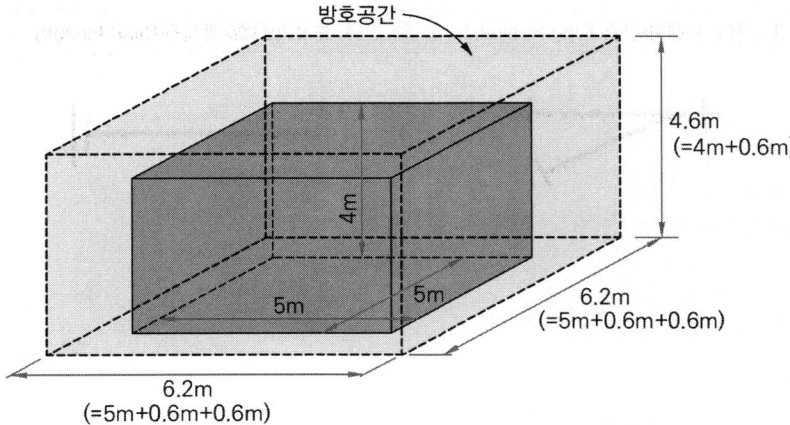

04

| 득점 | | 배점 | 4 |

다음 소방시설의 명칭에 대한 도시기호를 그리시오.

1. CO_2소화설비의 분사헤드	3. 선택밸브(Selection Valve)
2. Y형 스트레이너(Y-Type Strainer)	4. 블라인드(맹) 플랜지(Blind Flange)

정답

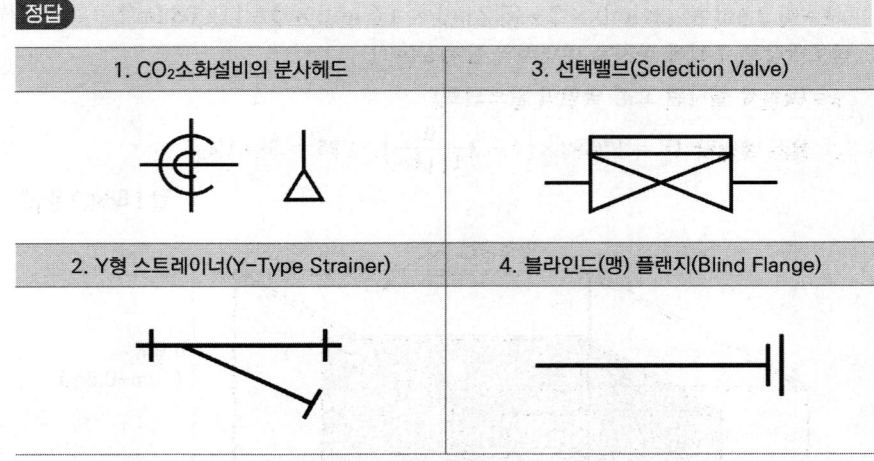

1. CO_2소화설비의 분사헤드	3. 선택밸브(Selection Valve)
2. Y형 스트레이너(Y-Type Strainer)	4. 블라인드(맹) 플랜지(Blind Flange)

05

바닥면적이 275 [m²]인 차고(1층)에 옥내포소화전이 3개 설치되어 있다. 포소화약제 농도는 3 [%]일 때 필요한 포소화약제량 [L]을 구하시오. (단, 방수구에 호스가 1개 접결되어 있다)

○ 계산과정 :

○ 답 :

정답

☑ 계산과정

$$Q = N \times 6000[L] \times S$$
$$= 3 \times 6000 \times 0.03 = 540 \,[L]$$

답 | 540 [L]

📌 **핵심이론** **포소화설비의 화재안전기술기준(NFTC 105)**

▫ **토출량**

차고·주차장에 설치하는 호스릴포소화설비 또는 포소화전설비는 다음의 기준에 따라야 한다.

1. 특정소방대상물의 어느 층에 있어서도 그 층에 설치된 호스릴포방수구 또는 포소화전방수구(호스릴포방수구 또는 포소화전방수구가 5개 이상 설치된 경우에는 5개)를 동시에 사용할 경우 각 이동식 포노즐 선단의 포수용액 방사압력이 0.35 [MPa] 이상이고 300 [L/min] 이상(1개 층의 바닥면적이 200 [m²] 이하인 경우에는 230 [L/min] 이상)의 포수용액을 수평거리 15 [m] 이상으로 방사할 수 있도록 할 것

▫ **약제저장량**

2. 옥내포소화전방식 또는 호스릴방식에 있어서는 다음의 식에 따라 산출한 양 이상으로 할 것
   다만 바닥면적이 200 [m²] 미만인 건축물에 있어서는 75 [%]로 할 수 있다.

$$Q = N \times S \times 6000 \,[L]$$

여기서 Q : 포소화약제의 양 [L]

N : 호스 접결구 개수(5개 이상인 경우는 5)

S : 포소화약제의 사용농도 [%]

06

다음의 특정소방대상물에 피난기구를 설치하고자 한다. 다음 물음에 답하시오.

9층	숙박시설(여관)
8층	숙박시설(여관)
7층	숙박시설(여관)
6층	숙박시설(여관)
5층	숙박시설(여관)
4층	다중이용업소
3층	다중이용업소
2층	다중이용업소
1층	로비, 카페
지하 1층	위락시설

가. 숙박시설 5 ~ 9층에 적응성을 갖는 설비를 4가지만 쓰시오.

   ◯ 답 :

나. 다중이용업소 2 ~ 4층에 적응성을 갖는 설비 4가지만 쓰시오.

   ◯ 답 :

다. 피난기구를 설치해야 할 특정소방대상물 중 기준에 적합한 층에는 피난기구의 2분의 1을 감소할 수 있다. 이때 피난기구를 감소할 수 있는 기준 중 1가지만 쓰시오.

   ◯ 답 :

라. '가'항에서 설치 면제 요건이 충족되더라도 반드시 설치해야 하는 피난기구 2가지를 쓰시오.

   ◯ 답 :

정답

가. • 구조대
- 다수인피난장비
- 승강식 피난기
- 완강기
- 피난교
- 피난사다리

위에서 4가지 기술하면 정답

나. • 미끄럼대
- 구조대
- 다수인피난장비
- 승강식 피난기
- 완강기
- 피난사다리

위에서 4가지 기술하면 정답

다. ① 주요구조부가 내화구조로 되어 있을 것

② 직통계단인 피난계단 또는 특별피난계단이 2 이상 설치되어 있을 것

위에서 1가지를 기술하면 정답

> 피난기구의 화재안전기술기준(NFTC 301)
>
> 2.3 피난기구 설치의 감소
>
> 2.3.1 피난기구를 설치하여야 할 특정소방대상물중 다음의 기준에 적합한 층에는 2.1.2에 따른 <u>피난기구의 2분의 1을 감소</u>할 수 있다. 이 경우 설치하여야 할 피난기구의 수에 있어서 소수점 이하의 수는 1로 한다.
>
> 2.3.1.1 <u>주요구조부가 내화구조로 되어 있을 것</u>
>
> 2.3.1.2 <u>직통계단인 피난계단 또는 특별피난계단이 2 이상 설치되어 있을 것</u>

라. 완강기, 간이완강기

> 피난기구의 화재안전기술기준(NFTC 301)
>
> 2.2 설치 제외
>
> 2.2.1 영 별표 5 제14호 피난구조설비의 설치 면제 요건의 규정에 따라 다음의 어느 하나에 해당하는 특정소방대상물 또는 그 부분에는 피난기구를 설치하지 않을 수 있다. 다만 2.1.2.2에 따라 <u>숙박시설(휴양콘도미니엄을 제외한다)에 설치되는 완강기 및 간이완강기의 경우에는 그렇지 않다.</u>

2023

📌 핵심이론 **특정소방대상물의 설치장소별의 설치장소별 피난기구의 적응성**

장소별 \ 층별	1층	2층	3층	4층 이상 10층 이하
1. 노유자시설	• 미끄럼대 • 구조대 • 다수인피난장비 • 승강식 피난기 • 피난교	• 미끄럼대 • 구조대 • 다수인피난장비 • 승강식 피난기 • 피난교	• 미끄럼대 • 구조대 • 다수인피난장비 • 승강식 피난기 • 피난교	• 구조대[1] • 다수인피난장비 • 승강식 피난기 • 피난교
2. 의료시설·근린생활시설 중 입원실이 있는 의원·접골원·조산원	–	–	• 미끄럼대 • 구조대 • 다수인피난장비 • 승강식 피난기 • 피난교 • 피난용 트랩	• 구조대 • 다수인피난장비 • 승강식 피난기 • 피난교 • 피난용 트랩
3. 다중이용업소로서 영업장의 위치가 4층 이하인 다중이용업소	–	• 미끄럼대 • 구조대 • 다수인피난장비 • 승강식 피난기 • 완강기 • 피난사다리	• 미끄럼대 • 구조대 • 다수인피난장비 • 승강식 피난기 • 완강기 • 피난사다리	• 미끄럼대 • 구조대 • 다수인피난장비 • 승강식 피난기 • 완강기 • 피난사다리
4. 그 밖의 것	–	–	• 미끄럼대 • 구조대 • 다수인피난장비 • 승강식 피난기 • 완강기 • 간이완강기[2] • 공기안전매트 • 피난교 • 피난사다리 • 피난용 트랩	• 구조대 • 다수인피난장비 • 승강식 피난기 • 완강기 • 간이완강기[2] • 공기안전매트 • 피난교 • 피난사다리

[비고]
1) 구조대의 적응성은 장애인 관련 시설로서 주된 사용자 중 스스로 피난이 불가한 자가 있는 경우 추가로 설치하는 경우에 한한다.
2) 간이완강기의 적응성은 숙박시설의 3층 이상에 있는 객실에 추가로 설치하는 경우에 한한다.

07

할론소화설비 배관의 설치기준에 대한 다음 각 물음에 답하시오.

가. 강관(압력배관용 탄소강관)을 사용하는 경우 배관의 강도(두께)기준

    ⭕ 답 :

나. 동관(이음이 없는 동 및 동합금관의 것)을 사용하는 경우 배관의 강도기준

    ⭕ 답 :

      1) 고압식 :

      2) 저압식 :

정답

가. 스케줄 40 이상의 것

나. 1) 고압식 : 16.5 [MPa] 이상, 2) 저압식 : 3.75 [MPa] 이상

> 할론소화설비의 화재안전기술기준(NFTC 107) – 2.5 배관
> 2.5.1 할론소화설비의 배관은 다음의 기준에 따라 설치해야 한다.
> 2.5.1.1 배관은 전용으로 할 것
> 2.5.1.2 강관을 사용하는 경우의 배관은 압력배관용 탄소강관(KS D 3562)중 스케줄 40 이상의 것 또는 이와 동등 이상의 강도를 가진 것으로서 아연도금 등에 따라 방식 처리된 것을 사용할 것
> 2.5.1.3 동관을 사용하는 경우에는 이음이 없는 동 및 동합금관(KS D 5301)의 것으로서 고압식은 16.5 [MPa] 이상, 저압식은 3.75 [MPa] 이상의 압력에 견딜 수 있는 것을 사용할 것
> 2.5.1.4 배관 부속 및 밸브류는 강관 또는 동관과 동등 이상의 강도 및 내식성이 있는 것으로 할 것

08

득점　　배점　10

공동예상제연구역 안에 설치된 예상제연구역(거실)이 각각 벽으로 구획된 경우 제연설비에 대하여 다음 조건 및 도면을 보고 각 물음에 답하시오.

조건

(1) 여유율은 10 [%]를 적용한다.
(2) 효율은 60 [%]이다.
(3) 전압은 40 [mmAq]이다.
(4) 각 실마다 제어댐퍼가 설치되어 있다.

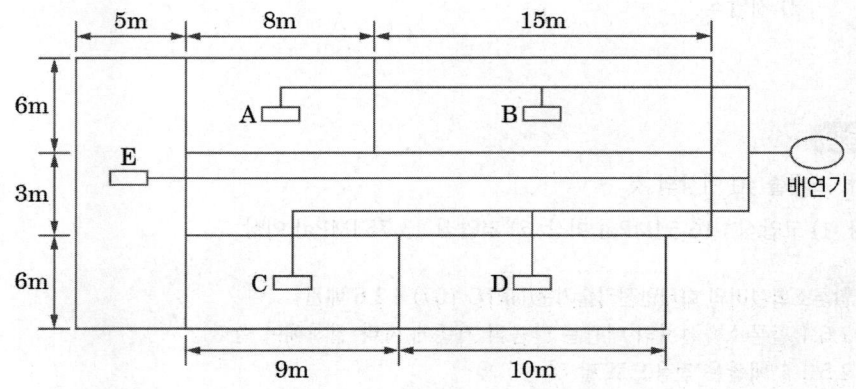

가. 각 방호구역의 배출량 [m³/min]을 구하시오.

　1) A실

　　◯ 계산과정 :　　　　　　　　　◯ 답 :

　2) B실

　　◯ 계산과정 :　　　　　　　　　◯ 답 :

　3) C실

　　◯ 계산과정 :　　　　　　　　　◯ 답 :

　4) D실

　　◯ 계산과정 :　　　　　　　　　◯ 답 :

　5) E실

　　◯ 계산과정 :　　　　　　　　　◯ 답 :

나. 제연댐퍼의 설치위치를 도면에 기입하시오. (단, 댐퍼는 ⌀로 표시할 것)

다. 송풍기의 전동기 소요 동력 [kW]은 얼마인지 구하시오.

　◯ 계산과정 :　　　　　　　　　◯ 답 :

정답

가. 계산과정

1) A실 계산과정

(1) 바닥면적 : $8 \times 6 = 48[m^2]$ → 바닥면적이 400 [m²] 미만

(2) 배출량

$48[m^2] \times 1[CMM/m^2] = 48[CMM]$

$48[m^3/min] \times \dfrac{60[min]}{1[hr]} = 2880[m^3/h]$

→ $5000[CMH]$ (최소 배출량)보다 작으므로 배출량은 $5000[m^3/h]$이다.

$5000[m^3/h] \times \dfrac{1[hr]}{60[min]} = 83.333 ≒ 83.33[m^3/min]$

답 | 83.33 [m³/min]

2) B실 계산과정

(1) 바닥면적 : $15 \times 6 = 90[m^2]$ → 바닥면적이 400 [m²] 미만

(2) 배출량

$90[m^2] \times 1[CMM/m^2] = 90[CMM]$

$90[m^3/min] \times \dfrac{60[min]}{1[hr]} = 5400[m^3/h]$

→ $5000[CMH]$(최소 배출량)보다 크므로 배출량은 $90[m^3/min]$이다.

답 | 90 [m³/min]

3) C실 계산과정

(1) 바닥면적 : $9 \times 6 = 54[m^2]$ → 바닥면적이 400 [m²] 미만

(2) 배출량

$54[m^2] \times 1[CMM/m^2] = 54[CMM]$

$54[m^3/min] \times \dfrac{60[min]}{1[hr]} = 3240[m^3/h]$

→ $5000[CMH]$ (최소 배출량)보다 작으므로 배출량은 $5000[m^3/h]$이다.

$5000[m^3/h] \times \dfrac{1[hr]}{60[min]} = 83.333 ≒ 83.33[m^3/min]$

답 | 83.33 [m³/min]

4) D실 계산과정

(1) 바닥면적 : $10 \times 6 = 60[m^2]$ → 바닥면적이 400 [m²] 미만

(2) 배출량

$60[m^2] \times 1[CMM/m^2] = 60[CMM]$

$60[m^3/min] \times \dfrac{60[min]}{1[hr]} = 3600[m^3/h]$

→ $5000[CMH]$ (최소 배출량)보다 작으므로 배출량은 $5000[m^3/h]$이다.

$5000[m^3/h] \times \dfrac{1[hr]}{60[min]} = 83.333 ≒ 83.33[m^3/min]$

답 | 83.33 [m³/min]

5) E실 계산과정

(1) 바닥면적 : $15 \times 5 = 75[m^2]$ → 바닥면적이 $400 [m^2]$ 미만

(2) 배출량

$$75[m^2] \times 1[CMM/m^2] = 75[CMM]$$

$$75[m^3/min] \times \frac{60[min]}{1[hr]} = 4500[m^3/h]$$

→ $5000[CMH]$ (최소 배출량)보다 작으므로 배출량은 $5000[m^3/h]$이다.

$$5000[m^3/h] \times \frac{1[hr]}{60[min]} = 83.333 = 83.33[m^3/min]$$

답 | 83.33 [m³/min]

나.

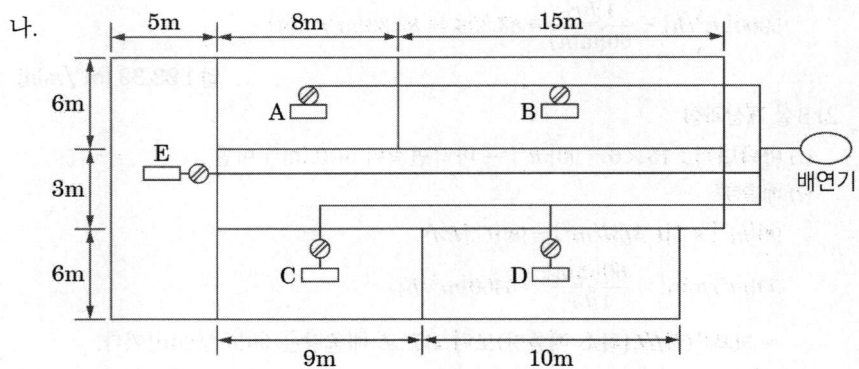

다. 계산과정

$$\text{소요동력 } P[kW] = \frac{P_t[mmAq] \times Q[m^3/s]}{102\eta} \times K$$

$$\therefore P = \frac{40[mmAq] \times \frac{90}{60}[m^3/s]}{102 \times 0.6} \times 1.1 = 1.08[kW]$$

답 | 1.08 [kW]

> **참고** 제연설비의 화재안전기술기준(NFTC 501) – 배출량
>
> (1) 거실의 바닥면적이 400 [m²] 미만으로 구획된 예상제연구역에 대한 배출량
> 바닥면적 1 [m²]당 1 [m³/min] 이상으로 하되, 예상제연구역에 대한 최소 배출량은 5000 [m³/hr] 이상으로 할 것
> $$Q = A[m^2] \times 1[m^3/min \cdot m^2] \times 60[min/hr]$$
> 여기서 Q : 배출량 [m³/hr] (최소 배출량은 5000 [m³/hr] 이상)
> A : 바닥면적 [m²]

(2) 바닥면적 400 [m²] 이상인 거실의 예상제연구역의 배출량

① 예상제연구역이 직경 40 [m]인 원의 범위 안에 있을 경우

배출량 40000 [m³/hr] 이상

다만 예상제연구역이 제연경계로 구획된 경우에는 그 수직거리에 따른 배출량으로 산정

수직거리	배출량
2 [m] 이하	40000 [m³/hr] 이상
2 [m] 초과 2.5 [m] 이하	45000 [m³/hr] 이상
2.5 [m] 초과 3 [m] 이하	50000 [m³/hr] 이상
3 [m] 초과	60000 [m³/hr] 이상

② 예상제연구역이 직경 40 [m]인 원의 범위를 초과할 경우

배출량 45000 [m³/hr] 이상

다만 예상제연구역이 제연경계로 구획된 경우에는 그 수직거리에 따른 배출량으로 산정

수직거리	배출량
2 [m] 이하	45000 [m³/hr] 이상
2 [m] 초과 2.5 [m] 이하	50000 [m³/hr] 이상
2.5 [m] 초과 3 [m] 이하	55000 [m³/hr] 이상
3 [m] 초과	65000 [m³/hr] 이상

09

득점		배점	6

이산화탄소소화설비에 대하여 다음 조건 및 도면을 보고 미완성 도면을 완성하시오.

조건

(1) 방호구역은 총 4개이며, 각 방호구역으로 소화약제 방출 시 A구역은 6병, B구역은 4병, C구역은 3병, D구역은 2병이 방출된다.

(2) 체크밸브를 도시할 때, 저장용기와 집합관을 연결하는 연결배관에는 체크밸브가 설치된 것으로 간주하고 별도로 작도하지 않는다. (단, 이 경우 외에는 계통도에 체크밸브를 도시한다)

(3) 교차되는 배관은 ─┼─ 로 표시한다.

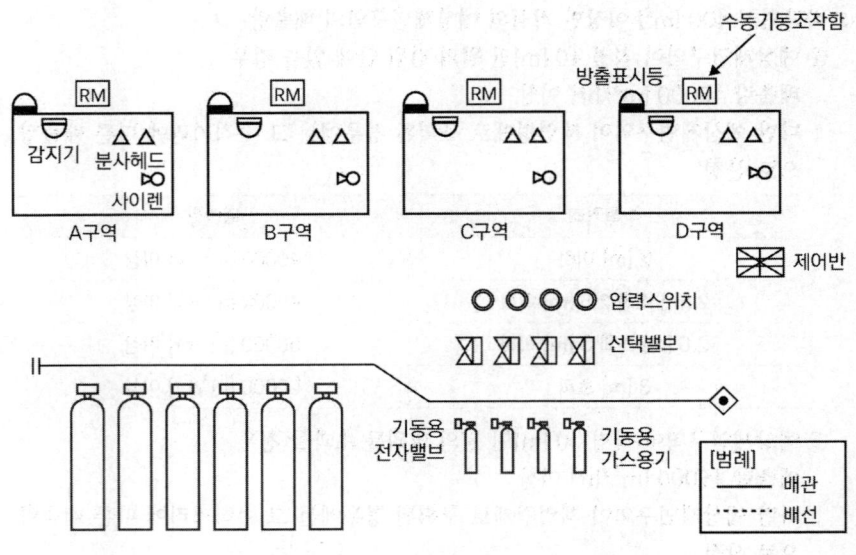

정답

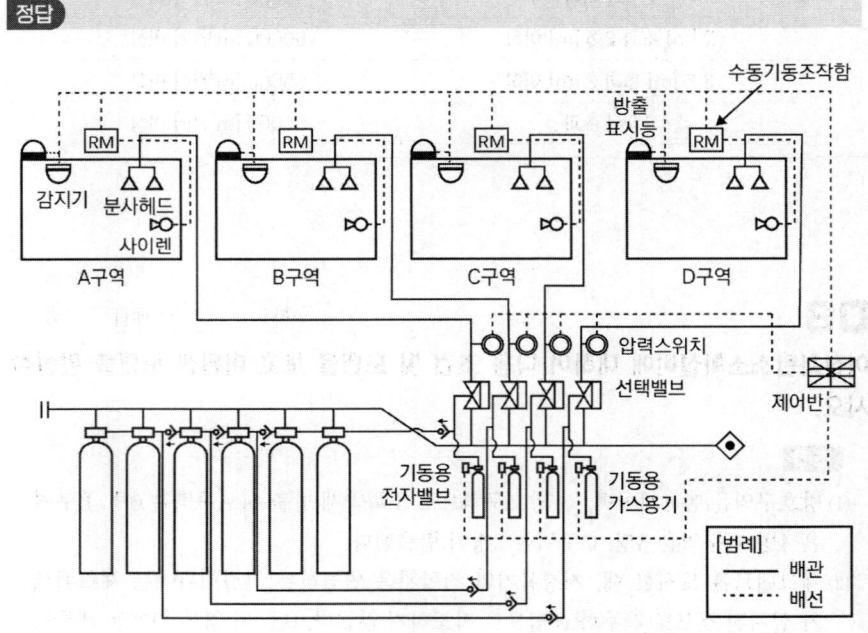

10

| 득점 | | 배점 | 4 |

지상 25층짜리 아파트에 스프링클러설비를 설치하려고 한다. 하나의 세대 내에 설치된 헤드 수가 15개일 때 다음 각 물음에 답하시오. (단, 아파트의 각 동이 주차장으로 서로 연결된 구조가 아니다)

가. 이 설비가 확보하여야 할 수원의 양 [m³]을 구하시오. (단, 옥상수원은 고려하지 않는다)

 ○ 계산과정 :

 ○ 답 :

나. 이 설비의 펌프의 토출량 [L/min]을 구하시오. (단, 헤드의 기준개수는 최대치를 적용한다)

 ○ 계산과정 :

 ○ 답 :

정답

가. 계산과정

$$N \times 1.6\,[m^3] = 10\,[개] \times 1.6\,[m^3] = 16\,[m^3]$$

답 | 16 [m³]

✦ 핵심이론 스프링클러설비 수원의 양(주수원) – 폐쇄형 스프링클러헤드의 경우

□ 수원의 양

층수	수원의 양
29층 이하	**N(기준개수) × 80 [L/min] × 20 [min](= N × 1.6 [m³])**
30층 이상 49층 이하	N(기준개수) × 80 [L/min] × 40 [min](= N × 3.2 [m³])
50층 이상	N(기준개수) × 80 [L/min] × 60 [min](= N × 4.8 [m³])

※ N : 스프링클러설비 설치장소별 스프링클러헤드의 기준개수
[스프링클러헤드의 설치개수가 가장 많은 층에 설치된 스프링클러헤드의 개수가 기준개수보다 작은 경우에는 그 설치개수를 말함]

□ 스프링클러설비 설치장소별 기준개수

스프링클러설비의 설치장소		기준개수
아파트등	아파트등의 각 동이 주차장으로 서로 연결되지 않은 구조인 경우	10
	아파트등의 각 동이 주차장으로 서로 연결된 구조인 경우	30

[비고] 하나의 소방대상물이 2 이상의 "스프링클러헤드의 기준개수"란에 해당하는 때에는 기준개수가 많은 것을 기준으로 한다. 다만 각 기준개수에 해당하는 수원을 별도로 설치하는 경우에는 그렇지 않다.

※ 기준개수 : 화재발생 시 동시에 개방되는 스프링클러헤드의 개수

나. 계산과정

$$Q = N \times 80[L/min] = 10[개] \times 80[L/min] = 800[L/min]$$

(아파트등의 각 동이 주차장으로 서로 연결된 구조가 아니므로 기준개수 : 10개)

> ⭐ **핵심이론** 공동주택의 화재안전성능기준(NFPC 608) – 제7조(스프링클러설비) [시행 2024.1.1.]
>
> 제7조(스프링클러설비) 스프링클러설비는 다음 각 호의 기준에 따라 설치해야 한다.
>
> 1. 폐쇄형 스프링클러헤드를 사용하는 아파트등은 기준개수 10개(스프링클러헤드의 설치개수가 가장 많은 세대에 설치된 스프링클러헤드의 개수가 기준개수보다 작은 경우에는 그 설치개수를 말한다)에 1.6 [m³]를 곱한 양 이상의 수원이 확보되도록 할 것. 다만 아파트등의 각 동이 주차장으로 서로 연결된 구조인 경우 해당 주차장 부분의 기준개수는 30개로 할 것

답 | 800 [L/min]

11

| 득점 | | 배점 | 5 |

다음과 같이 옥내소화전설비를 화재안전기술기준에 따라 설치하려고 한다. 소화설비에 필요한 전동기 동력 [kW]을 구하시오.

> **조건**
>
> (1) 흡입양정은 3.5 [m], 펌프로부터 가장 먼 앵글밸브까지 수직높이는 30 [m], 배관 및 호스의 마찰손실수두는 3.6 [m]이다.
> (2) 옥내소화전은 층당 3개씩 설치되어 있다.
> (3) 펌프의 효율은 65 [%], 전달계수는 1.1이다.

⭕ 계산과정 :　　　　　　　　⭕ 답 :

정답

☑ 계산과정

$$소요동력 \; P[kW] = \frac{\gamma[kN/m^3] \times Q[m^3/s] \times H[m]}{\eta} \times K$$

$Q = N \times 130[L/min] = 2 \times 130[L/min] = 260[L/min]$

H = 흡입양정 + 토출 실양정 + 배관 및 호스의 마찰손실 + 방사압 환산수두(17 [m])

= 3.5 [m] + 30 [m] + 3.6 [m] + 17 [m] = 54.1 [m]

$$P[kW] = \frac{\gamma[kN/m^3] \times Q[m^3/s] \times H[m]}{\eta} \times K = \frac{9.8 \times \frac{0.26}{60} \times 54.1}{0.65} \times 1.1 = 3.887$$

≒ 3.89[kW]

핵심이론 옥내소화전설비의 펌프 토출량

층수	펌프 토출량
29층 이하	**N(최대 2개) × 130 [L/min]**
30층 이상	N(최대 5개) × 130 [L/min]

※ N : 옥내소화전의 설치개수가 가장 많은 층의 설치개수
(29층 이하 : 2개 이상 설치된 경우에는 2개,
30층 이상 : 5개 이상 설치된 경우에는 5개)

답 | 3.89 [kW]

12

득점		배점	7

경유를 저장하는 탱크의 내부 직경이 50 [m]인 플로팅루프탱크(Floating Roof Tank)에 포소화설비의 특형 방출구를 설치하여 방호하려고 할 때 다음 각 물음에 답하시오.

조건

(1) 소화약제는 3 [%]용의 단백포를 사용하며, 포수용액의 분당 방출량은 10 [L/m²·분] 이고, 방사시간은 20분을 기준으로 한다.

(2) 탱크의 내면과 굽도리판의 간격은 2.5 [m]로 한다.

(3) 펌프의 효율은 65 [%], 전달계수는 1.1로 한다.

(4) 원주율 π = 3.14로 계산한다.

가. 상기 탱크의 특형 고정포방출구에 의하여 소화하는 데 필요한 수용액의 양 [m³], 수원의 양 [m³], 포원액의 양 [m³]은 각각 얼마인가?

1) 수용액의 양 [m³]

⭕ 계산과정 :

⭕ 답 :

2) 수원의 양 [m³]

⭕ 계산과정 :

⭕ 답 :

3) 포원액의 양 [m³]

⭕ 계산과정 :

⭕ 답 :

나. 가압송수장치(펌프)의 분당 토출량 [L/min]은 얼마인가?

   ◯ 계산과정 :

   ◯ 답 :

다. 펌프의 전양정이 90 [m]라고 할 때 전동기의 출력 [kW]은 얼마인가?

   ◯ 계산과정 :

   ◯ 답 :

정답

가. 계산과정

  1) 수용액의 양 [m³]

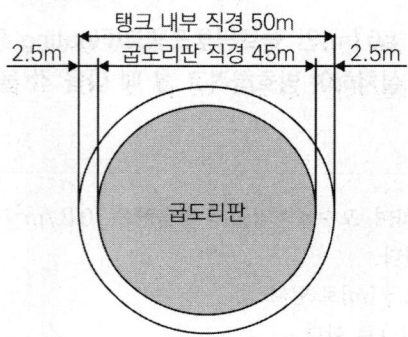

     포수용액의 양 $= A[m^2] \times Q_A[L/m^2 \cdot min] \times T[min]$

$$= \frac{(50^2 - 45^2) \times 3.14}{4}[m^2] \times 10[L/m^2 \cdot min] \times 20[min]$$

$$= 74575[L] = 74.58[m^3]$$

                                             답 | 74.58 [m³]

  2) 수원의 양 $= A[m^2] \times Q_A[L/m^2 \cdot min] \times T[min] \times (1 - S)$

$$= 74.58[m^3] \times (1 - S) = 74.58[m^3] \times 0.97 = 72.342 ≒ 72.34[m^3]$$

                                             답 | 72.34 [m³]

  3) 포원액의 양 $= A[m^2] \times Q_A[L/m^2 \cdot min] \times T[min] \times S$

$$= 74.58[m^3] \times S = 74.58[m^3] \times 0.03 = 2.237 ≒ 2.24[m^3]$$

                                             답 | 2.24 [m³]

나. 계산과정

     분당 토출량 $= A[m^2] \times Q_A[L/m^2 \cdot min]$

$$= \frac{(50^2 - 45^2) \times 3.14}{4}[m^2] \times 10[L/m^2 \cdot min] = 3728.75[L/min]$$

                                           답 | 3728.75 [L/min]

다. 계산과정

$$소요동력 \; P[kW] = \frac{\gamma[kN/m^3] \times Q[m^3/s] \times H[m]}{\eta} \times K$$

$$P = \frac{9.8[\text{kN/m}^3] \times \dfrac{3.72875}{60}[\text{m}^3/\text{s}] \times 90[\text{m}]}{0.65} \times 1.1 = 92.76[\text{kW}]$$

답 | 92.76 [kW]

⭐ 핵심이론 포소화약제의 저장량 – 고정포방출구방식

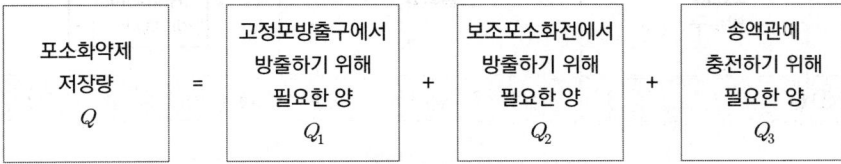

| 포소화약제
저장량
Q | = | 고정포방출구에서
방출하기 위해
필요한 양
Q_1 | + | 보조포소화전에서
방출하기 위해
필요한 양
Q_2 | + | 송액관에
충전하기 위해
필요한 양
Q_3 |

고정포방출구방식은 다음의 양을 합한 양 이상으로 할 것

(1) 고정포방출구에서 방출하기 위하여 필요한 양

$$Q_1 = A \cdot Q_A \cdot T \cdot S$$

Q_1 : 포소화약제의 양 [L]

A : 탱크의 액표면적 [m²]

Q_A : 단위 포소화수용액의 양 [L/m²·min]

T : 방출시간 [min]

S : 포소화약제의 사용농도 [%]

(2) 보조포소화전에서 방출하기 위하여 필요한 양

$$Q_2 = N \cdot 8000 \cdot S$$

Q_2 : 포소화약제의 양 [L]

N : 호스 접결구의 수(3개 이상인 경우는 3개)

S : 포소화약제의 사용농도 [%]

(3) 가장 먼 탱크까지의 송액관에 충전하기 위하여 필요한 양(내경 75 [mm] 이하의 송액관은 제외)

$$Q_3 = V \times S \times 1000[L/m^3]$$

Q_3 : 포소화약제의 양 [L]

V : 송액관 내부의 체적 [m³]

S : 포소화약제의 사용농도 [%]

※ 송액관 : 수원으로부터 포헤드, 고정포방출구 또는 이동식 노즐에 급수하는 배관

13

다음은 스프링클러헤드의 설치방향에 따른 그림이다. ( ) 안에 명칭을 쓰시오.

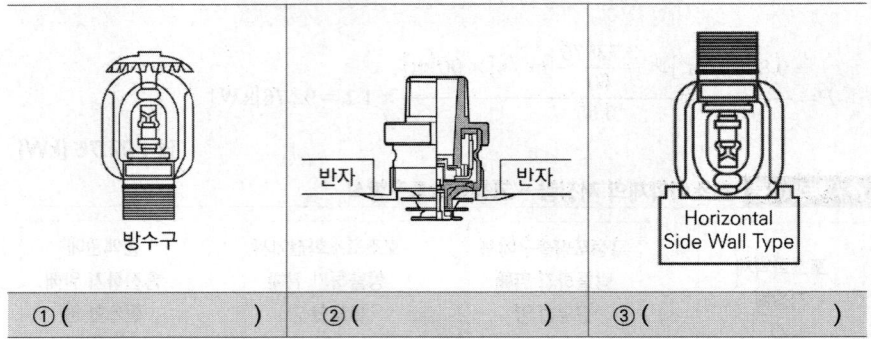

방수구	반자 반자	Horizontal Side Wall Type
① ( )	② ( )	③ ( )

정답

① 상향형 스프링클러헤드, ② 플러쉬형(반매입형) 스프링클러헤드,
③ 측벽형 스프링클러헤드

참고 **플러쉬형 스프링클러헤드**

화재발생 시 화염의 열기로 인한 감열부의 작동으로 스프링클러 배관 내의 물이 디플렉터를 통해 화재 공간에 살수될 수 있도록 고안된 헤드이다.

[상세 작동 순서]
① 화재발생 시 화염의 열기로 인한 감열판의 열기 감지 → 감열판 내의 퓨즈메탈의 용융
② 퓨즈 메탈의 용융으로 인한 리테이닝링의 프레임 홈으로부터 이탈
③ 감열판이 몸체로부터 이탈과 함께 디플렉터의 하강 → 몸체의 오리피스에 실링되어 있던 스프링시트가 이탈
④ 오리피스를 통과한 물이 하강된 디플렉터를 통해 살수 → 유효 반경 내 살수된 물로 화재진화

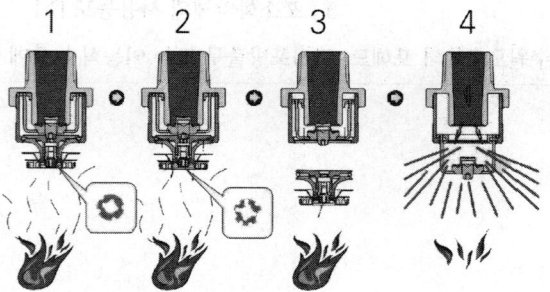

[플러쉬형 스프링클러헤드]
※ 그림 출처 : https://www.ys5000.co.kr

14

득점　　　　배점　8

LPG 저장탱크에 물분무소화설비를 하려고 한다. 다음 각 물음에 답하시오. (단, 탱크의 반지름은 5 [m]이며, 탱크 내 저장물은 소방법에서 규정하는 특수가연물에 해당한다)

가. 펌프의 최소 토출량 [L/min]을 구하시오.

　○ 계산과정 :

　○ 답 :

나. 수원의 양 [L]을 구하시오.

　○ 계산과정 :

　○ 답 :

다. 다음은 제어밸브에 대한 내용이다. 괄호 안에 알맞은 말을 쓰시오.

> 제어밸브는 바닥으로부터 (㉠　　　) [m] 이상 (㉡　　　) [m] 이하의 위치에 설치할 것

　○ 답

　　㉠

　　㉡

라. 다음은 자동식 기동장치에 대한 내용이다. 괄호 안에 알맞은 말을 쓰시오.

> 자동식 기동장치는 (㉠　　　　　)의 작동 또는 (㉡　　　　　)의 개방과 연동하여 경보를 발하고, 가압송수장치 및 자동개방밸브를 기동할 수 있는 것으로 해야 한다.

　○ 답

　　㉠

　　㉡

정답

[물분무소화설비 토출량/수원량 산정]

소방대상물	수원량 산정방법	비고
특수가연물을 저장·취급하는 특정소방대상물 또는 그 부분	A [m²] × 10 [L/min · m²] × 20 [min] 이상 (A : 바닥면적)	최대 방수구역의 바닥면적을 기준으로 함 50 [m²] 이하인 경우에는 50 [m²]
절연유 봉입 변압기	A [m²] × 10 [L/min · m²] × 20 [min] (A : 바닥부분을 제외한 표면적을 합한 면적)	–
컨베이어벨트 등	A [m²] × 10 [L/min · m²] × 20 [min] (A : 벨트 부분의 바닥면적)	–
케이블 트레이, 케이블 덕트 등	A [m²] × 12 [L/min · m²] × 20 [min] (A : 투영된 바닥면적)	–
차고·주차장	A [m²] × 20 [L/min · m²] × 20 [min] (A : 바닥면적)	최대 방수구역의 바닥면적을 기준으로 함 50 [m²] 이하인 경우에는 50 [m²]

가. 계산과정

※ 탱크의 반지름이 5 [m]이므로 탱크의 지름은 10 [m]이다.

$Q = A[m^2] \times 10[L/m^2 \cdot min]$

$= \dfrac{\pi}{4}10^2[m^2] \times 10[L/m^2 \cdot min] = 785.398 ≒ 785.40[L/min]$

답 | 785.4 [L/min]

나. 계산과정

$Q = A[m^2] \times 10[L/m^2 \cdot min] \times 20[min] = 785.4[L/min] \times 20[min] = 15708[L]$

답 | 15708 [L]

다. ㉠ 0.8, ㉡ 1.5

라. ㉠ 화재감지기, ㉡ 폐쇄형 스프링클러헤드

15

득점   배점   6

아래 특정소방대상물의 평면도는 특수가연물 저장 창고에 대한 것이다. 이 창고에 장방형으로 라지드롭형 스프링클러헤드를 배치하고자 할 때, 다음 각 물음에 답하시오.

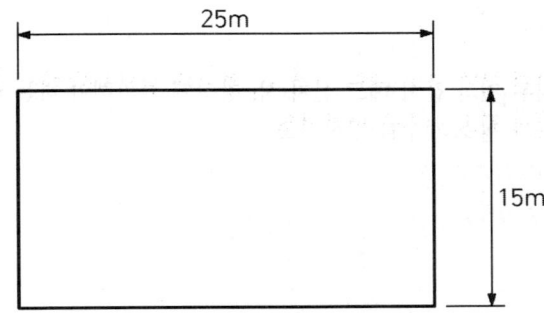

[특수가연물 저장 창고 평면도]

조건

(1) 가로 25 [m], 세로 15 [m], 높이 4 [m]인 특수가연물 저장 창고에 라지드롭형 스프링클러헤드를 아래 그림과 같이 설치한다. (단, 각도 θ는 30°이다)

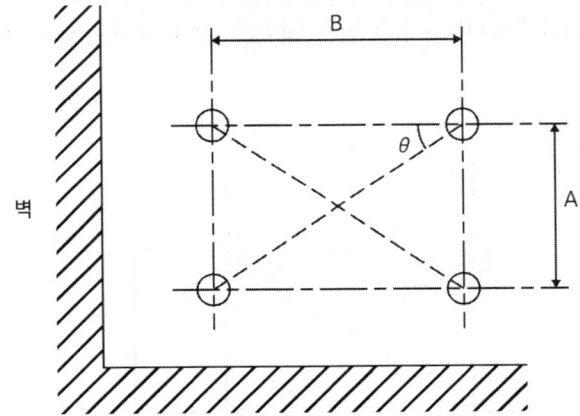

(2) 최대 유효살수반경으로 헤드를 설치한다.

(3) 반자 속에는 헤드를 설치하지 아니하며 헤드 설치 시 장애물은 모두 무시한다.

(4) 해당 창고는 랙식 창고가 아니며, 화재조기진압용 스프링클러설비를 설치하지 않는다.

가. 헤드의 최대 유효살수반경은 몇 [m]인가?

　　O 답 :

나. A와 B의 길이 [m]를 구하시오.

　　A :

　　B :

다. [조건]에 제시된 것과 같이 헤드 설치 시, 창고에 설치해야 하는 라지드롭형 스프링클러헤드의 최소 개수를 구하시오.

　　O 계산과정 :

　　O 답 :

정답

가.
> **헤드의 수평거리 개념**
> 헤드의 수평거리란 소방대상물의 각 부분이 헤드의 수평거리 범위 내에 포함되어야 한다, 따라서 수평거리는 헤드를 중심으로 한 반경의 원을 의미하며 원 내에 바닥면적이 포용되어야 하고 이를 "유효살수반경"이라고 한다.

답 | 1.7 [m]

나.

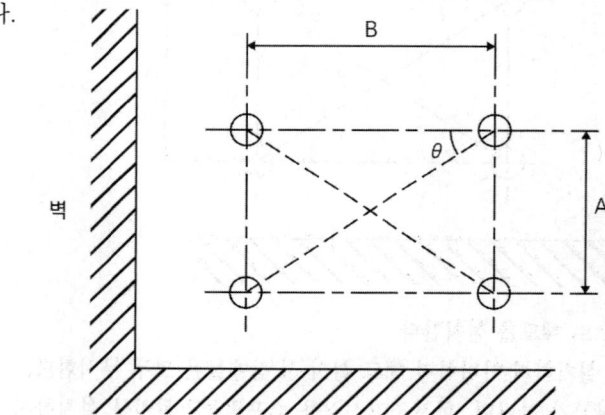

$$A = S_{\text{짧은변}} = 2Rsin(\theta_{\text{작은}}) = 2 \times 1.7[m] \times \sin30° = 1.7[m]$$
$$B = S_{\text{긴변}} = 2Rsin(\theta_{\text{큰}}) = 2 \times 1.7[m] \times \sin60° = 2.944 ≒ 2.94[m]$$

답 | A : 1.7 [m], B : 2.94 [m]

핵심이론 스프링클러 헤드를 장방형 배치할 때 헤드 간 거리

□ 헤드 간 거리 $S_{긴변}$, $S_{짧은변}$

① $S_{긴변} = 2R\sin(\theta_{큰})$

② $S_{짧은변} = 2R\sin(\theta_{작은})$

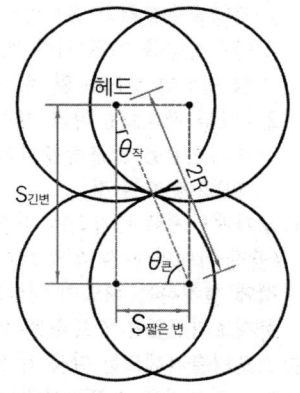

다. 계산과정

스프링클러헤드의 최소 개수

① 가로 변에 설치해야 할 헤드 개수 : $\dfrac{25[m]}{2.94[m]} = 8.50 ≒ 9[개]$

② 세로 변에 설치해야 할 헤드 개수 : $\dfrac{15[m]}{1.7[m]} = 8.82 ≒ 9[개]$

③ 총 헤드의 개수 : $9 \times 9 = 81[개]$

답 | 81 [개]

참고 창고시설의 화재안전성능기준(NFPC 609) 제7조(스프링클러설비) [시행 2024.1.1.]

① 스프링클러설비의 설치방식은 다음 각 호에 따른다.

1. <u>창고시설에 설치하는 스프링클러설비는 라지드롭형 스프링클러헤드를 습식으로 설치할 것.</u> 다만 다음 각 목의 어느 하나에 해당하는 경우에는 건식 스프링클러설비로 설치할 수 있다.

　가. 냉동창고 또는 영하의 온도로 저장하는 냉장창고

　나. 창고시설 내에 상시 근무자가 없어 난방을 하지 않는 창고시설

2. <u>랙식 창고의 경우에는 제1호에 따라 설치하는 것 외에 라지드롭형 스프링클러헤드를 랙 높이 3 [m] 이하마다 설치할 것. 이 경우 수평거리 15 [cm] 이상의 송기공간이 있는 랙식 창고에는 랙 높이 3 [m] 이하마다 설치하는 스프링클러헤드를 송기공간에 설치할 수 있다.</u>

3. 창고시설에 적층식 랙을 설치하는 경우 적층식 랙의 각 단 바닥면을 방호구역 면적으로 포함할 것

4. 제1호 내지 제3호에도 불구하고 천장 높이가 13.7 [m] 이하인 랙식 창고에는 「화재조기진압용 스프링클러설비의 화재안전성능기준(NFPC 103B)」에 따른 화재조기진압용 스프링클러설비를 설치할 수 있다.

② <u>수원의 저수량</u>은 다음 각 호의 기준에 적합해야 한다.

1. <u>라지드롭형 스프링클러헤드의 설치개수가 가장 많은 방호구역의 설치개수(30개 이상 설치된 경우에는 30개)에 3.2(랙식 창고의 경우에는 9.6) [m³]를 곱한 양 이상이 되도록 할 것</u>

2. 제1항 제4호에 따라 화재조기진압용 스프링클러설비를 설치하는 경우 「화재조기진압용 스프링클러설비의 화재안전성능기준(NFPC 103B)」 제5조 제1항에 따를 것

③ 가압송수장치의 송수량은 다음 각 호의 기준에 적합해야 한다.

1. 가압송수장치의 송수량은 <u>0.1 [MPa]의 방수압력 기준</u>으로 분당 160 L 이상의 방수성능을 가진 기준 개수의 모든 헤드로부터의 방수량을 충족시킬 수 있는 양 이상인 것으로 할 것. 이 경우 속도수두는 계산에 포함하지 않을 수 있다.

2. 제1항 제4호에 따라 화재조기진압용 스프링클러설비를 설치하는 경우 「화재조기진압용 스프링클러설비의 화재안전성능기준(NFPC 103B)」 제6조 제1항 제9호에 따를 것

④ 교차배관에서 분기되는 지점을 기점으로 한쪽 가지배관에 설치되는 헤드의 개수(반자 아래와 반자 속의 헤드를 하나의 가지배관 상에 병설하는 경우에는 반자 아래에 설치하는 헤드의 개수)는 4개 이하로 해야 한다. 다만 제1항 제4호에 따라 화재조기진압용 스프링클러설비를 설치하는 경우에는 그렇지 않다.

⑤ 스프링클러헤드는 다음 각 호의 기준에 적합해야 한다.

1. 라지드롭형 스프링클러헤드를 설치하는 천장·반자·천장과 반자 사이·덕트·선반 등의 각 부분으로부터 하나의 스프링클러헤드까지의 <u>수평거리</u>는 「화재의 예방 및 안전관리에 관한 법률 시행령」 별표2의 <u>특수가연물을 저장 또는 취급하는 창고는 1.7 [m] 이하, 그 외의 창고는 2.1 [m]</u>(내화구조로 된 경우에는 2.3 [m]를 말한다) 이하로 할 것

2. 화재조기진압용 스프링클러헤드는 「화재조기진압용 스프링클러설비의 화재안전성능기준(NFPC 103B)」 제10조에 따라 설치할 것

16

| 득점 | | 배점 | 6 |

스프링클러설비의 펌프를 성능시험하기 위하여 오리피스로 시험한 결과 그림과 같이 수은주의 높이차가 100 [mm]로 측정되었다. 이 오리피스를 통과하는 유량 [m³/s]은 얼마인가? (단, 수은의 비중은 13.6, 유량계수 C = 0.85, 중력가속도 g = 9.8 [m/s²]이다)

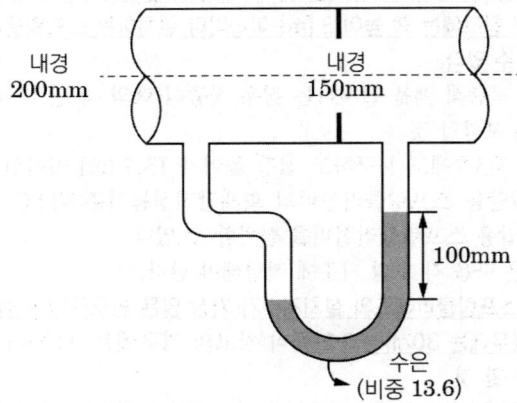

계산과정 :

답 :

정답

☑ 계산과정

오리피스 유량계의 유량공식

$$Q = C_v \frac{A_2}{\sqrt{1 - \left(\dfrac{A_2}{A_1}\right)^2}} \sqrt{2gh\left(\dfrac{\gamma_0}{\gamma} - 1\right)} = K \times A_2 \sqrt{2gh\left(\dfrac{\gamma_0}{\gamma} - 1\right)}$$

Q : 유량 [m³/s], C_v : 속도계수

K : 유량계수$\left(K = \dfrac{C_v}{\sqrt{1 - \left(\dfrac{A_2}{A_1}\right)^2}}\right)$

h : 마노미터 높이차 [m], A_1 : 배관 단면적

A_2 : 오리피스(벤추리관) 단면적, $\dfrac{A_2}{A_1}$: 개구비

γ : 배관유체 비중량 $[N/m^3]$

γ_0 : U자관 액주계유체 비중량 $[N/m^3]$

$$Q = C \times A_2 \times \sqrt{2gh\left(\frac{s_0}{s} - 1\right)}$$

$$= 0.85 \times \frac{\pi \times 0.15^2}{4} \times \sqrt{2 \times 9.8 \times 0.1 \times \left(\frac{13.6}{1} - 1\right)}$$

$$= 0.074 \fallingdotseq 0.07 \,[\text{m}^3/\text{s}]$$

답 | 0.07 [m³/s]

2023

격차를 뛰어넘어 압도적인 격차를 만들다

2022

2022.05.07

2022년 1회

3회독   월   일
2회독   월   일
1회독   월   일

점수 :

01

득점   배점   7

축압식 할론 1301 소화설비의 저장용기에 대한 다음 각 물음에 답하시오.

가. 저장용기에 충전가스로 질소를 사용하는 이유를 쓰시오.

   ⭘ 답 :

나. 저장압력범위 2가지를 쓰시오.

   ⭘ 답 : ⑴   ⑵

다. 저장용기 1병당 내용적이 68 [L]일 때 저장량 범위는 (㉠) [kg] ~ (㉡) [kg]이다. ㉠과 ㉡에 대한 답을 구하시오.

   ⭘ 계산과정 :

   ⭘ 답 :

정답

가. 할론약제 방사 시 일정한 압력으로 방출될 수 있게 하기 위하여(질소로 축압하지 않았을 경우 온도변화에 따라 저장용기 내 할론약제의 액면의 변화와 용기 내부압력의 불균일로 인하여 안정적인 방사압을 확보하는 데 장애가 될 수 있다. 따라서 할론의 증기압을 일정하게 유지하기 위해 질소로 축압한다)

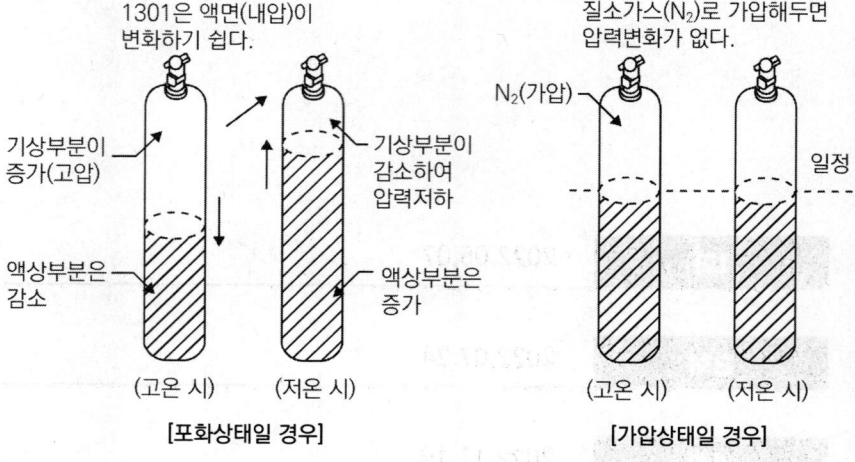

1301은 액면(내압)이 변화하기 쉽다.

기상부분이 증가(고압)

기상부분이 감소하여 압력저하

액상부분은 감소

액상부분은 증가

(고온 시)   (저온 시)

[포화상태일 경우]

질소가스(N₂)로 가압해두면 압력변화가 없다.

N₂(가압)

일정

(고온 시)   (저온 시)

[가압상태일 경우]

나. (1) 2.5[MPa]

(2) 4.2[MPa]

> 할론소화설비의 화재안전기술기준(NFTC 107)
>
> 2.1.2 할론소화약제의 저장용기는 다음의 기준에 적합해야 한다.
>
> 2.1.2.1 축압식 저장용기의 압력은 온도 20 [℃]에서 할론 1211을 저장하는 것은 1.1 [MPa] 또는 2.5 [MPa], 할론 1301을 저장하는 것은 2.5 [MPa] 또는 4.2 [MPa]이 되도록 질소가스로 축압할 것
>
> 2.1.2.2 저장용기의 충전비는 할론 2402를 저장하는 것 중 가압식 저장용기는 0.51 이상 0.67 미만, 축압식 저장용기는 0.67 이상 2.75 이하, 할론 1211은 0.7 이상 1.4 이하, 할론 1301은 0.9 이상 1.6 이하로 할 것
>
> 2.1.2.3 동일 집합관에 접속되는 저장용기의 소화약제 충전량은 동일 충전비의 것으로 할 것

다. 계산과정

저장용기의 충전비 : 할론 1301은 0.9 이상 1.6 이하로 할 것

$$저장용기의\ 충전비 = \frac{소화약제\ 저장용기의\ 내부\ 용적[L]}{소화약제\ 중량[kg]}$$

㉠ $\frac{68}{1.6} = 42.5[kg]$

㉡ $\frac{68}{0.9} ≒ 75.56[kg]$

답 | ㉠ 42.5 [kg], ㉡ 75.56 [kg]

02

득점		배점	7

어느 특정소방대상물에 옥내소화전이 층당 1개가 설치되어 있다. 배관의 내경이 65 [mm], 배관의 길이는 200 [m]로 설치되어 있으며, 관의 조도는 100이다. 이 배관의 마찰손실수두 [m]를 구하시오. (단, 물의 비중량은 9.8 [kN/m³]이고, 하젠 -윌리엄스의 식 $\triangle P_m [MPa/m] = 6.053 \times 10^4 \times \frac{Q^{1.85}}{C^{1.85} \times D^{4.87}}$ 를 이용한다.

여기서 Q : 유량 [L/min], C : 조도, D : 직경 [mm], L : 길이 [m]이다)

○ 계산과정 :

○ 답 :

정답

☑ 계산과정

📌 **핵심이론** 옥내소화전설비의 펌프 토출량

층수	펌프 토출량
29층 이하	**N(최대 2개) × 130 [L/min]**
30층 이상	N(최대 5개) × 130 [L/min]

※ N : 옥내소화전의 설치개수가 가장 많은 층의 설치개수
(29층 이하 : 2개 이상 설치된 경우에는 2개,
30층 이상 : 5개 이상 설치된 경우에는 5개)

$$Q = 1[개] \times 130[L/min] = 130[L/min]$$

$$\triangle P[MPa] = 6.053 \times 10^4 \times \frac{130^{1.85}}{100^{1.85} \times 65^{4.87}} \times 200 = 0.029168[MPa] = 29.168[kPa]$$

$$\therefore h[m] = \frac{P[kPa]}{\gamma[kN/m^3]} = \frac{29.168[kPa]}{9.8[kN/m^3]} = 2.976[m] ≒ 2.98[m]$$

답 | 2.98 [m]

03

어떤 소방대상물에 옥외소화전 5개를 화재안전기술기준에 따라 설치하려고 한다.
다음 각 물음에 답하시오.

조건

(1) 펌프에서 첫 번째 옥외소화전까지의 직관길이는 200 [m], 관의 안지름은 100 [mm]이다.

(2) 펌프에 요구되는 전양정은 50 [m], 효율은 65 [%]이다.

(3) 모든 규격치는 최소량을 적용한다.

가. 수원의 최소 유효저수량 [m³]을 구하시오.

　　○ 계산과정 :

　　○ 답 :

나. 펌프의 최소 토출량 [L/min]을 구하시오.

　　○ 계산과정 :

　　○ 답 :

다. 노즐선단에서 최소 방수압력 [MPa]은 얼마인지 쓰시오.

　　○ 답 :

정답

가. 계산과정

$2[개] \times 350[L/min] \times 20[min] = 14000[L] = 14[m^3]$

답 | 14 [m³]

나. 계산과정

$2[개] \times 350[L/min] = 700[L/min]$

답 | 700 [L/min]

다. 0.25 [MPa]

참고 옥외소화전설비의 펌프토출량, 수원, 전양정

구분	옥외소화전설비
펌프 토출량	N × 350 [L/min] 여기서 N : 옥외소화전의 설치개수 (옥외소화전이 2개 이상 설치된 경우에는 2개)
수원의 유효수량	N × 350 [L/min] × 20 [min] (= N×7[m³]) 여기서 N : 옥외소화전의 설치개수 (옥외소화전이 2개 이상 설치된 경우에는 2개)
전양정	$H = h_1 + h_2 + h_3 + 25$ 여기서 H : 전양정 [m] h_1 : 낙차(실양정) [m] h_2 : 배관 및 관부속품의 마찰손실수두 [m] h_3 : 호스 마찰손실수두 [m] 25 : 최소 방수압 환산수두 [m](0.25 [MPa])

04

득점 | 배점 | 10

지상 8층의 판매시설이 있는 복합건축물에 스프링클러설비를 설치하려고 할 때 조건 및 화재안전기술기준에 따라 다음 각 물음에 답하시오.

조건

(1) 실양정 : 24 [m]

(2) 배관 및 관부속품의 마찰손실수두 : 12 [m]

(3) 각 층에 설치된 스프링클러헤드(폐쇄형) : 50 [개]

(4) 펌프의 효율 : 65 [%]

(5) 전달계수 : 1.2

가. 펌프에 요구되는 전양정 [m]을 구하시오.

　◯ 계산과정 :

　◯ 답 :

나. 펌프에 요구되는 최소 토출량 [L/min]을 구하시오.

　◯ 계산과정 :

　◯ 답 :

다. 스프링클러설비에 요구되는 최소 유효수원의 양 [m³]을 구하시오. (단, 옥상수원은 고려하지 않는다)

　◯ 계산과정 :

　◯ 답 :

라. 펌프의 동력 [kW]을 구하시오.

　◯ 계산과정 :

　◯ 답 :

정답

가. **계산과정**

📌·핵심이론 펌프의 전양정 [m]

$$전양정\ H = h_1 + h_2 + 10$$

h_1 : 낙차(실양정) [m]
h_2 : 배관 및 관부속품의 마찰손실수두 [m]
10 : 스프링클러 최소 방수압 환산수두 [m]
(0.1 [MPa])

① 실양정 $h_1 = 24[m]$
② 배관 및 관부속품의 마찰손실수두 $h_2 = 12[m]$
　∴ 전양정 $H = h_1 + h_2 + 10 = 24 + 12 + 10 = 46[m]$

답 | 46 [m]

나. **계산과정**

$N \times 80[L/min] = 30[개] \times 80[L/min] = 2400[L/min]$
(지상 8층의 판매시설이 있는 복합건축물이므로 기준개수 : 30개)

답 | 2400 [L/min]

✦·핵심이론 스프링클러설비의 수원의 양(주수원) – 폐쇄형 스프링클러헤드의 경우

□ 수원의 양

층수	수원의 양
29층 이하	N(기준개수) × 80 [L/min] × 20 [min](= N × 1.6 [m³])
30층 이상 49층 이하	N(기준개수) × 80 [L/min] × 40 [min](= N × 3.2 [m³])
50층 이상	N(기준개수) × 80 [L/min] × 60 [min](= N × 4.8 [m³])

※ N : 스프링클러설비 설치장소별 스프링클러헤드의 기준개수
[스프링클러헤드의 설치개수가 가장 많은 층에 설치된 스프링클러헤드의 개수가
기준개수보다 작은 경우에는 그 설치개수를 말함]

□ 스프링클러설비 설치장소별 기준개수

스프링클러설비의 설치장소			기준개수
지하층을 제외한 층수가 10층 이하인 특정소방대상물	공장	특수가연물을 저장·취급하는 것	30
		그 밖의 것	20
	근린생활시설·판매시설·운수시설 또는 복합건축물	판매시설 또는 복합건축물 (판매시설이 설치된 복합건축물)	30
		그 밖의 것	20
	그 밖의 것	헤드의 부착 높이가 8 [m] 이상인 것	20
		헤드의 부착 높이가 8 [m] 미만인 것	10
지하층을 제외한 층수가 11층 이상인 특정소방대상물(아파트 제외)·지하가 또는 지하역사			30
아파트등	아파트등의 각 동이 주차장으로 서로 연결되지 않은 구조인 경우		10
	아파트등의 각 동이 주차장으로 서로 연결된 구조인 경우		30
라지드롭형 스프링클러헤드를 설치한 창고시설			30

[비고] 하나의 소방대상물이 2 이상의 "스프링클러헤드의 기준개수"란에 해당하는 때에는 기준
개수가 많은 것을 기준으로 한다. 다만 각 기준개수에 해당하는 수원을 별도로 설치하는
경우에는 그렇지 않다.

※ 기준개수 : 화재발생 시 동시에 개방되는 스프링클러헤드의 개수

다. 계산과정

$N \times 80[L/min] \times 20[min] = 30[개] \times 80[L/min] \times 20[min] = 48000[L] = 48[m^3]$

답 | 48 [m³]

라. 계산과정

$$소요동력\ P[kW] = \frac{\gamma[kN/m^3] \times Q[m^3/s] \times H[m]}{\eta} \times K$$

$P[kW] = \dfrac{9.8[kN/m^3] \times \dfrac{2.4}{60}[m^3/s] \times 46[m]}{0.65} \times 1.2 = 33.289 ≒ 33.29[kW]$

답 | 33.29 [kW]

05 득점 | 배점 | 5

소화설비용 펌프의 흡입 측 배관에 설치해야 하는 밸브류 등의 관부속품 종류 5가지를 쓰시오. (단, 90°엘보는 제외한다)

○ 답 :

① 플렉시블조인트, ② 개폐표시형 밸브, ③ 진공계(또는 연성계), ④ Y형 스트레이너, ⑤ 풋밸브

06 득점 | 배점 | 4

스프링클러설비에서 상향식 헤드와 하향식 헤드의 특징 2가지를 쓰시오.

가. 상향식 헤드

○ 답 :

나. 하향식 헤드

○ 답 :

가. ① 일반적으로 반자가 없는 곳에 적용한다.
　② 살수방향은 상향이다.
　③ 분사 패턴이 가장 우수하다.
　위 3가지 중 2가지 기술할 것
나. ① 주로 습식 설비에 사용한다.
　② 일반적으로 반자가 있는 경우 적용한다.
　③ 살수방향은 하향이다.
　④ 분사패턴이 상향형보다 못하다.
　위 4가지 중 2가지 기술할 것

[상향식 헤드]

[하향식 헤드]

07

최상층 방수구의 높이가 지표면으로부터 70 [m]인 계단식 아파트에 설치하는 연결송수관설비의 가압송수장치에 관하여 다음 각 물음에 답하시오.

가. 펌프의 토출량 [L/min]은 얼마 이상이어야 하는지 쓰시오. (단, 해당 층의 방수구는 1개이다)

   ○ 답 :

나. '가'항에서 설치된 방수구를 4개로 늘릴 경우 펌프의 토출량 [L/min]은 얼마 이상이어야 하는지 구하시오.

   ○ 계산과정 :

   ○ 답 :

다. 펌프의 양정은 최상층에 설치된 노즐선단의 압력 [MPa]이 얼마 이상이어야 하는지 쓰시오.

   ○ 답 :

정답

★ 핵심이론   연결송수관설비의 화재안전기술기준(NFTC 502)

2.5.1.7 펌프의 토출량은 <u>2400 [L/min](계단식 아파트의 경우에는 1200 [L/min])</u> 이상이 되는 것으로 할 것. 다만 해당 층에 설치된 방수구가 3개를 초과(방수구가 5개 이상인 경우에는 5개)하는 것에 있어서는 1개마다 800 [L/min](계단식 아파트의 경우에는 400 [L/min])를 가산한 양이 되는 것으로 할 것
2.5.1.8 펌프의 양정은 최상층에 설치된 노즐선단의 압력이 <u>0.35 [MPa] 이상</u>의 압력이 되도록 할 것

구분 \ 층당 방수구	1 ~ 3개 이하	4개	5개 이상
일반건축물	2400 [L/min] 이상	3200 [L/min] 이상	4000 [L/min] 이상
계단식 아파트	1200 [L/min] 이상	1600 [L/min] 이상	2000 [L/min] 이상

가. 1200 [L/min]

나. 계산과정

     $1200 + 400 = 1600 [L/min]$

                                  답 | 1600 [L/min]

다. 0.35 [MPa]

08 득점 | | 배점 | 8

옥내소화전설비에서 옥내소화전의 개수가 2개일 때 각 물음에 답하시오.

가. 저수조의 저수량 [m³]을 구하시오. (단, 옥상수조를 포함한다)

   ○ 계산과정 :

   ○ 답 :

나. 펌프의 토출량 [L/min]을 구하시오.

   ○ 계산과정 :

   ○ 답 :

다. 펌프의 기동방식 2가지를 쓰시오.

   ○ 답 :

라. 노즐의 방사유량 [L/min]을 구하시오. (단, 노즐구경은 13 [mm]이고, 방사압력은 0.4 [MPa]이다)

   ○ 계산과정 :

   ○ 답 :

정답

가. 계산과정

주수원 $Q_1 = 2[개] \times 2.6[m^3] = 5.2[m^3]$

옥상수원 $Q_2 = 2[개] \times 2.6[m^3] \times \dfrac{1}{3} = 1.733 ≒ 1.73[m^3]$

저수조의 저수량 $Q = 5.2 + 1.73 = 6.93[m^3]$ 답 | 6.93 [m³]

★ 핵심이론 옥내소화전설비 수원의 양(주수원)

층수	수원의 양
29층 이하	**N(최대 2개) × 130 [L/min] × 20 [min](= N × 2.6 [m³])**
30층 이상 49층 이하	N(최대 5개) × 130 [L/min] × 40 [min](= N × 5.2 [m³])
50층 이상	N(최대 5개) × 130 [L/min] × 60 [min](= N × 7.8 [m³])

※ N : 옥내소화전의 설치개수가 가장 많은 층의 설치개수
(29층 이하 : 2개 이상 설치된 경우에는 2개,
30층 이상 : 5개 이상 설치된 경우에는 5개)

$2 \times 130 = 260 [L/min]$

답 | 260 [L/min]

📌 **핵심이론** **옥내소화전설비의 펌프 토출량**

층수	펌프 토출량
29층 이하	**N(최대 2개) × 130 [L/min]**
30층 이상	N(최대 5개) × 130 [L/min]

※ N : 옥내소화전의 설치개수가 가장 많은 층의 설치개수
(29층 이하 : 2개 이상 설치된 경우에는 2개,
30층 이상 : 5개 이상 설치된 경우에는 5개)

다. (1) 자동기동방식

  (2) 수동기동방식

라. 계산과정

$Q = 2.086 \times 13^2 \times \sqrt{0.4} = 220.962 ≒ 220.96 [L/min]$

답 | 220.96 [L/min]

📁 **참고** **방수량공식**

$Q = 2.086 \times D^2 \times \sqrt{P}$

Q : 방수량 [L/min], D : 관경(노즐구경) [mm], P : 방수압력 [MPa]

09

| 득점 | | 배점 | 9 |

콘루프탱크의 액표면적이 962 [m²]이고, 조건과 같이 탱크를 방호하기 위한 포소화설비를 설치하는 경우 다음 각 물음에 답하시오.

조건

(1) 설치된 방출구의 종류 : I형 방출구　(2) 포소화약제 : 단백포 3 [%]

(3) 포방출률 : 4 [L/m²·min]　(4) 포수용액량 : 120 [L/m²]

가. 고정포방출구에 필요한 포약제량 [L]을 구하시오.

  ○ 계산과정 :　　　　　○ 답 :

나. 고정포방출구에 필요한 수원의 양 [L]을 구하시오.

  ○ 계산과정 :　　　　　○ 답 :

다. 고정포방출구에 필요한 포수용액량 [L]을 구하시오.

  ○ 계산과정 :　　　　　○ 답 :

정답

가. 계산과정

조건 (3), (4)를 통해 방출시간을 먼저 구하면,

$$T[\min] = \frac{120[L/m^2 \cdot \min]}{4[L/m^2]} = 30[\min]$$

포약제량 $Q_1[L] = A[m^2] \times Q_A[L/m^2 \cdot \min] \times T[\min] \times S$

$$= 962[m^2] \times 4[L/m^2 \cdot \min] \times 30[\min] \times 0.03 = 3463.2[L]$$

답 | 3463.2 [L]

나. 계산과정

수원의 양 $Q_2[L] = A[m^2] \times Q_A[L/m^2 \cdot \min] \times T[\min] \times (1-S)$

$$= 962[m^2] \times 4[L/m^2 \cdot \min] \times 30[\min] \times 0.97 = 111976.8[L]$$

답 | 111976.8 [L]

다. 계산과정

포수용액량 $Q[L] = A[m^2] \times Q_A[L/m^2 \cdot \min] \times T[\min]$

$$= 962[m^2] \times 4[L/m^2 \cdot \min] \times 30[\min] = 115440[L]$$

답 | 115440 [L]

10

득점		배점	10

어느 건물 소방시설에 대한 주요 부품표이다. 부품표를 참고하여 마찰손실을 계산하려고 한다. 답란에 (1) ~ ⑿를 구하시오. (단, 유량과 직경이 변화되지 않으면 100 [m]당 마찰손실은 일정하다고 가정한다. 또한 마찰손실을 구할 시 소수점 일곱째 자리에서 반올림하여 여섯째자리까지 구한다)

구경 및 부속물 [mm]	수량 [EA]	등가길이 [m/EA]	총 등가길이 [m]	100 [m]당 마찰손실 [m/100m]	부속물별 마찰손실 [m]	유량 [L/min]
150 직류티	13	1.2	(3)	0.01	0.00156	200
150 90°엘보	6	(1)	25.2	0.01	(6)	200
150 분류티	3	6.3	(4)	0.01	(7)	200
100 게이트밸브	2	(2)	1.62	0.39	(8)	200
100 체크밸브	1	7.6	7.6	0.39	(9)	200
100 플렉시블튜브	2	0.81	(5)	0.39	(10)	200
40 앵글밸브	1	6.5	6.5	13.32	(11)	130
총 마찰손실 [m]			(12)			

❍ 답

번호	계산과정	답
(1)		
(2)		
(3)		
(4)		
(5)		
(6)		
(7)		
(8)		
(9)		
(10)		
(11)		
(12)		

정답

번호	계산과정	답
(1)	$\dfrac{25.2}{6} = 4.2$	4.2 [m/EA]
(2)	$\dfrac{1.62}{2} = 0.81$	0.81 [m/EA]
(3)	$13 \times 1.2 = 15.6$	15.6 [m]
(4)	$3 \times 6.3 = 18.9$	18.9 [m]
(5)	$2 \times 0.81 = 1.62$	1.62 [m]
(6)	$25.2 \times \dfrac{0.01}{100} = 0.00252$	0.00252 [m]
(7)	$18.9 \times \dfrac{0.01}{100} = 0.00189$	0.00189 [m]
(8)	$1.62 \times \dfrac{0.39}{100} = 0.006318$	0.006318 [m]
(9)	$7.6 \times \dfrac{0.39}{100} = 0.02964$	0.02964 [m]
(10)	$1.62 \times \dfrac{0.39}{100} = 0.006318$	0.006318 [m]
(11)	$6.5 \times \dfrac{13.32}{100} = 0.8658$	0.8653 [m]
(12)	$0.00156 + 0.00252 + 0.00189 + 0.006318 + 0.02964 + 0.006318 + 0.8658$ $= 0.914046$	0.914046 [m]

구경 및 부속물 [mm]	수량 [EA]	등가길이 [m/EA]	총 등가길이 [m]	100 [m]당 마찰손실 [m/100m]	부속물별 마찰손실 [m]	유량 [L/min]
150 직류티	13	1.2	(3) 13×1.2 $= 15.6[m]$	0.01	0.00156	200
150 90°엘보	6	(1) $\dfrac{25.2m}{6EA}$ $= 4.2m/EA$	25.2	0.01	(6) $25.2[m] \times \dfrac{0.01[m]}{100[m]}$ $= 0.00252[m]$	200
150 분류티	3	6.3	(4) 3×6.3 $= 18.9[m]$	0.01	(7) $18.9[m] \times \dfrac{0.01[m]}{100[m]}$ $= 0.00189[m]$	200
100 게이트 밸브	2	(2) $\dfrac{1.62m}{2EA}$ $= 0.81m/EA$	1.62	0.39	(8) $1.62[m] \times \dfrac{0.39[m]}{100[m]}$ $= 0.006318[m]$	200
100 체크밸브	1	7.6	7.6	0.39	(9) $7.6[m] \times \dfrac{0.39[m]}{100[m]}$ $= 0.02964[m]$	200
100 플렉시블 튜브	2	0.81	(5) 2×0.81 $= 1.62[m]$	0.39	(10) $1.62[m] \times \dfrac{0.39[m]}{100[m]}$ $= 0.006318[m]$	200
40 앵글밸브	1	6.5	6.5	13.32	(11) $6.5[m] \times \dfrac{13.32[m]}{100[m]}$ $= 0.8658[m]$	130
총 마찰손실 [m]	(12) $(0.00156 + 0.00252 + 0.00189 + 0.006318 + 0.02964 + 0.006318 + 0.8658)[m]$ $= 0.914046[m]$					

11

득점		배점	5

그림은 소방시설 도시기호이다. 각각의 명칭을 쓰시오.

가. ——D——   나. ════╕

다. ◁▷   라. ┼

마. ♀

정답

가. 배수관

나. 캡

다. 라인 프로포셔너

라. 90°엘보

마. 연성계(또는 진공계)

12

득점		배점	6

다음 표 안에 분말소화약제의 주성분을 쓰고, 적응성이 있는 화재에 ○로 표시하시오. (단, 해당 화재에 적응성이 없을 경우 아무 표시를 하지 않는다)

종류	주성분	적응화재		
		A	B	C
제1종 분말소화약제				
제2종 분말소화약제				
제3종 분말소화약제				
제4종 분말소화약제				

정답

종류	주성분	적응화재		
		A	B	C
제1종 분말소화약제	탄산수소나트륨		○	○
제2종 분말소화약제	탄산수소칼륨		○	○
제3종 분말소화약제	인산암모늄	○	○	○
제4종 분말소화약제	탄산수소칼륨 + 요소		○	○

13

| 득점 | | 배점 | 5 |

다음 도면에 제연댐퍼 2개를 설치하고 A구역과 B구역 각각 화재 시 각 구역의 댐퍼 개방과 폐쇄에 대하여 설명하시오. (단, 댐퍼는 ⊘로 아래 도면에 직접 도시한다)

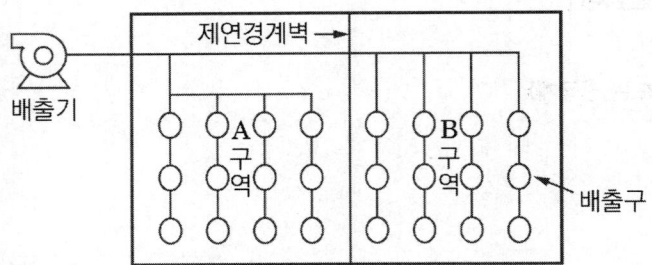

가. 위 도면에 제연댐퍼 2개를 도시하고, 왼쪽에 그리는 댐퍼는 'D_A', 오른쪽에 그리는 댐퍼는 'D_B'로 댐퍼 옆에 기호를 표기하시오.

나. A, B 두 구역에서 각각 화재 시 댐퍼의 '개방'과 '폐쇄'상태를 표에 쓰시오.

○답

구분	댐퍼 D_A	댐퍼 D_B
A구역 화재 시		
B구역 화재 시		

정답

가.

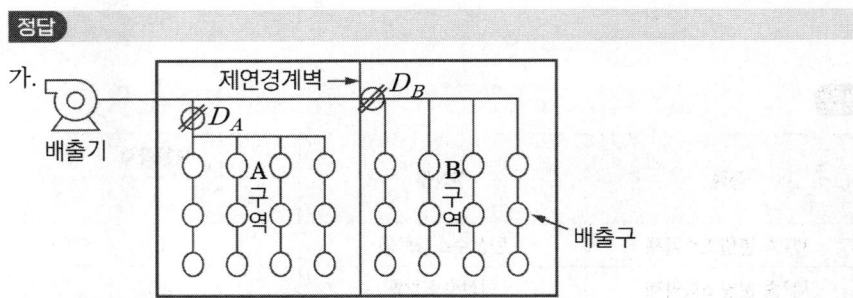

나.

구분	댐퍼 D_A	댐퍼 D_B
A구역 화재 시	개방	폐쇄
B구역 화재 시	폐쇄	개방

14

득점		배점	5

지하구에 설치하는 연소방지설비의 헤드의 설치기준에 관한 다음 ( ) 안에 알맞은 말을 써넣으시오.

- 헤드 간의 수평거리는 연소방지설비 전용헤드의 경우에는 (㉠) [m] 이하, 개방형 스프링클러헤드의 경우에는 (㉡) [m] 이하로 할 것
- 소방대원의 출입이 가능한 환기구·작업구마다 지하구의 양쪽 방향으로 살수헤드를 설정하되, 한쪽 방향의 살수구역의 길이는 (㉢) [m] 이상으로 할 것. 다만 환기구 사이의 간격이 (㉣) [m]를 초과할 경우에는 (㉣) [m] 이내마다 살수구역을 설정하되, 지하구의 구조를 고려하여 (㉤)을 설치한 경우에는 그렇지 않다.

○ 답

㉠   ㉡   ㉢   ㉣   ㉤

정답

㉠ 2, ㉡ 1.5, ㉢ 3, ㉣ 700, ㉤ 방화벽

15

득점		배점	3

소화설비의 가압송수장치의 송수방식 3가지를 쓰시오.

○ 답 :

정답

① 고가수조방식

② 압력수조방식

③ 펌프방식

④ 가압수조방식

위 4가지 중 3가지 기술하면 정답

16

그림은 물분무헤드가 화재를 유효하게 소화하기 위한 살수성능을 나타낸다. 조건을 참고하여 다음 물음에 답하시오.

조건

(1) 물분무헤드의 분사각도는 60°이다.

(2) 표준방수량은 80 [L/min]이다.

(3) 1개의 물분무헤드를 시험장치에 부착하고 0.35 [MPa]의 방사압력에서 2회 방사하여 1분간 평균방수량, 표준분사각 및 유효사정거리를 측정한다.

(4) 위험물 저장탱크의 가압송수장치로 사용하는 펌프의 1분당 토출량은 37 [L/min·m]이다.

(5) 위험물탱크의 직경은 17 [m]이다.

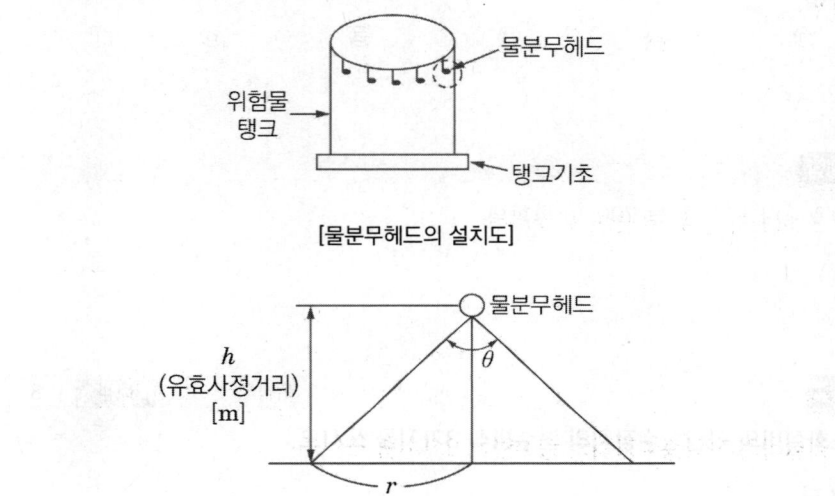

[물분무헤드의 설치도]

[물분무헤드의 살수성능]

가. 물분무헤드의 유효사정거리는 몇 [m] 이상인지 쓰시오.

○ 답 :

나. 물분무소화설비에 필요한 수원의 양 [m³]을 구하시오.

○ 계산과정 :

○ 답 :

정답

가. 소화설비용 헤드의 성능인증 및 제품검사의 기술기준

[물분무헤드의 살수성능]

표준방수압력(MPa)	분사각도(°)	방수량(L/min)	유효사정거리(m)
0.35	30 이상 60 미만	30 이상 33 이하	4 이상
		40 이상 44 이하	4 이상
		50 이상 55 이하	4 이상
	60 이상 90 미만	30 이상 33 이하	2 이상
		40 이상 44 이하	3 이상
		50 이상 55 이하	4 이상
		60 이상 65 이하	4 이상
	75 이상 83 이하	**4 이상**
	90 이상 110 미만	30 이상 33 이하	12 이상
		40 이상 44 이하	2 이상
		50 이상 55 이하	3 이상
		60 이상 66 이하	3 이상
		70 이상 77 이하	4 이상
	110 이상 140 미만	30 이상 33 이하	2 이상
		60 이상 66 이하	2 이상

답 | 4 [m]

나. 계산과정

조건 (4)에 의해 펌프의 1분당 토출량은 37 [L/min·m]이므로

수원의 양 = 탱크의 둘레 길이 [m] × 분당 토출량 [L/min·m] × 방사시간 [min]

① 탱크의 둘레 길이 $= \pi D = \pi \times 17[m] = 53.407[m]$

② 수원의 양 $= 53.407[m] \times 37[L/min \cdot m] \times 20[min]$

$= 39521[L] = 39.521[m^3] ≒ 39.52[m^3]$

답 | 39.52 [m³]

2022.07.24

2022년 2회

점수 :

01

다음은 분말소화설비에 관한 사항이다. [보기]를 참고하여 표를 완성하시오.

─────────[보기]─────────

담자색   담홍색   녹색   담녹색   회색   회백색   백색

종류	주성분	착색	적응화재	충전비
제1종 분말소화약제	탄산수소나트륨	백색	B, C	0.8
제2종 분말소화약제	탄산수소칼륨			
제3종 분말소화약제	인산암모늄			
제4종 분말소화약제	탄산수소칼륨 + 요소			

정답

종류	주성분	착색	적응화재	충전비
제1종 분말소화약제	탄산수소나트륨	백색	B, C	0.8
제2종 분말소화약제	탄산수소칼륨	**담자색**	B, C	1
제3종 분말소화약제	인산암모늄	**담홍색**	A, B, C	1
제4종 분말소화약제	탄산수소칼륨 + 요소	**회색**	B, C	1.25

02

| 득점 | | 배점 | 3 |

포소화약제 중 내알코올형 포소화약제에 비해 수성막포소화약제의 장점 3가지를
쓰시오.

○ 답 :

정답

(1) 화학적으로 매우 안정되며 장기보존이 가능하다.

(2) 내약품성이 좋아 다른 약제와 겸용하여 사용 가능하다.

(3) 타약제에 비해 유동성이 좋아 소화속도가 매우 빠르므로 항공기 화재 등에 효과적
이다.

(4) 영하에서도 포의 유동이 가능하다.

위 4가지 중 3가지 기술할 것

03

| 득점 | | 배점 | 4 |

임펠러의 회전속도가 1700 [rpm]일 때 토출압력은 0.05 [MPa], 토출량은 1000
[L/min]의 성능을 보여주는 어떤 원심펌프가 있다. 이를 3400 [rpm]으로 회전수
를 변경하였다고 할 때 그 토출압력 [MPa]과 토출량 [L/min]은 각각 얼마가 되는
지 구하시오.

가. 토출압력 [MPa]

○ 계산과정 :

○ 답 :

나. 토출량 [L/min]

○ 계산과정 :

○ 답 :

정답

★·핵심이론 **펌프의 상사법칙**

서로 다른 치수의 펌프를 비교(상사)했을 때

(1) 유량 $[m^3/s]$ $\quad Q_2 = \left(\dfrac{N_2}{N_1}\right)^1 \times \left(\dfrac{D_2}{D_1}\right)^3 \times Q_1$

(2) 양정(압력) [m] $\quad H_2 = \left(\dfrac{N_2}{N_1}\right)^2 \times \left(\dfrac{D_2}{D_1}\right)^2 \times H_1$

(3) 동력 [kW] $\quad L_2 = \left(\dfrac{N_2}{N_1}\right)^3 \times \left(\dfrac{D_2}{D_1}\right)^5 \times L_1$

가. 계산과정

상사의 법칙 $H_2 = \left(\dfrac{N_2}{N_1}\right)^2 \times H_1$

$H_2 = \left(\dfrac{3400[rpm]}{1700[rpm]}\right)^2 \times 0.05[MPa]$

$\therefore H_2 = 0.2[MPa]$

답 | 0.2 [MPa]

나. 계산과정

상사의 법칙 $Q_2 = \dfrac{N_2}{N_1} \times Q_1$

$Q_2 = \dfrac{3400[rpm]}{1700[rpm]} \times 1000[L/min]$

$\therefore Q_2 = 2000[L/min]$

답 | 2000 [L/min]

04

득점		배점	6

소화기구 및 자동소화장치에 사용하는 용어의 정의에 대한 다음 각 물음에 답하시오.

가. 소화기의 용어에 대한 다음 (   ) 안을 완성하시오.

소형소화기	대형소화기
능력단위가 (㉠)단위 이상이고 대형소화기의 능력단위 미만인 소화기	화재 시 사람이 운반할 수 있도록 운반대와 바퀴가 설치되어 있고 능력단위가 A급 (㉡)단위 이상, B급 (㉢)단위 이상인 소화기

나. 자동소화장치의 종류 3가지를 쓰시오. (단, 주거용 주방자동소화장치, 상업용 주방자동소화장치, 캐비닛형 자동소화장치는 제외한다)

○ 답 :

다. 소화약제 외의 것을 이용한 간이소화용구의 종류를 쓰시오. (단, 마른모래는 제외한다)

○ 답 :

정답

가. ㉠ 1
   ㉡ 10
   ㉢ 20
나. (1) 가스자동소화장치
   (2) 분말자동소화장치
   (3) 고체에어로졸 자동소화장치
다. (1) 팽창질석
   (2) 팽창진주암
   위 2가지 중 1가지 기술할 것

05

보기와 같은 건물에 소화수조 또는 저수조를 설치하고자 한다. 다음 각 물음에 답하시오.

[보기]

- 지하 1층 : 8000 [m²]
- 지상 1층 : 12500 [m²]
- 지상 2층 : 12500 [m²]
- 지상 3층 : 9500 [m²]

가. 소화수조 또는 저수조를 설치 시 저수조에 확보하여야 할 저수량 [m³]을 구하시오.

   ○ 계산과정 :

   ○ 답 :

나. 저수조에 설치하여야 할 채수구의 최소 설치수량은 몇 개인지 쓰시오.

   ○ 답 :

다. 가압송수장치의 분당 토출량 [L/min]을 쓰시오.

   ○ 답 :

정답

가. 계산과정

★•핵심이론 **소화수조 또는 저수조의 저수량**

소화수조 또는 저수조의 저수량은 소방대상물의 연면적을 기준면적으로 나누어 얻은 수(소수점 이하의 수는 1로 본다)에 20 [m³]을 곱한 양 이상이 되도록 해야 한다.

[소방대상물별 기준면적]

소방대상물의 구분	기준면적
1. 1층 및 2층의 바닥면적의 합계가 15000 [m²] 이상인 소방대상물	7500 [m²]
2. 제1호에 해당하지 않는 그 밖의 소방대상물	12500 [m²]

※ 소화수조 저수량 $[m^3]$

$$= \frac{\text{소방대상물의 연면적}\,[m^2]}{\text{기준면적}\,[m^2]}(\text{소수점 이하 절상}) \times 20\,[m^3]$$

---

① 기준면적

   지상 1 및 2층의 바닥면적의 합계 = 12500 + 12500 = 25000 [m²]

   15000 [m²] 이상이므로 → 기준면적 7500 [m²]

② 저수량

연면적 = 8000 + 12500 + 12500 + 9500 = 42500 [m²]

$$\frac{연면적}{기준면적} = \frac{42500[m^2]}{7500[m^2]} = 5.56(소수점\ 이하\ 절상) ≒ 6$$

∴ 저수량 = $6 \times 20[m^3] = 120[m^3]$

답 | 120 [m³]

나. 3 [개]

🔖 핵심이론 소화수조 및 저수조 – 흡수관투입구와 채수구

소화수조 또는 저수조는 다음의 기준에 따라 흡수관투입구 또는 채수구를 설치해야 한다.

□ 흡수관투입구

지하에 설치하는 소화용수설비의 흡수관투입구는 그 한 변이 0.6 [m] 이상이거나 직경이 0.6 [m] 이상인 것으로 하고, 소요수량이 80 [m³] 미만인 것은 1개 이상, 80 [m³] 이상인 것은 2개 이상을 설치해야 하며, "흡수관투입구"라고 표시한 표지를 할 것

□ 채수구

1) 채수구는 다음 표에 따라 소방용 호스 또는 소방용 흡수관에 사용하는 구경 65 [mm] 이상의 나사식 결합금속구를 설치할 것

[소요수량에 따른 채수구의 수]

소요수량	20 [m³] 이상 40 [m³] 미만	40 [m³] 이상 100 [m³] 미만	100 [m³] 이상
채수구의 수	1개	2개	3개

2) 채수구는 지면으로부터의 높이가 0.5 [m] 이상 1 [m] 이하의 위치에 설치하고 "채수구"라고 표시한 표지를 할 것

다. 3300 [L/min]

🔖 핵심이론 소화수조 및 저수조 – 가압송수장치

1. 소화수조 또는 저수조가 지표면으로부터의 깊이(수조 내부바닥까지의 길이를 말함)가 4.5 [m] 이상인 지하에 있는 경우에는 다음 표에 따라 가압송수장치를 설치해야 한다. 다만 기준에 따른 저수량을 지표면으로부터 4.5 [m] 이하인 지하에서 확보할 수 있는 경우에는 소화수조 또는 저수조의 지표면으로부터의 깊이에 관계없이 가압송수장치를 설치하지 않을 수 있다.

[소요수량에 따른 가압송수장치의 1분당 양수량]

소요수량	20 [m³] 이상 40 [m³] 미만	40 [m³] 이상 100 [m³] 미만	100 [m³] 이상
가압송수장치의 1분당 양수량	1100 [L/min] 이상	2200 [L/min] 이상	3300 [L/min] 이상

2. 소화수조가 옥상 또는 옥탑의 부분에 설치된 경우에는 지상에 설치된 채수구에서의 압력이 0.15 [MPa] 이상이 되도록 해야 한다.

06

득점　　　　배점　4

옥내소화전설비의 배관 내 사용압력이 1.2 [MPa] 미만인 경우와 1.2 [MPa] 이상일 경우에 배관의 종류를 각각 2가지씩 쓰시오.

가. 1.2 [MPa] 미만

　○ 답 :

나. 1.2 [MPa] 이상

　○ 답 :

정답

가. (1) 배관용 탄소 강관
　　(2) 이음매 없는 구리 및 구리합금관. 다만 습식의 배관에 한한다.
　　(3) 배관용 스테인리스 강관 또는 일반배관용 스테인리스 강관
　　(4) 덕타일 주철관
　　위 4가지 중 2가지 기술할 것
나. (1) 압력 배관용 탄소 강관
　　(2) 배관용 아크용접 탄소강 강관

07

득점　　　　배점　3

소방대상물의 방호구역이 전기실인 경우 적응성이 있는 가스계소화설비를 3가지 쓰시오.

○ 답 :

정답

① 이산화탄소소화설비
② 할론소화설비
③ 할로겐화합물 및 불활성기체소화설비
④ 분말소화설비
위 4가지 중 3가지 기술할 것

08

옥내소화설비와 공업용수를 겸용으로 사용하는 저수조에서 소화용수로 유효한 수량 [m³]을 구하시오. (단, 수조의 단면적은 30 [m²]이다)

[범례]

(1) P-1 : 옥내소화전펌프

(2) P-2 : 생활공업용수펌프

(3) ▉ : 풋밸브

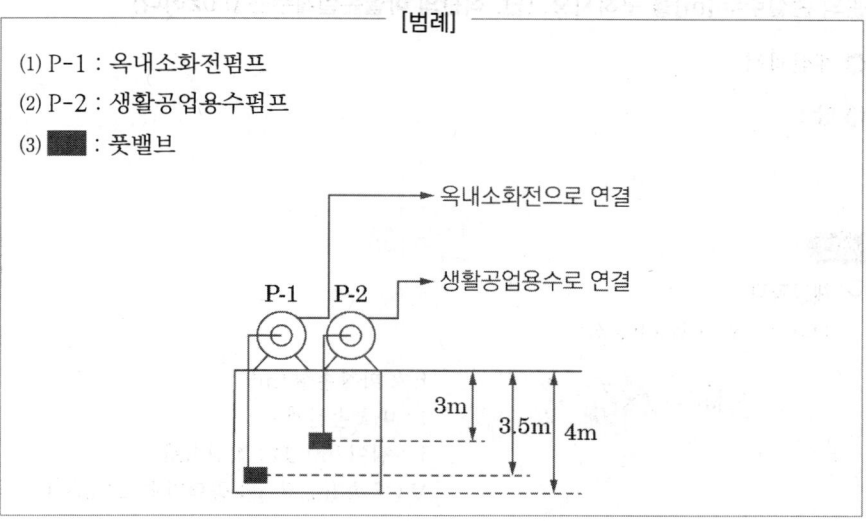

정답

$$30\,[\text{m}^2] \times (3.5 - 3)\,[\text{m}] = 15\,[\text{m}^3]$$

답 | 15 [m³]

참고 유효수량

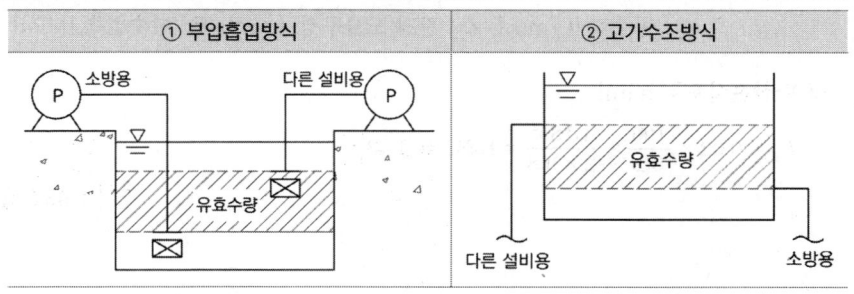

09

득점 | 배점 | 5

직관의 길이가 100 [m]이고, 내경이 100 [mm]인 직관말단에 설치된 19 [mm] 노즐을 통하여 방사압력 0.55 [MPa]로 대기 중으로 물이 방출되고 있다. 이때 직관의 손실수두 [m]를 구하시오. (단, 직관의 마찰손실계수는 0.02이다)

○ 계산과정 :

○ 답 :

정답

☑ 계산과정

Darcy - Weisbach방정식

$$h_L[m] = f \times \frac{L}{D} \times \frac{V^2}{2g}$$

h_L : 마찰손실 [m]
f : 마찰손실계수
L : 길이 [m], D : 직경 [m]
V : 유속 [m/s], g : 중력가속도 [m/s²]

① 유속 V [m/s]

$Q = 2.086 \times 19^2 \times \sqrt{0.55} = 558.473 ≒ 558.47[L/min]$

$V = \frac{4Q}{\pi D^2} = \frac{4 \times \dfrac{0.55847}{60}[m^3/s]}{\pi \times 0.1^2[m^2]} = 1.1851 ≒ 1.185[m/s]$

참고 방수량공식

$Q = 2.086 \times D^2 \times \sqrt{P}$

Q : 방수량 [L/min], D : 관경(노즐구경) [mm], P : 방수압력 [MPa]

---

② 마찰손실수두 h [m]

$h_L = 0.02 \times \frac{100}{0.1} \times \frac{1.185^2}{2 \times 9.8} = 1.432 ≒ 1.43[m]$

답 | 1.43 [m]

10

옥내소화전설비에서 물올림장치의 감수경보장치가 작동하였다. 물올림장치의 감수
경보가 울리는 경우의 원인 3가지를 쓰시오. (단, 이 설비는 전기적인 원인은 없는
것으로 한다)

○ 답 :

정답

① 급수밸브의 차단

② 자동급수장치의 고장

③ 물올림장치의 배수밸브의 개방

④ 풋밸브의 고장

위 4가지 중 3가지 기술할 것

11

소화펌프의 성능시험방법에는 유량계에 의한 측정방법과 압력계에 의한 측정방법
이 있다. 그림과 같이 압력계에 의한 방법으로 유량을 측정할 때 1차 측 압력계가
0.6 [MPa], 2차 측 압력계가 0.5 [MPa]이다. 성능시험배관의 구경은 65 [mm],
오피리스의 구경 25 [mm], 오피리스 유량계수 0.65, 물의 비중량 9780 [N/m³]
일 때, 유량 [L/min]을 구하시오.

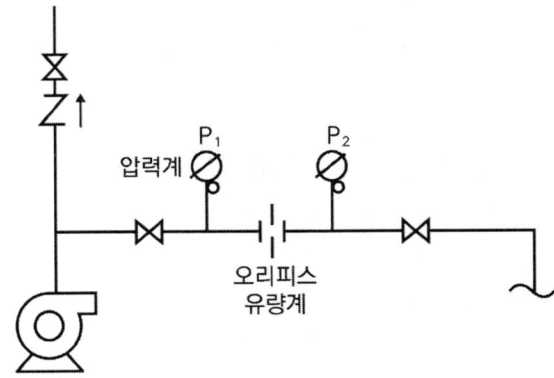

○ 계산과정 :

○ 답 :

정답

오리피스 유량계의 유량공식(유체가 1개의 종류일 때)

$$Q = C_v \frac{A_2}{\sqrt{1-\left(\dfrac{A_2}{A_1}\right)^2}} \sqrt{2gh} = K \times A_2 \times \sqrt{2gh}$$

Q : 유량 [m³/s], C_v : 속도계수

K : 유량계수$\left(K = \dfrac{C_v}{\sqrt{1-\left(\dfrac{A_2}{A_1}\right)^2}} \right)$

h : 마노미터 높이차 [m], A_1 : 배관 단면적

A_2 : 오리피스(벤추리관) 단면적, $\dfrac{A_2}{A_1}$: 개구비

☑ 계산과정

$$Q = K \times A_2 \times \sqrt{2gh}$$

$$= 0.65 \times \frac{\pi \times 0.025^2}{4} \times \sqrt{2 \times 9.8 \times \left(\frac{0.6 \times 10^6 - 0.5 \times 10^6}{9780} \right)}$$

$$= 4.5169 \times 10^{-3} [m^3/s]$$

$$= 4.5169 \times 10^{-3} [m^3/s] \times \frac{1000[L]}{1[m^3]} \times \frac{60[s]}{1[\min]}$$

$$= 271.014 \fallingdotseq 271.01 [L/\min]$$

답 | 271.01 [L/min]

12

득점		배점	16

어떤 사무소 건물의 지하층에 있는 전기실 및 발전기실, 축전지실에 전역방출방식의 이산화탄소소화설비를 설치하려고 한다. 그림과 조건을 참고하여 다음 물음에 답하시오.

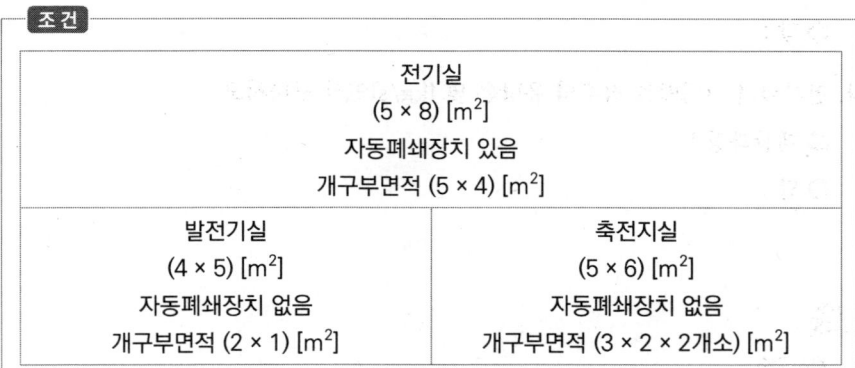

조건

전기실	
(5 × 8) [m²]	
자동폐쇄장치 있음	
개구부면적 (5 × 4) [m²]	
발전기실	축전지실
(4 × 5) [m²]	(5 × 6) [m²]
자동폐쇄장치 없음	자동폐쇄장치 없음
개구부면적 (2 × 1) [m²]	개구부면적 (3 × 2 × 2개소) [m²]

(1) 소화설비는 고압식으로 천장의 높이는 3 [m]이다.
(2) 가스용기 1병당 충전량은 50 [kg]이다.
(3) 전기실 및 발전기실, 축전지실에 대한 화재는 전기화재로 가정한다.

가. 각 실의 최소 소요약제량 [kg]을 구하시오.

  1) 전기실

   ○ 계산과정 :

   ○ 답 :

  2) 발전기실

   ○ 계산과정 :

   ○ 답 :

  3) 축전지실

   ○ 계산과정 :

   ○ 답 :

나. 각 실에 필요한 가스용기의 병 수를 구하시오.

  1) 전기실

   ○ 계산과정 :

   ○ 답 :

  2) 발전기실

   ○ 계산과정 :

   ○ 답 :

3) 축전지실

○ 계산과정 :

○ 답 :

다. 집합장치에 필요한 가스용기의 병 수를 구하시오.

○ 답 :

라. 전기실의 선택밸브 직후의 유량은 몇 [kg/s]인지 구하시오.

○ 계산과정 :

○ 답 :

정답

가. 계산과정

1) 전기실

$$W = (V \times \alpha) + (A \times \beta)$$
$$= (5 \times 8 \times 3) \times 1.3 = 156 \, [kg]$$

답 | 156 [kg]

2) 발전기실

$$W = (V \times \alpha) + (A \times \beta)$$
$$= (4 \times 5 \times 3) \times 1.3 + (2 \times 1) \times 10 = 98 \, [kg]$$

답 | 98 [kg]

3) 축전지실

$$W = (V \times \alpha) + (A \times \beta)$$
$$= (5 \times 6 \times 3) \times 1.3 + (3 \times 2 \times 2) \times 10 = 237 \, [kg]$$

답 | 237 [kg]

📌 핵심이론 이산화탄소소화설비 전역방출방식 심부화재 약제량 산정

$$W = (V \times \alpha) + (A \times \beta)$$

W : 약제량 [kg], V : 방호구역의 체적 [m³]
α : 방호구역 1 [m³]에 대한 소화약제의 양 [kg/m³]
A : 개구부 면적 [m²], β : 개구부 가산량(심부화재 : 10 [kg/m²])

방호대상물	방호구역 1 [m³]에 대한 소화약제의 양 α	설계농도 [%]	개구부 가산량 [kg/m²] β (자동폐쇄장치 미설치 시)
유압기기를 제외한 전기설비, 케이블실	1.3 [kg/m³]	50	
체적 55 [m³] 미만의 전기설비	1.6 [kg/m³]	50	
서고, **전**자제품창고, **목**재가공품 창고, **박**물관	2.0 [kg/m³]	65	10 [kg/m²]
고무류, **모**피창고, **집**진설비, **석**탄창고, **면**화류 창고	2.7 [kg/m³]	75	

암기 ▶ 서전목박

암기 ▶ 고모집석면

나. 계산과정

1) 전기실

$$\frac{156[kg]}{50[kg/병]} = 3.1 ≒ 4 \text{ [병]}$$ 답 | 4 [병]

2) 발전기실

$$\frac{98[kg]}{50[kg/병]} = 1.9 ≒ 2 \text{ [병]}$$ 답 | 2 [병]

3) 축전지실

$$\frac{237[kg]}{50[kg/병]} = 4.7 ≒ 5 \text{ [병]}$$ 답 | 5 [병]

다. 5 [병]

라. 계산과정

$$\frac{50[kg/병] \times 4[병]}{7[min] \times \frac{60[s]}{1[min]}} = 0.476 ≒ 0.48[kg/s]$$ 답 | 0.48 [kg/s]

2022

13

득점	배점	12

가로 15 [m], 세로 10 [m]의 특수가연물을 저장하는 창고에 포소화설비를 설치하고자 한다. 주어진 조건을 참고하여 다음 각 물음에 답하시오.

조건

(1) 포원액은 수성막포 3 [%]를 사용하며, 헤드는 포헤드를 설치한다.

(2) 펌프의 전양정은 35 [m]이다.

(3) 펌프의 효율은 65 [%]이며, 전동기 전달계수는 1.1이다.

가. 포수용액량 [m³]을 구하시오.

○ 계산과정 :

○ 답 :

나. 포원액의 최소 소요량 [L]을 구하시오.

○ 계산과정 :

○ 답 :

다. 펌프의 최소 소요동력 [kW]을 구하시오.

○ 계산과정 :

○ 답 :

정답

가. 계산과정

[포헤드설비 – 1분당 바닥면적 1 [m²]에 대한 방사량]

소방대상물	포소화약제의 종류	1분당 바닥면적 1 [m²]에 대한 방사량
차고 · 주차장 및 항공기격납고	단백포소화약제	6.5 [L] 이상
	합성계면활성제포소화약제	8.0 [L] 이상
	수성막포소화약제	3.7 [L] 이상
특수가연물을 저장 · 취급하는 소방대상물	단백포소화약제	6.5 [L] 이상
	합성계면활성제포소화약제	6.5 [L] 이상
	수성막포소화약제	6.5 [L] 이상

$$Q_{수용액} = A[m^2] \times Q_A[L/m^2 \cdot \min] \times T[\min]$$
$$= (15 \times 10)[m^2] \times 6.5[L/m^2 \cdot \min] \times 10[\min] = 9750[L] = 9.75[m^3]$$

답 | 9.75 [m³]

나. 계산과정

$$Q_{약제} = A[m^2] \times Q_A[L/m^2 \cdot \min] \times T[\min] \times S$$
$$= (15 \times 10)[m^2] \times 6.5[L/m^2 \cdot \min] \times 10[\min] \times 0.03 = 292.5[L]$$

답 | 292.5 [L]

다. 계산과정

$$소요동력 \ P[kW] = \frac{\gamma[kN/m^3] \times Q[m^3/s] \times H[m]}{\eta} \times K$$

$$Q = A[m^2] \times Q_A[L/m^2 \cdot \min] = (15 \times 10)[m^2] \times 6.5[L/m^2 \cdot \min] = 975[L/\min]$$

$$P[kW] = \frac{9.8[kN/m^3] \times \dfrac{0.975}{60}[m^3/s] \times 35[m]}{0.65} \times 1.1 = 9.432 \fallingdotseq 9.43[kW]$$

답 | 9.43 [kW]

14

가로 24 [m], 세로 24 [m]인 정사각형 형태의 12층 건물이 있다. 이 실의 내부에는 기둥이 없고 실내 상부는 반자로 고르게 마감되어 있다. 이 실내는 내화구조이며 스프링클러헤드를 정사각형 형태로 설치하고자 할 때 다음 각 물음에 답하시오. (단, 무대부, 특수가연물을 저장·취급하는 장소, 기타구조, 창고, 공동주택은 제외하고 적용한다)

가. 설치 가능한 헤드 간의 최소거리는 몇 [m]인지 구하시오.

　○ 계산과정 :　　　　　　　　　○ 답 :

나. 실에 설치 가능한 헤드의 이론상 최소 개수는 몇 개인지 구하시오.

　○ 계산과정 :　　　　　　　　　○ 답 :

다. 스프링클러설비의 최소 토출량 [L/min]은 얼마인지 구하시오.

　○ 계산과정 :　　　　　　　　　○ 답 :

라. 필요한 스프링클러설비의 최소 수원의 양 [m³]은 얼마인지 구하시오. (단, 옥상수원은 고려하지 않는다)

　○ 계산과정 :　　　　　　　　　○ 답 :

마. 급수배관의 구경 [mm]을 구하시오. (단, 수리계산에 의한 그 밖의 배관의 유속을 적용하며 호칭경이 아닌 배관의 내경을 구하시오)

　○ 계산과정 :　　　　　　　　　○ 답 :

정답

가. 계산과정

설치장소별 수평거리 R

설치장소	수평거리(R)
• **특수**가연물을 저장 또는 취급하는 장소 • **무**대부	1.7 [m] 이하
• **기**타구조 • 라지드롭형 스프링클러헤드를 설치하는 **창**고 　(단, ① 특수가연물을 저장 또는 취급하는 창고 : 1.7 [m] 이하 　　② 내화구조로 된 창고 : 2.3 [m] 이하)	2.1 [m] 이하
• **내**화구조	2.3 [m] 이하
• **아**파트등의 세대 내	2.6 [m] 이하

암기 ▶ 특수 무기 창 내아

$2 \times 2.3 \times \cos 45° = 3.252 ≒ 3.25 [m]$

답 | 3.25 [m]

나. 계산과정

가로변에 설치할 헤드 수 : $\dfrac{24}{3.25} = 7.3 \Rightarrow 8[개]$

세로변에 설치할 헤드 수 : $\dfrac{24}{3.25} = 7.3 \Rightarrow 8[개]$

총 헤드 수 : $8 \times 8 = 64[개]$

답 | 64 [개]

다. 계산과정

$N \times 80[L/min] = 30 \times 80[L/min] = 2400[L/min]$

(지하층을 제외한 층수가 11층 이상인 소방대상물이므로 기준개수 : 30개)

답 | 2400 [L/min]

라. 계산과정

$N \times 1.6[m^3] = 30 \times 1.6[m^3] = 48[m^3]$

(지하층을 제외한 층수가 11층 이상인 소방대상물이므로 기준개수 : 30개)

답 | 48 [m³]

마. 계산과정

$$D = \sqrt{\dfrac{4 \times Q[m^3/s]}{\pi \times V[m/s]}} = \sqrt{\dfrac{4 \times \dfrac{2.4}{60}}{\pi \times 10}} = 0.071364[m] = 71.364[mm] \fallingdotseq 71.36[mm]$$

📌 핵심이론 스프링클러헤드 수별 급수관의 구경

배관의 구경은 수리계산에 의하거나 표의 기준에 따라 설치할 것. 다만 수리계산에 따르는 경우 가지배관의 유속은 6 [m/s], 그 밖의 배관의 유속은 10 [m/s]를 초과할 수 없다.

답 | 71.36 [mm]

📌 핵심이론 스프링클러설비 수원의 양(주수원) – 폐쇄형 스프링클러헤드의 경우

▢ 수원의 양

층수	수원의 양
29층 이하	**N(기준개수) × 80 [L/min] × 20 [min](= N × 1.6 [m³])**
30층 이상 49층 이하	N(기준개수) × 80 [L/min] × 40 [min](= N × 3.2 [m³])
50층 이상	N(기준개수) × 80 [L/min] × 60 [min](= N × 4.8 [m³])

※ N : 스프링클러설비 설치장소별 스프링클러헤드의 기준개수
[스프링클러헤드의 설치개수가 가장 많은 층에 설치된 스프링클러헤드의 개수가
기준개수보다 작은 경우에는 그 설치개수를 말함]

□ 스프링클러설비 설치장소별 기준개수

스프링클러설비의 설치장소			기준개수
지하층을 제외한 층수가 10층 이하인 특정소방대상물	공장	특수가연물을 저장·취급하는 것	30
		그 밖의 것	20
	근린생활시설· 판매시설·운수시설 또는 복합건축물	판매시설 또는 복합건축물 (판매시설이 설치된 복합건축물)	30
		그 밖의 것	20
	그 밖의 것	헤드의 부착 높이가 8 [m] 이상인 것	20
		헤드의 부착 높이가 8 [m] 미만인 것	10
지하층을 제외한 층수가 11층 이상인 특정소방대상물(아파트 제외)·지하가 또는 지하역사			30
아파트등	아파트등의 각 동이 주차장으로 서로 연결되지 않은 구조인 경우		10
	아파트등의 각 동이 주차장으로 서로 연결된 구조인 경우		30
라지드롭형 스프링클러헤드를 설치한 창고시설			30

[비고] 하나의 소방대상물이 2 이상의 "스프링클러헤드의 기준개수"란에 해당하는 때에는 기준 개수가 많은 것을 기준으로 한다. 다만 각 기준개수에 해당하는 수원을 별도로 설치하는 경우에는 그렇지 않다.

※ 기준개수 : 화재발생 시 동시에 개방되는 스프링클러헤드의 개수

15

득점		배점	6

20층 규모의 건축물에 폐쇄형 스프링클러설비를 설치하려고 한다. 다음 물음에 답하시오.

가. 스프링클러헤드의 층별 기준개수는 몇 개인지 쓰시오.

○ 답 :

나. 스프링클러설비에 요구되는 최소 유효수원의 양 [m³]을 구하시오. (단, 옥상수원은 고려하지 않는다)

○ 계산과정 :   ○ 답 :

다. 소화펌프의 최소 토출량 [L/min]을 구하시오.

○ 계산과정 :   ○ 답 :

라. 소화펌프의 전양정은 60 [m], 전동기의 효율은 60 [%], 전달계수가 1.2일 때 필요한 소화펌프의 최소동력 [kW]을 구하시오.

○ 계산과정 :   ○답 :

정답

가. 폐쇄형 헤드의 설치장소별 기준개수 N

설치장소			기준개수
지하층을 제외한 층수가 10층 이하인 특정소방대상물	공장	특수가연물 저장·취급하는 것	30개
		그 밖의 것	20개
	근린생활시설, 판매시설·운수시설 또는 복합건축물	판매시설 또는 복합건축물 (판매시설이 설치되는 복합건축물)	30개
		그 밖의 것	20개
	그 밖의 것	헤드의 부착높이가 8 [m] 이상의 것	20개
		헤드의 부착높이가 8 [m] 미만의 것	10개
지하층을 제외한 층수가 11층 이상인 소방대상물(아파트 제외)·지하가 또는 지하역사			**30개**
아파트등		각 동이 주차장으로 서로 연결되지 않은 경우	10개
		각 동이 주차장으로 서로 연결된 구조인 경우 해당 주차장 부분	30개
창고시설			30개

[비고] 하나의 소방대상물이 2 이상의 "스프링클러헤드의 기준개수"란에 해당하는 때에는 기준개수가 많은 것을 기준으로 한다. 다만 각 기준개수에 해당하는 수원을 별도로 설치하는 경우에는 그렇지 않다.

※ 아파트등, 창고시설 : 공동주택의 화재안전성능·기술기준, 창고시설의 화재안전성능·기술기준에 해당 기준이 명시되어 있음

답 | 30 [개]

나. 계산과정

$$N \times 1.6[m^3] = 30 \times 1.6[m^3] = 48[m^3]$$

(지하층을 제외한 층수가 11층 이상인 소방대상물이므로 기준개수 : 30개)

✖• 핵심이론 스프링클러설비 수원의 양(주수원) – 폐쇄형 스프링클러헤드의 경우

층수	수원의 양
29층 이하	**N(기준개수) × 80 [L/min] × 20 [min](= N × 1.6 [m³])**
30층 이상 49층 이하	N(기준개수) × 80 [L/min] × 40 [min](= N × 3.2 [m³])
50층 이상	N(기준개수) × 80 [L/min] × 60 [min](= N × 4.8 [m³])

※ N : 스프링클러설비 설치장소별 스프링클러헤드의 기준개수
[스프링클러헤드의 설치개수가 가장 많은 층에 설치된 스프링클러헤드의 개수가 기준개수보다 작은 경우에는 그 설치개수를 말함]

답 | 48 [m³]

다. 계산과정

$$N \times 80[L/min] = 30 \times 80[L/min] = 2400[L/min]$$

(지하층을 제외한 층수가 11층 이상인 소방대상물이므로 기준개수 : 30개)

답 | 2400 [L/min]

라. 계산과정

$$\text{소요동력 } P[kW] = \frac{\gamma[kN/m^3] \times Q[m^3/s] \times H[m]}{\eta} \times K$$

$$P[kW] = \frac{9.8[kN/m^3] \times \frac{2.4}{60}[m^3/s] \times 60[m]}{0.6} \times 1.2 = 47.04[kW]$$

답 | 47.04 [kW]

16

| 득점 | | 배점 | 7 |

가로 25 [m] × 세로 35 [m] × 높이 7 [m]인 전기실에 전역방출방식의 할론 1301 소화설비를 설치하려고 한다. 다음 각 물음에 답하시오.

조건

(1) 20 [℃]에서 할론 1301의 비체적은 0.625 [m³/kg]이다.

(2) 방호구역 내의 압력은 표준대기압을 적용한다.

(3) 할론 1301의 분자량은 149이다.

(4) 1병당 약제 저장량은 45 [kg]이며 개구부의 면적은 6 [m²]이다.

가. 최소 소요 약제저장량 [kg]을 구하시오. (단, 개구부에 자동폐쇄장치가 설치되어 있다)

◯ 계산과정 :

◯ 답 :

나. 약제 저장용기 수를 구하시오.

◯ 계산과정 :

◯ 답 :

다. 온도가 20 [℃]인 방호구역에 약제가 방출되었을 때, 할론 1301의 부피 [m³]를 구하시오.

◯ 계산과정 :

◯ 답 :

정답

가. 계산과정

$$W = V \times \alpha = (25 \times 35 \times 7)[m^3] \times 0.32[m^3/kg] = 1960[kg]$$

★ 핵심이론 할론소화설비(할론 1301) 전역방출방식 약제량 산정

$$W = (V \times \alpha) + (A \times \beta)$$

W : 약제량 [kg], V : 방호구역의 체적 [m³]

α : 방호구역 1 [m³]에 대한 소화약제의 양 [kg/m³]

A : 개구부 면적 [m²], β : 개구부 가산량 [kg/m²]

(개구부에 자동폐쇄장치 미설치 시 가산)

소방대상물 또는 그 부분	방호구역의 체적 1 [m³]당 소화약제의 양 [kg/m³] α	개구부 가산량 [kg/m²] β
• 차고 · 주차장 · 전기실 · 통신기기실 · 전산실 등 이와 유사한 전기설비가 설치되어 있는 부분 • 특수가연물(가연성 고체류, 가연성 액체류, 합성수지류)을 저장 · 취급하는 소방대상물 또는 그 부분	**0.32 이상** 0.64 이하	**2.4**
특수가연물(면화류, 나무껍질 및 대팻밥, 넝마 및 종이부스러기, 사류, 볏짚류, 목재가공품 및 나무부스러기)을 저장 · 취급하는 소방대상물 또는 그 부분	0.52 이상 0.64 이하	3.9

답 | 1960 [kg]

나. 계산과정

$$\frac{1960[kg]}{45[kg/병]} = 43.5 ≒ 44[병]$$

답 | 44 [병]

다. 계산과정

$$약제량[kg] \times 비체적[m^3/kg] = (45[kg/병] \times 44[병]) \times 0.625[m^3/kg] = 1237.5[m^3]$$

답 | 1237.5 [m³]

2022.11.19

2022년 4회

점수 :

01

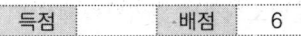

| 득점 | | 배점 | 6 |

전기실에 제3종 분말소화약제를 사용한 분말소화설비를 전역방출방식의 가압식으로 설치하려고 한다. 다음 조건을 참조하여 각 물음에 답하시오.

조건

(1) 특정소방대상물의 크기는 가로 11 [m], 세로 9 [m], 높이 4.5 [m]인 내화 구조로 되어 있다.

(2) 특정소방대상물의 중앙에 가로보가 설치되어 있으며, 보는 천장으로부터 0.6 [m], 너비 0.4 [m]의 크기이고, 보는 내열성 재료이다.

(3) 전기실에는 1.2 [m] × 0.8 [m]인 개구부가 설치되어 있으며, 개구부에는 자동폐쇄장치가 설치되어 있다.

(4) 소화약제량 산정 시 불연재료나 내열성의 재료로 밀폐된 구조물이 있는 경우에는 방호구역의 체적에서 그 구조물의 체적을 제외할 수 있다.

(5) 약제저장용기 1개의 내용적은 50 [L]이다.

(6) 분사헤드의 개수는 총 2개이다.

(7) 소화약제 산정기준 및 기타 필요한 사항은 화재안전기술기준에 준한다.

가. 저장에 필요한 제3종 분말소화약제의 최소 양 [kg]

　　○ 계산과정 :

　　○ 답 :

나. 저장에 필요한 약제저장용기의 수 [병]

　　○ 계산과정 :

　　○ 답 :

다. 방사헤드 1개의 방사량 [kg/s]

　　○ 계산과정 :

　　○ 답 :

정답

가. 계산과정

$$W\,[kg] = (V \times \alpha) + (A \times \beta)$$
$$= [(11 \times 9 \times 4.5) - (11 \times 0.6 \times 0.4)]\,[m^3] \times 0.36\,[kg/m^3] = 159.429$$
$$\doteqdot 159.43\,[kg]$$

핵심이론 **분말소화설비 전역방출방식의 소화약제량 산정**

분말소화설비 전역방출방식의 약제량 $W\,[kg] = (V \times \alpha) + (A \times \beta)$

V : 방호구역의 체적 $[m^3]$

α : 방호구역 1 $[m^3]$에 대한 소화약제의 양 $[kg/m^3]$

A : 개구부 면적 $[m^2]$, β : 개구부 가산량 $[kg/m^2]$

소화약제의 종별	방호구역의 체적 1 $[m^3]$에 대한 소화약제량 [kg]	개구부 면적 1 $[m^2]$에 대한 소화약제량 [kg]
제1종 분말	0.60 [kg]	4.5 [kg]
제2종 · 제3종 분말	0.36 [kg]	2.7 [kg]
제4종 분말	0.24 [kg]	1.8 [kg]

답 | 159.43 [kg]

나. 계산과정

$$충전비 = \frac{소화약제 저장용기의 내부용적\,[L]}{소화약제의 중량\,[kg]}$$

$$1병당 소화약제 중량\,[kg] = \frac{소화약제 저장용기의 내부용적\,[L]}{충전비} = \frac{50}{1} = 50\,[kg]$$

$$약제저장용기 = \frac{159.43\,[kg]}{50\,[kg/병]} = 3.1 \doteqdot 4\,[병]$$

핵심이론 **분말소화설비 저장용기의 내용적**

소화약제의 종별	소화약제 1 [kg]당 저장용기 내용적
제1종 분말	0.8 [L]
제2종 분말, 제3종 분말	1 [L]
제4종 분말	1.25 [L]

답 | 4 [병]

다. 계산과정

$$\frac{50\,[kg] \times 4\,[병]}{2\,[개] \times 30\,[s]} = 3.333 \doteqdot 3.33\,[kg/s]$$

답 | 3.33 [kg/s]

02

지름이 10 [cm]인 소방호스에 노즐구경이 30 [mm]인 노즐팁이 부착되어 있고, 1.5 [m³/min]의 물을 대기 중으로 방수할 경우 다음 물음에 답하시오. (단, 유동에는 마찰이 없는 것으로 가정한다)

가. 소방호스의 평균유속 [m/s]을 구하시오.

　⭕ 계산과정 :

　⭕ 답 :

나. 소방호스에 연결된 방수노즐의 평균유속 [m/s]을 구하시오.

　⭕ 계산과정 :

　⭕ 답 :

정답

가. 계산과정

$$V_{호스} = \frac{Q}{A(호스\,단면적)} = \frac{\frac{1.5}{60}[m^3/s]}{\frac{\pi \times 0.1^2}{4}[m^2]} = 3.183 \fallingdotseq 3.18[m/s]$$

답 | 3.18 [m/s]

나. 계산과정

$$V_{노즐} = \frac{Q}{A(노즐\,단면적)} = \frac{\frac{1.5}{60}[m^3/s]}{\frac{\pi \times 0.03^2}{4}[m^2]} = 35.367 \fallingdotseq 35.37[m/s]$$

답 | 35.37 [m/s]

03

다음은 수원 및 가압송수장치의 펌프가 겸용으로 설치된 어느 건물에 옥외소화전설비가 3개 설치되어 있고, 주차장에 물분무소화설비가 설치되어 있으며 토출량은 20 [L/min·m²]로 하고, 최소 바닥면적은 50 [m²]이다. 다음 각 물음에 답하시오.

가. 최소 토출량 [m³/min]을 구하시오.

　⭕ 계산과정 :

　⭕ 답 :

나. 최소 수원의 양 [m³]을 구하시오.

○ 계산과정 :

○ 답 :

정답

가. 계산과정

[물분무소화설비 토출량/수원량 산정]

소방대상물	수원량 산정방법	비고
특수가연물을 저장·취급하는 특정소방대상물 또는 그 부분	A [m²] × 10 [L/min·m²] × 20 [min] 이상 (A : 바닥면적)	최대 방수구역의 바닥면적을 기준으로 함 50 [m²] 이하인 경우에는 50 [m²]
절연유 봉입 변압기	A [m²] × 10 [L/min·m²] × 20 [min] (A : 바닥부분을 제외한 표면적을 합한 면적)	-
컨베이어벨트 등	A [m²] × 10 [L/min·m²] × 20 [min] (A : 벨트 부분의 바닥면적)	-
케이블 트레이, 케이블 덕트 등	A [m²] × 12 [L/min·m²] × 20 [min] (A : 투영된 바닥면적)	-
차고·주차장	A [m²] × 20 [L/min·m²] × 20 [min] (A : 바닥면적)	최대 방수구역의 바닥면적을 기준으로 함 50 [m²] 이하인 경우에는 50 [m²]

$$Q_{옥외} = 2 \times 350[L/min] = 700[L/min]$$

$$Q_{물분무} = 50[m^2] \times 20[L/m^2 \cdot min] = 1000[L/min]$$

$$\therefore Q = 700 + 1000 = 1700[L/min] = 1.7[m^3/min]$$

답 | 1.7 [m³/min]

나. 계산과정

$$1.7[m^3/min] \times 20[min] = 34[m^3]$$

답 | 34 [m³]

04

| 득점 | | 배점 | 4 |

다음은 지하구의 화재안전성능기준, 화재안전기술기준 및 관련 법령에 관한 사항이다. 다음 물음에 답하시오.

가. 지하구의 정의에 관해 다음 ( ) 안을 채우시오.

> 전력·통신용의 전선이나 가스·냉난방용의 배관 또는 이와 비슷한 것을 집합수용하기 위하여 설치한 지하인공구조물로서 사람이 점검 또는 보수를 하기 위하여 출입이 가능한 것 중 다음의 어느 하나에 해당하는 것
> (1) 전력 또는 통신사업용 지하인공구조물로서 전력구(케이블 접속부가 없는 경우는 제외한다) 또는 통신구방식으로 설치된 것
> (2) (1) 외의 지하인공구조물로서 폭이 (㉠) [m] 이상이고 높이가 (㉡) [m] 이상이며 길이가 (㉢) [m] 이상인 것

○ 답

　㉠　　　　　　　㉡　　　　　　　㉢

나. 연소방지설비의 교차배관의 최소 구경 [mm]기준을 쓰시오.

○ 답 :

정답

가. ㉠ 1.8, ㉡ 2, ㉢ 50

나. 40 [mm]

05

| 득점 | | 배점 | 10 |

가로 12 [m], 세로 18 [m], 높이 3 [m]인 전기실에 이산화탄소소화설비가 작동하여 화재가 진압되었다. 개구부에 자동폐쇄장치가 되어 있는 경우 다음 조건을 이용하여 물음에 답하시오.

> **조건**
> (1) 공기 중 산소의 부피농도는 21 [%]이며, 이산화탄소 방출 후 산소의 농도는 15 [vol%]이다.
> (2) 이산화탄소소화약제의 방출 후 실내기압은 1 [atm]이다.
> (3) 저장용기의 충전비는 1.6이고, 저장용기의 내용적은 80 [L]이다.
> (4) 실내온도는 18 [℃]이며, 기체상수 R은 0.082 [atm·L/mol·K]로 계산한다.

가. CO_2 농도 [vol%]를 구하시오.

○ 계산과정 :

○ 답 :

나. CO_2의 방출량 [m³]을 구하시오.

○ 계산과정 :

○ 답 :

다. 방출된 전기실 내의 CO_2의 양 [kg]을 구하시오.

○ 계산과정 :

○ 답 :

라. '다'항을 기준으로 저장용기의 병 수 [병]를 구하시오.

○ 계산과정 :

○ 답 :

마. 심부화재일 경우 선택밸브 직후의 유량 [kg/min]을 구하시오. (단, '라'항에서 산출한 저장용기의 병 수를 기준으로 구한다)

○ 계산과정 :

○ 답 :

정답

⭐ 핵심이론 CO_2 농도(%) 및 체적(m³) 관련 공식 정리

□ CO_2 농도 [%]

(1) CO_2 농도 $[\%] = \dfrac{21 - O_2[\%]}{21} \times 100$

(2) CO_2 농도 $[\%] = \dfrac{\text{방출 } CO_2 \text{ 체적}}{\text{방호구역 체적} + \text{방출 } CO_2 \text{ 체적}} \times 100$

□ CO_2 체적 [m³]

(1) CO_2 체적 $[m^3] = \dfrac{21 - O_2}{O_2} \times \text{방호구역의 체적 } [m^3]$

(2) $PV = \dfrac{W}{M}RT \rightarrow V = \dfrac{WRT}{PM}$

가. 계산과정

$$CO_2\,\text{농도} = \frac{21 - O_2[\%]}{21} \times 100 = \frac{21 - 15}{21} \times 100 = 28.571 ≒ 28.57[vol\%]$$

답 | 28.57 [vol%]

나. 계산과정

$$CO_2\,\text{체적}\,[m^3] = \frac{21 - O_2}{O_2} \times \text{방호구역의 체적}\,[m^3]$$

$$= \frac{21 - 15}{15} \times (12 \times 18 \times 3) = 259.2[m^3]$$

답 | 259.2 [m³]

다. 계산과정

$$PV = \frac{W}{M}RT$$

$$W = \frac{PVM}{RT}$$

$$= \frac{1 \times 259.2 \times 44}{0.082 \times (273 + 18)} = 477.948 ≒ 477.95[kg]$$

✦ 핵심이론 **이상기체 상태방정식**

$$PV = nRT = \frac{W}{M}RT$$

P : 절대압력 [atm], V : 부피 [m³]
n : 몰수 [kmol]
M : 분자량 [kg/kmol], W : 질량 [kg]
T : 절대온도 [K]
R : 일반기체상수 [atm · m³/kmol · K]

답 | 477.95 [kg]

라. 계산과정

$$\text{충전비} = \frac{\text{소화약제 저장용기의 내부용적}\,[L]}{\text{소화약제의 중량}\,[kg]}$$

$$\text{소화약제 중량}\,[kg] = \frac{\text{소화약제 저장용기의 내부용적}\,[L]}{\text{충전비}} = \frac{80}{1.6} = 50[kg]$$

$$\text{소요 병 수} = \frac{477.95[kg]}{50[kg/\text{병}]} = 9.5 ≒ 10[\text{병}]$$

답 | 10 [병]

마. 계산과정

$$\frac{50[kg] \times 10[\text{병}]}{7[\text{min}]} = 71.428 ≒ 71.43[kg/min]$$

답 | 71.43 [kg/min]

암기 ▶ 일반기체상수 R
= 8.314 [kPa · m³/kmol · K]
= 0.082 [atm · m³/kmol · K]

2022

06
| 득점 | | 배점 | 6 |

위험물 옥외탱크저장소에 직경 12 [m]의 콘루프탱크가 있다. 이 탱크에 고정포방출구가 설치되어 있을 때 조건을 참고하여 다음 각 물음에 답하시오.

조건

(1) 포방출구의 설계압력은 350 [kPa]이다.

(2) 고정포방출구의 방출량은 4.2 [L/min·m²]이고, 방사시간은 30분이다.

(3) 보조포소화전은 1개(호스접결구의 수 1개)가 설치되어 있다.

(4) 포소화약제의 농도는 6 [%]이다.

(5) 송액관의 직경은 100 [mm]이고, 배관의 길이는 30 [m]이다.

(6) 포수용액의 비중이 물의 비중과 같다고 가정한다.

가. 포소화약제의 약제량 [L]을 구하시오.

○ 계산과정 :

○ 답 :

나. 수원의 양 [m³]을 구하시오.

○ 계산과정 :

○ 답 :

다. 펌프의 최소 토출량 [m³/min]을 구하시오.

○ 계산과정 :

○ 답 :

정답

가. 계산과정

① 고정포 : $Q_1[L] = A[m^2] \times Q_A[L/m^2 \cdot min] \times T[min] \times S$

$$= \frac{\pi \times 12^2}{4}[m^2] \times 4.2[L/m^2{\cdot}min] \times 30[min] \times 0.06$$

$$= 855.016[L]$$

② 보조포 : $Q_2[L] = N \times 400[L/min] \times 20[min] \times S$

$$= 1 \times 400[L/min] \times 20[min] \times 0.06 = 480[L]$$

③ 배관 보정량 : $Q_3[L] = V[m^3] \times S \times 1000[L/m^3]$

$$= \left(\frac{\pi \times 0.1^2}{4}\right)[m^2] \times 30[m] \times 0.06 \times 1000[L/m^3]$$

$$= 14.137[L]$$

∴ ① + ② + ③ = 855.016 + 480 + 14.137 = 1349.153 ≒ 1349.15 [L]

답 | **1349.15 [L]**

나. 계산과정

① 고정포 : $Q_1[L] = A[m^2] \times Q_A[L/m^2 \cdot min] \times T[min] \times (1-S)$

$$= \frac{\pi \times 12^2}{4}[m^2] \times 4.2[L/m^2 \cdot min] \times 30[min] \times 0.94$$

$$= 13395.248[L]$$

② 보조포 : $Q_2[L] = N \times 400[L/min] \times 20[min] \times (1-S)$

$$= 1 \times 400[L/min] \times 20[min] \times 0.94 = 7520[L]$$

③ 배관 보정량 : $Q_3[L] = V[m^3] \times (1-S) \times 1000[L/m^3]$

$$= \left(\frac{\pi \times 0.1^2}{4}\right)[m^2] \times 30[m] \times 0.94 \times 1000[L/m^3]$$

$$= 221.482[L]$$

∴ ① + ② + ③ = 13395.248 + 7520 + 221.482 = 21136.73 [L] = 21.14 [m³]

답 | 21.14 [m³]

다. 계산과정

① 고정포 : $Q_1[L/min] = A[m^2] \times Q_A[L/m^2 \cdot min]$

$$= \frac{\pi \times 12^2}{4}[m^2] \times 4.2[L/m^2 \cdot min] = 475.009[L/min]$$

② 보조포 : $Q_2[L/min] = N \times 400[L/min] = 1 \times 400[L/min] = 400[L/min]$

∴ ① + ② = 475.009 + 400 = 875.009 [L/min] ≒ 0.88 [m³/min]

답 | 0.88 [m³/min]

07

| 득점 | 배점 | 4 |

옥외소화전설비의 화재안전기술기준에서 수원의 수위가 펌프보다 낮은 위치에 있는 가압송수장치에 설치하는 물올림장치의 설치기준이다. ( ) 안을 완성하시오.

가. 물올림장치에는 전용의 (㉠)를 설치할 것
나. (㉠)의 유효수량은 (㉡) [L] 이상으로 하되, 구경 (㉢) [mm] 이상의 (㉣)에 따라 해당 수조에 물이 계속 보급되도록 할 것

○답

㉠　　　　　　㉡　　　　　　㉢　　　　　　㉣

정답

㉠ 수조, ㉡ 100, ㉢ 15, ㉣ 급수배관

08

제연설비의 화재안전기술기준에 따라 다음 각 물음에 답하시오.

가. 하나의 제연구역의 면적은 몇 [m²] 이내로 하여야 하는가?

   ○ 답 :

나. 예상제연구역의 각 부분으로부터 하나의 배출구까지의 수평거리는 몇 [m] 이내로 하여야 하는가?

   ○ 답 :

다. 유입풍도 안의 풍속은 몇 [m/s] 이하로 하여야 하는가?

   ○ 답 :

정답

가. 1000 [m²]

나. 10 [m]

다. 20 [m/s]

09

특별피난계단의 계단실 및 부속실 제연설비에서 제연구역 선정기준 3가지를 쓰시오.

○ 답 :

정답

① 계단실 및 그 부속실을 동시에 제연하는 것

② 부속실을 단독으로 제연하는 것

③ 계단실을 단독으로 제연하는 것

10

득점		배점	4

지하 1층 용도가 판매시설로서 본 용도로 사용하는 바닥면적이 3000 [m²]일 경우 이 장소에 분말소화기 1개의 소화능력단위가 A급으로 3단위의 소화기로 설치할 경우 본 판매시설에 필요한 분말소화기의 개수는 최소 몇 개인지 구하시오.

○ 계산과정 :

○ 답 :

정답

▶ 참고 특정소방대상물별 소화기구의 능력단위기준

특정소방대상물	소화기구의 능력단위
1. 위락시설	해당 용도의 바닥면적 30 [m²]마다 능력단위 1단위 이상
2. 공연장, 집회장, 관람장, 문화재, 장례식장 및 의료시설	해당 용도의 바닥면적 50 [m²]마다 능력단위 1단위 이상
3. 근린생활시설, **판매시설**, 운수시설, 숙박시설, 노유자시설, 전시장, 공동주택, 업무시설, 방송통신시설, 공장, 창고시설, 항공기 및 자동차 관련 시설 및 관광휴게시설	해당 용도의 바닥면적 **100** [m²]마다 능력단위 1단위 이상
4. 그 밖의 것	해당 용도의 바닥면적 200 [m²]마다 능력단위 1단위 이상

[비고] 소화기구의 능력단위를 산출함에 있어서 주요구조부가 내화구조이고, 벽 및 반자의 실내에 면하는 부분이 불연재료·준불연재료 또는 난연재료로 된 특정대상물에 있어서는 위 표의 바닥면적의 2배를 해당 특정소방대상물의 기준면적으로 한다.

☑ 계산과정

$$\frac{3000[m^2]}{100[m^2/단위]} = 30[단위]$$

$$\frac{30[단위]}{3[단위/개]} = 10[개]$$

답 | 10 [개]

11

㉮실을 급기 가압하여 옥외와의 압력차가 50 [Pa]이 유지되도록 하려고 한다. 다음 항목을 구하시오.

조건

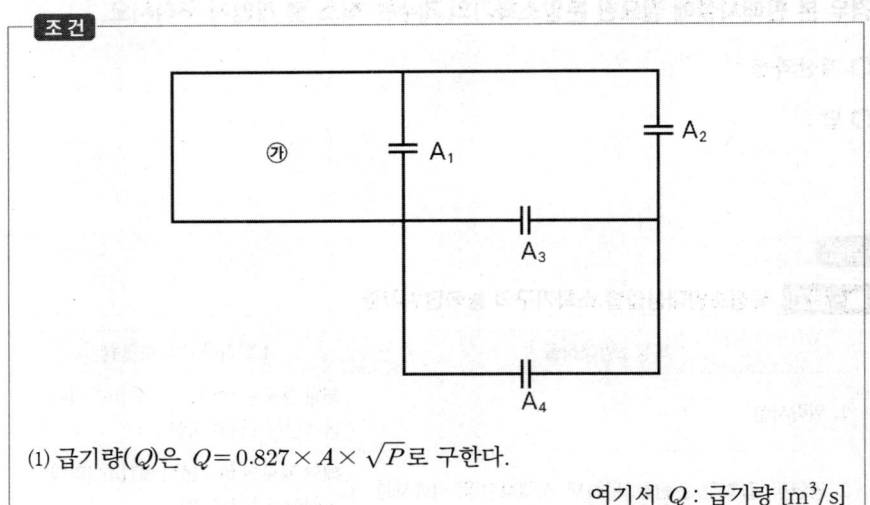

(1) 급기량(Q)은 $Q = 0.827 \times A \times \sqrt{P}$로 구한다.

여기서 Q : 급기량 [m³/s]

A : 전체 누설틈새면적 [m²]

P : 급기 가압실 내외의 차압 [Pa]

(2) A_1, A_2, A_3, A_4는 닫힌 출입문으로 공기 누설틈새면적은 0.01 [m²]로 동일하다.

가. 전체 누설면적 A [m²]를 구하시오. (단, 소수점 아래 여섯째자리에서 반올림하여 소수점 아래 다섯째자리까지 구하시오)

○ 계산과정 :

○ 답 :

나. 급기량 [m³/min]을 구하시오.

○ 계산과정 :

○ 답 :

정답

가. 계산과정

직렬 $A_3 \sim A_4 = \dfrac{1}{\sqrt{\dfrac{1}{0.01^2} + \dfrac{1}{0.01^2}}} = 0.00707 [m^2]$

병렬 $A_2 \sim A_4 = 0.01 + 0.00707 = 0.01707 [m^2]$

직렬 $A_1 \sim A_4 = \dfrac{1}{\sqrt{\dfrac{1}{0.01^2} + \dfrac{1}{0.01707^2}}} = 0.008628 ≒ 0.00863[m^3]$

답 | 0.00863 [m²]

나. 계산과정

$Q = 0.827 \times 0.00863 \times \sqrt{50} = 0.050466 ≒ 0.05047[m^3/s]$

$0.05047[m^3/s] \times \dfrac{60[s]}{1[\min]} = 3.028 ≒ 3.03[m^3/\min]$

답 | 3.03 [m³/min]

12

득점		배점	13

6층의 연면적 15000 [m²] 업무용 건축물에 옥내소화전설비를 화재안전기술기준에 따라 설치하려고 한다. 다음 조건을 참고하여 각 물음에 답하시오.

┌ 조건 ┐

(1) 펌프의 풋밸브로부터 6층 옥내소화전함 호스접결구까지의 마찰손실수두는 실양정의 25 [%]로 한다.

(2) 펌프의 효율은 68 [%]이다.

(3) 펌프의 전달계수 K값은 1.1로 한다.

(4) 각 층당 소화전은 3개씩이다.

(5) 소방호스의 마찰손실수두는 7.8 [m]이다.

(6) 실양정은 24.5 [m]이다.

가. 펌프의 최소 유량 [L/min]을 구하시오.

　⭕ 계산과정 :

　⭕ 답 :

나. 수원의 최소 유효저수량 [m³]을 구하시오. (단, 옥상수조도 포함할 것)

　⭕ 계산과정 :

　⭕ 답 :

다. 펌프의 총 양정 [m]을 구하시오.

　⭕ 계산과정 :

　⭕ 답 :

라. 펌프의 동력 [kW]을 구하시오.

　○ 계산과정 :

　○ 답 :

마. 하나의 옥내소화전을 사용하는 노즐선단에서의 최대방수압력은 몇 [MPa]인지 구하시오.

　○ 답 :

바. 소방호스 노즐에서 방수압 측정방법 시 측정기구 및 측정방법을 쓰시오.

　○ 답

　　① 측정기구 :

　　② 측정방법 :

사. 소방호스 노즐의 최대방수압력 초과 시 감압방법 2가지를 쓰시오.

　○ 답 :

정답

가. 계산과정

$$N \times 130[L/\min] = 2 \times 130[L/\min] = 260[L/\min]$$

핵심이론 옥내소화전설비의 펌프 토출량

층수	펌프 토출량
29층 이하	**N(최대 2개) × 130 [L/min]**
30층 이상	N(최대 5개) × 130 [L/min]

※ N : 옥내소화전의 설치개수가 가장 많은 층의 설치개수
(29층 이하 : 2개 이상 설치된 경우에는 2개,
30층 이상 : 5개 이상 설치된 경우에는 5개)

답 | 260 [L/min]

나. 계산과정

① 주수원의 양 $= N \times 2.6[m^3] = 2 \times 2.6[m^3] = 5.2[m^3]$

② 옥상수원의 양 $= N \times 2.6[m^3] \times \frac{1}{3} = 2 \times 2.6[m^3] \times \frac{1}{3} = 1.733[m^3]$

∴ 수원의 최소 유효저수량 $= 5.2 + 1.733 = 6.933 ≒ 6.93[m^3]$

★·핵심이론 **옥내소화전설비 수원의 양(주수원)**

층수	수원의 양
29층 이하	**N(최대 2개) × 130 [L/min] × 20 [min](= N × 2.6 [m³])**
30층 이상 49층 이하	N(최대 5개) × 130 [L/min] × 40 [min](= N × 5.2 [m³])
50층 이상	N(최대 5개) × 130 [L/min] × 60 [min](= N × 7.8 [m³])

※ N : 옥내소화전의 설치개수가 가장 많은 층의 설치개수
(**29층 이하 : 2개 이상 설치된 경우에는 2개**,
30층 이상 : 5개 이상 설치된 경우에는 5개)

답 | 6.93 [m³]

다. 계산과정

★·핵심이론 **펌프의 전양정 [m]**

전양정 $H = h_1 + h_2 + h_3 + 17$

h_1 : 낙차(실양정) [m]
h_2 : 배관 및 관부속품의 마찰손실수두 [m]
h_3 : 소방용 호스 마찰손실수두 [m]
17 : 옥내소화전 최소 방수압 환산수두 [m]
(0.17 [MPa])

※ 호스릴옥내소화전설비 포함

① 낙차(실양정) : $h_1 = 24.5[m]$
② 배관 및 관부속품의 마찰손실수두 : $h_2 = 24.5 \times 0.25 = 6.125[m]$
③ 소방용 호스 마찰손실수두 : $h_3 = 7.8[m]$
$H = h_1 + h_2 + h_3 + 17 = 24.5 + 6.125 + 7.8 + 17 = 55.425 ≒ 55.43[m]$

답 | 55.43 [m]

라. 계산과정

소요동력 $P[kW] = \dfrac{\gamma[kN/m^3] \times Q[m^3/s] \times H[m]}{\eta} \times K$

$P = \dfrac{9.8 \times \dfrac{0.26}{60} \times 55.43}{0.68} \times 1.1 = 3.807 ≒ 3.81[kW]$

답 | 3.81 [kW]

마. 0.7 [MPa]

바. 방사압 측정기구 및 측정방법

① 측정기구 : 피토게이지(Pitot Gauge)

② 측정방법 : 노즐선단에서 노즐구경의 약 $\frac{1}{2}$ 만큼(즉, $\frac{D}{2}$, D : 노즐구경 [mm]) 떨어진 곳에서 피토관 입구를 수류의 중심선과 일치하도록 하여 게이지상의 지침을 읽는다.

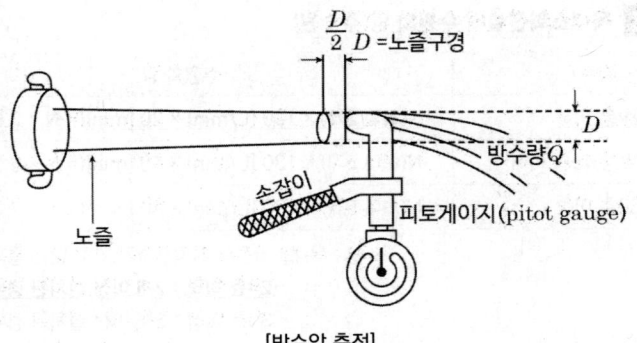

[방수압 측정]

사. ① 중계펌프에 의한 방법
　② 고가수조에 의한 방법
　③ 감압밸브에 의한 방법
　④ 전용배관에 의한 방법
　위 4가지 중 2가지 기술할 것

13

득점		배점	4

15 [m] × 20 [m] × 5 [m]의 경유를 연료로 사용하는 기계실에 할로겐화합물소화약제를 설치하고자 한다. 다음 조건과 화재안전기술기준을 참고하여 다음 물음에 답하시오.

조건

(1) 방호구역의 온도는 상온 20 [℃]이다.
(2) HCFC BLEND A 용기는 68 [L]용 50 [kg]을 적용한다.
(3) 할로겐화합물소화약제의 소화농도

약제	상품명	소화농도 [%]	
		A급 화재	B급 화재
HCFC BLEND A	NAFS-Ⅲ	7.2	10

(4) K_1과 K_2값

약제	K_1	K_2
HCFC BLEND A	0.2413	0.00088

가. HCFC BLEND A의 최소약제량 [kg]은?

　　◯ 계산과정 :

　　◯ 답 :

나. HCFC BLEND A의 최소약제용기는 몇 병이 필요한가?

　　◯ 계산과정 :

　　◯ 답 :

정답

가. 계산과정

$S = 0.2413 + 0.00088 \times 20 = 0.2589$

$C = 10 \times 1.3 = 13[\%]$ (안전계수 : B급 화재 1.3)

$W = \dfrac{15 \times 20 \times 5}{0.2589} \times \left(\dfrac{13}{100-13}\right) = 865.731 ≒ 865.73[kg]$

답 | 865.73 [kg]

핵심이론 할로겐화합물소화설비의 소화약제량 산정

$W[kg] = \dfrac{V[m^3]}{S[m^3/kg]} \times \dfrac{C[\%]}{100 - C[\%]}$

여기서　W : 소화약제의 무게 [kg], V : 방호구역의 체적 [m³]

S : 소화약제별 선형상수($K_1 + K_2 \times t$) [m³/kg]

C : 체적에 따른 소화약제의 설계농도 [%]

(설계농도는 소화농도(%)에

안전계수 [A급 화재 1.2, B급 화재 1.3, C급 화재 1.35]를

곱한 값 이상으로 할 것)

t : 방호구역의 최소예상온도 [℃]

나. 계산과정

$\dfrac{865.73[kg]}{50[kg/병]} = 17.3 ≒ 18[병]$

답 | 18 [병]

보충▶ 문제에서 방호구역을 '경유를 연료로 사용하는 기계실'이라고 하였으므로 'B급 화재'로 가정하고 설계농도를 산출한다.

14

득점 　　　 배점 4

할로겐화합물 및 불활성기체소화설비에 다음 조건과 같은 압력배관용 탄소강관 (KS D 3507)을 사용할 때 배관의 두께 [mm]를 구하시오. (단, 소수점 이하는 절상하여 정수로 표시한다)

> **조건**
>
> (1) 압력배관용 탄소강관(KS D 3507)의 인장강도는 420 [MPa], 항복점은 250 [MPa]이다.
> (2) 용접이음에 따른 허용값 [mm]은 무시한다.
> (3) 배관이음효율은 0.85로 한다.
> (4) 배관의 최대허용응력(SE)은 배관재질 인장강도의 $\frac{1}{4}$과 항복점의 $\frac{2}{3}$ 중 작은 값 (σ_t)을 기준으로 다음의 식을 적용한다.
>
> $SE = \sigma_t \times$ 배관이음효율 $\times 1.2$
> (5) 적용되는 배관 바깥지름은 114.3 [mm]이다.
> (6) 배관의 최대허용압력은 11 [MPa]이다.
> (7) 헤드 설치부분은 제외한다.

○ 계산과정 :

○ 답 :

TIP 대문항에 소수점 이하는 반올림하여 정수만 나타내라는 조건을 반드시 적용해야 한다.

정답

☑ **계산과정**

$$t = \frac{PD}{2SE} + A$$

① $SE[MPa]$

- 인장강도 1/4 값 Ⓐ : $420 \times \frac{1}{4} = 105[MPa]$

- 항복점의 2/3 값 Ⓑ : $250 \times \frac{2}{3} = 166.666 ≒ 166.67[MPa]$

  $SE =$ Ⓐ, Ⓑ 중 작은 값 $\times$ 배관이음효율 $\times 1.2$(여기서 배관의 이음효율 : 0.85)
  　　$= 105 \times 0.85 \times 1.2 = 107.1[MPa]$

② $t[mm]$

$$t[mm] = \frac{11[MPa] \times 114.3[mm]}{2 \times 107.1[MPa]} = 5.869 ≒ 6[mm]$$

※ 소수점 이하는 절상하여 정수만 나타내라는 조건을 유의한다.

답 | 6 [mm]

참고 할로겐화합물 및 불활성기체소화설비의 배관 – 배관의 두께

배관의 두께는 다음의 식에서 구한 값(t) 이상일 것, 다만 방출헤드 설치부는 제외한다.

$$배관의 두께(t) = \frac{PD}{2SE} + A$$

P : 최대허용압력 [kPa]

D : 배관의 바깥지름 [mm]

SE : 최대 허용응력 [kPa] (인장강도 1/4 값과 항복점의 2/3 값 중 작은 값 × 배관 이음효율 × 1.2)

　※ 배관이음효율

　• 이음매 없는 배관 : 1

　• 전기저항 용접배관 : 0.85

　• 가열맞대기 용접배관 : 0.6

A : 나사이음, 홈이음 등의 허용 값 [mm] (헤드의 설치부분은 제외)

　• 나사이음 : 나사의 높이

　• 절단홈이음 : 홈의 깊이

　• 용접이음 : 0

15

득점		배점	6

지하 2층, 지상 11층 사무소 건축물에 다음과 같은 조건에서 스프링클러설비를 설계하고자 할 때 다음 각 물음에 답하시오.

조건

⑴ 건축물은 내화구조이며, 가로 30 [m], 세로 20 [m]이다.

⑵ 실양정은 48 [m]이며, 배관의 마찰손실과 관부속품에 대한 마찰손실의 합은 12 [m]이다.

⑶ 모든 규격치는 최소량을 적용한다.

⑷ 펌프의 효율은 65 [%]이며, 동력전달 여유율은 10 [%]로 한다.

가. 지상 11층에 설치된 스프링클러헤드의 개수를 구하시오. (단, 정방향으로 배치한다)

　🅞 계산과정 :

　🅞 답 :

나. 펌프의 전양정 [m]을 구하시오.

　🅞 계산과정 :

　🅞 답 :

다. 송수펌프의 전동기용량 [kW]을 구하시오.
　　〇 계산과정 :
　　〇 답 :

정답

가. 계산과정

$S = 2 \times 2.3 \times \cos45° = 3.252[m]$

가로변에 설치할 헤드 개수 : $\dfrac{30[m]}{3.252[m/개]} = 9.2 ≒ 10 [개]$

세로변에 설치할 헤드 개수 : $\dfrac{20[m]}{3.252[m/개]} = 6.15 ≒ 7 [개]$

총 헤드 개수 : $10 \times 7 = 70 [개]$

답 | 70 [개]

나. 계산과정

h = 실양정 + 마찰손실환산수두 + 방사압
　 = 48 + 12 + 10 = 70 [m]

답 | 70 [m]

✖️ 핵심이론 펌프의 전양정 [m]

전양정 H = h₁ + h₂ + 10	h_1 : 낙차(실양정) [m] h_2 : 배관 및 관부속품의 마찰손실수두 [m] 10 : 스프링클러 최소 방수압 환산수두 [m] 　　(0.1 [MPa])

다. 계산과정

Q = 기준개수 × 80 [L/min] = 30 × 80 [L/min] = 2400 [L/min]
(지하층을 제외한 층수가 11층 이상인 특정소방대상물이므로 기준개수 : 30개)

$$소요동력 \ P[kW] = \frac{\gamma[kN/m^3] \times Q[m^3/s] \times H[m]}{\eta} \times K$$

$$P[kW] = \frac{9.8[kN/m^3] \times \dfrac{2.4}{60}[m^3/s] \times 70[m]}{0.65} \times 1.1 = 46.436 ≒ 46.44[kW]$$

답 | 46.44 [kW]

★· 핵심이론 스프링클러설비 수원의 양(주수원) – 폐쇄형 스프링클러헤드의 경우

□ 수원의 양

층수	수원의 양
29층 이하	**N(기준개수) × 80 [L/min] × 20 [min](= N × 1.6 [m³])**
30층 이상 49층 이하	N(기준개수) × 80 [L/min] × 40 [min](= N × 3.2 [m³])
50층 이상	N(기준개수) × 80 [L/min] × 60 [min](= N × 4.8 [m³])

※ N : 스프링클러설비 설치장소별 스프링클러헤드의 기준개수
[스프링클러헤드의 설치개수가 가장 많은 층에 설치된 스프링클러헤드의 개수가
기준개수보다 작은 경우에는 그 설치개수를 말함]

□ 스프링클러설비 설치장소별 기준개수

스프링클러설비의 설치장소			기준개수
지하층을 제외한 층수가 10층 이하인 특정소방대상물	공장	특수가연물을 저장·취급하는 것	30
		그 밖의 것	20
	근린생활시설·판매시설·운수시설 또는 복합건축물	판매시설 또는 복합건축물 (판매시설이 설치된 복합건축물)	30
		그 밖의 것	20
	그 밖의 것	헤드의 부착 높이가 8 [m] 이상인 것	20
		헤드의 부착 높이가 8 [m] 미만인 것	10
지하층을 제외한 층수가 11층 이상인 특정소방대상물(아파트 제외)·지하가 또는 지하역사			30
아파트등	아파트등의 각 동이 주차장으로 서로 연결되지 않은 구조인 경우		10
	아파트등의 각 동이 주차장으로 서로 연결된 구조인 경우		30
라지드롭형 스프링클러헤드를 설치한 창고시설			30

[비고] 하나의 소방대상물이 2 이상의 "스프링클러헤드의 기준개수"란에 해당하는 때에는 기준
개수가 많은 것을 기준으로 한다. 다만 각 기준개수에 해당하는 수원을 별도로 설치하는
경우에는 그렇지 않다.

※ 기준개수 : 화재발생 시 동시에 개방되는 스프링클러헤드의 개수

16

득점		배점	13

다음 조건을 기준으로 할론 1301 소화설비를 설치하고자 할 때 다음을 구하시오.

조건

(1) 소방대상물의 천장까지의 높이는 3 [m]이고 방호구역의 크기와 용도, 개구부 및 자동폐쇄장치의 설치 여부는 다음과 같다.
   - 전기실 : 가로 12 [m] × 세로 10 [m], 개구부 2 [m] × 1 [m], 자동폐쇄장치 설치
   - 전산실 : 가로 20 [m] × 세로 10 [m], 개구부 2 [m] × 2 [m], 자동폐쇄장치 미설치
   - 면화류 저장창고 : 가로 12 [m] × 세로 20 [m], 개구부 2 [m] × 1.5 [m], 자동 폐쇄장치 설치

(2) 할론 1301 저장용기 1병당 충전량은 50 [kg]이다.

(3) 할론 1301의 분자량은 149이며 실외온도는 모두 20 [℃]로 가정한다.

(4) 면화류 저장창고 내 저장물은 소방법에서 규정하는 특수가연물에 해당하며, 주어진 조건 외에는 화재안전기술기준에 준한다.

가. 각 방호구역별 약제저장용기는 몇 병이 필요한지 각각 구하시오.

1) 전기실

   ○ 계산과정 :

   ○ 답 :

2) 전산실

   ○ 계산과정 :

   ○ 답 :

3) 면화류 저장창고

   ○ 계산과정 :

   ○ 답 :

나. 할론 1301 분사헤드의 방사압력은 몇 [MPa] 이상으로 하여야 하는지 쓰시오.

   ○ 답 :

다. 전기실에 할론 1301 방사 시 농도 [vol%]를 구하시오.

   ○ 계산과정 :

   ○ 답 :

정답

✏ 핵심이론 할론소화설비(할론 1301) 전역방출방식 약제량 산정

$W = (V \times \alpha) + (A \times \beta)$

W : 약제량 [kg], V : 방호구역의 체적 [m³]
α : 방호구역 1 [m³]에 대한 소화약제의 양 [kg/m³]
A : 개구부 면적 [m²], β : 개구부 가산량 [kg/m²]
(개구부에 자동폐쇄장치 미설치 시 가산)

소방대상물 또는 그 부분	방호구역의 체적 1 [m³]당 소화약제의 양 [kg/m³] α	개구부 가산량 [kg/m²] β
• 차고·주차장·전기실·통신기기실·전산실 등 이와 유사한 전기설비가 설치되어 있는 부분 • 특수가연물(가연성 고체류, 가연성 액체류, 합성수지류)을 저장·취급하는 소방대상물 또는 그 부분	**0.32 이상** 0.64 이하	2.4
특수가연물(면화류, 나무껍질 및 대팻밥, 넝마 및 종이부스러기, 사류, 볏짚류, 목재가공품 및 나무부스러기)을 저장·취급하는 소방대상물 또는 그 부분	0.52 이상 0.64 이하	3.9

가. 계산과정

1) 전기실

$W = V \times \alpha = (12 \times 10 \times 3)[m^3] \times 0.32[kg/m^3] = 115.2[kg]$

$\dfrac{115.2[kg]}{50[kg/병]} = 2.3 \fallingdotseq 3 \text{ [병]}$ 답 | 3 [병]

2) 전산실

$W = (V \times \alpha) + (A \times \beta)$

$= (20 \times 10 \times 3)[m^3] \times 0.32[kg/m^3] + (2 \times 2)[m^2] \times 2.4[kg/m^2] = 201.6[kg]$

$\dfrac{201.6[kg]}{50[kg병]} = 4.03 \fallingdotseq 5 \text{ [병]}$ 답 | 5 [병]

3) 면화류 저장창고

$W = V \times \alpha = (12 \times 20 \times 3)[m^3] \times 0.52[kg/m^3] = 374.4[kg]$

$\dfrac{374.4[kg]}{50[kg/병]} = 7.4 \fallingdotseq 8 \text{ [병]}$ 답 | 8 [병]

나. 0.9 [MPa]

다. 계산과정

① 방호구역에 소화약제가 방출되었을 때 약제 체적 [m³/kg]

$PV = \dfrac{W}{M}RT$

$V = \dfrac{W[kg] \times R[atm \cdot m^3/kmol \cdot K] \times T[K]}{P[atm] \times M[kg/kmol]}$

$= \dfrac{(3[병] \times 50[kg]) \times 0.082[atm \cdot m^3/kmol \cdot K] \times (273 + 20)[K]}{1[atm] \times 149[kg/kmol]}$

$= 24.187[m^3]$

암기 ▶ 일반기체상수 R
= 8.314 [kPa · m³/kmol · K]
= 0.082 [atm · m³/kmol · K]

📌 **핵심이론** **이상기체 상태방정식**

$$PV = nRT = \frac{W}{M}RT$$

P : 절대압력 [atm], V : 부피 [m³]

n : 몰수 [kmol]

M : 분자량 [kg/kmol], W : 질량 [kg]

T : 절대온도 [K]

R : 일반기체상수 [atm · m³/kmol · K]

② 방호구역 내 소화약제의 농도 [vol%]

소화약제의 농도 [%]

$$= \frac{\text{방출한 소화약제의 체적}[m^3]}{\text{방호구역의 체적}[m^3] + \text{방출한 소화약제의 체적}[m^3]} \times 100$$

$$= \frac{24.187}{(12 \times 10 \times 3) + 24.187} \times 100 = 6.295 ≒ 6.3[vol\%]$$

📌 **핵심이론** **가스계소화약제 농도[vol%]**

$$\text{약제 농도 }[vol\%] = \frac{\text{방출한 소화약제의 체적}[m^3]}{\text{방호구역의 체적}[m^3] + \text{방출한 소화약제의 체적}[m^3]} \times 100$$

답 | 6.3 [vol%]

MOAG

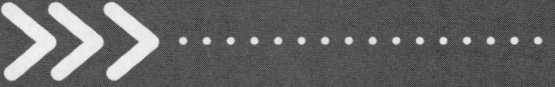

2021

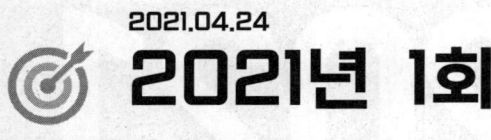

2021.04.24

2021년 1회

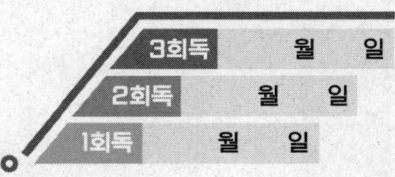

점수 :

01

| 득점 | 배점 | 8 |

도로터널에 소화설비를 설치하고자 한다. 다음 조건을 참조하여 각 물음에 답하시오.

조건

(1) 도로터널의 길이는 2500 [m]이다.
(2) 도로터널은 일방향 터널로서 4차선이다.
(3) 도로터널의 폭은 15 [m]이다.
(4) 물분무소화설비의 방수구역은 25 [m]이다.

가. 도로터널에 설치해야 하는 옥내소화전설비 방수구의 설치개수를 산출하시오.

　◯ 계산과정 :

　◯ 답 :

나. 옥내소화전설비에 대한 수원의 양 $[m^3]$을 구하시오.

　◯ 계산과정 :

　◯ 답 :

다. 물분무소화설비에 대한 최소토출량 [L/min]을 구하시오.

　◯ 계산과정 :

　◯ 답 :

라. 물분무소화설비에 대한 수원의 양 $[m^3]$을 구하시오.

　◯ 계산과정 :

　◯ 답 :

정답

📌 **참고** 도로터널의 화재안전기술기준(NFTC 603) – 2.2 옥내소화전설비

2.2 옥내소화전설비

2.2.1 옥내소화전설비는 다음의 기준에 따라 설치해야 한다.

2.2.1.1 <u>소화전함과 방수구</u>는 주행차로 우측 측벽을 따라 50 [m] 이내의 간격으로 설치하며, 편도 2차선 이상의 양방향터널이나 4차로 이상의 일방향터널의 경우에는 양쪽 측벽에 각각 50 [m] 이내의 간격으로 엇갈리게 설치할 것

2.2.1.2 <u>수원</u>은 그 저수량이 옥내소화전의 설치개수 2개(4차로 이상의 터널의 경우 3개)를 동시에 40분 이상 사용할 수 있는 충분한 양 이상을 확보할 것

2.2.1.3 가압송수장치는 옥내소화전 2개(4차로 이상의 터널인 경우 3개)를 동시에 사용할 경우 각 옥내소화전의 노즐선단에서의 방수압력은 0.35 [MPa] 이상이고 방수량은 190 [L/min] 이상이 되는 성능의 것으로 할 것. 다만 하나의 옥내소화전을 사용하는 노즐선단에서의 방수압력이 0.7 [MPa]을 초과할 경우에는 호스접결구의 인입 측에 감압장치를 설치해야 한다.

가. 계산과정

소화전함과 방수구는 편도 2차선 이상의 양방향 터널이나 4차로 이상의 일방향 터널의 경우에는 양쪽 측벽에 각각 50 [m] 이내의 간격으로 엇갈리게 설치할 것

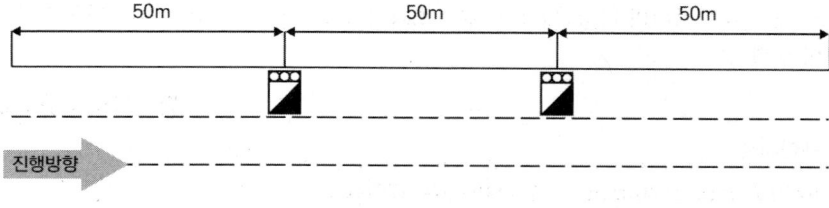

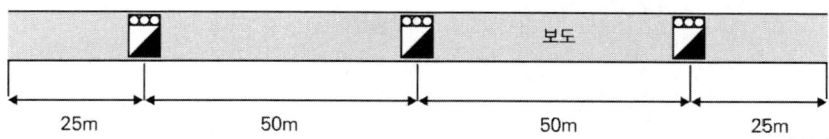

[풀이 1] $\therefore N = \dfrac{2500[m]}{25[m/개]} - 1 = 99[개]$

[풀이 2] 한쪽 측벽의 방수구 개수 = $\dfrac{2500[m]}{50[m/개]} = 50[개]$

맞은 편 측벽의 방수구 개수 = $\dfrac{2500[m]}{50[m/개]} - 1 = 49[개]$

$\therefore N = 50[개] + 49[개] = 99[개]$

답 | 99 [개]

나. 계산과정

(1) 수원은 그 저수량이 옥내소화전의 설치개수 2개(4차로 이상의 터널의 경우 3개)를 동시에 40분 이상 사용할 수 있는 충분한 양 이상을 확보할 것

(2) 가압송수장치는 옥내소화전 2개(4차로 이상의 터널인 경우 3개)를 동시에 사용할 경우 각 옥내소화전의 노즐선단에서의 방수압력은 0.35 [MPa] 이상이고 방수량은 190 [L/min] 이상이 되는 성능의 것으로 할 것

$$\therefore \; Q = N \times 190[L/min] \times 40[min]$$
$$= N \times 7600[L]$$
$$= 3 \times 7.6[m^3] = 22.8[m^3]$$

답 | 22.8 [m³]

다. 계산과정

$$(25[m] \times 15[m] \times 3) \times 6[L/m^2 \cdot min] = 6750[L/min]$$

> **참고** 도로터널의 화재안전기술기준(NFTC 603) – 2.3 물분무소화설비
>
> 2.3.1 물분무소화설비는 다음의 기준에 따라 설치해야 한다.
> 2.3.1.1 물분무 헤드는 도로면 1 [m²]당 6 [L/min] 이상의 수량을 균일하게 방수할 수 있도록 할 것
> 2.3.1.2 물분무설비의 하나의 방수구역은 25 [m] 이상으로 하며, 3개 방수구역을 동시에 40분 이상 방수할 수 있는 수량을 확보할 것
> 2.3.1.3 물분무설비의 비상전원은 물분무소화설비를 유효하게 40분 이상 작동할 수 있어야 할 것

답 | 6750 [L/min]

라. 계산과정

$$6750[L/min] \times 40[min] = 270000[L] \fallingdotseq 270[m^3]$$

답 | 270 [m³]

02

| 득점 | 배점 | 5 |

안지름이 각각 100 [mm]와 300 [mm]의 원관이 직접 연결되어 있다. 안지름이 작은 관에서 큰 관 방향으로 0.0134 [m³/s]의 물이 흐르고 있을 때 돌연확대부분에서의 손실은 얼마인가? (단, 중력가속도는 9.8 [m/s²]이다)

○ 계산과정 :

○ 답 :

정답

☑ 계산과정

$$V_1 = \frac{Q}{A} = \frac{0.0134[m^3/s]}{\left(\frac{\pi \times 0.1^2}{4}\right)[m^2]} = 1.706[m/s]$$

$$V_2 = \frac{Q}{A} = \frac{0.0134[m^3/s]}{\left(\frac{\pi \times 0.3^2}{4}\right)[m^2]} = 0.189[m/s]$$

$$H = \frac{(1.706 - 0.189)^2}{2 \times 9.8} = 0.117 = 0.12[m]$$

답 | 0.12 [m]

03

| 득점 | | 배점 | 10 |

옥내소화전설비를 다음 조건과 같게 설치하려고 한다. 각 물음에 답하시오.

조건

(1) 옥내소화전의 개수는 2개이다.

(2) 실양정은 20 [m]이다.

(3) 옥내소화전함 호스접결구까지의 마찰손실 및 저항손실수두는 5 [m]이다.

(4) 펌프의 효율은 60 [%]이다.

(5) 소방호스의 마찰손실수두는 실양정의 20 [%]이다.

(6) 전달계수 K = 1.1

가. 저수조의 저수량 [m³]을 구하시오. (단, 옥상수조를 포함한다)

　○ 계산과정 :

　○ 답 :

나. 펌프의 토출량 [L/min]을 구하시오.

　○ 계산과정 :

　○ 답 :

다. 규정방수압과 규정방사량 [L/min]을 쓰시오.

　○ 답

　　(1) 규정방수압 : (　　　) ~ (　　　) [MPa]

　　(2) 규정방사량 :

라. 펌프의 기동방식 2가지를 쓰시오.

　　○ 답 :

마. 펌프의 동력 [kW]을 구하시오.

　　○ 계산과정 :

　　○ 답 :

정답

가. 계산과정

　주수원 $Q_1 = 2 \times 2.6 = 5.2 [m^3]$

　옥상수원 $Q_2 = 2 \times 2.6 \times \dfrac{1}{3} = 1.733 [m^3]$

　수원 $Q = Q_1 + Q_2 = 5.2 + 1.733 = 6.933 ≒ 6.93 [m^3]$

핵심이론 옥내소화전설비 수원의 양(주수원)

층수	수원의 양
29층 이하	**N(최대 2개) × 130 [L/min] × 20 [min](= N × 2.6 [m³])**
30층 이상 49층 이하	N(최대 5개) × 130 [L/min] × 40 [min](= N × 5.2 [m³])
50층 이상	N(최대 5개) × 130 [L/min] × 60 [min](= N × 7.8 [m³])

※ N : 옥내소화전의 설치개수가 가장 많은 층의 설치개수
(29층 이하 : 2개 이상 설치된 경우에는 2개,
30층 이상 : 5개 이상 설치된 경우에는 5개)

답 | 6.93 [m³]

나. 계산과정

　$2 \times 130 [L/min] = 260 [L/min]$

핵심이론 옥내소화전설비의 펌프 토출량

층수	펌프 토출량
29층 이하	**N(최대 2개) × 130 [L/min]**
30층 이상	N(최대 5개) × 130 [L/min]

※ N : 옥내소화전의 설치개수가 가장 많은 층의 설치개수
(29층 이하 : 2개 이상 설치된 경우에는 2개,
30층 이상 : 5개 이상 설치된 경우에는 5개)

답 | 260 [L/min]

다. (1) 규정방수압 : $0.17 \sim 0.7[MPa]$

　(2) 규정방사량 : $130[L/\min]$

라. (1) 자동기동방식

　(2) 수동기동방식

마. 계산과정

　(1) 전양정 H

　　① 실양정 h_1 : 20 [m]

　　② 배관 및 관부속품의 마찰손실수두 h_2 : 5 [m]

　　③ 소방용 호스 마찰손실수두 h_3 : $20 \times 0.2 = 4$ [m]

　　∴ 전양정 $H = h_1 + h_2 + h_3 + 17 = 20 + 5 + 4 + 17 = 46[m]$

📌 핵심이론 **펌프의 전양정 [m]**

전양정 $H = h_1 + h_2 + h_3 + 17$

h_1 : 낙차(실양정) [m]

h_2 : 배관 및 관부속품의 마찰손실수두 [m]

h_3 : 소방용 호스 마찰손실수두 [m]

17 : 옥내소화전 최소 방수압 환산수두 [m]

　　(0.17 [MPa])

※ 호스릴옥내소화전설비 포함

---

　(2) 펌프의 동력 P

$$P = \frac{9.8 \times \dfrac{0.26}{60} \times 46}{0.6} \times 1.1 = 3.581 ≒ 3.58[kW]$$

답 | 3.58 [kW]

04

득점　　배점　6

분말소화설비에 관한 다음 각 물음에 답하시오.

가. 저장용기 및 배관의 소화잔류약제를 처리해주는 장치는 무엇인지 쓰시오.

　⭕답 :

나. 가압용 가스 또는 축압용 가스를 2가지 쓰시오.

　⭕답 :

다. 저장용기의 충전비를 쓰시오.

　⭕답 :

정답

가. 클리닝밸브

나. (1) 질소가스
    (2) 이산화탄소

다. 0.8 이상

05

가로 25 [m] × 세로 35 [m] × 높이 7 [m]인 전기실에 전역방출방식의 할론 1301 소화설비를 설치하려고 한다. 내용적 V = 65 [L]이고, 충전비 C = 1.3이며 개구부의 면적은 6 [m²]이다. 다음 각 물음에 답하시오.

가. 화재안전기술기준에 따른 1 [m³]당 소요되는 약제의 양 [kg]은 얼마인가?

○ 답 :

나. 최소 소요약제저장량 [kg]을 구하시오. (단, 자동폐쇄장치가 설치되어 있다)

○ 계산과정 :

○ 답 :

다. 약제저장용기 수를 구하시오.

○ 계산과정 :

○ 답 :

라. 분사헤드의 방사량 [kg/s]을 구하시오. (단, 분사헤드 개수는 20개이다)

○ 계산과정 :

○ 답 :

정답

▶ 참고 할론소화설비(할론 1301) 전역방출방식 약제량 산정

$W = (V \times \alpha) + (A \times \beta)$

W : 약제량 [kg], V : 방호구역 체적 [m³]
α : 방호구역 1 [m³]에 대한 소화약제의 양 [kg/m³]
A : 개구부 면적 [m²], β : 개구부 가산량 [kg/m²]
(개구부에 자동폐쇄장치 미설치 시 가산)

소방대상물 또는 그 부분	방호구역의 체적 1 [m³]당 소화약제의 양 [kg/m³] α	개구부 가산량 [kg/m²] β
• 차고, 주차장, **전기실**, 전산실, 통신기기실 등 이와 유사한 전기설비 • 특수가연물(가연성 고체류, 가연성 액체류, 합성수지류)을 저장·취급하는 소방대상물 또는 그 부분	**0.32 이상** 0.64 이하	2.4
특수가연물(면화류, 나무껍질 및 대팻밥, 넝마 및 종이부스러기, 사류, 볏짚류, 목재가공품 및 나무부스러기)을 저장·취급하는 소방대상물 또는 그 부분	0.52 이상 0.64 이하	3.9

가. $0.32\,[kg]$

나. 계산과정

$W = V \times \alpha = (25 \times 35 \times 7)\,[m^3] \times 0.32\,[kg/m^3] = 1960\,[kg]$

답 | 1960 [kg]

다. 계산과정

$충전비 = \dfrac{소화약제\,저장용기의\,내부용적\,[L]}{소화약제의\,중량\,[kg]}$

$소화약제\,중량\,[kg] = \dfrac{소화약제\,저장용기의\,내부용적\,[L]}{충전비} = \dfrac{65}{1.3} = 50\,[kg]$

$소요\,병\,수 = \dfrac{1960\,[kg]}{50\,[kg/병]} = 39.2 ≒ 40\,[병]$

답 | 40 [병]

라. 계산과정

$\dfrac{50\,[kg] \times 40\,[병]}{20\,[개] \times 10\,[s]} = 10\,[kg/s]$

답 | 10 [kg/s]

06

득점   배점   10

다음 그림은 어느 습식 스프링클러설비에서 배관의 일부를 나타내는 평면도이다. 주어진 조건을 참조하여 점선 내의 배관에 관부속품을 산출하여 빈칸에 수치를 넣으시오.

> **조 건**
>
> (1) 티의 규격은 다음의 예시와 같은 방법으로 표기할 것
>
> 예시 1)
>
>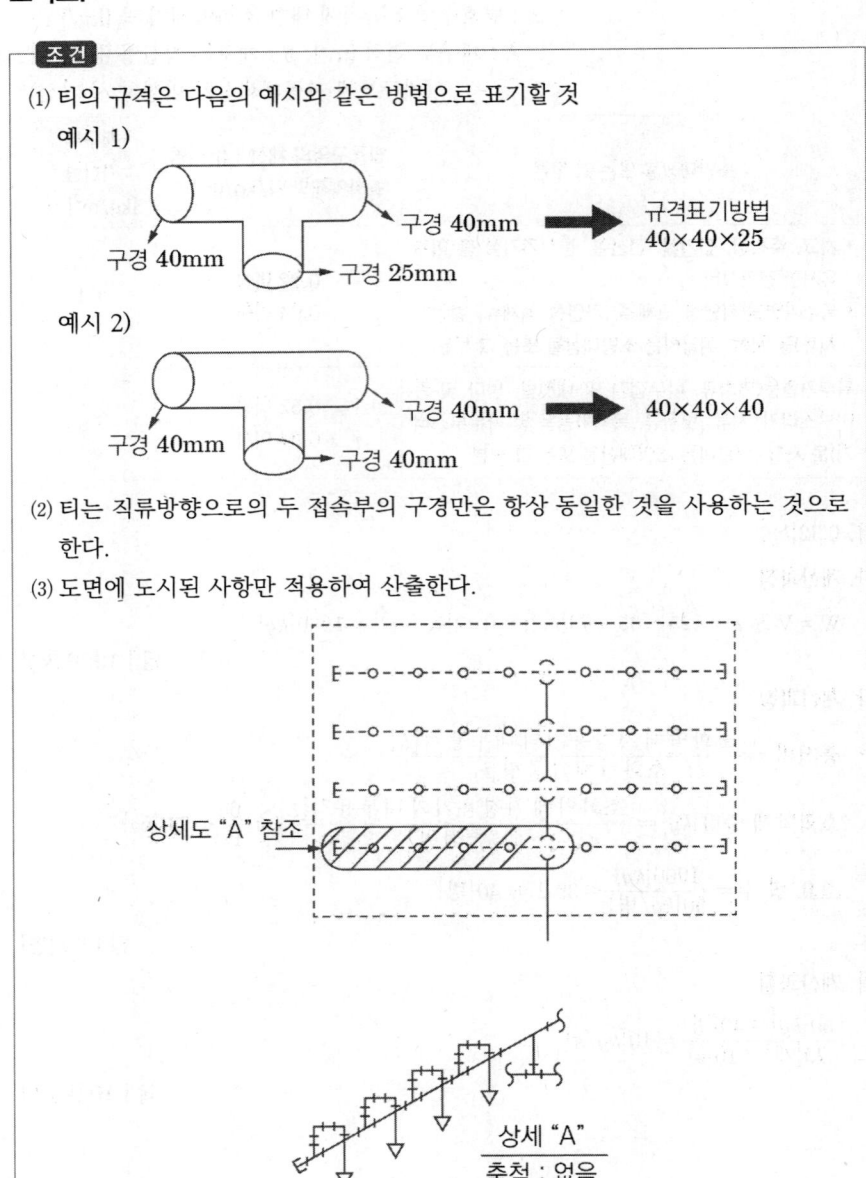
>
> 예시 2)
>
> (2) 티는 직류방향으로의 두 접속부의 구경만은 항상 동일한 것을 사용하는 것으로 한다.
>
> (3) 도면에 도시된 사항만 적용하여 산출한다.

(4) 스프링클러헤드 수별 급수관의 구경은 다음과 같다.

급수관의 구경 구분	25 [mm]	32 [mm]	40 [mm]	50 [mm]	65 [mm]	80 [mm]	100 [mm]
폐쇄형 헤드 수	2개	3개	5개	10개	30개	60개	100개

○ 답

관부속품	개수	관부속품	개수
90°엘보		티 25 × 25 × 25 [A]	
캡		레듀셔 65 × 50 [A]	
티 65 × 65 × 50 [A]		레듀셔 50 × 40 [A]	
티 50 × 50 × 50 [A]		레듀셔 50 × 32 [A]	
		레듀셔 40 × 32 [A]	
티 40 × 40 × 25 [A]		레듀셔 32 × 25 [A]	
티 32 × 32 × 25 [A]		레듀셔 25 × 15 [A]	

정답

관부속품	개수	관부속품	개수
90°엘보	57 [개]	티 25 × 25 × 25 [A]	16 [개]
캡	8 [개]	레듀셔 65 × 50 [A]	1 [개]
티 65 × 65 × 50 [A]	3 [개]	레듀셔 50 × 40 [A]	4 [개]
티 50 × 50 × 50 [A]	4 [개]	레듀셔 50 × 32 [A]	4 [개]
		레듀셔 40 × 32 [A]	4 [개]
티 40 × 40 × 25 [A]	4 [개]	레듀셔 32 × 25 [A]	8 [개]
티 32 × 32 × 25 [A]	8 [개]	레듀셔 25 × 15 [A]	28 [개]

2021

(1) 배관 구경 산정

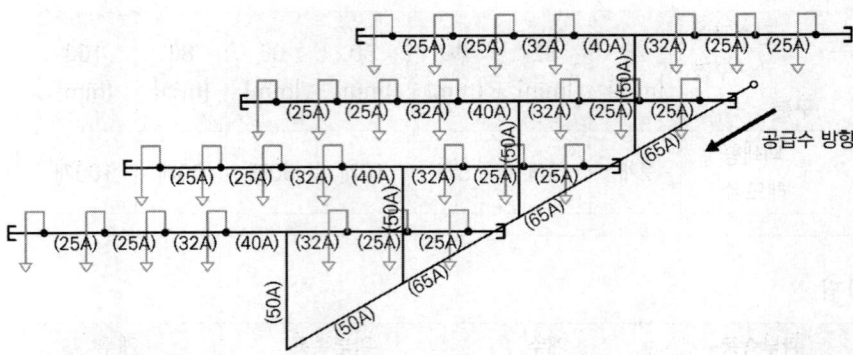

(2) 관 부속품 산정

① 티

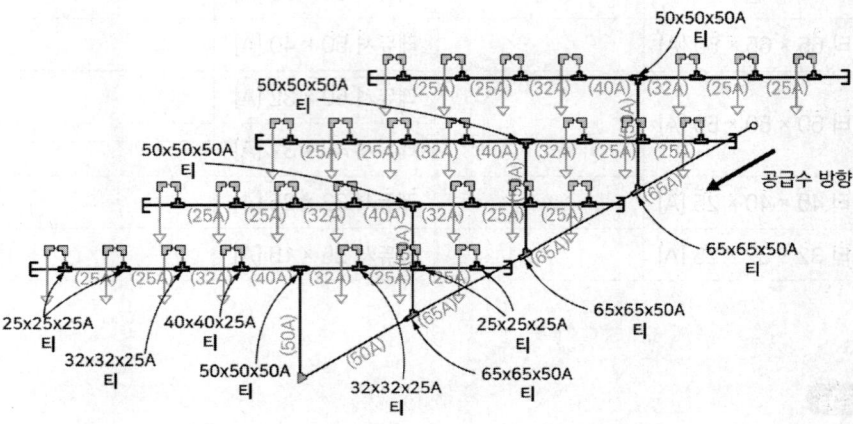

② 레듀셔

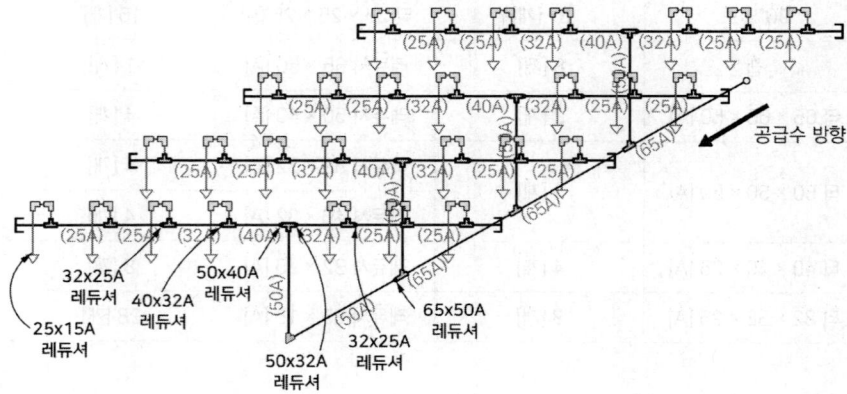

③ 90°엘보 및 캡

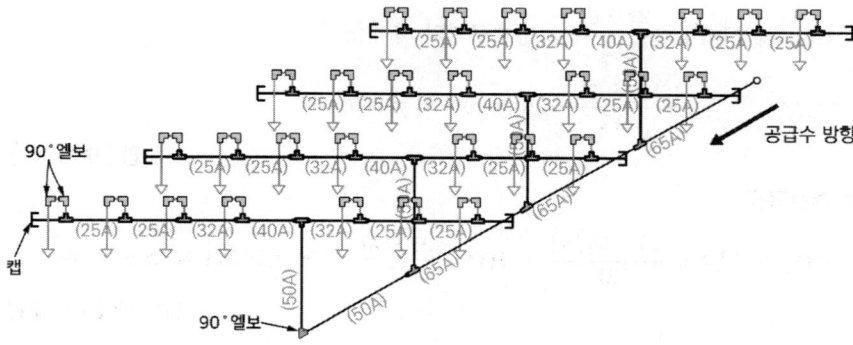

90°엘보

캡

90°엘보

공급수 방향

07

득점   배점   4

이산화탄소 방출 후 산소농도를 측정하니 15 [vol%]이었다. 다음 각 물음에 답하시오. (단, 방호구역은 가로 15 [m] × 세로 20 [m] × 높이 8 [m]이다)

가. 이산화탄소의 방출가스량 [m³]을 계산하시오.

    ◯ 계산과정 :

    ◯ 답 :

나. 이산화탄소의 농도 [vol%]를 계산하시오.

    ◯ 계산과정 :

    ◯ 답 :

정답

✏ 핵심이론 CO₂ 농도(%) 및 체적(m³) 관련 공식 정리

▫ CO₂ 농도 [%]

(1) CO₂ 농도 [%] = $\dfrac{21 - O_2[\%]}{21} \times 100$

(2) CO₂ 농도 [%] = $\dfrac{\text{방출 } CO_2 \text{ 체적}}{\text{방호구역 체적} + \text{방출 } CO_2 \text{ 체적}} \times 100$

▫ CO₂ 체적 [m³]

(1) CO₂ 체적 [m³] = $\dfrac{21 - O_2}{O_2} \times$ 방호구역의 체적 [m³]

(2) $PV = \dfrac{W}{M}RT \rightarrow V = \dfrac{WRT}{PM}$

가. 계산과정

$$CO_2 \text{ 체적 } [m^3] = \frac{21 - O_2}{O_2} \times \text{방호구역의 체적 } [m^3]$$

$$= \frac{21 - 15}{15} \times (15 \times 20 \times 8) = 960 [m^3]$$

답 | 960 [m³]

나. 계산과정

$$CO_2 \text{ 농도 } [\%] = \frac{21 - O_2[\%]}{21} \times 100 = \frac{21 - 15}{21} \times 100 = 28.571 ≒ 28.57 [vol\%]$$

답 | 28.57 [vol%]

08

득점		배점	5

물분무소화설비의 수원의 저수량에 관한 적합기준에 관한 사항이다. 특정소방대상물별 어느 부분을 기준으로 하는지 다음 표를 완성하시오.

특정소방대상물	저수량 산정 시 면적
차고 · 주차장	최대 방수구역의 바닥면적기준
절연유 봉입변압기	(㉠ :)
특수가연물을 저장 또는 취급하는 특정소방대상물	(㉡ :)
컨베이어벨트	(㉢ :)
케이블트레이 · 덕트	(㉣ :)

정답

㉠ 바닥 부분을 제외한 표면적을 합한 면적
㉡ 최대 방수구역의 바닥면적기준
㉢ 벨트 부분의 바닥면적
㉣ 투영된 바닥면적

09

득점 | 배점 | 4

어느 옥내소화전펌프의 토출 측 주배관의 유량이 300 [L/min]이었다. 이 소화펌프 주배관의 적합한 크기(호칭지름)를 다음 표에서 구하시오.

호칭지름	안지름 [mm]	호칭지름	안지름 [mm]	호칭지름	안지름 [mm]
25 [A]	25	50 [A]	50	100 [A]	100
32 [A]	32	65 [A]	65	125 [A]	125
40 [A]	40	80 [A]	80	150 [A]	150

○ 계산과정 :

○ 답 :

정답

☑ 계산과정

$$Q = A \cdot V = \frac{\pi D^2}{4} \cdot V$$

$$D[m] = \sqrt{\frac{4 \times Q[m^3/s]}{\pi \times V[m/s]}} = \sqrt{\frac{4 \times \frac{0.3}{60}[m^3/s]}{\pi \times 4[m/s]}} = 0.03989[m] = 39.89[mm]$$
$$\rightarrow 50[A]$$

(옥내소화전의 주배관 중 수직배관의 구경은 50 [mm] 이상이어야 하므로)

> 옥내소화전설비의 화재안전기술기준(NFTC 102)
> 2.3.5 펌프의 토출 측 주배관의 구경은 유속이 4 [m/s] 이하가 될 수 있는 크기 이상으로 해야 하고, 옥내소화전방수구와 연결되는 가지배관의 구경은 40 [mm](호스릴옥내소화전설비의 경우에는 25 [mm] 이상으로 해야 하며, 주배관 중 수직배관의 구경은 50 [mm](호스릴옥내소화전설비의 경우에는 32 [mm]) 이상으로 해야 한다.

답 | 50 [A]

10

호스릴 이산화탄소소화설비의 설치기준이다. 다음 ( ) 안을 완성하시오.

> • 방호대상물의 각 부분으로부터 하나의 호스접결구까지의 수평거리가 (㉠) 이하가 되도록 할 것
> • 노즐은 20 [℃]에서 하나의 노즐마다 (㉡) [kg/min] 이상의 소화약제를 방사할 수 있는 것으로 할 것
> • 소화약제 저장용기는 (㉢)을 설치하는 장소마다 설치할 것
> • 소화약제 저장용기의 개방밸브는 호스의 설치장소에서 (㉣)으로 개폐할 수 있는 것으로 할 것
> • 소화약제 저장용기의 가장 가까운 곳의 보기 쉬운 곳에 (㉤)을 설치하고, 호스릴 이산화탄소소화설비가 있다는 뜻을 표시한 표지를 할 것

○ 답

㉠   ㉡   ㉢

㉣   ㉤

정답

㉠ 15, ㉡ 60, ㉢ 호스릴, ㉣ 수동, ㉤ 표시등

11

제연설비의 배연기풍량이 25000 [CMH]이고 소요전압이 50 [mmAq], 효율이 60 [%], 전달계수가 1.1일 때 배출기의 이론소요동력 [kW]을 구하시오.

○ 계산과정 :   **○ 답 :**

정답

☑ 계산과정

$$소요동력\ P[kW] = \frac{P_t[mmAq] \times Q[m^3/s]}{102\eta} \times K$$

$$P[kW] = \frac{P_t[mmAq] \times Q[m^3/s]}{102\eta} \times K = \frac{50 \times \dfrac{25000}{3600}}{102 \times 0.6} \times 1.1 = 6.24[kW]$$

답 | 6.24 [kW]

12

득점		배점	10

옥내소화전설비의 계통도이다. 다음 각 물음에 답하시오.

가. 도면에서 표시한 번호의 부품 또는 설비의 명칭을 쓰시오.

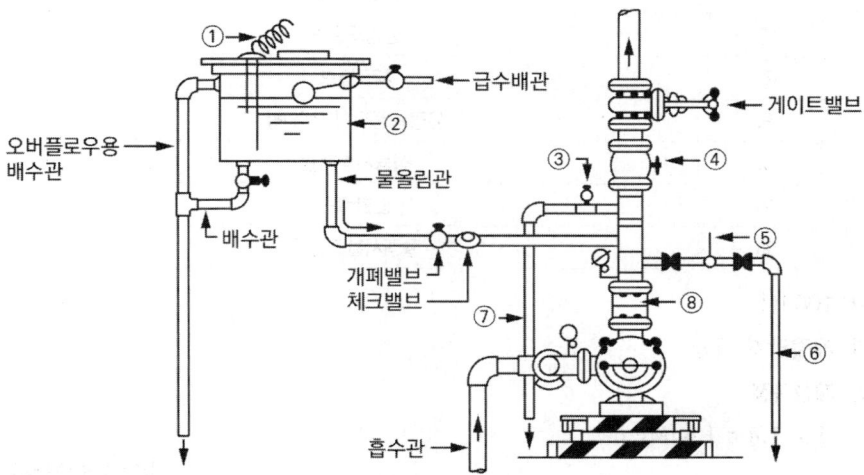

번호	명칭
①	
②	
③	
④	
⑤	
⑥	
⑦	
⑧	

나. ②의 용량 [L]은 얼마 이상으로 해야 하는가?

　○답 :

다. ③ 부품의 작동압력은 어떻게 맞추어야 하는가?

　○답 :

라. 펌프의 정격토출양정(전양정)이 100 [m]인 경우 ③ 부품의 작동압력은 몇 [MPa]로 해야 하는가?

　○계산과정 :　　　　　　　　　　**○답 :**

마. ⑤의 크기(성능)는 얼마 이상으로 해야 하는가?

　○답 :

정답

가.

번호	명칭
①	감수경보장치
②	물올림수조
③	릴리프밸브
④	체크밸브
⑤	유량측정장치(유량계)
⑥	성능시험배관
⑦	순환배관
⑧	플렉시블조인트

나. 100 [L]

다. 체절압력 미만

라. 계산과정

   1 × 1.4 = 1.4 [MPa]

   답 | 1.4 [MPa]

마. 정격토출량의 175 [%] 이상 측정할 수 있는 성능

13

득점	배점	4

다음 소방시설의 명칭에 대한 도시기호를 그리시오.

1. CO_2 분사헤드	3. 선택밸브(Selection Valve)
2. Y형 스트레이너(Y-Type Strainer)	4. 블라인드(맹) 플랜지(Blind Flange)

정답

1. CO₂ 분사헤드	3. 선택밸브(Selection Valve)
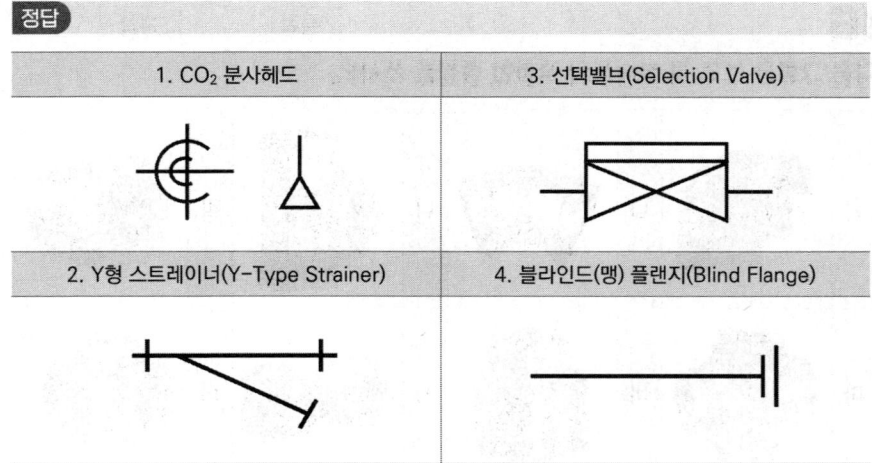	
2. Y형 스트레이너(Y-Type Strainer)	4. 블라인드(맹) 플랜지(Blind Flange)

14

득점		배점	4

소방호스 60 [mm]에 노즐 30 [mm]가 연결되어 있고, 유량 0.01 [m³/s]로 물을 수직벽면에 분사할 때 수직벽면에 작용하는 힘 [N]을 구하시오. (단, 물의 밀도는 1000 [kg/m³]이고, 벽면에서의 유체의 속도는 0이다)

○ 계산과정 :

○ 답 :

정답

☑ 계산과정

$$A = \frac{\pi \times 0.03^2}{4} = 7.069 \times 10^{-4}[m^2]$$

$$V = \frac{0.01}{7.069 \times 10^{-4}} = 14.146[m/s]$$

$$F = \rho \times Q \times \triangle V = \rho \times A \times \triangle V^2$$
$$= 1000 \times 7.069 \times 10^{-4} \times (14.146 - 0)^2 = 141.457 \fallingdotseq 141.46[N]$$

답 | 141.46 [N]

15

득점	배점	8

다음 그림을 보고 각 부속품의 적합한 명칭을 쓰시오.

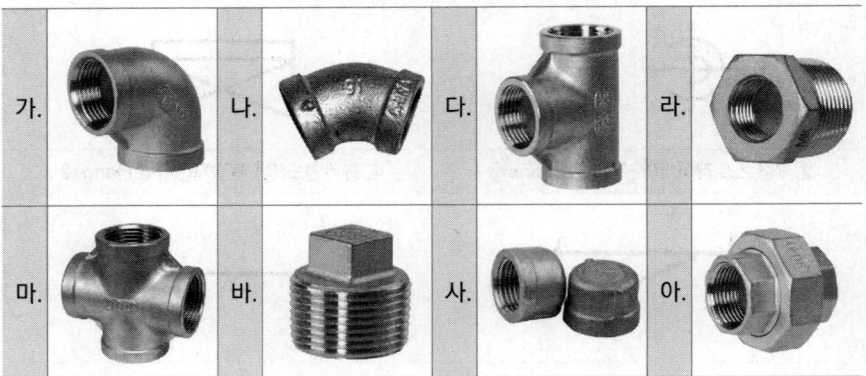

○ 답

가.

나.

다.

라.

마.

바.

사.

아.

가. 90°엘보   나. 45°엘보

다. 티   라. 부싱

마. 크로스   바. 플러그

사. 캡   아. 유니온

16

| 득점 | 배점 | 6 |

포소화설비에서 혼합장치의 혼합방식에 관한 사항이다. 다음 각 물음에 답하시오.

가. 그림과 같은 혼합장치의 혼합방식을 쓰시오.

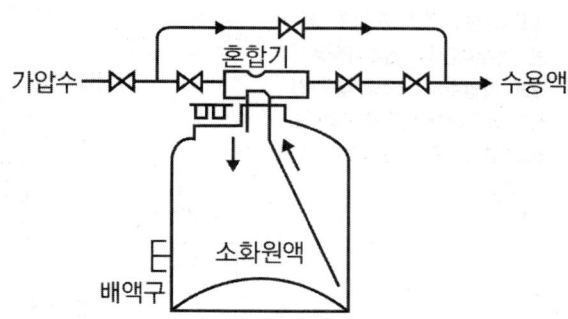

○ 답 :

나. '가' 항에서 혼합장치 혼합방식의 기능에 대해 설명하시오.

○ 답 :

정답

가. 프레셔 프로포셔너방식

나. 펌프와 발포기의 중간에 설치된 벤추리관의 벤추리작용과 펌프가압수의 포소화약제 저장탱크에 대한 압력에 의하여 포소화약제를 흡입·혼합하는 방식

참고 포소화약제의 혼합장치

종류	설명	
라인 프로포셔너 방식	펌프와 발포기의 중간에 설치된 벤추리관의 벤추리작용에 따라 포소화약제를 흡입·혼합하는 방식	
펌프 프로포셔너 방식	펌프의 토출관과 흡입관 사이의 배관 도중에 설치한 흡입기에 펌프에서 토출된 물의 일부를 보내고, 농도 조정밸브에서 조정된 포소화약제의 필요량을 포소화약제탱크에서 펌프 흡입측으로 보내어 이를 혼합하는 방식	

종류	설명	
프레셔 프로포셔너 방식	펌프와 발포기의 중간에 설치된 벤추리관의 벤추리작용과 펌프 가압수의 포소화약제 저장탱크에 대한 압력에 따라 포소화약제를 흡입·혼합하는 방식이다.	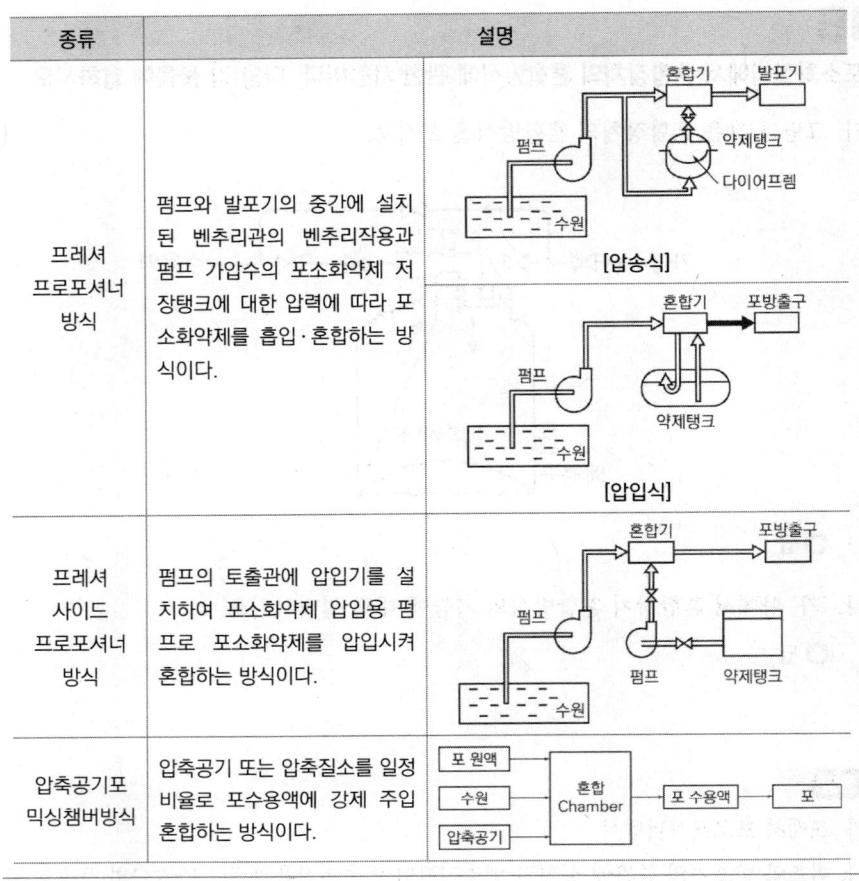[압송식] [압입식]
프레셔 사이드 프로포셔너 방식	펌프의 토출관에 압입기를 설치하여 포소화약제 압입용 펌프로 포소화약제를 압입시켜 혼합하는 방식이다.	
압축공기포 믹싱챔버방식	압축공기 또는 압축질소를 일정 비율로 포수용액에 강제 주입 혼합하는 방식이다.	

2021.07.22
2021년 2회

점수 :

01

득점　　배점　4

인명구조기구의 종류 4가지를 쓰시오.

①

②

③

④

정답

① 방화복, ② 방열복, ③ 공기호흡기, ④ 인공소생기

02

득점　　배점　4

다음 보기는 분말소화설비의 배관에 관한 내용이다. ㉠ ~ ㉣까지 알맞은 답을 작성하시오.

[보기]
(1) 동관을 사용하는 경우의 배관은 (㉠)압력 또는 최고사용압력의 (㉡)배 이상의 압력에 견딜 수 있는 것을 사용할 것
(2) 분사헤드를 설치한 가지배관에 이르는 분말소화설비 배관의 분기방식은 (㉢) 방식이어야 한다.
(3) 배관을 분기하는 경우 관경 (㉣)배 이상 간격을 두고 분기한다.

정답

㉠ 고정, ㉡ 1.5, ㉢ 토너먼트, ㉣ 20

03

| 득점 | | 배점 | 10 |

그림은 어느 일제개방형 스프링클러설비 계통의 일부 도면이다. 주어진 조건을 참조하여 이 설비가 작동되었을 경우 다음 표를 완성하시오.

조건

(1) 속도수두는 무시하고 표의 마찰손실만 고려할 것
(2) 방출유량은 방출계수 K값을 산출하여 적용하고 계산과정을 명기할 것
(3) 배관부속 및 밸브류는 무시하며 관길이만 고려할 것
(4) 입력항목은 계산된 압력수치를 명기하고 배관은 시작점의 압력을 명기할 것
(5) 살수 시 최저방수압이 걸리는 헤드에서의 방수압은 0.1 [MPa]이다(각 헤드의 방수압이 같지 않음을 유의할 것).

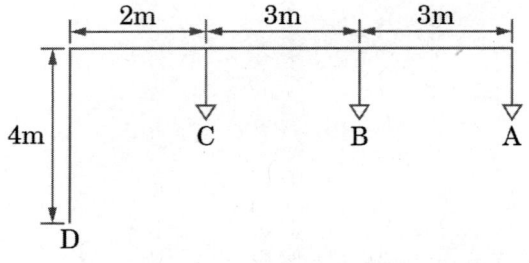

구간	유량 [L/min]	길이 [m]	1 [m]당 마찰손실 [MPa]	구간손실 [MPa]	낙차 [m]	손실계 [MPa]
헤드 A	80	–	–	–	–	0.1
A ~ B	80	3	0.01	(1)	0	(2)
헤드 B	(3)	–	–	–	–	–
B ~ C	(4)	3	0.02	(5)	0	(6)
헤드 C	(7)	–	–	–	–	–
C ~ D	(8)	6	0.01	(9)	4	(10)

정답

구간	유량 [L/min]	길이 [m]	1 [m]당 마찰손실 [MPa]	구간손실 [MPa]	낙차 [m]	손실계 [MPa]
헤드 A	80	–	–	–	–	0.1
A ~ B	80	3	0.01	(1) 3×0.01 $= 0.03$	0	(2) $0.1 + 0.03$ $= 0.13$
헤드 B	(3) $K = \dfrac{80}{\sqrt{10 \times 0.1}} = 80$ $Q_B = 80\sqrt{10 \times 0.13}$ $= 91.214$ $\fallingdotseq 91.21$	–	–	–	–	–
B ~ C	(4) $80 + 91.21 = 171.21$	3	0.02	(5) 3×0.02 $= 0.06$	0	(6) $0.13 + 0.06$ $= 0.19$
헤드 C	(7) $Q_C = 80\sqrt{10 \times 0.19}$ $= 110.272$ $\fallingdotseq 110.27$	–	–	–	–	–
C ~ D	(8) $80 + 91.21 + 110.27$ $= 281.48$	6	0.01	(9) 6×0.01 $= 0.06$	4	(10) $0.19 + 0.06 + 0.04$ $= 0.29$

04

득점		배점	8

그림은 소화펌프의 계통도 중 성능시험배관 주위도면을 나타낸다. 도면을 보고 다음 각 물음에 답하시오.

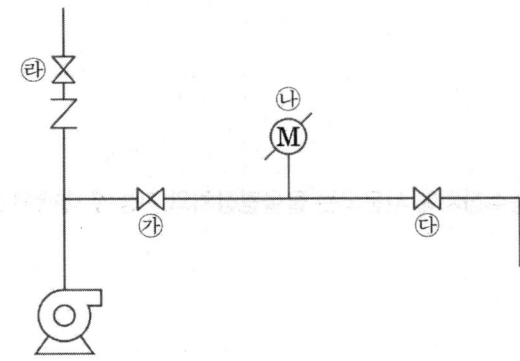

가. ㉮ ~ ㉱의 명칭을 쓰시오.

㉮	㉯	㉰

나. ㉣는 밸브의 개폐상태를 육안으로 용이하게 식별하기 위한 밸브이다. 이 밸브의 명칭을 쓰시오.

○ 답 :

다. ㉤는 펌프의 정격토출량의 몇 [%]까지 측정할 수 있는 성능이 있어야 하는지 쓰시오.

○ 답 :

정답

가.

㉮	㉯	㉰
개폐밸브	유량계	유량조절밸브

나. 개폐표시형 밸브

다. 175 [%]

> 옥내소화전설비의 화재안전기술기준(NFTC 102) – 수계소화설비 공통
> 2.3.7 펌프의 성능시험배관은 다음의 기준에 적합하도록 설치해야 한다.
> 2.3.7.1 성능시험배관은 펌프의 토출 측에 설치된 개폐밸브 이전에서 분기하여 직선으로 설치하고, 유량측정장치를 기준으로 <u>전단 직관부에는 개폐밸브를</u> 후단 직관부에는 유량조절밸브를 설치할 것. 이 경우 <u>개폐밸브와 유량측정장치 사이의 직관부 거리 및 유량측정장치와 유량조절밸브 사이의 직관부 거리는 해당 유량측정장치 제조사의 설치사양에 따르고, 성능시험배관의 호칭지름은 유량측정장치의 호칭지름에 따른다.</u>
> 2.3.7.2 유량측정장치는 <u>펌프의 정격토출량의 175 [%] 이상까지 측정할 수 있는</u> 성능이 있을 것

05

득점 | 배점 | 3

소화설비의 가압송수장치에 사용되는 물올림장치의 기능에 대해서 쓰시오.

○ 답 :

정답

펌프와 풋밸브 사이의 흡입관 내에 항상 물을 충만시키는 장치

06

| 득점 | | 배점 | 4 |

할로겐화합물 및 불활성기체소화설비에서 불활성기체소화약제의 종류 4가지를 쓰시오.

①   ②

③   ④

정답

① IG-01

② IG-55

③ IG-100

④ IG-541

07

| 득점 | | 배점 | 4 |

천장의 기울기가 $\frac{1}{10}$을 초과하는 특정소방대상물에 그림과 같이 스프링클러헤드를 설치하고자 한다. X, Y의 간격은 얼마로 하여야 하는가?

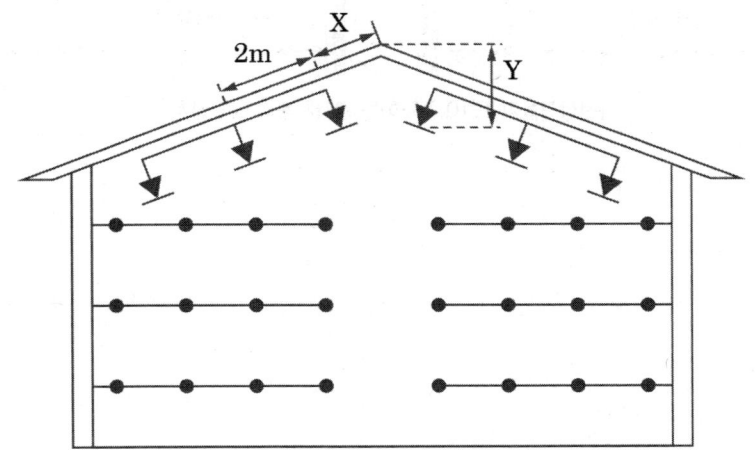

X	Y
○ 계산과정 :	
○ 답 :	○ 답 :

정답	
X	Y
☑ 계산과정 : $\frac{1}{2} \times 2 = 1\,[m]$	
답 | 1 [m]	답 | 90 [cm] 이하

참고 **스프링클러설비의 화재안전기술기준(NFTC 103) – 스프링클러헤드의 설치**

2.7.7.5 천장의 기울기가 10분의 1을 초과하는 경우에는 가지관을 천장의 마루와 평행하게 설치하고, 스프링클러헤드는 다음의 어느 하나에 적합하게 설치할 것

2.7.7.5.1 천장의 최상부에 스프링클러헤드를 설치하는 경우에는 최상부에 설치하는 스프링클러헤드의 반사판을 수평으로 설치할 것

2.7.7.5.2 <u>천장의 최상부를 중심으로 가지관을 서로 마주보게 설치하는 경우</u>에는 최상부의 가지관 상호 간의 거리가 가지관상의 스프링클러헤드 상호 간의 거리의 2분의 1 이하(최소 1 [m] 이상이 되어야 한다)가 되게 스프링클러헤드를 설치하고, 가지관의 최상부에 설치하는 스프링클러헤드는 천장의 최상부로부터의 수직거리가 90 [cm] 이하가 되도록 할 것. 톱날지붕, 둥근지붕 기타 이와 유사한 지붕의 경우에도 이에 준한다.

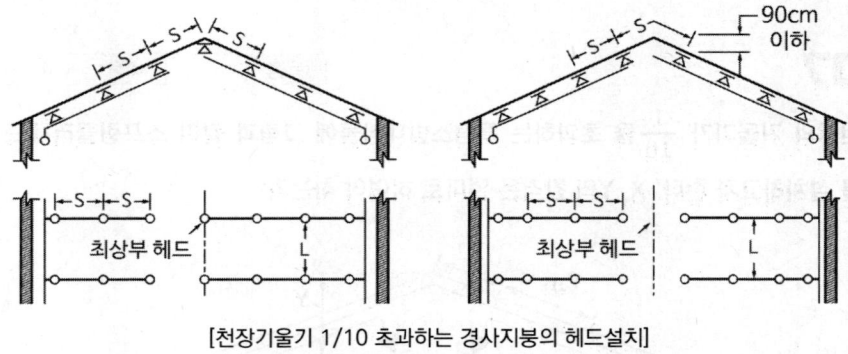

[천장기울기 1/10 초과하는 경사지붕의 헤드설치]

08

| 득점 | | 배점 | |

옥내소화전설비가 설치된 어느 건물이 있다. 옥내소화전이 2층에 3개, 3층에 4개, 4층에 5개일 때 조건을 참고하여 다음 각 물음에 답하시오.

조건

(1) 실양정은 20 [m], 배관의 손실수두는 실양정의 20 [%]로 본다.
(2) 소방호스의 마찰손실수두는 7 [m]이다.
(3) 펌프효율은 60 [%], 전달계수는 1.1이다.

가. 수원의 저수량 [m³]은? (단, 옥상수조는 고려하지 않는다)

○ 계산과정 :

○ 답 :

나. 펌프의 토출량 [m³/min]은?

○ 계산과정 :

○ 답 :

다. 펌프의 전양정 [m]은?

○ 계산과정 :

○ 답 :

라. 전동기의 용량 [kW]은?

○ 계산과정 :

○ 답 :

정답

가. 계산과정

$2 \times 2.6 [m^3] = 5.2 [m^3]$

답 | 5.2 [m³]

핵심이론 옥내소화전설비 수원의 양(주수원)

층수	수원의 양
29층 이하	**N(최대 2개) × 130 [L/min] × 20 [min](= N × 2.6 [m³])**
30층 이상 49층 이하	N(최대 5개) × 130 [L/min] × 40 [min](= N × 5.2 [m³])
50층 이상	N(최대 5개) × 130 [L/min] × 60 [min](= N × 7.8 [m³])

※ N : 옥내소화전의 설치개수가 가장 많은 층의 설치개수
(29층 이하 : 2개 이상 설치된 경우에는 2개,
30층 이상 : 5개 이상 설치된 경우에는 5개)

2021

나. 계산과정

$$2 \times 130[L/min] = 260[L/min] = 0.26[m^3/min]$$

★·핵심이론 옥내소화전설비의 펌프 토출량

층수	펌프 토출량
29층 이하	**N(최대 2개) × 130 [L/min]**
30층 이상	N(최대 5개) × 130 [L/min]

※ N : 옥내소화전의 설치개수가 가장 많은 층의 설치개수
(29층 이하 : 2개 이상 설치된 경우에는 2개,
30층 이상 : 5개 이상 설치된 경우에는 5개)

답 | 0.26 [m³/min]

다. 계산과정

① 낙차 h_1 : $20[m]$
② 배관의 마찰손실수두 h_2 : $20[m] \times 0.2 = 4[m]$
③ 소방용 호스 마찰손실수두 h_3 : $7[m]$
∴ $H = h_1 + h_2 + h_3 + 17 = 20 + 4 + 7 + 17 = 48[m]$

★·핵심이론 펌프의 전양정 [m]

전양정 H = $h_1 + h_2 + h_3$ + 17

h_1 : 낙차(실양정) [m]
h_2 : 배관 및 관부속품의 마찰손실수두 [m]
h_3 : 소방용 호스 마찰손실수두 [m]
17 : 옥내소화전 최소 방수압 환산수두 [m]
(0.17 [MPa])

※ 호스릴옥내소화전설비 포함

답 | 48 [m]

라. 계산과정

$$소요동력\ P[kW] = \frac{\gamma[kN/m^3] \times Q[m^3/s] \times H[m]}{\eta} \times K$$

$$P[kW] = \frac{9.8[kN/m^3] \times \frac{0.26}{60}[m^3/s] \times 48[m]}{0.6} \times 1.1 = 3.737 ≒ 3.74[kW]$$

답 | 3.74 [kW]

09

| 득점 | | 배점 | 4 |

소방용 배관설계도에서 다음 기호(심벌)의 명칭을 쓰시오.

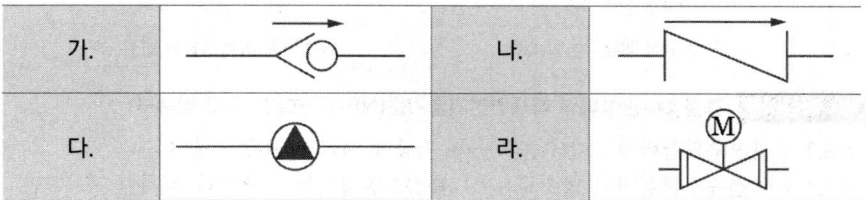

가.	→	나.	→
다.	▲	라.	Ⓜ

정답

가. 가스체크밸브　　　　　　나. 체크밸브

다. 경보밸브(습식)　　　　　라. 모터밸브

10

| 득점 | | 배점 | 8 |

다음 그림은 어느 15층 건물의 12층 계단전실에 연결송수관설비의 방수구가 설치되어 있는 모습을 나타낸다. 그림에서 잘못된 부분을 2가지만 지적하고 올바르게 고치는 방법을 설명하시오.

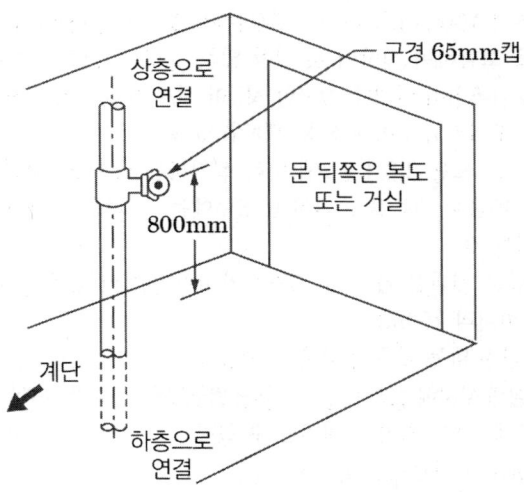

상층으로 연결

구경 65mm캡

문 뒤쪽은 복도 또는 거실

800mm

계단

하층으로 연결

번호	잘못된 부분	고치는 방법
①		
②		

정답

번호	잘못된 부분	고치는 방법
①	단구형 방수구가 설치	쌍구형 방수구 설치
②	방수구에 개폐기능이 없다.	방수구에 개폐기능이 있을 것

✖ 핵심이론 연결송수관설비의 화재안전기술기준(NFTC 502) – 2.3 방수구

2.3.1 연결송수관설비의 방수구는 다음의 기준에 따라 설치해야 한다.

2.3.1.1 연결송수관설비의 방수구는 그 특정소방대상물의 층마다 설치할 것. 다만 다음의 어느 하나에 해당하는 층에는 설치하지 않을 수 있다.

(1) 아파트의 1층 및 2층

(2) 소방차의 접근이 가능하고 소방대원이 소방차로부터 각 부분에 쉽게 도달할 수 있는 피난층

(3) 송수구가 부설된 옥내소화전을 설치한 특정소방대상물(집회장·관람장·백화점·도매시장·소매시장·판매시설·공장·창고시설 또는 지하가를 제외한다)로서 다음의 어느 하나에 해당하는 층

(3-1) 지하층을 제외한 층수가 4층 이하이고 연면적이 6000 [m²] 미만인 특정소방대상물의 지상층

(3-2) 지하층의 층수가 2 이하인 특정소방대상물의 지하층

2.3.1.2 특정소방대상물의 층마다 설치하는 방수구는 다음의 기준에 따를 것

2.3.1.2.1 아파트 또는 바닥면적이 1000 [m²] 미만인 층에 있어서는 계단(계단이 둘 이상 있는 경우에는 그중 1개의 계단을 말한다)으로부터 5 [m] 이내에 설치할 것. 이 경우 부속실이 있는 계단은 부속실의 옥내 출입구로부터 5 [m] 이내에 설치할 수 있다.

2.3.1.2.2 바닥면적 1000 [m²] 이상인 층(아파트를 제외한다)에 있어서는 각 계단(계단의 부속실을 포함하며 계단이 셋 이상 있는 층의 경우에는 그중 두 개의 계단을 말한다)으로부터 5 [m] 이내에 설치할 것. 이 경우 부속실이 있는 계단은 부속실의 옥내 출입구로부터 5 [m] 이내에 설치할 수 있다.

2.3.1.2.3 2.3.1.2.1 또는 2.3.1.2.2에 따라 설치하는 방수구로부터 그 층의 각 부분까지의 거리가 다음의 기준을 초과하는 경우에는 그 기준 이하가 되도록 방수구를 추가하여 설치할 것

(1) 지하가(터널은 제외한다) 또는 지하층의 바닥면적의 합계가 3000 [m²] 이상인 것은 수평거리 25 [m]

(2) (1)에 해당하지 않는 것은 수평거리 50 [m]

2.3.1.3 <u>11층 이상의 부분에 설치하는 방수구는 쌍구형으로 할 것</u>. 다만 다음의 어느 하나에 해당하는 층에는 단구형으로 설치할 수 있다.

(1) 아파트의 용도로 사용되는 층

(2) 스프링클러설비가 유효하게 설치되어 있고 방수구가 2개소 이상 설치된 층

2.3.1.4 <u>방수구의 호스접결구는 바닥으로부터 높이 0.5 [m] 이상 1 [m] 이하의 위치에 설치할 것</u>

2.3.1.5 방수구는 연결송수관설비의 전용방수구 또는 옥내소화전방수구로서 구경 65 [mm]의 것으로 설치할 것

2.3.1.6 방수구의 위치표시는 표시등 또는 축광식 표지로 하되 다음의 기준에 따라 설치할 것

2.3.1.6.1 표시등을 설치하는 경우에는 함의 상부에 설치하되, 소방청장이 고시한 「표시등의 성능인증 및 제품검사의 기술기준」에 적합한 것으로 설치할 것

2.3.1.6.2 축광식 표지를 설치하는 경우에는 소방청장이 고시한 「축광표지의 성능인증 및 제품검사의 기술기준」에 적합한 것으로 설치할 것

2.3.1.7 방수구는 개폐기능을 가진 것으로 설치해야 하며, 평상시 닫힌 상태를 유지할 것

11

득점		배점	8

그림은 포소화설비에 사용되는 헤드이다. 헤드의 종류와 방사방식을 쓰시오.

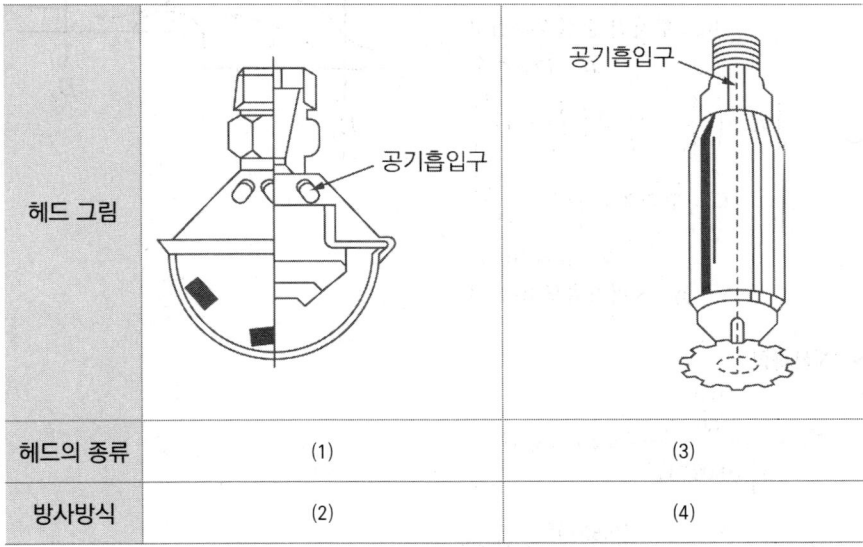

헤드 그림	공기흡입구	공기흡입구
헤드의 종류	(1)	(3)
방사방식	(2)	(4)

정답

(1) 포헤드, (2) 무상주수, (3) 포워터 스프링클러헤드, (4) 적상주수

12

| 득점 | | 배점 | 5 |

일직선으로 된 소방노즐에서 300 [L/min]의 유량이 방출되고 있다. 관의 지름은 54.8 [mm], 노즐 끝의 지름은 25.4 [mm]이다. 노즐 끝에 발생하는 국부손실 [kPa]을 계산하시오. (단, d/D = 1/2 = 0.50이고, 마찰계수는 5이다)

○ 계산과정 :

○ 답 :

정답

돌연 축소관 손실수두

$$h = \frac{(V_0 - V_2)^2}{2g} = K\frac{V_2^2}{2g}$$

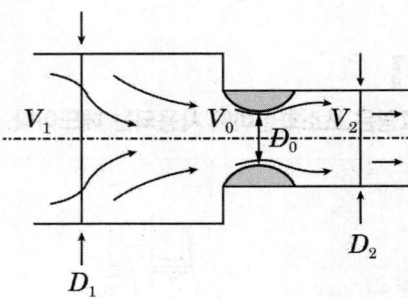

h_L : 부차적 손실수두 [m]

K : 손실계수

$$\left[K = \left(\frac{A_2}{A_0} - 1\right)^2 = \left(\frac{1}{C_c} - 1\right)^2 \right]$$

C_c : 수축계수 $\left[C_c = \frac{A_0}{A_2} \right]$

V : 유속 [m/s]

g : 중력가속도 [m/s²]

☑ 계산과정

$$V_2 = \frac{\frac{0.3}{60}}{\frac{\pi}{4}(0.0254)^2} = 9.867[m/s]$$

$$H = K \times \frac{V_2^2}{2g} = 5 \times \frac{(9.867)^2}{2 \times 9.8} = 24.836m$$

$$24.836[m] \times \frac{101.325[kPa]}{10.332[m]} = 243.564 ≒ 243.56[kPa]$$

답 | 243.56 [kPa]

13

옥내소화전용 가압송수장치로 펌프방식을 설치하려고 한다. 정격 토출압력 2 [MPa], 정격 토출량 520 [L/min]일 때 다음 각 물음에 답하시오.

가. 체절운전 시 허용최고압력 [MPa]을 구하시오.

○ 계산과정 :

○ 답 :

나. 토출량이 780 [L/min]일 때 최소압력 [MPa]을 구하시오.

○ 계산과정 :

○ 답 :

정답

가. 계산과정

2 [MPa] × 1.4 = 2.8 [MPa]

답 | 28 [MPa]

나. 계산과정

정격토출량 520 [L/min]의 150 [%]가 780 [L/min]이므로
2 [MPa] × 0.65 = 1.3 [MPa]

답 | 1.3 [MPa]

옥내소화전설비의 화재안전기술기준(NFTC 102)
2.2.1.7 펌프의 성능은 체절운전 시 정격토출압력의 140 [%]를 초과하지 않고, 정격 토출량의 150 [%]로 운전 시 정격토출압력의 65 [%] 이상이 되어야 하며, 펌프의 성능을 시험할 수 있는 성능시험배관을 설치할 것. 다만 충압펌프의 경우에는 그렇지 않다.

2021

14

전역방출방식인 이산화탄소소화설비에 대한 다음 각 물음에 답하시오.

조건

(1) 모피창고의 규격은 8 × 6 [m]이며, 개구부는 2 × 3 [m] 2개소이며 자동폐쇄장치가 설치되어 있다.

(2) 서고의 규격은 5 × 6 [m]이며, 개구부는 1 × 2 [m] 1개소이며 자동폐쇄장치가 설치되어 있지 않다.

(3) 각 층의 실고는 3 [m]이다.

(4) 약제방출시간은 7분이다.

가. 모피창고와 서고의 약제저장량 [kg]은?

1) 모피창고

◯ 계산과정 :

◯ 답 :

2) 서고

◯ 계산과정 :

◯ 답 :

나. 저장용기 1병당 약제충전량 [kg]은? (단, 충전비는 1.511이고, 내용적은 68 [L]이며, 소수점 이하는 삭제한다)

◯ 계산과정 :

◯ 답 :

다. 집합관의 용기 병 수는?

◯ 계산과정 :

◯ 답 :

라. 선택밸브수는 몇 개인가?

◯ 답 :

마. 모피창고의 선택밸브 직후의 유량은 몇 [kg/min]인가? (단, 실제 저장 병 수로 계산할 것)

◯ 계산과정 :

◯ 답 :

바. 서고의 선택밸브 직후의 유량은 몇 [kg/min]인가? (단, 실제 저장 병 수로 계산할 것)

　○ 계산과정 :

　○ 답 :

사. 저장용기실의 설치기준을 4가지만 쓰시오.

　○ 답

　　(1)

　　(2)

　　(3)

　　(4)

정답

★ 핵심이론 이산화탄소소화설비 전역방출방식 심부화재 약제량 산정

$W = (V \times \alpha) + (A \times \beta)$

W : 약제량 [kg], V : 방호구역의 체적 [m³]
α : 방호구역 1 [m³]에 대한 소화약제의 양 [kg/m³]
A : 개구부 면적 [m²], β : 개구부 가산량(심부화재 : 10 [kg/m²])

방호대상물	방호구역 1 [m³]에 대한 소화약제의 양 α	설계농도 [%]	개구부 가산량 [kg/m²] β (자동폐쇄장치 미설치 시)
유압기기를 제외한 전기설비, 케이블실	1.3 [kg/m³]	50	10 [kg/m²]
체적 55 [m³] 미만의 전기설비	1.6 [kg/m³]	50	
서고, 전자제품창고, **목재**가공품창고, **박물관**	2.0 [kg/m³]	65	
고무류, **모**피창고, **집진**설비, **석**탄창고, **면**화류 창고	2.7 [kg/m³]	75	

암기 ▶ 서전목박

암기 ▶ 고모집석면

가. 계산과정

　1) 모피창고

　　$W = V \times \alpha = 144 \times 2.7 = 388.8\,[kg]$

답 | 388.8 [kg]

　2) 서고

　　$W = (V \times \alpha) + (A \times \beta) = 90 \times 2.0 + (1 \times 2) \times 10 = 200\,[kg]$

답 | 200 [kg]

나. 계산과정

　충전비 $= \dfrac{\text{소화약제 저장용기의 내부용적}\,[L]}{\text{소화약제의 중량}\,[kg]}$

$$소화약제중량\,[kg] = \frac{소화약제\,저장용기의\,내부용적\,[L]}{충전비} = \frac{68}{1.511} = 45.003$$

$$\fallingdotseq 45\,[kg] \qquad\qquad\qquad\qquad\text{답 | 45 [kg]}$$

다. 계산과정

① 모피창고에 필요한 병 수 : $\dfrac{388.8\,[kg]}{45\,[kg/병]} = 8.64 \fallingdotseq 9\,[병]$

② 서고에 필요한 병 수 : $\dfrac{200\,[kg]}{45\,[kg/병]} = 4.44 \fallingdotseq 5\,[병]$ 　　　답 | 9 [병]

라. 2 [개]

마. 계산과정

$$\frac{45\,[kg/병] \times 9\,[병]}{7\,[min]} = 57.857 \fallingdotseq 57.86\,[kg/min] \qquad\text{답 | 57.86 [kg/min]}$$

바. 계산과정

$$\frac{45\,[kg/병] \times 5\,[병]}{7\,[min]} = 32.142 \fallingdotseq 32.14\,[kg/min] \qquad\text{답 | 32.14 [kg/min]}$$

사. (1) 온도가 40 [℃] 이하이고, 온도변화가 작은 곳에 설치할 것

　　(2) 직사광선 및 빗물이 침투할 우려가 없는 곳에 설치할 것

　　(3) 방화문으로 구획된 실에 설치할 것

　　(4) 용기의 설치장소에는 해당 용기가 설치된 곳임을 표시하는 표지를 할 것

15

득점	배점	4

그림과 같은 벤추리미터(Venturi-Meter)에서 관 속에 흐르는 물의 유량 [L/s]을 구하시오. (단, 유량계수는 0.9, 입구지름은 100 [mm], 목(Throat) 지름은 50 [mm], 수은주 높이 차이(⊿h)는 46 [cm], 수은의 비중은 13.6이다)

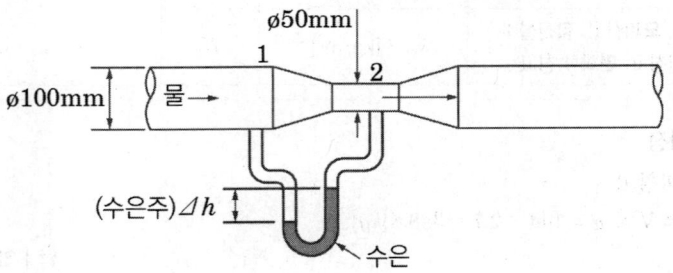

○ 계산과정 :

○ 답 :

정답

벤추리미터의 유량공식

$$Q = C_d \frac{A_2}{\sqrt{1 - \left(\dfrac{A_2}{A_1}\right)^2}} \sqrt{2gh\left(\dfrac{S_0}{S} - 1\right)}$$

Q : 유량 [m³/s], C_d : 유량계수

A_1 : 배관 단면적 [m²], A_2 : 벤추리관 단면적 [m²], $\dfrac{A_2}{A_1}$: 개구비

h : 마노미터 높이차 [m], S : 배관유체 비중, S_0 : U자관 액주계유체 비중

☑ 계산과정

$$Q = C \frac{A_2}{\sqrt{1 - \left(\dfrac{A_2}{A_1}\right)^2}} \sqrt{2gh\left(\dfrac{S_0}{S} - 1\right)}$$

$$= 0.9 \times \frac{\pi}{4} \times 0.05^2 \frac{1}{\sqrt{1 - \left(\dfrac{0.05}{0.1}\right)^4}} \times \sqrt{2 \times 9.8 \times 0.46 \times \left(\dfrac{13.6}{1} - 1\right)}$$

$$= 0.0194526 [m^3/s] \fallingdotseq 19.45 [L/s]$$

답 | 19.45 [L/s]

16

득점		배점	6

배관 내경이 40 [mm]이고, 배관길이가 10 [m]인 배관에 유량이 300 [L/min]이다. 관의 조도는 120이고 배관입구의 압력이 0.4 [MPa]일 때 배관 끝에서의 압력 [MPa]은 얼마인가? (단, 하젠 – 월리엄스의 식 $\triangle P_m [MPa/m] = 6.174 \times 10^4 \times \dfrac{Q^2}{C^2 \times D^5}$ 을 이용하라. 여기서 Q : 유량 [L/min], C : 조도, D : 직경 [mm]이다)

○ 계산과정 :

○ 답 :

정답

✓ 계산과정

① 배관의 마찰손실압력

$$\triangle P = 6.174 \times 10^4 \times \frac{300^2}{120^2 \times 40^5} \times 10 = 0.037 ≒ 0.04[MPa]$$

② 배관 끝에서의 압력

배관 끝에서의 압력 = 배관 입구의 압력 - 마찰손실압력

$$= 0.4 - 0.04 = 0.36[MPa]$$

답 | 0.36 [MPa]

2021.11.24
2021년 4회

점수 :

01

득점　　　배점　4

지상 1층 및 2층의 바닥면적의 합계가 32000 [m²]인 공장에 소화수조 또는 저수조를 설치하고자 한다. 다음 각 물음에 답하시오.

가. 소화수조 또는 저수조를 설치 시 저수조에 확보하여야 할 저수량 [m³]을 구하시오.

　○ 계산과정 :

　○ 답 :

나. 저수조에 설치하여야 할 흡수관투입구의 최소 설치수량을 구하시오.

　○ 답 :

다. 저수조에 설치하여야 할 채수구의 최소 설치수량은 몇 개인가?

　○ 답 :

라. 흡수관투입구가 원형의 경우에는 지름이 몇 [cm] 이상이어야 하는가?

　○ 답 :

2021

정답

가. 계산과정

① 기준면적

지상 1, 2층의 바닥면적의 합계(32000 [m²])가 15000 [m²] 이상

→ 기준면적 7500 [m²]

② 저수량

$$\frac{연면적}{기준면적} = \frac{32000\,[m^2]}{7500\,[m^2]} = 4.26 ≒ 5(소수점 이하 절상)$$

$$5 \times 20\,[m^3] = 100\,[m^3]$$

답 | 100 [m³]

> ★ **핵심이론** 소화수조 또는 저수조의 저수량

소화수조 또는 저수조의 저수량은 소방대상물의 연면적을 기준면적으로 나누어 얻은 수(소수점 이하의 수는 1로 본다)에 20 [m³]을 곱한 양 이상이 되도록 해야 한다.

[소방대상물별 기준면적]

소방대상물의 구분	기준 면적
1층 2층 바닥면적 합계가 15000 [m²] 이상인 소방대상물	7500 [m²]
그 외	12500 [m²]

※ 소화수조 저수량 $[m^3]$

$$= \frac{\text{소방대상물의 연면적}\,[m^2]}{\text{기준면적}\,[m^2]}(\text{소수점 이하 절상}) \times 20\,[m^3]$$

나. 2 [개]

> ★ **핵심이론** 소화수조 및 저수조 – 흡수관투입구와 채수구

소화수조 또는 저수조는 다음의 기준에 따라 흡수관투입구 또는 채수구를 설치해야 한다.

□ 흡수관투입구

지하에 설치하는 소화용수설비의 <u>흡수관투입구는 그 한 변이 0.6 [m] 이상이거나 직경이 0.6 [m] 이상인 것</u>으로 하고, 소요수량이 80 [m³] 미만인 것은 1개 이상, 80 [m³] 이상인 것은 2개 이상을 설치해야 하며, "흡수관투입구"라고 표시한 표지를 할 것

□ 채수구

1) 채수구는 다음 표에 따라 소방용 호스 또는 소방용 흡수관에 사용하는 구경 65 [mm] 이상의 나사식 결합금속구를 설치할 것

[소요수량에 따른 채수구의 수]

소요수량	20 [m³] 이상 40 [m³] 미만	40 [m³] 이상 100 [m³] 미만	100 [m³] 이상
채수구의 수	1개	2개	3개

2) 채수구는 지면으로부터의 높이가 0.5 [m] 이상 1 [m] 이하의 위치에 설치하고 "채수구"라고 표시한 표지를 할 것

다. 3 [개]

라. 60 [cm]

02

득점		배점	4

제연 배출기의 회전수 200 [rpm]에서 풍량을 측정한 결과 풍량이 360 [m³/min]으로 용량 부족으로 판정되어 풍량을 600 [m³/min]으로 늘이고자 한다. 이때 배출기의 회전수는 몇 [rpm]으로 하여야 하는지 구하시오.

○ 계산과정 :

○ 답 :

정답

📌•핵심이론 **펌프의 상사법칙**

서로 다른 치수의 펌프를 비교(상사)했을 때

(1) 유량 $[m^3/s]$ $Q_2 = \left(\dfrac{N_2}{N_1}\right)^1 \times \left(\dfrac{D_2}{D_1}\right)^3 \times Q_1$

(2) 양정(압력) [m] $H_2 = \left(\dfrac{N_2}{N_1}\right)^2 \times \left(\dfrac{D_2}{D_1}\right)^2 \times H_1$

(3) 동력 [kW] $L_2 = \left(\dfrac{N_2}{N_1}\right)^3 \times \left(\dfrac{D_2}{D_1}\right)^5 \times L_1$

☑ 계산과정

$$Q_2 = \left(\dfrac{N_2}{N_1}\right)^1 \times Q_1$$

$$600[m^3/min] = \left(\dfrac{N_2}{200[rpm]}\right)^1 \times 360[m^3/min]$$

$$\therefore N_2 = 333.333 \fallingdotseq 333.33[rpm]$$

답 | 333.33 [rpm]

03

득점		배점	3

포소화약제의 종류 3가지만 쓰시오.

①

②

③

정답

① 단백포

② 불화단백포

③ 합성계면활성제포

④ 수성막포

⑤ 내알코올포

위 5가지 중 3가지를 기술할 것

04

득점 | 배점 | 8

일반 업무용 11층 건물에 설치된 습식 연결송수관설비의 배관계통도이다. 이 계통도에서 틀린 곳을 계통도에 8개만 직접 표시하고 올바른 방법을 설명하시오. (단, 연결송수관설비와 옥내소화전설비를 겸용하는 경우는 무시한다)

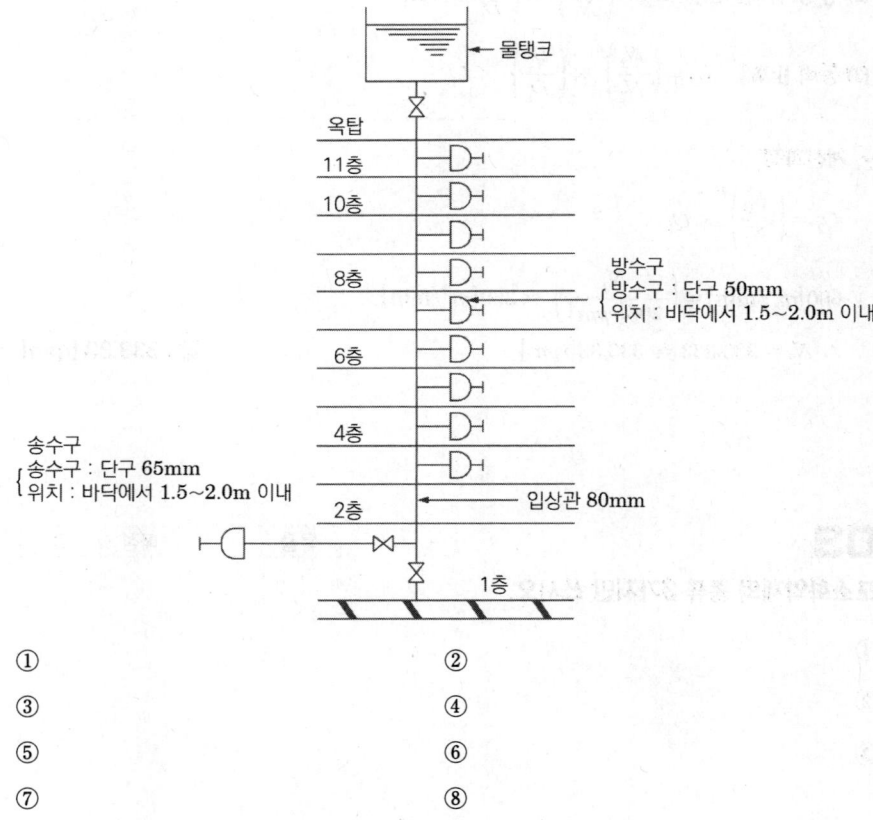

①   ②

③   ④

⑤   ⑥

⑦   ⑧

정답

① 송수구 단구형 : 쌍구형으로 할 것

② 송수구의 위치 바닥에서 1.5 ~ 2.0 [m]이내 : 0.5 [m] 이상 1 [m] 이하로 할 것

③ 송수구에서 주배관에 이르는 배관에 체크밸브 누락 : 체크밸브 설치

④ 송수구에서 주배관에 이르는 배관에 자동배수밸브 누락 : 자동배수밸브 설치

⑤ 방수구 50 [mm] : 65 [mm]로 할 것

⑥ 입상관 80 [mm] : 100 [mm] 이상으로 할 것

⑦ 방수구 위치 1.5 ~ 2.0 [m] 이내 : 방수구의 호스접결구는 바닥으로부터 높이 0.5 [m] 이상 1 [m] 이하의 위치에 설치할 것

⑧ 11층 단구형 방수구 : 쌍구형 방수구로 할 것

📌 핵심이론 **연결송수관설비의 화재안전기술기준(NFTC 502) – 2.1 송수구**

2.1.1 연결송수관설비의 송수구는 다음의 기준에 따라 설치해야 한다.

2.1.1.1 소방차가 쉽게 접근할 수 있고 잘 보이는 장소에 설치할 것

2.1.1.2 <u>지면으로부터 높이가 0.5 [m] 이상 1 [m] 이하의 위치에 설치할 것</u>

2.1.1.3 송수구는 화재층으로부터 지면으로 떨어지는 유리창 등이 송수 및 그 밖의 소화작업에 지장을 주지 않는 장소에 설치할 것

2.1.1.4 송수구로부터 연결송수관설비의 주배관에 이르는 연결배관에 개폐밸브를 설치한 때에는 그 개폐상태를 쉽게 확인 및 조작할 수 있는 옥외 또는 기계실 등의 장소에 설치할 것. 이 경우 개폐밸브에는 그 밸브의 개폐상태를 감시제어반에서 확인할 수 있도록 급수개폐밸브 작동표시스위치(이하 "탬퍼스위치"라 한다)를 다음의 기준에 따라 설치해야 한다.

2.1.1.4.1 급수개폐밸브가 잠길 경우 탬퍼스위치의 동작으로 인하여 감시제어반 또는 수신기에 표시되어야 하며 경보음을 발할 것

2.1.1.4.2 탬퍼스위치는 감시제어반 또는 수신기에서 동작의 유무확인과 동작시험, 도통시험을 할 수 있을 것

2.1.1.4.3 탬퍼스위치에 사용되는 전기배선은 내화전선 또는 내열전선으로 설치할 것

2.1.1.5 <u>구경 65 [mm]의 쌍구형으로 할 것</u>

2.1.1.6 송수구에는 그 가까운 곳의 보기 쉬운 곳에 송수압력범위를 표시한 표지를 할 것

2.1.1.7 송수구는 연결송수관의 수직배관마다 1개 이상을 설치할 것. 다만 하나의 건축물에 설치된 각 수직배관이 중간에 개폐밸브가 설치되지 아니한 배관으로 상호 연결되어 있는 경우에는 건축물마다 1개씩 설치할 수 있다.

2.1.1.8 <u>송수구의 부근에는 자동배수밸브 및 체크밸브를 다음의 기준에 따라 설치할 것</u>. 이 경우 자동배수밸브는 배관안의 물이 잘빠질 수 있는 위치에 설치하되, 배수로 인하여 다른 물건이나 장소에 피해를 주지 않아야 한다.

2.1.1.8.1 <u>습식의 경우에는 송수구·자동배수밸브·체크밸브의 순으로 설치할 것</u>

2.1.1.8.2 건식의 경우에는 송수구·자동배수밸브·체크밸브·자동배수밸브의 순으로 설치할 것

2.1.1.9 송수구에는 가까운 곳의 보기 쉬운 곳에 "연결송수관설비송수구"라고 표시한 표지를 설치할 것

2.1.1.10 송수구에는 이물질을 막기 위한 마개를 씌울 것

📌 **핵심이론** 연결송수관설비의 화재안전기술기준(NFTC 502) - 2.3 방수구

2.3.1 연결송수관설비의 방수구는 다음의 기준에 따라 설치해야 한다.

2.3.1.1 연결송수관설비의 <u>방수구는 그 특정소방대상물의 층마다 설치</u>할 것. 다만 다음의 어느 하나에 해당하는 층에는 설치하지 않을 수 있다.

  (1) 아파트의 1층 및 2층
  (2) 소방차의 접근이 가능하고 소방대원이 소방차로부터 각 부분에 쉽게 도달할 수 있는 피난층
  (3) 송수구가 부설된 옥내소화전을 설치한 특정소방대상물(집회장·관람장·백화점·도매시장·소매시장·판매시설·공장·창고시설 또는 지하가를 제외한다)로서 다음의 어느 하나에 해당하는 층
  (3-1) 지하층을 제외한 층수가 4층 이하이고 연면적이 6000 [m²] 미만인 특정소방대상물의 지상층
  (3-2) 지하층의 층수가 2 이하인 특정소방대상물의 지하층

2.3.1.2 특정소방대상물의 층마다 설치하는 방수구는 다음의 기준에 따를 것

2.3.1.2.1 아파트 또는 바닥면적이 1000 [m²] 미만인 층에 있어서는 계단(계단이 둘 이상 있는 경우에는 그중 1개의 계단을 말한다)으로부터 5 [m] 이내에 설치할 것. 이 경우 부속실이 있는 계단은 부속실의 옥내 출입구로부터 5 [m] 이내에 설치할 수 있다.

2.3.1.2.2 바닥면적 1000 [m²] 이상인 층(아파트를 제외한다)에 있어서는 각 계단(계단의 부속실을 포함하며 계단이 셋 이상 있는 층의 경우에는 그중 두 개의 계단을 말한다)으로부터 5 [m] 이내에 설치할 것. 이 경우 부속실이 있는 계단은 부속실의 옥내 출입구로부터 5 [m] 이내에 설치할 수 있다.

2.3.1.2.3 2.3.1.2.1 또는 2.3.1.2.2에 따라 설치하는 방수구로부터 그 층의 각 부분까지의 거리가 다음의 기준을 초과하는 경우에는 그 기준 이하가 되도록 방수구를 추가하여 설치할 것

  (1) 지하가(터널은 제외한다) 또는 지하층의 바닥면적의 합계가 3000 [m²] 이상인 것은 수평거리 25 [m]
  (2) (1)에 해당하지 않는 것은 수평거리 50 [m]

2.3.1.3 <u>11층 이상의 부분에 설치하는 방수구는 쌍구형으로 할 것</u>. 다만 다음의 어느 하나에 해당하는 층에는 단구형으로 설치할 수 있다.

  (1) 아파트의 용도로 사용되는 층
  (2) 스프링클러설비가 유효하게 설치되어 있고 방수구가 2개소 이상 설치된 층

2.3.1.4 <u>방수구의 호스접결구는 바닥으로부터 높이 0.5 [m] 이상 1 [m] 이하의 위치에 설치할 것</u>

2.3.1.5 <u>방수구는 연결송수관설비의 전용방수구 또는 옥내소화전방수구로서 구경 65 [mm]의 것으로 설치할 것</u>

2.3.1.6 방수구의 위치표시는 표시등 또는 축광식 표지로 하되 다음의 기준에 따라 설치할 것

2.3.1.6.1 표시등을 설치하는 경우에는 함의 상부에 설치하되, 소방청장이 고시한 「표시등의 성능인증 및 제품검사의 기술기준」에 적합한 것으로 설치할 것

2.3.1.6.2 축광식 표지를 설치하는 경우에는 소방청장이 고시한 「축광표지의 성능인증 및 제품검사의 기술기준」에 적합한 것으로 설치할 것

2.3.1.7 <u>방수구는 개폐기능을 가진 것으로 설치해야 하며, 평상시 닫힌 상태를 유지할 것</u>

05

| 득점 | | 배점 | 5 |

연결살수설비의 배관 설치기준에 대한 다음 (　　) 안을 완성하시오.

> 가. 개방형 헤드를 사용하는 연결살수설비의 (㉠)은 헤드를 향하여 상향으로 (㉡)
> 이상의 기울기로 설치하고 주배관 중 낮은 부분에는 (㉢)를 기준에 따라 설치
> 해야 한다.
> 나. 가지배관 또는 교차배관을 설치하는 경우에는 가지배관의 배열은 (㉣)방식이
> 아니어야 하며, 가지배관은 교차배관 또는 주배관에서 분기되는 지점을 기점으
> 로 한쪽 가지배관에 설치되는 헤드의 개수는 (㉤)개 이하로 해야 한다.

㉠　　　　　㉡　　　　　㉢　　　　　㉣　　　　　㉤

정답

㉠ 수평주행배관

㉡ $\frac{1}{100}$

㉢ 자동배수밸브

㉣ 토너먼트

㉤ 8

06

| 득점 | | 배점 | 4 |

지름이 40 [mm]인 소방호스에 노즐구경이 13 [mm]인 노즐팁이 부착되어 있고, 130 [L/min]의 물을 대기 중으로 방수할 경우 다음 각 물음에 답하시오. (단, 유동에는 마찰이 없는 것으로 한다)

가. 소방호스의 평균유속 [m/s]을 구하시오.

　○ 계산과정 :

　○ 답 :

나. 소방호스에 부착된 방수노즐의 평균유속 [m/s]을 구하시오.

　○ 계산과정 :

　○ 답 :

정답

가. 계산과정

$$V = \frac{Q}{A} = \frac{\dfrac{0.13}{60}}{\dfrac{\pi \times 0.04^2}{4}} = 1.724 ≒ 1.72[m/s]$$

답 | 1.72 [m/s]

나. 계산과정

$$V = \frac{Q}{A} = \frac{\dfrac{0.13}{60}}{\dfrac{\pi \times 0.013^2}{4}} = 16.323 ≒ 16.32[m/s]$$

답 | 16.32 [m/s]

07

득점 | | 배점 | 4

피난기구의 화재안전기술기준과 공동주택의 화재안전기술기준 중 피난기구는 다음 기준에 따른 개수 이상을 설치하여야 한다. (   ) 안을 완성하시오.

- 규정에 따라 설치한 피난기구 외에 숙박시설((㉠)을 제외한다)의 경우에는 추가로 객실마다 (㉡) 또는 둘 이상의 (㉢)를 설치할 것
- 규정에 따라 설치한 피난기구 외에 공동주택(「공동주택관리법 시행령」의 규정에 따른 공동주택에 한한다)의 경우에는 하나의 관리주체가 관리하는 공동주택 구역마다 (㉣) 1개 이상을 추가로 설치할 것 (단, 옥상으로 피난이 가능하거나 인접세대로 피난할 수 있는 구조인 경우에는 추가로 설치하지 아니할 수 있다)

㉠   ㉡   ㉢   ㉣

정답

㉠ 휴양콘도미니엄
㉡ 완강기
㉢ 간이완강기
㉣ 공기안전매트

📌 핵심이론 1 피난기구의 화재안전기술기준(NFTC 301)

2.1.2 피난기구는 다음의 기준에 따른 개수 이상을 설치해야 한다.

2.1.2.1 층마다 설치하되, 숙박시설·노유자시설 및 의료시설로 사용되는 층에 있어서는 그 층의 바닥면적 500 [m²]마다, 위락시설·문화집회 및 운동시설·판매시설로 사용되는 층 또는 복합용도의 층(하나의 층이 영 별표 2 제1호 나목 내지 라목 또는 제4호 또는 제8호 내지 제18호 중 2 이상의 용도로 사용되는 층을 말한다)에 있어서는 그 층의 바닥면적 800 [m²]마다, 계단실형 아파트에 있어서는 각 세대마다, 그 밖의 용도의 층에 있어서는 그 층의 바닥면적 1000 [m²]마다 1개 이상 설치할 것 〈개정 2024.1.1.〉

2.1.2.2 2.1.2.1에 따라 설치한 피난기구 외에 <u>숙박시설(휴양콘도미니엄을 제외한다)의 경우에는 추가로 객실마다 완강기 또는 2 이상의 간이완강기를 설치할 것</u>

2.1.2.3 〈개정 2024.1.1.〉

2.1.2.4 2.1.2.1에 따라 설치한 피난기구 외에 4층 이상의 층에 설치된 노유자시설 중 장애인 관련 시설로서 주된 사용자 중 스스로 피난이 불가한 자가 있는 경우에는 층마다 구조대를 1개 이상 추가로 설치할 것

📌 핵심이론 2 공동주택의 화재안전기술기준(NFTC 608)

2.9.1.3 「공동주택관리법」 제2조 제1항 제2호(마목은 제외함)에 따른 "의무관리대상 공동주택"의 경우에는 <u>하나의 관리주체가 관리하는 공동주택구역마다 공기안전매트 1개 이상을 추가로 설치할 것</u>. 다만 옥상으로 피난이 가능하거나 수평 또는 수직 방향의 인접세대로 피난할 수 있는 구조인 경우에는 추가로 설치하지 않을 수 있다.

08

| 득점 | | 배점 | 3 |

특정소방대상물 각 부분으로부터 다음 소방시설물과의 최대수평거리 [m]를 쓰시오.

가. 이산화탄소소화설비 호스릴방식의 호스접결구

  ○ 답 :

나. 차고, 주차장 포소화설비의 포소화전 방수구

  ○ 답 :

다. 호스릴 분말소화설비의 호스접결구

  ○ 답 :

정답

가. 15 [m], 나. 25 [m], 다. 15 [m]

09

소화기구에서 소화약제 중 액체소화약제 종류 4가지와 분말소화약제 2가지를 쓰시오.

가. 액체소화약제

○ 답

(1)

(2)

(3)

(4)

나. 분말소화약제

○ 답

(1)

(2)

정답

가. (1) 산알칼리소화약제

(2) 강화액소화약제

(3) 포소화약제

(4) 물·침윤소화약제

나. (1) 인산염류소화약제

(2) 중탄산염류소화약제

10

| 득점 | | 배점 | 6 |

등유를 저장하는 위험물 옥외탱크저장소에 포소화설비를 설치하려고 한다. [조건]을 참고하여 각 물음에 답하시오.

조건

(1) 보조포소화전 4개를 적용한다.

(2) 콘루프탱크 지름은 50 [m]이다.

(3) Ⅱ형 포방출구를 적용하며, 방출량 2.27 [L/min·m²], 방사시간 30 [min]이다.

(4) 포소화약제는 3 [%] 단백포이다.

(5) 혼합방식은 프레셔사이드 프로포셔너방식을 적용한다.

(6) 송액관에 저장되는 양은 무시한다.

(7) 계산은 관련 법에서 요구하는 최솟값을 구한다.

가. 고정포방출구에 대한 수원의 양 [L]을 구하시오.

○ 계산과정 :

○ 답 :

나. 보조포소화전에 대한 수원의 양 [L]을 구하시오.

○ 계산과정 :

○ 답 :

정답

가. 계산과정

$$Q_1[L] = A[m^2] \times Q_A[L/m^2 \cdot min] \times T[min] \times (1-S)$$

$$= (\frac{\pi}{4} \times 50^2)[m^2] \times 2.27[L/min \cdot m^2] \times 30[min] \times 0.97 = 129702.62[L]$$

답 | 129702.62 [L]

나. 계산과정

$$Q_2[L] = N \times 400[L/min] \times 20[min] \times (1-S)$$

$$= 3[개] \times 400[L/min] \times 20[min] \times 0.97 = 23280[L]$$

답 | 23280 [L]

11

그림과 같이 각 층의 평면구조가 모두 같은 지하 1층 ~ 지상 4층의 사무실용도 건물이 있다. 이 건물의 전 층에 걸쳐 습식 스프링클러설비 및 옥내소화전설비를 하나의 수조 및 소화펌프와 연결하여 적법하게 설치하고자 한다. 다음의 각 물음에 답하시오. (단, 각 층당 높이는 4 [m]이며, 지하 1층에 설치된 소방펌프의 풋밸브로부터 최고위 헤드까지의 수직거리는 18 [m]라고 가정한다)

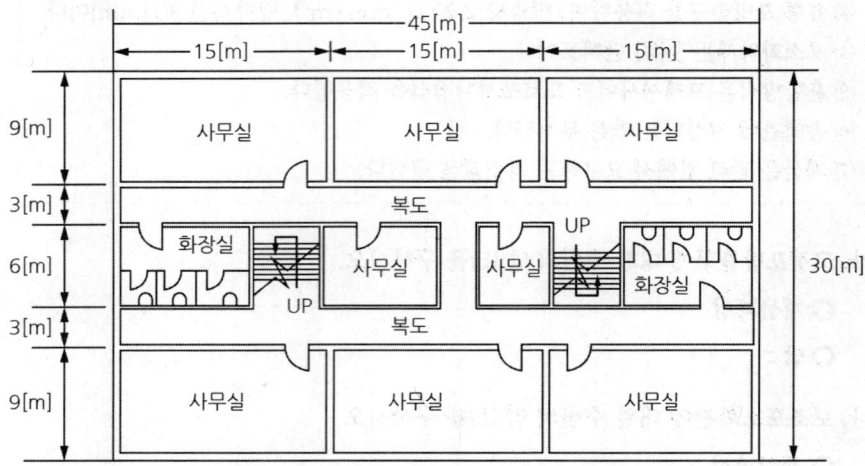

가. 옥내소화전의 최소 설치개수를 구하시오.

   ◯ 계산과정 :

   ◯ 답 :

나. 펌프의 정격 토출량 [L/min]을 구하시오.

   ◯ 계산과정 :

   ◯ 답 :

다. 수조의 저수량 [m³]을 구하시오. (단, 옥상수조는 고려하지 않는다)

   ◯ 계산과정 :

   ◯ 답 :

라. 충압펌프를 소화펌프 옆에 설치할 경우 충압펌프의 정격토출량과 정격토출압력 [MPa]을 구하시오.

   ◯ 답 :

마. 주수직배관의 최소 안지름 [mm]을 구하시오. (단, 65 [mm], 80 [mm], 90 [mm], 100 [mm] 중에서 선택하고, 최대 허용유속은 3 [m/s]이다)

　　○ 계산과정 :

　　○ 답 :

바. 알람밸브의 최소 설치개수를 구하시오.

　　○ 계산과정 :

　　○ 답 :

사. 옥내소화전의 앵글밸브 인입 측 배관의 호칭구경 [mm]은 얼마 이상이어야 하는지 쓰시오.

　　○ 답 :

정답

가. 계산과정

$$\frac{\sqrt{45^2 + 30^2}}{50} = 1.08 ≒ 2[개]$$

$$2 \times 5 = 10[개]$$

[별해]

$2Rcos45 = 2 \times 25[m] \times cos45 = 35.355 ≒ 35.36[m]$

(1) 가로열에 설치할 소화전의 개수 : $\frac{45[m]}{35.36[m/개]} = 1.27 → 2[개]$

(2) 세로열에 설치할 소화전의 개수 : $\frac{30[m]}{35.36[m/개]} = 0.848 → 1[개]$

(3) 층당 설치할 소화전의 최소 개수 $= 2 \times 1 = 2[개]$

(4) 총 5개의 층이므로 옥내소화전의 최소 설치개수 $= 2[개/층] \times 5[층] = 10[개]$

답 | 10 [개]

나. 계산과정

① 스프링클러설비에 필요한 토출량 : $N \times 80[L/min] = 10 \times 80 = 800[L/min]$
(지하층을 제외한 층수가 10층 이하인 특정소방대상물이면서 공장, 근린생활시설·판매시설·운수시설 또는 복합건축물이 아니므로 헤드의 부착 높이에 따라 기준개수를 산정한다. 이때 층당 높이가 4 [m]이므로 헤드의 부착 높이가 8 [m] 미만이다. 따라서 기준개수는 10개이다)

② 옥내소화전에 필요한 토출량 : $N \times 130[L/min] = 2 \times 130 = 260[L/min]$

③ 펌프 토출량 = 스프링클러설비에 필요한 토출량 + 옥내소화전에 필요한 토출량
$$= 800 + 260 = 1060[L/min]$$

답 | 1060 [L/min]

2021

핵심이론 1 스프링클러설비의 펌프 토출량

□ 펌프 토출량

N(기준개수) × 80 [L/min]

※ N : 스프링클러설비 설치장소별 스프링클러헤드의 기준개수
[스프링클러헤드의 설치개수가 가장 많은 층에 설치된 스프링클러헤드의 개수가
기준개수보다 작은 경우에는 그 설치개수를 말함]

□ 스프링클러설비 설치장소별 기준개수

스프링클러설비의 설치장소			기준개수
지하층을 제외한 층수가 10층 이하인 특정소방대상물	공장	특수가연물을 저장·취급하는 것	30
		그 밖의 것	20
	근린생활시설·판매시설· 운수시설 또는 복합건축물	판매시설 또는 복합건축물 (판매시설이 설치된 복합건축물)	30
		그 밖의 것	20
	그 밖의 것	헤드의 부착 높이가 8 [m] 이상인 것	20
		헤드의 부착 높이가 8 [m] 미만인 것	**10**
지하층을 제외한 층수가 11층 이상인 특정소방대상물(아파트 제외)·지하가 또는 지하역사			30
아파트등	아파트등의 각 동이 주차장으로 서로 연결되지 않은 구조인 경우		10
	아파트등의 각 동이 주차장으로 서로 연결된 구조인 경우		30
라지드롭형 스프링클러헤드를 설치한 창고시설			30

[비고] 하나의 소방대상물이 2 이상의 "스프링클러헤드의 기준개수"란에 해당하는 때에는 기준
개수가 많은 것을 기준으로 한다. 다만 각 기준개수에 해당하는 수원을 별도로 설치하는
경우에는 그렇지 않다.

핵심이론 2 옥내소화전설비의 펌프 토출량

층수	펌프 토출량
29층 이하	**N(최대 2개) × 130 [L/min]**
30층 이상	N(최대 5개) × 130 [L/min]

※ N : 옥내소화전의 설치개수가 가장 많은 층의 설치개수
(29층 이하 : 2개 이상 설치된 경우에는 2개,
30층 이상 : 5개 이상 설치된 경우에는 5개)

다. 계산과정

$1060[L/min] \times 20[min] = 21200[L] = 21.2[m^3]$
(29층 이하일 경우 최소 수원의 양은 20분 기준으로 산정함)

답 | 21.2 [m³]

라. 정격토출량 : 정상적인 누설량 이상

정격토출압력 : $0.18 + 0.2 = 0.38[MPa]$

> **스프링클러설비의 화재안전기술기준(NFTC 103)**
> 2.2.1.14 기동용 수압개폐장치를 기동장치로 사용할 경우에는 다음의 기준에 따른 충압펌프를 설치할 것
> 2.2.1.14.1 펌프의 토출압력은 그 설비의 최고위 살수장치(일제개방밸브의 경우는 그 밸브)의 자연압보다 적어도 0.2 [MPa]이 더 크도록 하거나 가압송수장치의 정격토출압력과 같게 할 것
> 2.2.1.14.2 펌프의 정격토출량은 정상적인 누설량보다 적어서는 안 되며, 스프링클러설비가 자동적으로 작동할 수 있도록 충분한 토출량을 유지할 것

답 | 정격토출량 : 정상적인 누설량 이상, 정격토출압력 : 0.38 [MPa]

마. 계산과정

$$D = \sqrt{\frac{4 \times Q[m^3/s]}{\pi \times V[m/s]}} = \sqrt{\frac{4 \times \frac{1.06}{60}}{\pi \times 3}} ≒ 0.0865[m] = 86.5[mm]$$

답 | 90 [mm]

바. 계산과정

① 1개 층에 설치해야 하는 유수검지장치(알람밸브)의 최소 개수

$$\frac{층당 바닥면적}{하나의 방호구역의 최대 바닥면적} = \frac{45 \times 30[m^2]}{3000[m^2]} = 0.45 ≒ 1[개]$$

② 전층에 설치해야 하는 유수검지장치(알람밸브)의 최소 개수

$1[개/층] \times 5[층] = 5[개]$

답 | 5 [개]

> **스프링클러설비의 화재안전기술기준(NFTC 103)**
> 2.3.1 폐쇄형 스프링클러헤드를 사용하는 설비의 방호구역(스프링클러설비의 소화범위에 포함된 영역을 말한다. 이하 같다) 및 유수검지장치는 다음의 기준에 적합해야 한다.
> 2.3.1.1 하나의 방호구역의 바닥면적은 3000 [m²]를 초과하지 않을 것. 다만 폐쇄형 스프링클러설비에 격자형 배관방식(2 이상의 수평주행배관 사이를 가지배관으로 연결하는 방식을 말한다)을 채택하는 때에는 3700 [m²] 범위 내에서 펌프용량, 배관의 구경 등을 수리학적으로 계산한 결과 헤드의 방수압 및 방수량이 방호구역 범위 내에서 소화목적을 달성하는 데 충분하도록 해야 한다.
> 2.3.1.2 하나의 방호구역에는 1개 이상의 유수검지장치를 설치하되, 화재 시 접근이 쉽고 점검하기 편리한 장소에 설치할 것
> 2.3.1.3 하나의 방호구역은 2개 층에 미치지 않도록 할 것. 다만 1개 층에 설치되는 스프링클러헤드의 수가 10개 이하인 경우와 복층형 구조의 공동주택에는 3개 층 이내로 할 수 있다.

사. 40 [mm]

핵심이론 스프링클러설비 수원의 양(주수원) – 폐쇄형 스프링클러헤드의 경우

□ 수원의 양

층수	수원의 양
29층 이하	N(기준개수) × 80 [L/min] × 20 [min](= N × 1.6 [m³])
30층 이상 49층 이하	N(기준개수) × 80 [L/min] × 40 [min](= N × 3.2 [m³])
50층 이상	N(기준개수) × 80 [L/min] × 60 [min](= N × 4.8 [m³])

※ N : 스프링클러설비 설치장소별 스프링클러헤드의 기준개수
[스프링클러헤드의 설치개수가 가장 많은 층에 설치된 스프링클러헤드의 개수가
기준개수보다 작은 경우에는 그 설치개수를 말함]

□ 스프링클러설비 설치장소별 기준개수

스프링클러설비의 설치장소			기준개수
지하층을 제외한 층수가 10층 이하인 특정소방대상물	공장	특수가연물을 저장·취급하는 것	30
		그 밖의 것	20
	근린생활시설·판매시설· 운수시설 또는 복합건축물	판매시설 또는 복합건축물 (판매시설이 설치된 복합건축물)	30
		그 밖의 것	20
	그 밖의 것	헤드의 부착 높이가 8 [m] 이상인 것	20
		헤드의 부착 높이가 8 [m] 미만인 것	10
지하층을 제외한 층수가 11층 이상인 특정소방대상물(아파트 제외)·지하가 또는 지하역사			30
아파트등	아파트등의 각 동이 주차장으로 서로 연결되지 않은 구조인 경우		10
	아파트등의 각 동이 주차장으로 서로 연결된 구조인 경우		30
라지드롭형 스프링클러헤드를 설치한 창고시설			30

[비고] 하나의 소방대상물이 2 이상의 "스프링클러헤드의 기준개수"란에 해당하는 때에는 기준
개수가 많은 것을 기준으로 한다. 다만 각 기준개수에 해당하는 수원을 별도로 설치하는
경우에는 그렇지 않다.

※ 기준개수 : 화재발생 시 동시에 개방되는 스프링클러헤드의 개수

12

득점		배점	4

소화약제로서 물의 특징 4가지를 쓰시오.

①

②

③

④

정답

① 가격이 싸다.

② 쉽게 구할 수 있다.

③ 열흡수가 매우 크다.

④ 사용방법이 비교적 간단하다.

13

득점 | 배점 | 10

그림은 어느 일제개방형 스프링클러설비 계통의 일부 도면이다. 주어진 조건을 참조하여 이 설비가 작동되었을 경우 다음 표를 완성하시오.

조건

(1) 속도수두는 무시하고 표의 마찰손실만 고려할 것

(2) 방출유량은 방출계수 K값을 산출하여 적용하고 계산과정을 명기할 것

(3) 배관부속 및 밸브류는 무시하며 관길이만 고려할 것

(4) 입력항목은 계산된 압력수치를 명기하고 배관은 시작점의 압력을 명기할 것

(5) 살수 시 최저방수압이 걸리는 헤드에서의 방수압은 0.1 [MPa]이다. (단, 각 헤드의 방수압이 같지 않음을 유의할 것)

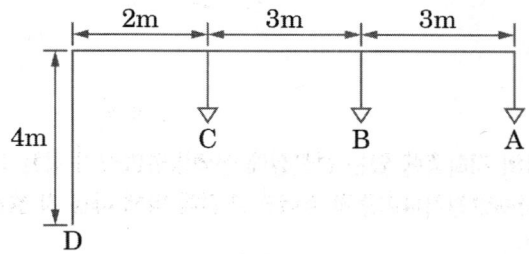

구간	유량 [L/min]	길이 [m]	1 [m]당 마찰손실 [MPa]	구간손실 [MPa]	낙차 [m]	손실계 [MPa]
헤드 A	80	–	–	–	–	0.1
A ~ B	80	3	0.01	(1)	0	(2)
헤드 B	(3)	–	–	–	–	–
B ~ C	(4)	3	0.02	(5)	0	(6)
헤드 C	(7)	–	–	–	–	–
C ~ D	(8)	6	0.01	(9)	4	(10)

정답

구간	유량 [L/min]	길이 [m]	1 [m]당 마찰손실 [MPa]	구간손실 [MPa]	낙차 [m]	손실계 [MPa]
헤드 A	80	–	–	–	–	0.1
A ~ B	80	3	0.01	(1) 3×0.01 $= 0.03$	0	(2) $0.1 + 0.03$ $= 0.13$
헤드 B	(3) $K = \dfrac{80}{\sqrt{10 \times 0.1}} = 80$ $Q_B = 80\sqrt{10 \times 0.13}$ $= 91.214$ $\fallingdotseq 91.21$	–	–	–	–	–
B ~ C	(4) $80 + 91.21 = 171.21$	3	0.02	(5) 3×0.02 $= 0.06$	0	(6) $0.13 + 0.06$ $= 0.19$
헤드 C	(7) $Q_C = 80\sqrt{10 \times 0.19}$ $= 110.272$ $\fallingdotseq 110.27$	–	–	–	–	–
C ~ D	(8) $80 + 91.21 + 110.27$ $= 281.48$	6	0.01	(9) 6×0.01 $= 0.06$	4	(10) $0.19 + 0.06 + 0.04$ $= 0.29$

14

| 득점 | | 배점 | 12 |

어떤 사무소 건물의 지하층에 있는 전산실에 전역방출방식의 할론 1301 설비를 설치하고자 한다. 화재안전기술기준과 주어진 조건에 의해 다음 각 물음에 답하시오.

조건

(1) 소화설비는 고압식으로 한다.
(2) 약제저장용기의 밸브개방방식은 기체압식(뉴메틱식)이다.
(3) 전산실의 크기 : 가로 10 [m] × 세로 9 [m] × 높이 3 [m]
(4) 전산실의 개구부 크기 : 가로 1 [m] × 세로 1 [m](자동폐쇄장치 없음)
(5) 충전비 : 1.6, 약제저장용기의 내용적 : 68 [L]
(6) 저장용기는 공용으로 한다.

가. 이 설비에 필요한 최소 소요약제량은 몇 [kg]인가?

　○ 계산과정 :

　○ 답 :

나. 필요한 약제저장용기는 최소 몇 병인가?

　○ 계산과정 :

　○ 답 :

다. 저장용기 간의 간격은 점검에 지장이 없도록 몇 [cm] 이상의 간격을 유지하여야 하는가?

　○ 답 :

정답

★· 핵심이론 할론소화설비(할론 1301) 전역방출방식 약제량 산정

$W = (V \times \alpha) + (A \times \beta)$

W : 약제량 [kg], V : 방호구역의 체적 [m³]
α : 방호구역 1 [m³]에 대한 소화약제의 양 [kg/m³]
A : 개구부 면적 [m²], β : 개구부 가산량 [kg/m²]
(개구부에 자동폐쇄장치 미설치 시 가산)

소방대상물 또는 그 부분	방호구역의 체적 1 [m³]당 소화약제의 양 [kg/m³] α	개구부 가산량 [kg/m²] β
• 차고·주차장·전기실·통신기기실·전산실 등 이와 유사한 전기설비가 설치되어 있는 부분 • 특수가연물(가연성 고체류, 가연성 액체류, 합성수지류)을 저장·취급하는 소방대상물 또는 그 부분	**0.32 이상** 0.64 이하	**2.4**
특수가연물(면화류, 나무껍질 및 대팻밥, 넝마 및 종이부스러기, 사류, 볏짚류, 목재가공품 및 나무부스러기)을 저장·취급하는 소방대상물 또는 그 부분	0.52 이상 0.64 이하	3.9

가. 계산과정

$W = (V \times \alpha) + (A \times \beta)$
$= (10 \times 9 \times 3) \times 0.32 + (1 \times 1) \times 2.4 = 88.8 \, [kg]$

답 | 88.8 [kg]

나. 계산과정

저장용기의 충전비 = $\dfrac{\text{소화약제 저장용기의 내부 용적} [L]}{\text{소화약제 중량} [kg]}$

① 소화약제 중량 = $\dfrac{68[L]}{1.6} = 42.5 \, [kg]$

② 병 수 = $\dfrac{88.8[kg]}{42.5[kg/\text{병}]} = 2.08 ≒ 3 [\text{병}]$

답 | 3 [병]

다. 3 [cm] 이상

15

그림과 같은 어느 판매시설에 제연설비를 설치하고자 한다. 다음 조건을 이용하여 물음에 답하시오.

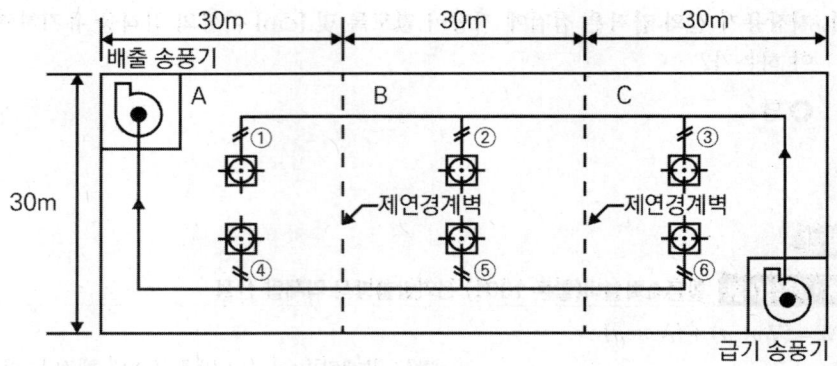

조건

(1) 층고는 4.3 [m]이며, 천장고는 2.5 [m]이다.

(2) 제연방식은 상호제연으로 하며, 제연경계벽은 천장으로부터 0.8 [m]이다.

(3) 송풍기 동력 산출과 관련하여 덕트의 손실은 24 [mmAq], 덕트부속류의 손실은 13 [mmAq], 배출구의 손실은 8 [mmAq], 송풍기 효율은 65 [%], 여유율은 20 [%]로 한다.

(4) 예상제연구역의 배출량은 다음을 기준으로 한다.

 ㉠ 예상제연구역이 바닥면적 400 [m²] 미만일 경우 : 바닥면적 1 [m²]당 1 [m³/min] 이상으로 하되, 예상제연구역 전체에 대한 최저배출량은 5000 [m³/h]로 할 것

 ㉡ 예상제연구역이 바닥면적 400 [m²] 이상으로 직경 40 [m]인 원 안에 있을 경우

수직거리	배출량
2 [m] 이하	40000 [m³/h]
2 [m] 초과 2.5 [m] 이하	45000 [m³/h]
2.5 [m] 초과 3 [m] 이하	50000 [m³/h]
3 [m] 초과	60000 [m³/h]

 ㉢ 예상제연구역이 바닥면적 400 [m²] 이상으로 직경 40 [m]인 원의 범위를 초과할 경우

수직거리	배출량
2 [m] 이하	45000 [m³/h]
2 [m] 초과 2.5 [m] 이하	50000 [m³/h]
2.5 [m] 초과 3 [m] 이하	55000 [m³/h]
3 [m] 초과	65000 [m³/h]

(5) 배출풍도 강판의 최소두께기준은 다음과 같다.

풍도단면의 긴 변 또는 지름의 크기	450 [mm] 이하	450 [mm] 초과 750 [mm] 이하	750 [mm] 초과 1500 [mm] 이하	1500 [mm] 초과 2250 [mm] 이하	2250 [mm] 초과
강판두께	0.5 [mm]	0.6 [mm]	0.8 [mm]	1.0 [mm]	1.2 [mm]

가. 필요한 배출량 [m³/h]은 얼마인지 구하시오.

　◯ 계산과정 :

　◯ 답 :

나. 배출기의 배출 측 덕트의 폭 [mm]은 얼마 이상인지 구하시오. (단, 덕트의 높이는 500 [mm]로 일정하다고 가정한다)

　◯ 계산과정 :

　◯ 답 :

다. 배출풍도 강판의 최소 두께 [mm]를 구하시오. (단, 배출풍도의 크기는 '나'항에서 구한 값을 기준으로 한다)

　◯ 계산과정 :

　◯ 답 :

라. B구역 화재 시 배출 및 급기댐퍼(그림 ① ~ ⑥)의 개폐를 구분하여 해당하는 부분에 각각의 번호를 쓰시오.

　◯ 답

　　⑴ 열린 댐퍼 :

　　⑵ 닫힌 댐퍼 :

마. 배출 송풍기의 전동기에 요구되는 최소 동력 [kW]을 구하시오.

　◯ 계산과정 :

　◯ 답 :

정답

📁 참고 **제연설비의 화재안전기술기준(NFTC 501) – 배출량**

(1) 거실의 바닥면적이 400 [m²] 미만으로 구획된 예상제연구역에 대한 배출량

바닥면적 1 [m²]당 1 [m³/min] 이상으로 하되, 예상제연구역에 대한 최소 배출량은 5000 [m³/hr] 이상으로 할 것

$$Q = A[m^2] \times 1[m^3/min \cdot m^2] \times 60[min/hr]$$

여기서 Q : 배출량 [m³/hr] (최소 배출량은 5000 [m³/hr] 이상)

A : 바닥면적 [m²]

(2) 바닥면적 400 [m²] 이상인 거실의 예상제연구역의 배출량

① 예상제연구역이 직경 40 [m]인 원의 범위 안에 있을 경우

배출량 40000 [m³/hr] 이상

다만 예상제연구역이 제연경계로 구획된 경우에는 그 수직거리에 따른 배출량으로 산정

수직거리	배출량
2 [m] 이하	40000 [m³/hr] 이상
2 [m] 초과 2.5 [m] 이하	45000 [m³/hr] 이상
2.5 [m] 초과 3 [m] 이하	50000 [m³/hr] 이상
3 [m] 초과	60000 [m³/hr] 이상

② 예상제연구역이 직경 40 [m]인 원의 범위를 초과할 경우

배출량 45000 [m³/hr] 이상

다만 예상제연구역이 제연경계로 구획된 경우에는 그 수직거리에 따른 배출량으로 산정

수직거리	배출량
2 [m] 이하	45000 [m³/hr] 이상
2 [m] 초과 2.5 [m] 이하	50000 [m³/hr] 이상
2.5 [m] 초과 3 [m] 이하	55000 [m³/hr] 이상
3 [m] 초과	65000 [m³/hr] 이상

가. 계산과정

바닥면적 $= 30 \times 30 = 900 [m^2]$ → 예상제연구역이 바닥면적 400 [m²] 이상

직경 $= \sqrt{30^2 + 30^2} = 42.426 ≒ 42.43 [m]$ → 예상제연구역이 직경 40 [m]인 원의 범위를 초과

수직거리 $= 2.5 - 0.8 = 1.7 [m]$ → 수직거리가 2 [m] 이하

따라서 최소 배출량 $= 45000 [m^3/hr]$

답 | 45000 [m³/hr]

나. 계산과정

$$단면적 = \frac{Q}{V} = \frac{\frac{45000}{3600}[m^3/s]}{20[m/s]} = 0.625[m^2] = 625000[mm^2]$$

$$덕트\ 폭 = \frac{425000[mm^2]}{500[mm]} = 1250[mm]$$

답 | 1250 [mm]

다. 계산과정

덕트 폭이 1250 [mm]로 '750 [mm] 초과 1500 [mm] 이하'이므로 0.8 [mm]

배출풍도 강판의 두께					
풍도단면의 긴 변 또는 직경의 크기	450 [mm] 이하	450 [mm] 초과 750 [mm] 이하	750 [mm] 초과 1500 [mm] 이하	1500 [mm] 초과 2250 [mm] 이하	2250 [mm] 초과
강판 두께	0.5 [mm]	0.6 [mm]	0.8 [mm]	1.0 [mm]	1.2 [mm]

답 | 0.8 [mm]

라. (1) 열린 댐퍼 : ①, ③, ⑤

　(2) 닫힌 댐퍼 : ②, ④, ⑥

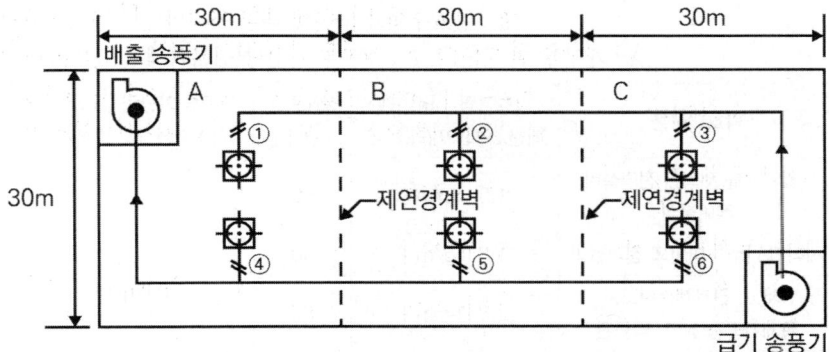

마. 계산과정

$$소요동력\ P[kW] = \frac{P_t[mmAq] \times Q[m^3/s]}{102\eta} \times K$$

$$P_t = (24 + 13 + 8)[mmAq]$$

$$P = \frac{(24 + 13 + 8)[mmAq] \times \frac{45000}{3600}[m^3/s]}{102 \times 0.65} \times 1.2 = 10.18[kW]$$

답 | 10.18 [kW]

16

다음 조건을 참조하여 전역방출방식인 이산화탄소소화설비에 대한 약제저장량 [kg]을 구하시오.

> **조건**
>
> (1) 면화류 창고의 바닥면적은 8 [m] × 6 [m]이며, 개구부의 크기는 2 [m] × 3 [m] 로 2개소이며 자동폐쇄장치가 설치되어 있지 않다.
> (2) 방호구역의 체적 1 [m³]에 대한 소화약제의 양은 2.7 [kg]이다.
> (3) 각 층의 실고는 3 [m]이다.

O 계산과정 :

O 답 :

정답

📌 **핵심이론** 이산화탄소소화설비 전역방출방식 심부화재 약제량 산정

$$W = (V \times \alpha) + (A \times \beta)$$

W : 약제량 [kg], V : 방호구역 체적 [m³]

α : 방호구역 1 [m³]에 대한 소화약제의 양 [kg/m³]

A : 개구부 면적 [m²], β : 개구부 가산량(심부화재 : 10 [kg/m²])

방호대상물	방호구역 1 [m³]에 대한 소화약제의 양 α	설계농도 [%]	개구부 가산량 [kg/m²] β (자동폐쇄장치 미설치 시)
유압기기를 제외한 전기설비, 케이블실	1.3 [kg/m³]	50	
체적 55 [m³] 미만의 전기설비	1.6 [kg/m³]	50	10 [kg/m²]
서고, **전**자제품창고, **목**재가공품 창고, **박**물관	2.0 [kg/m³]	65	
고무류, **모**피창고, **집**진설비, **석**탄창고, **면**화류 창고	2.7 [kg/m³]	75	

암기 ▶ 서전목박

암기 ▶ 고모집석면

✓ 계산과정

$$W = (V \times \alpha) + (A \times \beta) = (8 \times 6 \times 3) \times 2.7 + (2 \times 3 \times 2) \times 10 = 508.8[kg]$$

답 | 508.8 [kg]

MOAG

모아바 www.moa-ba.com
모아소방전기학원 www.moate.co.kr

격차를 뛰어넘어 압도적인 격차를 만들다

2020

2020.05.24
2020년 1회

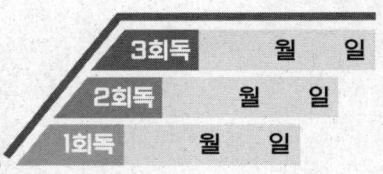

3회독 　월　일
2회독 　월　일
1회독 　월　일

점수 :

01
득점 ｜ 배점 5

어느 특정소방대상물에 옥외소화전 3개를 화재안전기술기준과 다음 조건에 따라 설치하려고 한다. 펌프의 전양정 [m]을 구하시오.

조건
(1) 펌프의 효율은 60 [%], 전달계수는 1.1이다.
(2) 펌프의 동력은 31.4 [kW]이다.

○ 계산과정 :
○ 답 :

정답

☑ 계산과정

$$소요동력 \ P[kW] = \frac{\gamma[kN/m^3] \times Q[m^3/s] \times H[m]}{\eta} \times K$$

$$Q = 2[개] \times 350[L/min] = 700[L/min]$$

$$31.4[kW] = \frac{9.8[kN/m^3] \times \frac{0.7}{60}[m^3/s] \times H[m]}{0.6} \times 1.1$$

$$\therefore H = 149.80[m]$$

답 ｜ 149.8 [m]

참고 옥외소화전설비의 펌프토출량, 수원, 전양정

구분	옥외소화전설비
펌프 토출량	N × 350 [L/min] 여기서 N : 옥외소화전의 설치개수 (옥외소화전이 2개 이상 설치된 경우에는 2개)
수원의 유효수량	N × 350 [L/min] × 20 [min] (= N × 7[m³]) 여기서 N : 옥외소화전의 설치개수 (옥외소화전이 2개 이상 설치된 경우에는 2개)
전양정	H = h₁ + h₂ + h₃ + 25 여기서 H : 전양정 [m], h₁ : 낙차(실양정) [m] h₂ : 배관 및 관부속품의 마찰손실수두 [m], h₃ : 호스 마찰손실수두 [m] 25 : 최소 방수압 환산수두 [m](0.25 [MPa])

02

득점 | 배점 | 5

제연설비의 배연기 풍량이 1500 [m³/min]이고 소요전압이 4 [mmHg], 효율이 60 [%]일 때 배출기의 이론 소요동력 [kW]을 구하시오.

○ 계산과정 :

○ 답 :

정답

☑ 계산과정

$$소요동력\ P[kW] = \frac{P_t[mmAq] \times Q[m^3/s]}{102\eta} \times K$$

$$P[kW] = \frac{P_t[mmAq] \times Q[\mathrm{m}^3/\mathrm{s}]}{102 \times \eta} \times K$$

$$= \frac{\left(4[mmHg] \times \dfrac{10332[mmAq]}{760[mmHg]}\right) \times \dfrac{1500}{60}[m^3/s]}{102 \times 0.6} = 22.21[kW]$$

답 | 22.21 [kW]

03

득점 | 배점 | 5

폐쇄형 헤드를 사용하는 연결살수설비의 주배관은 어디에 접속되어야 하는지 3가지를 쓰시오.

○ 답 :

정답

① 옥내소화전설비의 주배관(옥내소화전설비가 설치된 경우에 한한다)

② 수도배관(연결살수설비가 설치된 건축물 안에 설치된 수도배관 중 구경이 가장 큰 배관을 말한다)

③ 옥상에 설치된 수조(다른 설비의 수조를 포함한다)

04

제1·2종 분말소화설비의 화학식 및 열분해 반응식을 쓰시오.

가. 화학식

     ○ 제1종 분말 :

     ○ 제2종 분말 :

나. 화학 반응식

     ○ 제1종 분말 :

     ○ 제2종 분말 :

정답

가. 화학식

     ① 제1종 분말 : $NaHCO_3$

     ② 제2종 분말 : $KHCO_3$

나. 화학 반응식

     ① 제1종 분말 : $2NaHCO_3 \rightarrow Na_2CO_3 + H_2O + CO_2$

     ② 제2종 분말 : $2KHCO_3 \rightarrow K_2CO_3 + H_2O + CO_2$

05

차고·주차장에 적응성이 있는 분말소화약제의 명칭 및 주성분을 쓰시오.

○ 명칭 :

○ 주성분 :

정답

① 명칭 : 제3종 분말소화약제

② 주성분 : 제1인산암모늄($NH_4H_2PO_4$)

06

| 득점 | | 배점 | 6 |

다음은 특정소방대상물의 설치장소별 피난기구의 적응성에 대한 사항이다. 다음 각 물음에 답하시오.

가. 노유자시설 1층에 설치할 수 있는 피난기구 2가지를 쓰시오.

　○ 답 :

나. 숙박시설(5 ~ 9층)에 설치할 수 있는 피난기구 6가지를 쓰시오.

　○ 답 :

다. 다중이용업소(2 ~ 4층)에 설치할 수 있는 피난기구 6가지를 쓰시오.

　○ 답 :

정답

가. ① 미끄럼대
　　② 구조대
　　③ 다수인피난장비
　　④ 승강식 피난기
　　⑤ 피난교
　　위 5가지 중 2가지 기술할 것
나. ① 구조대
　　② 다수인피난장비
　　③ 승강식 피난기
　　④ 완강기
　　⑤ 피난교
　　⑥ 피난사다리
　　(간이완강기, 공기안전매트 설치 불가함을 유의할 것)
다. ① 미끄럼대
　　② 구조대
　　③ 다수인피난장비
　　④ 승강식 피난기
　　⑤ 완강기
　　⑥ 피난사다리

📌 핵심이론 | **특정소방대상물의 설치장소별 피난기구의 적응성**

층별 장소별	1층	2층	3층	4층 이상 10층 이하
1. 노유자시설	• 미끄럼대 • 구조대 • 다수인피난장비 • 승강식 피난기 • 피난교	• 미끄럼대 • 구조대 • 다수인피난장비 • 승강식 피난기 • 피난교	• 미끄럼대 • 구조대 • 다수인피난장비 • 승강식 피난기 • 피난교	• 구조대[1] • 다수인피난장비 • 승강식 피난기 • 피난교
2. 의료시설·근린생활시설 중 입원실이 있는 의원·접골원·조산원	–	–	• 미끄럼대 • 구조대 • 다수인피난장비 • 승강식 피난기 • 피난교 • 피난용 트랩	• 구조대 • 다수인피난장비 • 승강식 피난기 • 피난교 • 피난용 트랩
3. 다중이용업소로서 영업장의 위치가 4층 이하인 다중이용업소	–	• 미끄럼대 • 구조대 • 다수인피난장비 • 승강식 피난기 • 완강기 • 피난사다리	• 미끄럼대 • 구조대 • 다수인피난장비 • 승강식 피난기 • 완강기 • 피난사다리	• 미끄럼대 • 구조대 • 다수인피난장비 • 승강식 피난기 • 완강기 • 피난사다리
4. 그 밖의 것	–	–	• 미끄럼대 • 구조대 • 다수인피난장비 • 승강식 피난기 • 완강기 • 간이완강기[2] • 공기안전매트 • 피난교 • 피난사다리 • 피난용 트랩	• 구조대 • 다수인피난장비 • 승강식 피난기 • 완강기 • 간이완강기[2] • 공기안전매트 • 피난교 • 피난사다리

[비고]

1) 구조대의 적응성은 장애인 관련 시설로서 주된 사용자 중 스스로 피난이 불가한 자가 있는 경우 추가로 설치하는 경우에 한한다.

2) 간이완강기의 적응성은 숙박시설의 3층 이상에 있는 객실에 추가로 설치하는 경우에 한한다.

07

옥내소화전설비 배관 내 사용압력에 따른 배관의 종류를 쓰시오.

가. 1.2 [MPa] 미만 (2가지)

　○ 답 :

나. 1.2 [MPa] 이상 (2가지)

　○ 답 :

정답

가. ① 배관용 탄소강관(KS D 3507)

　② 이음매 없는 구리 및 구리합금관(KS D 5301). 다만 습식의 배관에 한한다.

　③ 배관용 스테인리스강관(KS D 3576) 또는 일반배관용 스테인리스 강관(KS D 3595)

　④ 덕타일 주철관(KS D 4311)

　위 4가지 중 2가지 기술할 것

나. ① 압력배관용 탄소강관(KS D 3562)

　② 배관용 아크용접 탄소강 강관(KS D 3583)

08

제연설비에 대한 다음 각 물음에 답하시오.

가. 제연방식의 종류 3가지를 쓰시오.

　○ 답 :

나. 굴뚝효과(Stack Effect)의 정의와 발생하는 원인을 쓰시오.

　○ 답 :

정답

가. ① 자연제연방식, ② 스모크타워제연방식, ③ 기계제연방식

나. • 정의 : 건축물 내부의 온도가 바깥보다 높고 밀도가 낮을 때 건물 내의 공기는 부력을 받아 이동하는데, 이를 '굴뚝효과' 또는 '연돌효과'라고 한다.

　• 발생 원인 : 건축물의 내부와 외부 온도 차이로 인해 공기가 유동하는 것으로 건축물 내부의 온도가 바깥보다 높고 밀도가 낮을 때 건물 내의 공기는 부력으로 인해 생기는 현상이다.

09

포소화약제의 25 [%] 환원시간을 측정하는 목적 및 방법에 대하여 간단히 설명하시오.

⊙ 목적 :

⊙ 방법 :

정답

(1) 목적 : 포의 유지능력 정도를 측정하기 위하여

(2) 방법 : 포방사 후 포중량의 25 [%]가 원래의 포수용액으로 되돌아가는 데 걸리는 시간을 측정한다.

참고 25 [%] 환원시간

25 [%] 환원시간은 헤드에 사용하는 포소화약제의 혼합농도의 상한치 및 하한치에 있어서 사용압력의 상한치 및 하한치로 발포하는 경우 포소화약제의 종류에 따라 각각 다음 표의 수치 이상이어야 한다.

포소화약제의 종류	25 [%] 환원시간 [초]
단백포소화약제	60
합성계면활성제포소화약제	30
수성막포소화약제	60

• 방법 : 포방사 후 포중량의 25 [%]가 원래의 포수용액으로 되돌아가는 데 걸리는 시간을 측정한다.

1. 25 [%] 환원시간시험은 포발포시험과 동시에 실시한다.

2. 포의 25 [%] 환원시간은 채집한 포로부터 떨어지는 포수용액량이 용기 내의 포에 포함되어 있는 포수용액량의 25 [%](1/4)가 환원되는 시간을 측정한다.

3. 물을 유지하는 능력의 정도, 포의 유동성을 측정하며, 이 측정은 발포배율 측정의 시료로 하고 포시료의 정미중량을 4등분함으로써 포에 함유되어 있는 포수용액의 25 [%] 용량(단위 [mL])을 얻는다.

4. 단백포 및 합성계면활성포소화약제의 포가 환원되는 시간을 알기 위해서는 콘테이너를 콘테이너대에 놓고 일정시간 내에 콘테이너의 바닥에 고이는 액을 100 [mL] 용량의 투명용기에 받는다(포시료의 정미중량 180 [g]일 때(1 [g]을 1 [mL]로 환산)).

5. 수성막포소화약제의 포시료의 정미중량을 4등분함으로서 포에 함유되어 있는 포 수용액의 25 [%] 용량(단위 [mL])을 얻는다. 포를 환원하는 시간을 알기 위해서는 매스실린더를 평탄한 시험대에 놓고 일정 시간 내에 매스실린더의 바닥에 고인 액을 포와 쉽게 판별할 수 있을 때의 계량선을 읽는다(포시료의 정미중량 200 [g]일 때(1 [g]을 1 [mL]로 환산)).

10

득점		배점	13

LPG탱크에 물분무소화설비를 설치하고자 한다. 물분무헤드의 종류 4가지와 소화효과 4가지를 각각 쓰시오.

가. 물분무헤드의 종류

　○답 :

나. 소화효과

　○답 :

정답

가. 헤드 종류

충돌형 물분무헤드, 분사형 물분무헤드, 선회류형 물분무헤드, 디플렉터형 물분무헤드, 슬리트형 물분무헤드

위 5가지 중 4가지 기술할 것

참고 물분무헤드의 종류

종류	특징
충돌형	유수와 유수의 충돌에 의해 미세한 물방울을 만드는 방식
분사형	소구경의 오리피스로부터 고압 분사에 의해 확산 방출시키는 방식
선회류형	선회류와 직선류의 충돌 또는 선회류에 의해 확산 방출시키는 방식
디플렉터형(디프렉타형)	물방울을 반사판에 충돌시켜 미세물방울을 만드는 방식
슬리트형	수류를 슬릿(Slit - 긴 구멍)에 의해 수막상의 분무를 만드는 방식

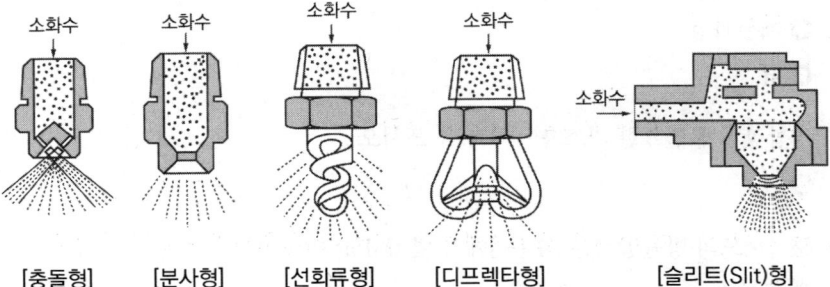

[충돌형]　[분사형]　[선회류형]　[디프렉타형]　[슬리트(Slit)형]

나. 소화효과
- 냉각효과
- 질식효과
- 유화효과
- 희석효과

11

어떤 사무소 건물의 지하층에 경유를 연료로 하는 발전기실 및 축전지실에 전역방출방식의 이산화탄소소화설비를 설치하려고 한다. 화재안전기술기준과 주어진 조건에 의하여 다음 각 물음에 답하시오.

조건

(1) 소화설비는 고압식으로 한다.
(2) 발전기실의 크기 : 가로 12 [m] × 세로 12 [m] × 높이 3 [m]
(3) 발전기실의 개구부 크기 : 4.48 [m] × 3.5 [m] × 1개소(자동폐쇄장치 없음)
(4) 축전지실의 크기 : 가로 6 [m] × 세로 4 [m] × 높이 3 [m]
(5) 축전지실의 개구부 크기 : 0.9 [m] × 2 [m] × 1개소(자동폐쇄장치 없음)
(6) 가스용기 1본당 충전량 : 45 [kg]
(7) 가스저장용기는 공용으로 한다.
(8) 가스량은 다음 표를 이용하여 산출한다.

방호구역의 체적 [m³]	소화약제의 양 [kg/m³]	소화약제저장량의 최저한도 [kg]
50 이상 150 미만	0.9	50
150 이상 1450 미만	0.8	135

가. 발전기실에 필요한 가스용기의 수를 구하시오.
- 계산과정 :
- 답 :

나. 축전지실에 필요한 가스용기의 수를 쓰시오.
- 계산과정 :
- 답 :

다. 집합장치에 필요한 가스용기의 수를 쓰시오.
- 답 :

라. 분사헤드의 방출압력은 21 [℃]에서 몇 [MPa] 이상이어야 하는지 쓰시오.
- 답 :

마. 이산화탄소소화설비의 배관 설치기준에 대한 다음 빈칸을 완성하시오.

강관을 사용하는 경우의 배관은 압력배관용 탄소강관(KS D 3562) 중 스케줄 (㉠)(저압식은 스케줄 40) 이상의 것 또는 이와 동등 이상의 강도를 가진 것으로 (㉡) 등으로 방식처리된 것을 사용할 것. (단, 배관의 호칭구경이 20 [mm] 이하인 경우에는 스케줄 40 이상인 것을 사용할 수 있다)

바. 이산화탄소소화약제 저장용기 설치장소의 최대온도는 몇 [℃]인가?

○ 답 :

정답

가. 계산과정

방호구역이 발전기실이므로 표면화재로 가정한다.

★ 핵심이론 이산화탄소소화설비 전역방출방식 표면화재 약제량 산정

$W = (V \times \alpha) \times N + (A \times \beta)$

W : 약제량 [kg], V : 방호구역의 체적 [m³]
α : 방호구역 1 [m³]에 대한 소화약제의 양 [kg/m³]
A : 개구부 면적 [m²], β : 개구부 가산량 [kg/m²]
N : 보정계수(설계농도가 34 [%] 이상인 방호대상물의 소화약제량을 구할 때 보정계수를 곱하여 산출함)

방호구역의 체적	방호구역의 체적 1 [m³]에 대한 소화약제의 양 α	최저한도의 양	개구부 가산량 [kg/m²] β (자동폐쇄장치 미설치 시)
45 [m³] 미만	1 [kg/m³]	45 [kg](1병)	5 [kg/m²]
45 [m³] 이상 150 [m³] 미만	0.9 [kg/m³]		
150 [m³] 이상 1450 [m³] 미만	0.8 [kg/m³]	135 [kg](3병)	
1450 [m³] 이상	0.75 [kg/m³]	1125 [kg](25병)	

이산화탄소소화설비 전역방출방식일 경우 위 표에 따라 약제량을 산정한다. (단, 문제 조건에 소화약제의 양 [kg/m³]이 주어져 있을 때는 주어진 조건에 따라 약제량을 구한다)

$V = 12 \times 12 \times 3 = 432 [m^3]$

$W = (V \times \alpha) + (A \times \beta)$

$\quad = 432 [m^3] \times 0.8 [kg/m^3] + (4.48 \times 3.5) [m^2] \times 5 [kg/m^2] = 424 [kg]$

가스용기 수 $= \dfrac{424 [kg]}{45 [kg/병]} = 9.422 = 10 [병]$ **답 | 10 [병]**

나. 계산과정

방호구역이 축전지실이므로 표면화재로 가정한다.

$V = 6 \times 4 \times 3 = 72 [m^3]$

$W = (V \times \alpha) + (A \times \beta)$

$\quad = 72 [m^3] \times 0.9 [kg/m^3] + (0.9 \times 2) [m^2] \times 5 [kg/m^2] = 73.8 [kg]$

가스용기 수 $= \dfrac{73.8 [kg]}{45 [kg/병]} = 1.64 = 2 [병]$ **답 | 2 [병]**

2020

다. 10 [병]

라. 2.1 [MPa]

마. ㉠ 80, ㉡ 아연도금

바. 40 [℃]

12
득점   배점 | 8

20층 아파트 건물에 스프링클러설비를 설치하려고 할 때 조건을 보고 다음 각 물음에 답하시오.

조건

(1) 실양정 : 100 [m]

(2) 배관, 관부속품의 총 마찰손실수두 : 실양정의 10 [%]

(3) 효율 : 60 [%]

(4) 전달계수 : 1.15

(5) 아파트의 각 동이 주차장으로 서로 연결된 구조가 아니다.

가. 이 설비가 확보하여야 할 수원의 양 [m³]을 구하시오. (옥상수조를 포함한다)

   ❍ 계산과정 :

   ❍ 답 :

나. 이 설비의 펌프의 방수량 [L/min]을 구하시오.

   ❍ 계산과정 :

   ❍ 답 :

다. 펌프의 전양정 [m]을 구하시오.

   ❍ 계산과정 :

   ❍ 답 :

라. 가압송수장치의 동력 [kW]을 구하시오.

   ❍ 계산과정 :

   ❍ 답 :

정답

가. 계산과정

아파트의 폐쇄형 스프링클러헤드 기준개수 10개

지하(전용)수조 $Q = 10[개] \times 80[L/min] \times 20[min]$

$= 16000[L] = 16[m^3]$

옥상수조 $Q = 16[m^3] \times \dfrac{1}{3} = 5.33[m^3]$

수원의 양 $16[m^3] + 5.33[m^3] = 21.33[m^3]$

> **참고** 공동주택의 화재안전성능기준(NFPC 608) – 제7조(스프링클러설비) [시행 2024.1.1.]
>
> 제7조(스프링클러설비) 스프링클러설비는 다음 각 호의 기준에 따라 설치해야 한다.
>
> 1. 폐쇄형 스프링클러헤드를 사용하는 아파트등은 기준개수 10개(스프링클러헤드의 설치개수가 가장 많은 세대에 설치된 스프링클러헤드의 개수가 기준개수보다 작은 경우에는 그 설치개수를 말한다)에 1.6 [m³]를 곱한 양 이상의 수원이 확보되도록 할 것. 다만 아파트등의 각 동이 주차장으로 서로 연결된 구조인 경우 해당 주차장 부분의 기준개수는 30개로 할 것

답 | 21.33 [m³]

나. 계산과정

$Q = 10[개] \times 80[L/min] = 800[L/min]$

답 | 800 [L/min]

다. 계산과정

① h_1(실양정) $= 100[m]$

② h_2(마찰손실) $= 100 \times 0.1 = 10[m]$

∴ $H = h_1 + h_2 + 10[m] = 100 + 10 + 10 = 120[m]$

> **핵심이론** 펌프의 전양정 [m]
>
> 전양정 $H = h_1 + h_2 + 10$
>
> h_1 : 낙차(실양정) [m]
> h_2 : 배관 및 관부속품의 마찰손실수두 [m]
> 10 : 스프링클러 최소 방수압 환산수두 [m]
> (0.1 [MPa])

답 | 120 [m]

라. 계산과정

$$P[kW] = \frac{9.8[kN/m^3] \times \dfrac{0.8}{60}[m^3/s] \times 120[m]}{0.6} \times 1.15 = 30.05[kW]$$

답 | 30.05 [kW]

★·핵심이론 **스프링클러설비 수원의 양(주수원) – 폐쇄형 스프링클러헤드의 경우**

□ 수원의 양

층수	수원의 양
29층 이하	N(기준개수) × 80 [L/min] × 20 [min](= N × 1.6 [m³])
30층 이상 49층 이하	N(기준개수) × 80 [L/min] × 40 [min](= N × 3.2 [m³])
50층 이상	N(기준개수) × 80 [L/min] × 60 [min](= N × 4.8 [m³])

※ N : 스프링클러설비 설치장소별 스프링클러헤드의 기준개수
[스프링클러헤드의 설치개수가 가장 많은 층에 설치된 스프링클러헤드의 개수가
기준개수보다 작은 경우에는 그 설치개수를 말함]

□ 스프링클러설비 설치장소별 기준개수

스프링클러설비의 설치장소			기준개수
지하층을 제외한 층수가 10층 이하인 특정소방대상물	공장	특수가연물을 저장·취급하는 것	30
		그 밖의 것	20
	근린생활시설·판매시설· 운수시설 또는 복합건축물	판매시설 또는 복합건축물 (판매시설이 설치된 복합건축물)	30
		그 밖의 것	20
	그 밖의 것	헤드의 부착 높이가 8 [m] 이상인 것	20
		헤드의 부착 높이가 8 [m] 미만인 것	10
지하층을 제외한 층수가 11층 이상인 특정소방대상물(아파트 제외)·지하가 또는 지하역사			30
아파트등	아파트등의 각 동이 주차장으로 서로 연결되지 않은 구조인 경우		10
	아파트등의 각 동이 주차장으로 서로 연결된 구조인 경우		30
라지드롭형 스프링클러헤드를 설치한 창고시설			30

[비고] 하나의 소방대상물이 2 이상의 "스프링클러헤드의 기준개수"란에 해당하는 때에는 기준 개수가 많은 것을 기준으로 한다. 다만 각 기준개수에 해당하는 수원을 별도로 설치하는 경우에는 그렇지 않다.

※ 기준개수 : 화재발생 시 동시에 개방되는 스프링클러헤드의 개수

13

| 득점 | | 배점 | 6 |

습식 스프링클러설비 및 부압식 스프링클러설비 외의 설비에 상향식 스프링클러헤드의 설치를 제외할 수 있는 경우 3가지를 쓰시오.

○ 답 :

정답

가. 드라이펜던트 스프링클러헤드를 사용하는 경우

나. 스프링클러헤드의 설치장소가 동파의 우려가 없는 곳인 경우

다. 개방형 스프링클러헤드를 사용하는 경우

참고 스프링클러설비의 화재안전기술기준(NFTC 103)

2.7.7.7 습식 스프링클러설비 및 부압식 스프링클러설비 외의 설비에는 상향식 스프링클러헤드를 설치할 것. 다만 다음의 어느 하나에 해당하는 경우에는 그렇지 않다.

(1) 드라이펜던트 스프링클러헤드를 사용하는 경우

(2) 스프링클러헤드의 설치장소가 동파의 우려가 없는 곳인 경우

(3) 개방형 스프링클러헤드를 사용하는 경우

※ 드라이펜던트 헤드

동파방지를 위해 헤드의 롱니플 내에 질소가스 또는 부동액이 채워져 있고, 유로를 차단하는 플런저가 설치되어 있어 헤드가 개방되지 않으면 물이 헤드의 몸체로 들어가지 않도록 설계된 헤드

14

| 득점 | | 배점 | 8 |

폭 1 [m], 길이 285 [m]의 컨베이어벨트에 물분무소화설비를 설치하고자 할 때 다음 물음에 답하시오.

가. 필요한 최소 수원의 양 [L]을 구하시오.

○ 계산과정 :

○ 답 :

나. 소화펌프의 최소 토출량 [L/min]을 구하시오.

○ 계산과정 :

○ 답 :

정답

가. 계산과정

[물분무소화설비 토출량/수원량 산정]

소방대상물	수원량 산정방법	비고
특수가연물을 저장·취급하는 특정소방대상물 또는 그 부분	A [m²] × 10 [L/min·m²] × 20 [min] 이상 (A : 바닥면적)	최대 방수구역의 바닥면적을 기준으로 함 50 [m²] 이하인 경우에는 50 [m²]
절연유 봉입 변압기	A [m²] × 10 [L/min·m²] × 20 [min] (A : 바닥부분을 제외한 표면적을 합한 면적)	–
컨베이어벨트 등	A [m²] × 10 [L/min·m²] × 20 [min] (A : 벨트 부분의 바닥면적)	–
케이블 트레이, 케이블 덕트 등	A [m²] × 12 [L/min·m²] × 20 [min] (A : 투영된 바닥면적)	–
차고·주차장	A [m²] × 20 [L/min·m²] × 20 [min] (A : 바닥면적)	최대 방수구역의 바닥면적을 기준으로 함 50 [m²] 이하인 경우에는 50 [m²]

컨베이어벨트일 때 수원량 산정 시 벨트 부분의 바닥면적으로 산정한다(A = 폭 × 길이).

수원량 $= (1[m] \times 285[m]) \times 10[L/min \cdot m^2] \times 20[min] = 57000[L]$

답 | 57000 [L]

나. 계산과정

토출량 $= (1[m] \times 285[m]) \times 10[L/min \cdot m^2] = 2850[L/min]$

답 | 2850 [L/min]

15

득점 | 배점 5

어느 옥내소화전에 개폐밸브(앵글밸브)를 열고 유량과 압력을 측정하였더니 관창의 압력이 0.17 [MPa], 유량이 130 [L/min]이었다. 이 소화전에서 유량을 200 [L/min]으로 하려면 압력 [MPa]은 얼마가 되어야 하는지 구하시오.

○ 계산과정 :

○ 답 :

정답

☑ 계산과정

$Q \propto \sqrt{P}$ 이므로

$\sqrt{0.17} : 130 = \sqrt{x} : 200$

$\therefore x = \left(\dfrac{\sqrt{0.17}}{130} \times 200\right)^2 = 0.40 [\mathrm{MPa}]$

답 | 0.40 [MPa]

📂 참고 방수량공식

$Q = 2.086 \times D^2 \times \sqrt{P}$

Q : 방수량 [L/min], D : 관경(노즐구경) [mm], P : 방수압력 [MPa]

16

| 득점 | | 배점 | 5 |

펌프의 토출 측 압력계는 0.365 [MPa], 흡입 측 연성계는 160 [mmHg]를 지시하고 있다. 펌프의 전양정 [m]은? (단, 토출 측 압력계는 펌프로부터 65 [cm] 높게 설치되어 있다)

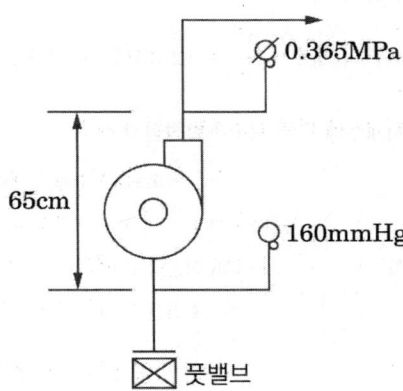

정답

① 흡입 측 전양정 : $160[mmHg] \times \dfrac{10.332[m]}{760[mmHg]} = 2.175[m]$

② 토출 측 전양정 : $0.365[MPa] \times \dfrac{10.332[mAq]}{0.101325[MPa]} = 37.219[m]$

H = 흡입 측 전양정 + 토출 측 전양정 + 높이

$= 2.175 + 37.219 + 0.65 = 40.044 ≒ 40.04[m]$

답 | 40.04 [m]

2020.07.26

2020년 2회

점수 :

01

| 득점 | | 배점 | 6 |

다음은 옥외소화전설비에 관한 사항이다. 각 옥외소화전 설치개수에 따른 옥외소화전함의 개수를 쓰시오.

옥외소화전	7개	11개	37개
옥외소화전함의 개수	가. ( )	나. ( )	다. ( )

정답

가. 옥외소화전 : 7개 ⇒ 함의 개수 : 7개

나. 옥외소화전 : 11개 ⇒ 함의 개수 : 11개

다. 옥외소화전 : 37개 ⇒ 함의 개수 : $\dfrac{37}{3}$ = 12.33(절상) ≒ 13개

▶참고 옥외소화전 설치개수에 따른 옥외소화전함의 개수

옥외소화전 설치개수	옥외소화전함의 개수
10 [개] 이하	옥외소화전마다 5 [m] 이내의 장소에 1 [개] 이상 설치
11 [개] 이상 30 [개] 이하	11 [개] 이상의 소화전함을 각각 분산하여 설치
31 [개] 이상	옥외소화전 3 [개]마다 1 [개] 이상 설치

답 | 가. 7 [개], 나. 11 [개], 다. 13 [개]

02

득점 | 배점 | 5

옥외소화전설비의 방수압력이 0.36 [MPa]이었다. 노즐을 통하여 방수되는 토출량 [L/min]을 구하시오. (단, 노즐의 구경은 19 [mm]이다)

○ 계산과정 :

○ 답 :

정답

☑ 계산과정

$Q = 2.086 \times 19^2 \times \sqrt{0.36} = 451.827 \fallingdotseq 451.83 [L/min]$

참고 **방수량공식**

$Q = 2.086 \times D^2 \times \sqrt{P}$

Q : 방수량 [L/min]
D : 관경(노즐구경) [mm], P : 방수압력 [MPa]

답 | 451.83 [L/min]

03

득점 | 배점 | 6

그림은 어느 특정소방대상물을 방호하기 위한 옥외소화전설비의 평면도이다. 다음 각 물음에 답하시오.

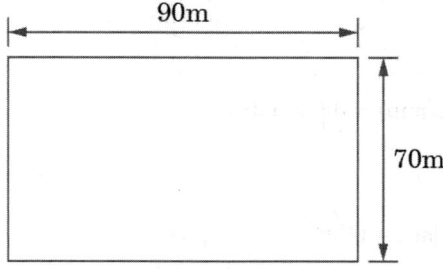

가. 설치해야 할 옥외소화전의 최소 설치개수를 구하시오.

○ 계산과정 :

○ 답 :

나. 펌프의 최소 토출량 [L/min]을 구하시오.

  ⭘ 계산과정 :

  ⭘ 답 :

다. 수원의 최소 유효저수량 [m³]을 구하시오.

  ⭘ 계산과정 :

  ⭘ 답 :

정답

가. 계산과정

특정소방대상물의 각 부분으로부터 하나의 호스접결구까지의 수평거리가 40 [m]
이하가 되도록 설치하여야 한다.

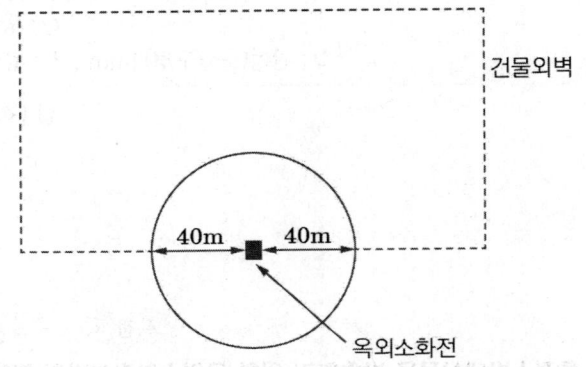

$$\frac{\text{소방대상물 외벽둘레[m]}}{80[\text{m/개}]} = \frac{(90[\text{m}] + 70[\text{m}]) \times 2}{80[\text{m/개}]} = 4[\text{개}]$$

답 | 4 [개]

나. 계산과정

$$Q = 2[\text{개}] \times 350[L/min] = 700[L/min]$$

답 | 700 [L/min]

다. 계산과정

$$\text{수원량} = 2[\text{개}] \times 7[\text{m}^3] = 14[\text{m}^3]$$

답 | 14 [m³]

참고 옥외소화전설비의 펌프토출량, 수원, 전양정

구분	옥외소화전설비
펌프 토출량	N × 350 [L/min] 여기서 N : 옥외소화전의 설치개수 (옥외소화전이 2개 이상 설치된 경우에는 2개)
수원의 유효수량	N × 350 [L/min] × 20 [min] ($= N \times 7[m^3]$) 여기서 N : 옥외소화전의 설치개수 (옥외소화전이 2개 이상 설치된 경우에는 2개)
전양정	$H = h_1 + h_2 + h_3 + 25$ 여기서 H : 전양정 [m] h_1 : 낙차(실양정) [m] h_2 : 배관 및 관부속품의 마찰손실수두 [m] h_3 : 호스 마찰손실수두 [m] 25 : 최소 방수압 환산수두 [m](0.25 [MPa])

04

득점		배점	4

인명구조기구의 종류 4가지를 쓰시오.

O 답 :

정답

① 방열복

② 방화복

③ 공기호흡기

④ 인공소생기

05

득점   배점   8

옥내소화전설비가 설치된 지상 5층의 건물이 있다. 옥내소화전이 각 층에 7개씩 설치되어 있을 때 조건을 참고하여 다음 각 물음에 답하시오.

조건
(1) 실양정은 20 [m], 배관의 손실수두는 실양정의 20 [%]로 본다.
(2) 소방호스의 마찰손실수두는 7 [m]이다.
(3) 펌프효율은 60 [%], 여유율은 10 [%]이다.
(4) 옥상수조가 설치되어 있다.

가. 지하 수조의 저수량 [m³]을 구하시오.
  ○ 계산과정 :
  ○ 답 :

나. 옥상수원의 저수량 [m³]을 구하시오.
  ○ 계산과정 :
  ○ 답 :

다. 펌프의 수동력은 몇 [kW]인지 구하시오.
  ○ 계산과정 :
  ○ 답 :

라. 펌프의 축동력은 몇 [kW]인지 구하시오.
  ○ 계산과정 :
  ○ 답 :

마. 펌프의 전동력은 몇 [kW]인지 구하시오.
  ○ 계산과정 :
  ○ 답 :

정답

가. 계산과정
  2개 × 2.6 [m³] = 5.2 [m³]

답 | 5.2 [m³]

📌 핵심이론 옥내소화전설비 수원의 양(주수원)

층수	수원의 양
29층 이하	**N(최대 2개) × 130 [L/min] × 20 [min](= N × 2.6 [m³])**
30층 이상 49층 이하	N(최대 5개) × 130 [L/min] × 40 [min](= N × 5.2 [m³])
50층 이상	N(최대 5개) × 130 [L/min] × 60 [min](= N × 7.8 [m³])

※ N : 옥내소화전의 설치개수가 가장 많은 층의 설치개수
(29층 이하 : 2개 이상 설치된 경우에는 2개,
30층 이상 : 5개 이상 설치된 경우에는 5개)

나. 계산과정

$$5.2 \ [\text{m}^3] \times \frac{1}{3} = 1.73 \ [\text{m}^3]$$

답 | 1.73 [m³]

다. 계산과정

(1) 펌프의 전양정

① h_1(실양정) = 20 [m]

② h_2(배관의 마찰손실) = 20 × 0.2 = 4 [m]

③ h_3(호스의 마찰손실) = 7 [m]

∴ $H = h_1 + h_2 + h_3 + 17 [\text{m}] = 20 + 4 + 7 + 17 = 48 [\text{m}]$

📌 핵심이론 펌프의 전양정 [m]

전양정 H = h₁ + h₂ + h₃ + 17

h_1 : 낙차(실양정) [m]
h_2 : 배관 및 관부속품의 마찰손실수두 [m]
h_3 : 소방용 호스 마찰손실수두 [m]
17 : 옥내소화전 최소 방수압 환산수두 [m]
　　(0.17 [MPa])
※ 호스릴옥내소화전설비 포함

(2) 펌프 토출량

$$Q = 2 \times 130 [L/min] = 260 [L/min]$$

📌 핵심이론 옥내소화전설비의 펌프 토출량

층수	펌프 토출량
29층 이하	**N(최대 2개) × 130 [L/min]**
30층 이상	N(최대 5개) × 130 [L/min]

※ N : 옥내소화전의 설치개수가 가장 많은 층의 설치개수
(29층 이하 : 2개 이상 설치된 경우에는 2개,
30층 이상 : 5개 이상 설치된 경우에는 5개)

(3) 펌프의 수동력

$$P = \gamma[kN/m^3] \times Q[m^3/s] \times H[m]$$

$$= 9.8[kN/m^3] \times \frac{0.26}{60}[m^3/s] \times 48[m] = 2.04[kW]$$

답 | 2.04 [kW]

라. 계산과정

$$축동력 = \frac{수동력}{효율} = \frac{2.04[kW]}{0.6} = 3.40[kW]$$

답 | 3.4 [kW]

마. 계산과정

전동기 동력 = 축동력 × 전달계수 = 3.4 [kW] × 1.1 = 3.74 [kW]

답 | 3.74 [kW]

06

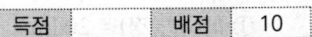

주차장의 일부이다. 이곳에 포소화설비를 설치할 경우 다음 물음에 답하시오. (단, 방호구역은 2개이며, 지시하지 않는 조건은 무시한다)

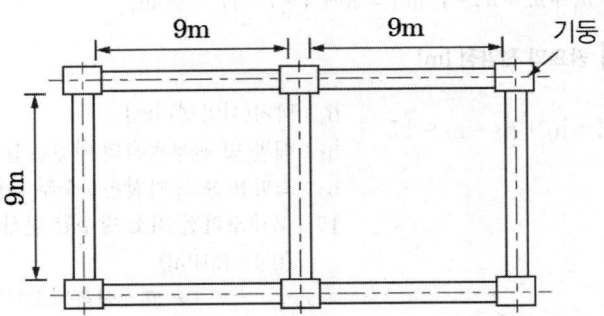

가. 주차장에 설치할 수 있는 포소화설비의 종류를 2가지만 쓰시오.

○ 답 :

나. 상기 면적에 설치해야 할 포헤드의 수는 몇 개인지 구하시오. (단, 헤드 간 거리 산출 시 소수점은 절삭(제외)하고 정방형 배치방식으로 산출하시오)

○ 계산과정 :

○ 답 :

다. 한 개의 방사구역에 대한 포소화약제 수용액의 분당 최저 방사량은 몇 [L/min]
인지 구하시오.

  1) 단백포소화약제의 경우

    ⭘ 계산과정 :

    ⭘ 답 :

  2) 합성계면활성제포소화약제의 경우

    ⭘ 계산과정 :

    ⭘ 답 :

  3) 수성막포소화약제의 경우

    ⭘ 계산과정 :

    ⭘ 답 :

라. '나'항에서 구한 포헤드의 수를 기준으로 포헤드를 문제의 그림에 정방형 배치
방식으로 표시하시오. (단, 헤드 간 거리, 기둥 중심선으로부터의 포헤드 설치
간격을 반드시 표기해야 한다)

정답

가. 포워터스프링클러설비, 포헤드설비, 고정포방출설비, 압축공기포소화설비

  위 4가지 중 2가지 기술할 것

나. 계산과정

> **포헤드 정방형 배치 시 헤드 상호 간 거리**
>
> $S = 2r \times \cos45°$
>
> S : 포헤드 상호 간의 거리 [m], r : 유효반경 2.1 [m]

∴ $S = 2 \times 2.1 \times \cos45° = 2.969[m] ≒ 2[m]$

  (∵ 문제 조건상 헤드 간 거리 산출 시 소수점은 절삭)

하나의 방호구역에서 가로 및 세로변에 설치할 헤드 수 : $\dfrac{9[m]}{2[m]} = 4.5[개] ≒ 5[개]$

총 헤드 개수 : 5 × 5 × 2(방호구역의 수) = 50 [개]

답 | 50 [개]

2020

다. 계산과정

포헤드설비 – 1분당 바닥면적 1 [m²]에 대한 방사량

소방대상물	포소화약제의 종류	1분당 바닥면적 1 [m²]에 대한 방사량
차고 · 주차장 및 항공기격납고	단백포소화약제	6.5 [L] 이상
	합성계면활성제포소화약제	8.0 [L] 이상
	수성막포소화약제	3.7 [L] 이상
특수가연물을 저장 · 취급하는 소방대상물	단백포소화약제	6.5 [L] 이상
	합성계면활성제포소화약제	6.5 [L] 이상
	수성막포소화약제	6.5 [L] 이상

1) 단백포소화약제의 경우

$$방사량 = A[m^2] \times Q_A[L/m^2 \cdot min]$$
$$= (9 \times 9)[m^2] \times 6.5[L/m^2 \cdot min] = 526.5[L/min]$$

답 | 526.5 [L/min]

2) 합성계면활성제포소화약제의 경우

$$방사량 = A[m^2] \times Q_A[L/m^2 \cdot min]$$
$$= (9 \times 9)[m^2] \times 8[L/m^2 \cdot min] = 648[L/min]$$

답 | 648 [L/min]

3) 수성막포소화약제의 경우

$$방사량 = A[m^2] \times Q_A[L/m^2 \cdot min]$$
$$= (9 \times 9)[m^2] \times 3.7[L/m^2 \cdot min] = 299.7[L/min]$$

답 | 299.7 [L/min]

라.

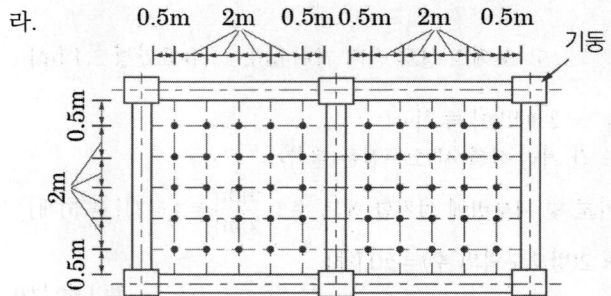

07

득점		배점	7

피난구조설비 중 완강기에 대한 다음 각 물음에 답하시오.

가. 완강기의 주요 구성품 5가지를 쓰시오.

　　○ 답 :

나. 완강기의 최대 사용하중이 4400 [N]일 때 최대 사용자 수를 구하시오.

　　○ 답 :

정답

가. ① 속도조절기, ② 속도조절기의 연결부, ③ 로프, ④ 연결금속구, ⑤ 벨트

▶ 참고 피난기구 – 완강기

사용자의 몸무게에 따라 자동적으로 내려올 수 있는 기구 중 사용자가 교대하여 연속적으로 사용할 수 있는 것

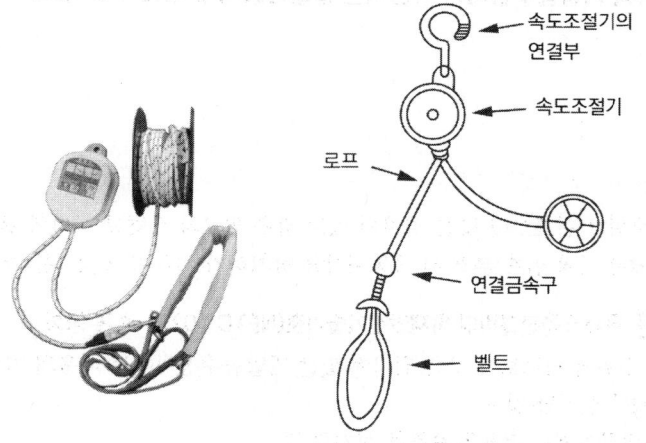

나.
> 완강기의 형식승인 및 제품검사의 기술기준 – 제4조(최대사용하중 및 최대사용자수 등)
> ① 최대사용하중은 1500 [N] 이상의 하중이어야 한다.
> ② <u>최대 사용자 수</u>(1회에 강하할 수 있는 사용자의 최대수를 말한다)는 <u>최대사용하중을 1500 [N]으로 나누어서 얻은 값</u>(1 미만의 수는 계산하지 아니한다)으로 한다.
> ③ 최대사용자수에 상당하는 수의 벨트가 있어야 한다.

$$\therefore \ \text{최대사용자 수} = \frac{\text{최대사용하중}[N]}{1500[N]} \text{(소수점 이하 삭제)} = 2.93 ≒ 2[\text{명}]$$

답 | 2 [명]

08

분말소화설비에서 정압작동장치의 기능을 간단히 적고 종류 3가지를 쓰시오.

○ 기능 :

○ 종류 :

정답

- 기능 : 저장용기의 내부압력이 설정압력이 되었을 때 주밸브를 개방시키는 장치
- 종류 : 압력스위치방식, 시한릴레이방식, 스프링방식, 기계식 중 3가지 기술할 것

09

소화설비의 가압송수장치에 사용되는 물올림장치에 대해서 쓰시오.

○ 답 :

정답

수원의 수위가 펌프보다 낮은 위치에 있는 경우 펌프와 풋밸브 사이의 흡입관 내에 항상 물을 충만시켜 펌프 운전 시 공동현상을 방지하기 위하여 설치하는 장치이다.

참고 옥내소화전설비의 화재안전기술기준(NFTC 102) – 수계 공통

수원의 수위가 펌프보다 낮은 위치에 있는 가압송수장치에는 다음의 기준에 따른 물올림장치를 설치할 것
1. 물올림장치에는 전용의 수조를 설치할 것
2. 수조의 유효수량은 100 [L] 이상으로 하되, 구경 15 [mm] 이상의 급수배관에 따라 해당 수조에 물이 계속 보급되도록 할 것

10

임펠러의 회전속도가 1770 [rpm]일 때 토출량은 4000 [L/min], 양정은 50 [m], 직경은 150 [mm]인 원심펌프가 있다. 이를 1170 [rpm]으로 회전수를 변경하고 직경을 200 [mm]로 바꾸었을 때 그 토출량 [L/min]과 양정 [m]은 각각 얼마가 되는지 구하시오.

가. 토출량 [L/min]

○ 계산과정 :

○ 답 :

나. 토출양정 [m]

○ 계산과정 :

○ 답 :

정답

가. 계산과정

$$Q_2 = \left(\frac{N_2}{N_1}\right)^1 \times \left(\frac{D_2}{D_1}\right)^3 \times Q_1 = \left(\frac{1170}{1770}\right) \times \left(\frac{200}{150}\right)^3 \times 4000 = 6267.42 \text{ [L/min]}$$

📌 핵심이론 펌프의 상사법칙

서로 다른 치수의 펌프를 비교(상사)했을 때

(1) 유량 $[m^3/s]$ $Q_2 = \left(\frac{N_2}{N_1}\right)^1 \times \left(\frac{D_2}{D_1}\right)^3 \times Q_1$

(2) 양정(압력) [m] $H_2 = \left(\frac{N_2}{N_1}\right)^2 \times \left(\frac{D_2}{D_1}\right)^2 \times H_1$

(3) 동력 [kW] $L_2 = \left(\frac{N_2}{N_1}\right)^3 \times \left(\frac{D_2}{D_1}\right)^5 \times L_1$

답 | 6267.42 [L/min]

나. 계산과정

$$H_2 = \left(\frac{N_2}{N_1}\right)^2 \times \left(\frac{D_2}{D_1}\right)^2 \times H_1 = \left(\frac{1170}{1770}\right)^2 \times \left(\frac{200}{150}\right)^2 \times 50 = 38.84 \text{ [m]}$$

답 | 38.84 [m]

11

득점		배점	8

그림과 조건을 참조하여 펌프의 유효흡입양정(NPSHav)을 계산하시오.

> **조건**
>
> (1) 설계기준온도는 25 [℃]이다.
> (2) 25 [℃]에서의 수증기압 : 0.00238 [MPa]
> (3) 펌프흡입배관에서의 마찰손실수두 : 2 [m]
> (4) 대기압은 0.1013 [MPa]이다.
> (5) 비중량은 9810 [N/m³]이다.
>
>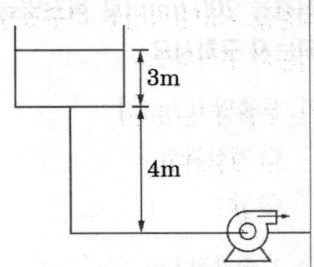

정답

$$\therefore NPSH_{av} = \frac{0.1013 \times 10^6 \,[\text{Pa}]}{9810 \,[\text{N/m}^3]} - \frac{0.00238 \times 10^6 \,[\text{Pa}]}{9810 \,[\text{N/m}^3]} - 2\,[\text{m}] + 7\,[\text{m}]$$

$$= 15.083 \fallingdotseq 15.08\,[m]$$

참고 유효흡입양정 $NPSH_{av}$

$$NPSH_{av} = \frac{P_a}{\gamma} - \frac{P_v}{\gamma} - H_f \pm H_s\,[\text{m}]$$

여기서 $\dfrac{P_a}{\gamma}$: 흡입 수면의 대기압 환산수두 [m]

$\dfrac{P_v}{\gamma}$: 유체의 온도에 상당하는 포화증기압 환산수두 [m]

H_f : 흡입 측 배관의 마찰손실수두 [m]

H_s : 흡입 양정으로 흡상일 때 (-), 압입일 때 (+) [m]

답 | 15.08 [m]

12

| 득점 | | 배점 | 9 |

할론 1301, CO_2, HCFC BLEND A에 관하여 다음 비교표를 완성하시오. (단, 할론 1301, 이산화탄소는 고압식이며, 이산화탄소는 심부화재용, 배관은 압력배관용 탄소강관이다)

구분	할론 1301	CO_2	HCFC BLEND A
주된 소화효과	① ( )	④ ( )	⑦ ( )
배관의 두께 (스케줄)	40 이상	⑤ ( )	기준식에서 구한 값(t) 이상
방출시간	② ( )	7분 이내	⑧ ( )
저장용기 설치장소의 온도 [℃]	③ ( ) 이하	⑥ ( ) 이하	⑨ ( ) 이하

정답

구분	할론 1301	CO_2	HCFC BLEND A
주된 소화효과	① (부촉매소화)	④ (질식소화)	⑦ (부촉매소화)
배관의 두께(스케줄)	40 이상	⑤ (80 이상)	기준식에서 구한 값(t) 이상
방출시간	② (10초 이내)	7분 이내	⑧ (10초 이내)
저장용기 설치장소의 온도 [℃]	③ (40 [℃]) 이하	⑥ (40 [℃]) 이하	⑨ (55 [℃]) 이하

13

| 득점 | | 배점 | 5 |

옥외소화전의 개수가 2개인 어느 건물이 있다. 직관의 길이가 500 [m]이고, 내경이 150 [mm]인 직관 말단에 설치된 노즐을 통하여 대기 중으로 물이 방출되고 있다. 레이놀즈수가 2100일 때 직관 유속 [m/s]과 손실수두 [m]를 구하시오. (단, 임계레이놀즈수는 2300이다)

가. 유속 [m/s]

○ 계산과정 :

○ 답 :

나. 마찰손실수두 [m]

○ 계산과정 :

○ 답 :

정답

가. 계산과정

해당 특정소방대상물에 설치된 옥외소화전(2개 이상 설치된 경우에는 2개의 옥외소화전)을 동시에 사용할 경우 각 옥외소화전의 노즐선단에서의 방수압력이 0.25 [MPa] 이상이고, 방수량이 350 [L/min] 이상이 되는 성능의 것으로 할 것

$$Q[\text{m}^3/\text{s}] = A[\text{m}^2] \times V[\text{m/s}] = \frac{\pi D^2}{4}[\text{m}^2] \times V[\text{m/s}]$$

따라서

$$Q = N \times 350[L/min] = 2 \times 350[L/min] = 700[L/min]$$

$$V = \frac{4Q}{\pi D^2} = \frac{4 \times \frac{0.7}{60}[\text{m}^3/s]}{\pi \times 0.15^2[\text{m}^2]} = 0.66[\text{m/s}]$$

답 | 0.66 [m/s]

나. 계산과정

달시 - 웨버방정식 $h_L[m] = f \times \frac{L[m]}{D[m]} \times \frac{(V[m/s])^2}{2g[m/s^2]}$

레이놀즈수(Re)가 2100으로 임계레이놀즈수(2300)보다 작기 때문에 층류유동이다.

따라서 마찰손실계수 $f = \frac{64}{Re(\text{레이놀즈수})} = \frac{64}{2100} = 0.0305$

$$\therefore h_L = 0.0305 \times \frac{500}{0.15} \times \frac{0.66^2}{2 \times 9.8} = 2.26[m]$$

답 | 2.26 [m]

★ 핵심이론 옥외소화전설비의 펌프토출량, 수원, 전양정

구분	옥외소화전설비
펌프 토출량	N × 350 [L/min] 여기서 N : 옥외소화전의 설치개수 (옥외소화전이 2개 이상 설치된 경우에는 2개)
수원의 유효수량	N × 350 [L/min] × 20 [min] (= N × 7[m³]) 여기서 N : 옥외소화전의 설치개수 (옥외소화전이 2개 이상 설치된 경우에는 2개)
전양정	H = h₁ + h₂ + h₃ + 25 여기서 H : 전양정 [m], h₁ : 낙차(실양정) [m] h₂ : 배관 및 관부속품의 마찰손실수두 [m], h₃ : 호스 마찰손실수두 [m] 25 : 최소 방수압 환산수두 [m](0.25 [MPa])

참고 레이놀즈수(Reynold's Number)

(1) 레이놀즈수 계산식

$$\text{레이놀즈수 } Re = \frac{\rho VD}{\mu} = \frac{VD}{\nu}$$

ρ : 밀도 [kg/m³]

V : 유속 [m/s]

D : 직경 [m]

μ : 점성계수 [N·s/m²]

ν : 동점성계수 [m²/s]

(2) 레이놀즈수에 의한 유체의 분류

구분	층류	천이류(임계영역)	난류
Re수 범위	Re < 2100	2100 < Re < 4000	Re > 4000

하임계레이놀즈수 : 난류에서 층류로 바뀌는 임계값 (Re = 2100)

상임계레이놀즈수 : 층류에서 난류로 바뀌는 임계값 (Re = 4000)

① 층류 : 유체가 규칙적으로 층상을 이루며 흐르는 유동

(※ 층류유동일 때 관마찰계수 : $f = \frac{64}{Re}$)

② 천이류(임계영역) : 층류와 난류가 상호 전환되는 유동

③ 난류 : 유체가 불규칙적으로 난동을 이루며 흐르는 유동

14

| 득점 | | 배점 | 10 |

어떤 사무소 건물의 지하층에 있는 발전기실에 전역방출방식의 이산화탄소소화설비를 설치하려고 한다. 화재안전기술기준과 주어진 조건에 의하여 다음 각 물음에 답하시오.

조건

(1) 소화설비는 고압식으로 한다.

(2) 발전기실의 크기 : 가로 5 [m] × 세로 8 [m] × 높이 4 [m]

(3) 발전기실의 개구부 크기 : 1.8 [m] × 3 [m] × 2개소(자동폐쇄장치 있음)

(4) 저장용기 내용적은 73 [L]이며, 충전비는 1.6이다.

(5) 발전기실의 화재는 표면화재로 가정한다.

(6) 개구부 가산량은 5 [kg/m²]로 한다.

가. 발전기실에 필요한 소화약제의 저장량 [kg]을 구하시오.

　　◯ 계산과정 :

　　◯ 답 :

나. 필요한 가스용기의 본수는 몇 본인가?

　　◯ 계산과정 :

　　◯ 답 :

다. 저장용기의 내압시험압력은 몇 [MPa]인가?

　　◯ 답 :

라. 이산화탄소소화약제 저장용기와 선택밸브 또는 개폐밸브 사이에 설치하는 안전장치와 관련하여 다음 [보기]에서 괄호 안에 들어갈 말을 찾아 쓰시오.

┌─────────────────── [보기] ───────────────────┐
│ 　최소사용설계압력, 최대사용설계압력, 최소허용압력, 최대허용압력, │
│ 　　　　내부, 외부, 용전식, 파열판식, 중추식, 스프링식 │
└──┘

┌──┐
│ 이산화탄소소화약제 저장용기와 선택밸브 또는 개폐밸브 사이에는 배관의 │
│ (① 　　　　　　　　)과 (② 　　　　　　　　) 사이의 압력에서 작동하는 안전장치를 │
│ 설치해야 하며, 안전장치를 통하여 나온 소화가스는 전용의 배관 등을 통하 │
│ 여 건축물 (③ 　　　　)로 배출될 수 있도록 해야 한다. 이 경우 안전장치로 │
│ (④ 　　　　　　　　)을 사용해서는 안 된다. │
└──┘

마. 분사헤드의 방출압력은 21 [℃]에서 몇 [MPa] 이상이어야 하는가?

　　◯ 답 :

정답

가. 계산과정

　　$V = 5 \times 8 \times 4 = 160 \, [m^3]$

　　따라서 $\alpha = 0.8 \, [kg/m^3]$ 이므로

　　$W = (5 \times 8 \times 4) \, [m^3] \times 0.8 \, [kg/m^3] = 128 \, [kg]$

　　여기서 계산 값이 최저한도의 양 135 [kg]보다 작으므로

　　소화약제 저장량 $W = 135 \, [kg]$

답 | 135 [kg]

핵심이론 이산화탄소소화설비 전역방출방식 표면화재 약제량 산정

$$W = (V \times \alpha) \times N + (A \times \beta)$$

W : 약제량 [kg], V : 방호구역의 체적 [m³]

α : 방호구역 1 [m³]에 대한 소화약제의 양 [kg/m³]

A : 개구부 면적 [m²], β : 개구부 가산량 [kg/m²]

N : 보정계수(설계농도가 34 [%] 이상인 방호대상물의 소화약제량을 구할 때 보정계수를 곱하여 산출함)

방호구역의 체적	방호구역의 체적 1 [m³]에 대한 소화약제의 양 α	최저한도의 양	개구부 가산량 [kg/m²] β (자동폐쇄장치 미설치 시)
45 [m³] 미만	1 [kg/m³]	45 [kg](1병)	5 [kg/m²]
45 [m³] 이상 150 [m³] 미만	0.9 [kg/m³]	45 [kg](1병)	5 [kg/m²]
150 [m³] 이상 1450 [m³] 미만	0.8 [kg/m³]	135 [kg](3병)	5 [kg/m²]
1450 [m³] 이상	0.75 [kg/m³]	1125 [kg](25병)	5 [kg/m²]

나. 계산과정

한 병당 약제량 [kg] $= \dfrac{73[L]}{1.6[L/kg]} = 45.63[kg]$

가스용기 본수 $= \dfrac{135[kg]}{45.63[kg/병]} = 2.96 ≒ 3[병]$

답 | 3 [병]

다. 25 [MPa] 이상

라.

이산화탄소소화약제 저장용기와 선택밸브 또는 개폐밸브 사이에는 배관의 (① 최소사용설계압력)과 (② 최대허용압력) 사이의 압력에서 작동하는 안전장치를 설치해야 하며, 안전장치를 통하여 나온 소화가스는 전용의 배관 등을 통하여 건축물 (③ 외부)로 배출될 수 있도록 해야 한다. 이 경우 안전장치로 (④ 용전식)을 사용해서는 안 된다.

마. 2.1 [MPa] 이상

15

스프링클러설비의 작동 및 특성에 관한 다음 (　) 안을 완성하시오.

- 준비작동식 스프링클러설비에서 스프링클러에 화재를 감지하는 것은 (　① 　)이며, 이 전기적인 회로의 결선방식은 (　② 　)으로 해야 한다.
- 동파 우려가 있는 곳에 자동식 공기압축기를 사용하는 스프링클러설비의 유수검지장치 1차 측에는 가압수가, 2차 측에는 (　③ 　)가 들어 있다. 이 설비를 (　④ 　) 스프링클러설비라고 한다.

○ 답

①   ②   ③   ④

정답

① 화재감지기, ② 교차회로방식, ③ 압축공기, ④ 건식

참고 준비작동식 스프링클러설비와 건식 스프링클러설비

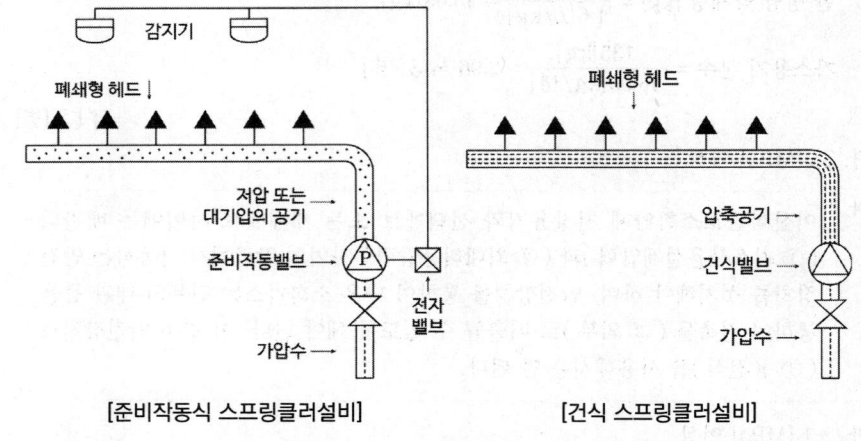

[준비작동식 스프링클러설비]   [건식 스프링클러설비]

16

어느 건물에 제연설비를 설치하였는데 예상제연구역에 배출량은 300 [m³/min]이다. 조건을 참고하여 다음 물음에 답하시오.

조건

(1) 배출풍도 강판의 최소두께기준은 다음과 같다.

풍도단면의 긴 변 또는 지름의 크기	450 [mm] 이하	450 [mm] 초과 750 [mm] 이하	750 [mm] 초과 1500 [mm] 이하	1500 [mm] 초과 2250 [mm] 이하	2250 [mm] 초과
강판 두께	0.5 [mm]	0.6 [mm]	0.8 [mm]	1.0 [mm]	1.2 [mm]

(2) 덕트의 단면은 정사각형이다.

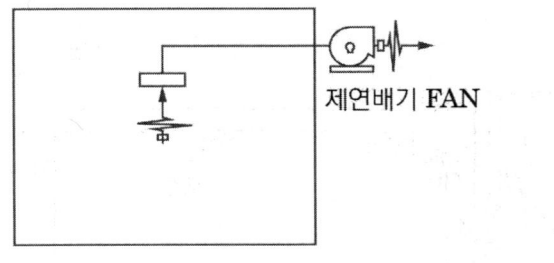

제연배기 FAN

가. 배출기의 배출 측 덕트의 단면적 [m²]을 구하시오.

　○ 계산과정 :

　○ 답 :

나. 배출풍도 강판의 최소 두께 [mm]를 구하시오. (단, 배출풍도의 크기는 '가'항에서 구한 값을 기준으로 한다)

　○ 계산과정 :

　○ 답 :

정답

가. 계산과정

배출 측 주덕트 최소 면적(배출기 배출 측 유속 : 20 [m/s] 이하)

$$A = \frac{Q}{V} = \frac{\frac{300}{60}[\text{m}^3/\text{s}]}{20[\text{m/s}]} = 0.25[\text{m}^2]$$

답 | 0.25 [m²]

2020

나. 계산과정

덕트의 단면은 정사각형이므로

$A[\text{m}^2] = (D[\text{m}])^2$

$0.25[\text{m}^2] = (D[m])^2$

∴ $D = 0.5[\text{m}] = 500[\text{mm}]$

한 변의 길이가 "450 [mm] 초과 750 [mm] 이하"
이므로 두께는 0.6 [mm] 이다.

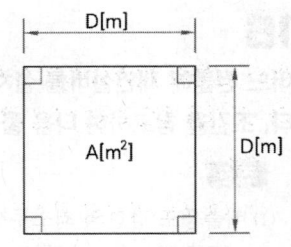

답 | 0.6 [mm]

> 📷 **참고**　**배출풍도**

(1) 배출풍도는 아연도금강판 또는 이와 동등 이상의 내식성·내열성이 있는 것으로 하며, 불연재료(석면재료를 제외한다)인 단열재로 풍도 외부에 유효한 단열 처리를 할 것

(2) 배출기의 흡입 측 풍도 안의 풍속은 15 [m/s] 이하, 배출 측 풍속은 20 [m/s] 이하로 할 것

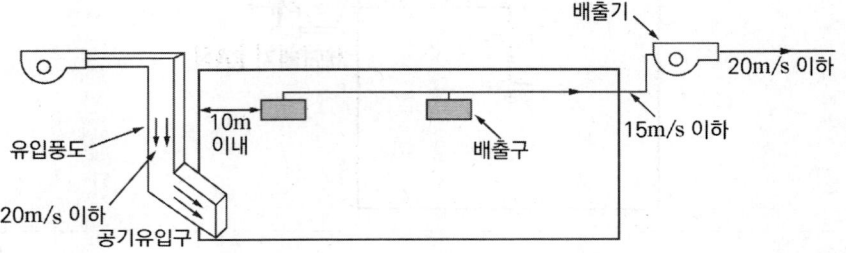

(3) 배출풍도 강판의 두께

풍도단면의 긴 변 또는 직경의 크기	450 [mm] 이하	450 [mm] 초과 750 [mm] 이하	750 [mm] 초과 1500 [mm] 이하	1500 [mm] 초과 2250 [mm] 이하	2250 [mm] 초과
강판 두께	0.5 [mm]	0.6 [mm]	0.8 [mm]	1.0 [mm]	1.2 [mm]

2020.10.18

2020년 3회

점수 :

01

득점　　배점　　6

그림과 같은 방호대상물에 국소방출방식으로 이산화탄소소화설비를 설치하고자 한다. 다음 각 물음에 답하시오. (단, 고정벽은 없으며, 저압식으로 설치한다)

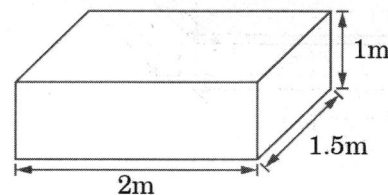

1m

1.5m

2m

가. 방호공간의 체적 [m³]을 구하시오.
　○ 계산과정 :　　　　　　　　○ 답 :

나. 소화약제의 저장량 [kg]을 구하시오.
　○ 계산과정 :　　　　　　　　○ 답 :

다. 하나의 분사헤드에 대한 방출량 [kg/s]을 구하시오. (단, 분사헤드는 4개이다)
　○ 계산과정 :　　　　　　　　○ 답 :

정답

📌·핵심이론 **이산화탄소소화설비 국소방출방식 약제량 산정**

$$W[kg] = V[m^3] \times \left(8 - 6\frac{a}{A}\right)[kg/m^3] \times h(\text{할증계수})$$

W : 약제량 [kg]

V : 방호공간의 체적 [m³]

(방호대상물의 각 부분으로부터 0.6 [m]의 거리에 따라 둘러싸인 공간)

a : 방호대상물 주위에 설치된 벽면적의 합계 [m²]

A : 방호공간의 벽면적의 합계 [m²]

(벽이 없는 경우 : 벽이 있는 것으로 가정한 당해 부분의 면적)

h : 할증계수(고압식 : 1.4, 저압식 : 1.1)

가. 계산과정

$V = (2 + 0.6 + 0.6) \times (1.5 + 0.6 + 0.6) \times (1 + 0.6) = 13.82 \, [\text{m}^3]$

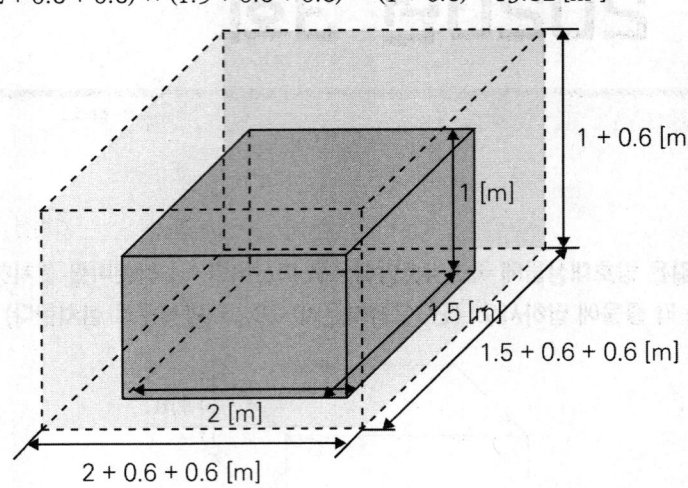

2 + 0.6 + 0.6 [m]

1.5 + 0.6 + 0.6 [m]

1 + 0.6 [m]

1 [m]

1.5 [m]

2 [m]

답 | 13.82 [m³]

나. 계산과정

① a : 0 [m²]
② A : (3.2 × 1.6 × 2) + (2.7 × 1.6 × 2) = 18.88 [m²]

$\therefore W = 13.82 \, [\text{m}^3] \times \left(8 - 6 \times \dfrac{0}{18.88}\right) [\text{kg/m}^3] \times 1.1 = 121.62 \, [\text{kg}]$

답 | 121.62 [kg]

다. 계산과정

하나의 분사헤드에 대한 방출량 = $\dfrac{121.62 \, [\text{kg}]}{30 \, [\text{s}] \times 4 \, [\text{개}]} = 1.01 \, [\text{kg/s}]$

답 | 1.01 [kg/s]

02

득점　　배점　5

배관이 팽창 또는 수축을 하므로 배관·기구의 파손이나 굽힘을 방지하기 위해 배관 도중에 신축이음을 사용한다. 신축이음의 종류 5가지를 쓰시오.

○답 :

정답

루프형, 슬리브형, 벨로즈형, 스위블형, 볼조인트형

참고 신축이음의 종류

종류	설명	
루프형 (Loop Type)	신축곡관이라고도 하며, 강관 또는 동관 등을 루프(Loop) 모양으로 구부려서 그 휨에 의하여 신축을 흡수하는 것이다.	
슬리브형 (Sleeve Type)	본체와 슬리브 파이프로 구성되고, 관의 신축은 본체 속 슬리브 관에 의해 흡수되며, 슬리브와 본체 사이에 패킹을 넣어 누설을 방지한다.	
벨로즈형 (Bellows Type)	일반적으로 급수, 냉난방 배관에서 많이 사용되는 신축이음이다. 일명 팩리스(Packless) 신축이음이라고도 하며, 벨로즈를 주름잡아 신축을 흡수하는 형태이다.	
스위블형 (Swivel Type)	2개 이상의 엘보를 연결하여 한쪽이 팽창하면 비틀림을 일으켜 팽창을 흡수한다. 신축량이 큰 경우 배관의 나사 이음부가 헐거워져 누설의 우려가 있다.	
볼조인트형 (Ball Joint Type)	관 끝에 볼 부분을 만들고, 케이싱으로 감싸되 그 사이를 가스켓으로 밀봉한다. 이음을 2 ~ 3개 사용하면 관절 작용으로 관의 신축을 흡수할 수 있다.	

03

| 득점 | | 배점 | 10 |

옥내소화전에 관한 설계 시 다음 조건을 읽고 각 물음에 답하시오. (단, 소수점 이하는 반올림하여 정수로만 나타낼 것)

> **조건**
>
> (1) 건물의 규모 : 3층 × 각 층의 바닥면적 1200 [m²]
> (2) 옥내소화전의 수량 : 총 12개(각 층당 4개씩 설치)
> (3) 소화펌프에서 최상층 소화전 호스접결구까지의 수직거리 : 15 [m]
> (4) 소방호스 : ∅40 [mm] × 15 [m](고무내장호스)
> (5) 호스의 마찰손실수두값(호스 100 [m]당)

구분	호스의 호칭구경 [mm]					
	40 [mm]		50 [mm]		65 [mm]	
유량 [L/min]	마호스	고무내장 호스	마호스	고무내장 호스	마호스	고무내장 호스
130	26 [m]	12 [m]	7 [m]	3 [m]	–	–
350	–	–	–	–	10 [m]	4 [m]

> (6) 배관 및 관부속류의 마찰손실수두 합계 : 30 [m]
> (7) 호칭구경에 따른 배관의 내경 [mm]

호칭구경	15 [A]	20 [A]	25 [A]	32 [A]	40 [A]	50 [A]	65 [A]	80 [A]	100 [A]
내경 [mm]	16.4	21.9	27.5	36.2	42.1	53.2	69	81	105.3

> (8) 펌프의 동력전달계수

동력전달형식	전달계수
전동기	1.1
전동기 이외의 것	1.2

> (9) 펌프의 구경에 따른 효율(단, 펌프의 구경은 펌프의 토출 측 주배관의 구경과 같다)

펌프의 구경 [mm]	펌프의 효율(η)
40	0.45
50 ~ 65	0.55
80	0.60
100	0.65
125 ~ 150	0.70

가. 소방펌프의 정격토출유량 [L/min]과 정격토출양정 [m]을 구하시오. (단, 흡입
   양정은 고려하지 않는다)

   1) 정격토출유량 [L/min]

     ○ 계산과정 :

     ○ 답 :

   2) 정격토출양정 [m]

     ○ 계산과정 :

     ○ 답 :

나. 소화펌프의 토출 측 주배관의 최소구경을 산정하여 호칭경으로 답하시오.

   ○ 계산과정 :

   ○ 답 :

다. 소화펌프의 모터동력 [kW]을 구하시오.

   ○ 계산과정 :

   ○ 답 :

라. 만일 펌프로부터 제일 먼 옥내소화전 노즐과 가장 가까운 곳의 옥내소화전 노
   즐의 방수압력 차이가 0.4 [MPa]이며 펌프로부터 제일 먼 거리에 있는 옥내소
   화전 노즐의 방수압력이 0.17 [MPa], 방수유량이 130 [L/min]일 경우 가장
   가까운 소화전의 방수유량 [L/min]을 구하시오.

   ○ 계산과정 :

   ○ 답 :

마. 유량측정장치는 몇 [L/min] 이상까지 측정할 수 있어야 하는지 구하시오.

   ○ 계산과정 :

   ○ 답 :

정답

[주의] 대문항에 소수점 이하는 반올림하여 정수만 나타내라는 조건을 반드시 적용
해야 한다.

가. 계산과정

1) 2개 × 130 [L/min] = 260 [L/min]

핵심이론 옥내소화전설비의 펌프 토출량

층수	펌프 토출량
29층 이하	**N(최대 2개) × 130 [L/min]**
30층 이상	N(최대 5개) × 130 [L/min]

※ N : 옥내소화전의 설치개수가 가장 많은 층의 설치개수
(29층 이하 : 2개 이상 설치된 경우에는 2개,
30층 이상 : 5개 이상 설치된 경우에는 5개)

답 | 260 [L/min]

2) $H = h_1 + h_2 + h_3 + 17 = 15 + 30 + \left(15 \times \frac{12}{100}\right) + 17 = 63.8[m] ≒ 64[m]$

핵심이론 펌프의 전양정 [m]

전양정 $H = h_1 + h_2 + h_3 + 17$

h_1 : 낙차(실양정) [m]
h_2 : 배관 및 관부속품의 마찰손실수두 [m]
h_3 : 소방용 호스 마찰손실수두 [m]
17 : 옥내소화전 최소 방수압 환산수두 [m]
(0.17 [MPa])

※ 호스릴옥내소화전설비 포함

답 | 64 [m]

나. 계산과정

$$Q = A \cdot V = \frac{\pi D^2}{4} \cdot V, \quad D[m] = \sqrt{\frac{4 \times Q[m^3/s]}{\pi \times V[m/s]}}$$

$$D[m] = \sqrt{\frac{4 \times \frac{0.26}{60}[m^3/s]}{\pi \times 4[m/s]}} = 0.03714[m] = 37.14[mm] \to 50[A]$$

(옥내소화전의 주배관 중 수직배관의 구경은 50 [mm] 이상이어야 하므로)

옥내소화전설비의 화재안전기술기준(NFTC 102)
2.3.5 펌프의 토출 측 주배관의 구경은 유속이 4 [m/s] 이하가 될 수 있는 크기 이상으로 해야 하고, 옥내소화전방수구와 연결되는 가지배관의 구경은 40 [mm](호스릴옥내소화전설비의 경우에는 25 [mm]) 이상으로 해야 하며, 주배관 중 수직배관의 구경은 50 [mm](호스릴옥내소화전설비의 경우에는 32 [mm]) 이상으로 해야 한다.

답 | 50 [A]

다. 계산과정

$$\text{소요동력 } P[kW] = \frac{\gamma[kN/m^3] \times Q[m^3/s] \times H[m]}{\eta} \times K$$

$$P = \frac{9.8[kN/m^3] \times \dfrac{0.26}{60}[m^3/s] \times 64[m]}{0.55} \times 1.1 = 5.44[kW] \fallingdotseq 5[kW]$$

① 펌프 효율 : 0.55(펌프 토출 측 주배관 구경이 50 [A]이므로)

② 전달계수 : 1.1(동력전달형식이 전동기 [모터]이므로)

답 | 5 [kW]

TIP ▶ 문제에서 소수점 이하는 반올림하여 정수로만 나타내라고 하였으므로 답안 작성 시 유의한다

라. 계산과정

$Q \propto \sqrt{P}$ 이므로

$$\sqrt{0.17} : 130 = \sqrt{(0.4 + 0.17)} : x$$

$$\therefore x = \frac{\sqrt{0.57}}{\sqrt{0.17}} \times 130 = 238.043[L/min] \fallingdotseq 238[L/min]$$

📁 참고 **방수량공식**

$$Q = 2.086 \times D^2 \times \sqrt{P}$$

Q : 방수량 [L/min], D : 관경(노즐구경) [mm], P : 방수압력 [MPa]

답 | 238 [L/min]

마. 계산과정

유량측정장치는 펌프의 정격토출량의 175 [%] 이상까지 측정할 수 있는 성능이 있을 것

260 [L/min] × 1.75 = 455 [L/min]

답 | 455 [L/min]

04

득점 | 배점 | 9

스프링클러설비에 관한 사항이다. 빈칸에 알맞은 내용을 보기에서 찾아서 번호로 적어 넣으시오.

[보기]

① 가압수/공기   ② 가압수/압축공기
③ 폐쇄형   ④ 개방형
⑤ ×   ⑥ ○
⑦ 가압수/가압수

스프링클러설비	배관(1차 측/2차 측)	헤드의 종류	감지기 유무(○, ×)
습식	( )	( )	( )
건식	( )	( )	( )
일제살수식	( )	( )	( )

정답

스프링클러설비	배관(1차 측/2차 측)	헤드의 종류	감지기 유무(○, ×)
습식	(⑦ 가압수/가압수)	(③ 폐쇄형)	(⑤ ×)
건식	(② 가압수/압축공기)	(③ 폐쇄형)	(⑤ ×)
일제살수식	(① 가압수/공기)	(④ 개방형)	(⑥ ○)

05

득점 | 배점 | 4

할로겐화합물 및 불활성기체소화설비에서 불활성기체소화약제의 종류 4가지를 쓰시오.

○ 답 :

정답

① IG-01, ② IG-100, ③ IG-541, ④ IG-55

06

득점		배점	4

전기실을 방호하기 위하여 할론 1301소화설비를 설치하였을 때 최소 저장용기 수를 구하시오. (단, 전기실의 바닥면적은 390 [m²], 높이는 5.8 [m]이고 자동폐쇄장치가 없으며 개구부의 면적은 2 [m²]이다. 할론 약제 용기 1병당 충전량은 50 [kg]이다)

○ 계산과정 :

○ 답 :

정답

☑ 계산과정

📌 핵심이론 **할론소화설비(할론 1301) 전역방출방식 약제량 산정**

$W = (V \times \alpha) + (A \times \beta)$

W : 약제량 [kg], V : 방호구역의 체적 [m³]

α : 방호구역 1 [m³]에 대한 소화약제의 양 [kg/m³]

A : 개구부 면적 [m²], β : 개구부 가산량 [kg/m²]

(개구부에 자동폐쇄장치 미설치 시 가산)

소방대상물 또는 그 부분	방호구역의 체적 1 [m³]당 소화약제의 양 [kg/m³] α	개구부 가산량 [kg/m²] β
• 차고·주차장·전기실·통신기기실·전산실 등 이와 유사한 전기설비가 설치되어 있는 부분 • 특수가연물(가연성 고체류, 가연성 액체류, 합성수지류)을 저장·취급하는 소방대상물 또는 그 부분	0.32 이상 0.64 이하	2.4
특수가연물(면화류, 나무껍질 및 대팻밥, 넝마 및 종이부스러기, 사류, 볏짚류, 목재가공품 및 나무부스러기)을 저장·취급하는 소방대상물 또는 그 부분	0.52 이상 0.64 이하	3.9

$W = (V \times \alpha) + (A \times \beta)$

$= (390[\text{m}^2] \times 5.8[\text{m}]) \times 0.32[\text{kg/m}^3] + 2[\text{m}^2] \times 2.4[\text{kg/m}^2] = 728.64[\text{kg}]$

$\therefore$ 병 수 $= \dfrac{728.64[\text{kg}]}{50[\text{kg/병}]} = 14.57 ≒ 15[\text{병}]$

답 | 15 [병]

07

| 득점 | | 배점 | 3 |

습식 스프링클러설비의 동절기 배관동파방지법을 3가지만 쓰시오.

○ 답 :

정답

① 보온재를 이용한 배관보온법

② 히팅코일을 이용한 가열법

③ 순환펌프를 이용한 물의 유동법

④ 부동액 주입법

위 4가지 중 3가지 기술할 것

08

| 득점 | | 배점 | 4 |

지상 1층 및 2층의 바닥면적의 합계가 22000 [m²]인 공장에 소화수조 또는 저수조를 설치하고자 한다. 다음 각 물음에 답하시오. (단, 특정소방대상물의 연면적이 22000 [m²]이다)

가. 소화수조 또는 저수조를 설치 시 저수조에 확보하여야 할 저수량 [m³]을 구하시오.

○ 계산과정 :

○ 답 :

나. 저수조에 설치하여야 할 채수구의 최소 설치수량은 몇 개인가?

○ 답 :

정답

가. 계산과정

★• 핵심이론 소화수조 또는 저수조의 저수량

소화수조 또는 저수조의 저수량은 소방대상물의 연면적을 기준면적으로 나누어 얻은 수(소수점 이하의 수는 1로 본다)에 20 [m³]을 곱한 양 이상이 되도록 해야 한다.

[소방대상물별 기준면적]

소방대상물의 구분	기준면적
1. 1층 및 2층의 바닥면적의 합계가 15000 [m²] 이상인 소방대상물	7500 [m²]
2. 제1호에 해당하지 않는 그 밖의 소방대상물	12500 [m²]

※ 소화수조 저수량 $[m^3]$

$$= \frac{\text{소방대상물의 연면적}\,[m^2]}{\text{기준면적}\,[m^2]}(\text{소수점 이하 절상}) \times 20\,[m^3]$$

지상 1, 2층의 바닥면적의 합계가 15000 [m²] 이상 → 기준면적 7500 [m²]

$\dfrac{\text{연면적}}{\text{기준면적}} = $ 정수(절상), 소화수조 저수량 = 정수 × 20 [m³]

$\dfrac{22000\,[m^2]}{7500\,[m^2]} = 2.93 \fallingdotseq 3$, ∴ 소화수조 저수량 $= 3 \times 20\,[m^3] = 60\,[m^3]$ **답 | 60 [m³]**

나. 2 [개]

★• 핵심이론 소화수조 및 저수조 – 흡수관투입구와 채수구

소화수조 또는 저수조는 다음의 기준에 따라 흡수관투입구 또는 채수구를 설치해야 한다.

▫ 흡수관투입구

지하에 설치하는 소화용수설비의 흡수관투입구는 그 한 변이 0.6 [m] 이상이거나 직경이 0.6 [m] 이상인 것으로 하고, 소요수량이 80 [m³] 미만인 것은 1개 이상, 80 [m³] 이상인 것은 2개 이상을 설치해야 하며, "흡수관투입구"라고 표시한 표지를 할 것

▫ 채수구

1) 채수구는 다음 표에 따라 소방용 호스 또는 소방용 흡수관에 사용하는 구경 65 [mm] 이상의 나사식 결합금속구를 설치할 것

[소요수량에 따른 채수구의 수]

소요수량	20 [m³] 이상 40 [m³] 미만	40 [m³] 이상 100 [m³] 미만	100 [m³] 이상
채수구의 수	1개	2개	3개

2) 채수구는 지면으로부터의 높이가 0.5 [m] 이상 1 [m] 이하의 위치에 설치하고 "채수구"라고 표시한 표지를 할 것

09

포소화설비의 포방출구 중 표면하주입식 Ⅲ형 방출구에 대하여 설명하시오.

○ 답 :

정답

고정지붕구조의 탱크에 저부포주입법을 이용하는 것으로서 송포관으로부터 포를 방출하는 포방출구

※ 저부포주입법 : 탱크의 액면 하에 설치된 포방출구로부터 포를 탱크 내에 주입하는 방법

※ 송포관 : 발포기 또는 포발생기에 의하여 발생된 포를 보내는 배관을 말한다.
당해 배관으로 탱크 내의 위험물이 역류되는 것을 저지할 수 있는 구조·기구를 갖는 것에 한한다.

10

주차장 건물에 물분무소화설비를 설치하려고 한다. 주차장 면적이 80 [m²]일 때 다음 각 물음에 답하시오.

가. 수원의 용량 [m³]을 구하시오.

○ 계산과정 :

○ 답 :

나. 제어밸브의 설치위치는?

○ 답 :

다. 물분무소화설비와 펌프를 겸용으로 사용할 수 있는 설비를 쓰시오.

○ 답 :

라. 물분무소화설비의 소화효과 3가지만 쓰시오.

○ 답 :

정답

가. 계산과정

[물분무소화설비 토출량/수원량 산정]

소방대상물	수원량 산정방법	비고
특수가연물을 저장·취급하는 특정소방대상물 또는 그 부분	A [m²] × 10 [L/min·m²] × 20 [min] 이상 (A : 바닥면적)	최대 방수구역의 바닥면적을 기준으로 함 50 [m²] 이하인 경우에는 50 [m²]
절연유 봉입 변압기	A [m²] × 10 [L/min·m²] × 20 [min] (A : 바닥부분을 제외한 표면적을 합한 면적)	-
컨베이어벨트 등	A [m²] × 10 [L/min·m²] × 20 [min] (A : 벨트 부분의 바닥면적)	-
케이블 트레이, 케이블 덕트 등	A [m²] × 12 [L/min·m²] × 20 [min] (A : 투영된 바닥면적)	-
차고·주차장	A [m²] × 20 [L/min·m²] × 20 [min] (A : 바닥면적)	최대 방수구역의 바닥면적을 기준으로 함 50 [m²] 이하인 경우에는 50 [m²]

$$Q = A[m^2] \times 20[L/min \cdot m^2] \times 20[min]$$
$$= 80[m^2] \times 20[L/min \cdot m^2] \times 20[min] = 32000[L] = 32[m^3]$$

답 | 32 [m³]

나. 제어밸브는 바닥으로부터 0.8 [m] 이상 1.5 [m] 이하의 위치에 설치할 것

다. 옥내소화전설비·스프링클러설비·간이스프링클러설비·화재조기진압용 스프링클러설비·포소화설비 및 옥외소화전설비

라. 냉각효과, 질식효과, 유화효과, 희석효과

11

득점		배점	8

펌프의 유효흡입양정($NPSH_{av}$)을 계산하시오. (단, 소화수조의 수증기압이 0.0022 [MPa], 대기압은 0.101 [MPa]이고, 흡상일 때 풋밸브에서 펌프까지 수직거리는 3.78 [m]이다)

○ 계산과정 :

○ 답 :

정답

☑ 계산과정

$$\therefore NPSH_{av} = \frac{0.101 \times 10^3 [\text{kPa}]}{9.8 [\text{kN/m}^3]} - \frac{0.0022 \times 10^3 [\text{kPa}]}{9.8 [\text{kN/m}^3]} - 3.78 [\text{m}] = 6.30 [\text{m}]$$

📁 참고 유효흡입양정 $NPSH_{av}$

$$NPSH_{av} = \frac{P_a}{\gamma} - \frac{P_v}{\gamma} - H_f \pm H_s [\text{m}]$$

여기서 $\frac{P_a}{\gamma}$: 흡입 수면의 대기압 환산수두 [m]

$\frac{P_v}{\gamma}$: 유체의 온도에 상당하는 포화증기압 환산수두 [m]

H_f : 흡입 측 배관의 마찰손실수두 [m]

H_s : 흡입 양정으로 흡상일 때 (-), 압입일 때 (+) [m]

답 | 6.3 [m]

12

내화구조로 된 건축물의 실내(내측기준 66 [m] × 66 [m])에 정방형으로 습식 스프링클러설비를 설치하고자 하는 경우 스프링클러헤드 개수와 습식 밸브(유수검지장치)의 최소 개수를 산출하시오. (실내의 기둥 및 형광등, 공기유입, 유출기구 등은 무시하고 천장 속의 높이는 2.5 [m]로 가정한다. (단, 천장과 반자 사이의 벽이 불연재료가 아니다)

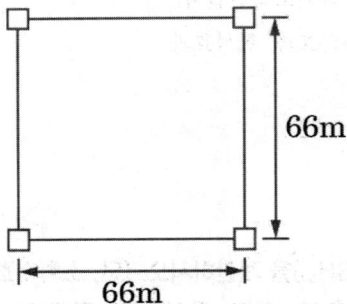

가. 스프링클러헤드 개수

　⭕ 계산과정 :

　⭕ 답 :

나. 유수검지장치 개수

　⭕ 계산과정 :

　⭕ 답 :

정답

가. 계산과정

설치장소별 수평거리 R

설치장소	수평거리(R)
• **특수**가연물을 저장 또는 취급하는 장소 • **무**대부	1.7 [m] 이하
• **기**타구조 • 라지드롭형 스프링클러헤드를 설치하는 **창고** 　(단, ① 특수가연물을 저장 또는 취급하는 창고 : 1.7 [m] 이하 　　　② 내화구조로 된 창고 : 2.3 [m] 이하)	2.1 [m] 이하
• **내**화구조	2.3 [m] 이하
• **아**파트등의 세대 내	2.6 [m] 이하

암기 ▶ 특수 무기 창 내아

R(수평거리) = 2.3 [m]

S(헤드 간 거리) $= 2R\cos\theta = 2 \times 2.3 \times \cos45 = 3.25[m]$

가로열 및 세로열에 설치할 헤드 수 : $\dfrac{66[m]}{3.25[m/개]} = 20.31[개] ≒ 21[개]$

∴ 21 × 21 = 441 [개]

천장 속의 높이가 2 [m] 이상인 경우 천장 속에도 스프링클러헤드를 설치

(∵ 천장과 반자 사이의 벽이 불연재료가 아니므로)

총 헤드 수 = 441 + 441 = 882 [개]

답 | 882 [개]

참고 스프링클러헤드의 설치 제외

(1) 천장과 반자 양쪽이 불연재료로 되어 있는 경우로서 그 사이의 거리 및 구조가 다음의 어느 하나에 해당하는 부분

　① 천장과 반자 사이의 거리가 2 [m] 미만인 부분

　② 천장과 반자 사이의 벽이 불연재료이고 천장과 반자 사이의 거리가 2 [m] 이상으로서 그 사이에 가연물이 존재하지 않는 부분

(2) 천장·반자 중 한쪽이 불연재료로 되어 있고 천장과 반자사이의 거리가 1 [m] 미만인 부분

(3) 천장 및 반자가 불연재료 외의 것으로 되어 있고 천장과 반자 사이의 거리가 0.5 [m] 미만인 부분

나. 계산과정

방호구역 수 : $\dfrac{66 \times 66[m^2]}{3000[m^2]} = 1.45[개] ≒ 2[개]$

방호구역마다 유수검지장치를 1개 이상 설치해야 하므로 2개

※ 반자 아래의 헤드와 반자 속의 헤드를 동일 급수관의 가지관상에 병설하는 경우 "방호구역의 바닥면적 3000 [m²]"만 고려하여 유수검지장치를 설치한다.

답 | 2 [개]

13

건물의 크기는 길이 20 [m], 폭 10 [m], 높이 2.5 [m]인 위험물 옥내저장소에 제4종 분말소화설비를 전역방출방식으로 설치하고자 한다. 분말소화설비 분사헤드의 최소 소요수량을 구하시오. (단, 분사헤드의 사양은 18 [kg/min], 방출시간은 30초이다)

◯ 계산과정 :

◯ 답 :

정답

☑ 계산과정

① 약제량 $W\,[\mathrm{kg}] = V \times \alpha = (20 \times 10 \times 2.5)\,[\mathrm{m}^3] \times 0.24\,[\mathrm{kg/m}^3] = 120\,[\mathrm{kg}]$

② 전체유량 $= \dfrac{120\,[\mathrm{kg}]}{30\,[\mathrm{s}]} = 4\,[\mathrm{kg/s}] = 240\,[\mathrm{kg/min}]$

③ 분사헤드 수 $= \dfrac{240\,[\mathrm{kg/min}]}{18\,[\mathrm{kg/min \cdot 개}]} = 13.33 \fallingdotseq 14\,[개]$

핵심이론 분말소화설비 전역방출방식의 소화약제량 산정

분말소화설비 전역방출방식의 약제량 $W\,[\mathrm{kg}] = (V \times \alpha) + (A \times \beta)$

V : 방호구역의 체적 $[\mathrm{m}^3]$

α : 방호구역 1 $[\mathrm{m}^3]$에 대한 소화약제의 양 $[\mathrm{kg/m}^3]$

A : 개구부 면적 $[\mathrm{m}^2]$, β : 개구부 가산량 $[\mathrm{kg/m}^2]$

소화약제의 종별	방호구역의 체적 1 $[\mathrm{m}^3]$에 대한 소화약제량 $[\mathrm{kg}]$	개구부 면적 1 $[\mathrm{m}^2]$에 대한 소화약제량 $[\mathrm{kg}]$
제1종 분말	0.60 [kg]	4.5 [kg]
제2종 · 제3종 분말	0.36 [kg]	2.7 [kg]
제4종 분말	0.24 [kg]	1.8 [kg]

답 | 14 [개]

14

득점		배점	12

그림과 같은 지상 12층 내화구조 건축물에서 특별피난계단용 부속실에 급기가압용 제연설비를 설치할 경우 다음 물음에 답하여라.

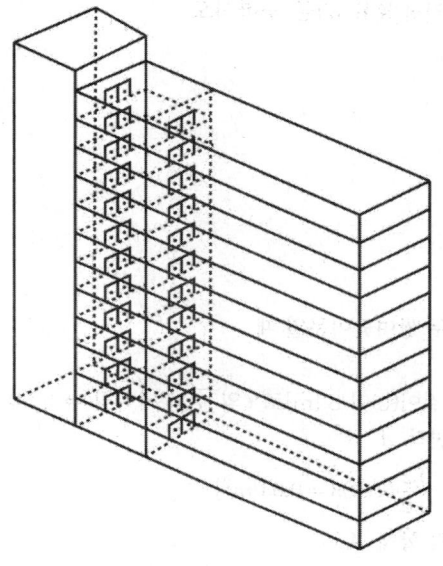

조건

(1) 전 층의 전압은 600 [mmAq]이다.

(2) 송풍기의 여유율은 10 [%]를 적용한다.

(3) 송풍기의 효율은 65 [%]이다.

(4) 보충량은 0.031 [m³/s]이다.

가. 부속실의 문이 모두 쌍여닫이문일 때 부속실 전 층의 틈새면적 [m²]을 구하시오. (단, 출입문 틈새의 길이는 8 [m]이고, 누설 틈새면적의 합계 산정 시 2개의 문을 직렬로 합산한다)

○ 계산과정 :

○ 답 :

나. 누설량 [m³/s]을 구하시오. (단, 문을 경계로 한 기압 차는 화재안전기술기준의 최소 차압을 적용한다)

○ 계산과정 :

○ 답 :

다. 급기량 [m³/s]을 구하시오.

○ 계산과정 :

○ 답 :

라. 송풍기의 풍량 [m³/s]을 구하시오.

　　◐ 계산과정 :

　　◐ 답 :

마. 제연설비의 송풍기용량 [kW]을 구하시오.

　　◐ 계산과정 :

　　◐ 답 :

정답

가. 계산과정

　　부속실의 문이 모두 쌍여닫이문일 때

　　① ℓ : 9.2

　　② 출입문 틈새의 길이(L)이 8 [m]로 ℓ의 수치 이하임 ⇒ L : 9.2 (= ℓ의 수치)

　　③ 출입문의 틈새면적 A

$$A = \frac{L}{\ell} \times Ad = \frac{9.2}{9.2} \times 0.03 = 0.03 \, [m^2]$$

　　④ 층당 틈새면적의 합계 A_T

$$직렬 \ A_T = \left(\frac{1}{0.03^2} + \frac{1}{0.03^2} \right)^{-\frac{1}{2}} = 0.0212 \, [m^2]$$

　　⑤ 전 층의 틈새면적의 합계

$$\therefore \ 0.0212 \, [m^2/층] \times 12 \, [층] = 0.25 \, [m^2] \qquad\qquad 답 \, | \, 0.25 \, [m^2]$$

▶참고 **특별피난계단의 계단실 및 부속실 제연설비의 화재안전기술기준 − 2.9 누설틈새의 면적 등**

1. 제연구역으로부터 공기가 누설하는 틈새면적기준

　　출입문의 틈새면적 $A = \frac{L}{\ell} \times Ad$

여기서 A : 출입문의 틈새 [m²]

L : 출입문 틈새의 길이 [m]

(다만 <u>L의 수치가</u> ℓ의 수치 이하인 경우에는 ℓ의 수치로 할 것)

ℓ : 외여닫이문이 설치되어 있는 경우에는 5.6,

<u>쌍여닫이문이 설치되어 있는 경우에는 9.2,</u>

승강기의 출입문이 설치되어 있는 경우에는 8.0으로 할 것

Ad : 외여닫이문으로 제연구역의 실내 쪽으로 열리도록 설치하는 경우에는 0.01,

제연구역의 실외 쪽으로 열리도록 설치하는 경우에는 0.02,

<u>쌍여닫이문의 경우에는 0.03,</u>

승강기의 출입문에 대하여는 0.06으로 할 것

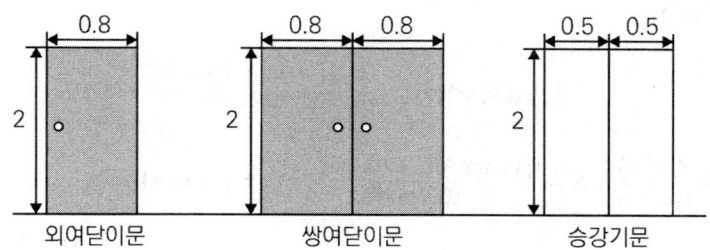

출입문		기준 틈새의 길이 L [m]	기준 틈새면적 Ad [m²]
외여닫이문	제연구역의 실내 쪽으로 개방	5.6	0.01
	제연구역의 실외 쪽으로 개방	5.6	0.02
쌍여닫이문		9.2	0.03
승강기의 출입문		8	0.06

나. 계산과정

누설량 산정

$$Q = 0.827 \times A \times P^{\frac{1}{N}}$$

Q : 누설량 [m³/s], P : 문을 경계로 한 기압 차 [N/m² = Pa]

A : 틈새면적 [m²], N : 누설면적상수(일반출입문 = 2, 창문 = 1.6)

$Q = 0.827 \times A_T \times \sqrt{P}$

여기서 옥내에 스프링클러설비를 설치한다는 조건이 없으므로 P에 40 [Pa]을 적용한다.

$\therefore Q = 0.827 \times 0.25 \times \sqrt{40} = 1.31 [\text{m}^3/\text{s}]$ **답 | 1.31 [m³/s]**

다. 계산과정

급기량 = 누설량(Q) + 보충량(q)

= 1.31 [m³/s] + 0.031 [m³/s] = 1.34 [m³/s] **답 | 1.34 [m³/s]**

라. 계산과정

송풍기의 송풍능력은 송풍기가 담당하는 제연구역에 대한 급기량의 1.15배 이상으로 할 것

특별피난계단의 계단실 및 부속실 제연설비의 화재안전기술기준(NFTC 501A)
2.16 급기송풍기
2.16.1 급기송풍기의 설치는 다음의 기준에 적합해야 한다.
2.16.1.1 <u>송풍기의 송풍능력</u>은 송풍기가 담당하는 제연구역에 대한 <u>급기량의 1.15배 이상</u>으로 할 것. 다만 풍도에서의 누설을 실측하여 조정하는 경우에는 그렇지 않다.

송풍기의 풍량 = 급기량×1.15

= 1.34[m³/s]×1.15 = 1.54[m³/s]

답 | 1.54 [m³/s]

마. 계산과정

$$\text{소요동력 } P[kW] = \frac{P_t[mmAq] \times Q[m^3/s]}{102\eta} \times K$$

$$P = \frac{P_t \times Q}{102 \times \eta} \times K = \frac{600[mmAq] \times 1.54[m^3/s]}{102 \times 0.65} \times 1.1 = 15.33[kW]$$

답 | 15.33 [kW]

15

| 득점 | | 배점 | 6 |

인화점이 0 [℃] 이하인 원유(프로필렌옥사이드)를 저장하는 내부 지름 30 [m]인 콘루프탱크에 아래 조건으로 탱크를 방호하기 위한 포소화설비를 설치하는 경우 다음을 구하시오.

조건

(1) 포소화약제의 적용
- 약제 종류 : 수성막포 6 [%]
- 방출량 : 8 [L/m² · min]
- 방사시간 : 30분
- 위험물계수 : 2

(2) 보조포소화전은 쌍구형 2개를 적용한다. (단, 호스접결구의 수는 4개)

(3) 적용된 송액배관 : 안지름 150 [mm]인 배관 50 [m] 적용, 안지름 100 [mm]인 배관 100 [m] 적용, 안지름 60 [mm]인 배관 100 [m] 적용

가. 포소화약제 저장탱크에 필요한 포수용액량 [m³]을 구하시오.

○ 계산과정 :

○ 답 :

나. 포소화약제 저장탱크에 필요한 포약제량 [L]을 구하시오.

○ 계산과정 :

○ 답 :

정답

가. 계산과정

> 포수용액량 = 고정포방출구의 필요량 + 보조포소화전의 필요량
> + 송액관의 보충량

① 고정포방출구 Q_1

$$Q_1[L] = (A[m^2] \times Q_A[L/m^2 \cdot \min] \times T[\min]) \times N$$

$$= \left\{ \left(\frac{\pi \times 30^2}{4} \right) [m^2] \times 8[L/\min \cdot m^2] \times 30[\min] \right\} \times 2$$

$$= 339292.0066 \fallingdotseq 339292.007[L]$$

② 보조포소화전 Q_2

$$Q_2[L] = N \times 400[L/\min] \times 20[\min]$$

$$= 3 \times 400[L/\min] \times 20[\min]$$

$$= 24000[L]$$

③ 송액관의 보충량 Q_3

송액관에 충전하기 위하여 필요한 양을 산출 시 내경 75 [mm] 이하의 송액관은 제외한다.

$$Q_3[L] = V[m^3] \times 1000[L/m^3]$$

$$= \left(\frac{\pi \times 0.15^2}{4} \times 50 + \frac{\pi \times 0.1^2}{4} \times 100 \right) [m^3] \times 1000[L/m^3]$$

$$= 1668.9710 \fallingdotseq 1668.971[L]$$

④ 포수용액량 $= Q_1 + Q_2 + Q_3$

$$= 339292.007 + 24000 + 1668.971$$

$$= 364960.977[L] \fallingdotseq 364.96[m^3]$$

답 | 364.96 [m³]

나. 계산과정

> 포소화약제 저장량 = 고정포방출구의 약제량 + 보조포소화전의 약제량
> + 송액관의 보충량

① 고정포방출구 Q_1

$$Q_1[L] = (A[m^2] \times Q_A[L/m^2 \cdot \min] \times T[\min] \times S) \times N$$

$$= \left\{ \left(\frac{\pi \times 30^2}{4} \right) [m^2] \times 8[L/\min \cdot m^2] \times 30[\min] \times 0.06 \right\} \times 2$$

$$= 20357.5204 \fallingdotseq 20357.520[L]$$

② 보조포소화전 Q_2

$$Q_2[L] = N \times 400[L/\min] \times 20[\min] \times S$$

$$= 3 \times 400[L/\min] \times 20[\min] \times 0.06$$

$$= 1440[L]$$

③ 송액관의 보충량 Q_3

송액관에 충전하기 위하여 필요한 양을 산출 시 내경 75 [mm] 이하의 송액관은 제외한다.

$$Q_3[L] = V[m^3] \times S \times 1000[L/m^3]$$
$$= \left(\frac{\pi \times 0.15^2}{4} \times 50 + \frac{\pi \times 0.1^2}{4} \times 100 \right)[m^3] \times 0.06 \times 1000[L/m^3]$$
$$= 100.1382 ≒ 100.138[L]$$

④ 포소화약제량 $= Q_1 + Q_2 + Q_3$
$$= 20357.520 + 1440 + 100.138$$
$$= 21897.658[L] ≒ 21897.66[L]$$

답 | 21897.66 [L]

■ 참고 포소화약제의 저장량 – 고정포방출구방식

포소화약제 저장량 Q	=	고정포방출구에서 방출하기 위해 필요한 양 Q_1	+	보조포소화전에서 방출하기 위해 필요한 양 Q_2	+	송액관에 충전하기 위해 필요한 양 Q_3

고정포방출구방식은 다음의 양을 합한 양 이상으로 할 것

(1) 고정포방출구에서 방출하기 위하여 필요한 양(제4류 위험물 중 비수용성 외의 것)

$$Q_1 = (A \times Q_A \times T \times S) \times N$$

Q_1 : 포소화약제의 양 [L]
A : 탱크의 액표면적 $[m^2]$
Q_A : 단위 포소화수용액의 양 $[L/m^2 \cdot min]$
T : 방출시간 [min]
S : 포소화약제의 사용농도 [%]
N : 위험물계수

<u>제4류 위험물 중 비수용성 외의 것(프로필렌옥사이드, 초산, 아크릴산 등)</u>에 대해서는 포수용액량 및 방출률에 <u>위험물계수를 곱한 수치 이상</u>으로 해야 함

(2) 보조포소화전에서 방출하기 위하여 필요한 양

$$Q_2 = N \cdot 8000 \cdot S$$

Q_2 : 포소화약제의 양 [L]
N : 호스 접결구의 수(3개 이상인 경우는 3개)
S : 포소화약제의 사용농도 [%]

(3) 가장 먼 탱크까지의 송액관에 충전하기 위하여 필요한 양(내경 75 [mm] 이하의 송액관은 제외)

$$Q_3 = V \times S \times 1000[L/m^3]$$

Q_3 : 포소화약제의 양 [L]
V : 송액관 내부의 체적 $[m^3]$
S : 포소화약제의 사용농도 [%]

※ 송액관 : 수원으로부터 포헤드, 고정포방출구 또는 이동식 노즐에 급수하는 배관

16

득점		배점	3

습식 스프링클러설비에서 펌프 토출 측에 체크밸브가 설치되어 있고, 그 위에 기동용 수압개폐장치가 연결된 배관이 접속되어 있다. 이때 펌프 토출 측 체크밸브 고장 시 발생하는 현상에 대하여 간단히 설명하시오.

○ 답 :

정답

펌프 토출 측 체크밸브 고장 시 펌프 토출 측 체크밸브 2차 측 물이 1차 측으로 역류된다. 따라서 체크밸브의 2차 측 압력이 떨어지고, 기동용 수압개폐장치의 압력스위치가 낮아진 압력을 검지하여 펌프를 기동시킨다. 이때 유수검지장치가 모두 폐쇄상태이므로 체절운전 형태가 되어 릴리프밸브가 개방된다.

2020

2020.11.14

2020년 4회

점수 :

01

득점 | 배점 | 4

분말소화설비의 소화약제 200 [kg]이 저장되어 있다. 제1종에서 제4종까지 각각의 저장용기 내용적 [L]을 구하시오.

가. 제1종 분말소화약제

　○ 계산과정 :

　○ 답 :

나. 제2종 분말소화약제

　○ 계산과정 :

　○ 답 :

다. 제3종 분말소화약제

　○ 계산과정 :

　○ 답 :

라. 제4종 분말소화약제

　○ 계산과정 :

　○ 답 :

정답

가. 계산과정

$$0.8[\text{L/kg}] \times 200[\text{kg}] = 160[\text{L}]$$

답 | 160 [L]

나. 계산과정

$$1[\text{L/kg}] \times 200[\text{kg}] = 200[\text{L}]$$

답 | 200 [L]

다. 계산과정

$$1[\text{L/kg}] \times 200[\text{kg}] = 200[\text{L}]$$

답 | 200 [L]

라. 계산과정

$$1.25[\text{L/kg}] \times 200[\text{kg}] = 250[\text{L}]$$

답 | 250 [L]

참고 분말소화약제 1 [kg]당 저장용기 내용적 [L]

소화약제의 종별	소화약제 1 [kg]당 저장용기 내용적
제1종 분말	0.8 [L]
제2종 분말	1 [L]
제3종 분말	1 [L]
제4종 분말	1.25 [L]

02

득점   배점   4

소방시설 설계도에서 표시하는 기호(Symbol)를 도시하시오.

가. 풋밸브	나. Y형 스트레이너	다. 옥내소화전배관	라. 전자사이렌

정답

가. 풋밸브	나. Y형 스트레이너	다. 옥내소화전배관	라. 전자사이렌

03

득점   배점   4

피난구조설비 중 노유자시설의 1층에 적응성이 있는 피난기구의 종류를 4가지 쓰시오.

○ 답 :

정답

미끄럼대, 구조대, 다수인피난장비, 승강식 피난기, 피난교 중 4가지 기술할 것

참고

장소별 \ 층별	1층	2층	3층	4층 이상 10층 이하
1. 노유자시설	• 미끄럼대 • 구조대 • 다수인피난장비 • 승강식 피난기 • 피난교	• 미끄럼대 • 구조대 • 다수인피난장비 • 승강식 피난기 • 피난교	• 미끄럼대 • 구조대 • 다수인피난장비 • 승강식 피난기 • 피난교	• 구조대[1] • 다수인피난장비 • 승강식 피난기 • 피난교

[비고]

1) 구조대의 적응성은 장애인 관련 시설로서 주된 사용자 중 스스로 피난이 불가한 자가 있는 경우 추가로 설치하는 경우에 한한다.

04

득점 | 배점 | 6

그림과 같은 방호대상물에 국소방출방식으로 이산화탄소소화설비를 설치하고자 한다. 다음 각 물음에 답하시오. (단, 고정벽은 없으며, 고압식으로 설치한다)

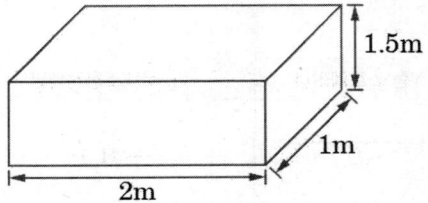

1.5m

1m

2m

가. 방호공간의 체적 [m³]을 구하시오.

⭕ 계산과정 :

⭕ 답 :

나. 소화약제의 저장량 [kg]을 구하시오.

⭕ 계산과정 :

⭕ 답 :

다. 하나의 분사헤드에 대한 방출량 [kg/s]을 구하시오. (단, 분사헤드는 4개이다)

⭕ 계산과정 :

⭕ 답 :

정답

📌 핵심이론 이산화탄소소화설비 국소방출방식 약제량 산정

$$W[kg] = V[m^3] \times \left(8 - 6\frac{a}{A}\right)[kg/m^3] \times h(할증계수)$$

W : 약제량 [kg]

V : 방호공간의 체적 [m³]

(방호대상물의 각 부분으로부터 0.6 [m]의 거리에 따라 둘러싸인 공간)

a : 방호대상물 주위에 설치된 벽면적의 합계 [m²]

A : 방호공간의 벽면적의 합계 [m²]

(벽이 없는 경우 : 벽이 있는 것으로 가정한 당해 부분의 면적)

h : 할증계수(고압식 : 1.4, 저압식 : 1.1)

가. 계산과정

V = (2 + 0.6 + 0.6) × (1 + 0.6 + 0.6) × (1.5 + 0.6) = 14.784 ≒ 14.78 [m³]

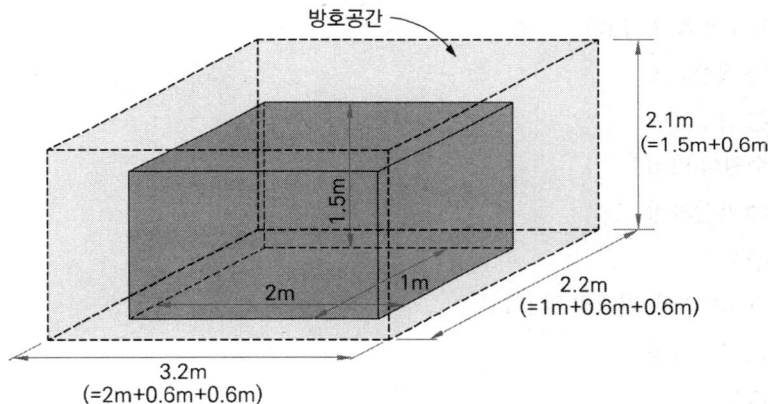

답 | 14.78 [m³]

나. 계산과정

① a : 0 [m²]

② A : (3.2 × 2.1 × 2) + (2.1 × 2.2 × 2) = 22.68 [m²]

$$W[kg] = V[m^3] \times \left(8 - 6\frac{a}{A}\right)[kg/m^3] \times h$$

$$= 14.78[m^3] \times \left(8 - 6 \times \frac{0}{22.68}\right)[kg/m^3] \times 1.4 = 165.54[kg]$$

답 | 165.54 [kg]

다. 계산과정

하나의 분사헤드에 대한 방출량 = $\frac{165.54[kg]}{30[s] \times 4[개]}$ = 1.38[kg/s]

답 | 1.38 [kg/s]

05

경유를 저장하는 탱크의 내부 직경이 20 [m]인 플로팅루프탱크(Floating Roof Tank)에 포소화설비의 특형 방출구를 설치하여 방호하려고 할 때 다음 각 물음에 답하시오.

조건

(1) 소화약제는 6 [%]용의 단백포를 사용하며, 포수용액의 분당방출량은 10 [L/m²·분]이고, 방사시간은 20분을 기준으로 한다.

(2) 탱크의 내면과 굽도리판의 간격은 2.5 [m]로 한다.

(3) 펌프의 효율은 65 [%], 전달계수는 1.1로 한다.

가. 상기 탱크의 특형 고정포방출구에 의하여 소화하는 데 필요한 포수용액의 양 [L], 수원의 양 [L], 포소화약제 원액의 양 [L]은 각각 얼마인지 구하시오.

1) 포수용액의 양 [L]

○ 계산과정 :

○ 답 :

2) 수원의 양 [L]

○ 계산과정 :

○ 답 :

3) 포소화약제 원액의 양 [L]

○ 계산과정 :

○ 답 :

나. 수원을 공급하는 가압송수장치(펌프)의 분당토출량 [L/min]을 구하시오.

○ 계산과정 :

○ 답 :

다. 펌프의 전양정이 90 [m]라고 할 때 전동기의 출력 [kW]을 구하시오.

○ 계산과정 :

○ 답 :

라. 고발포용 포소화약제의 팽창비 범위를 쓰시오.

○ 답 :

정답

가. 계산과정

1) $Q[L] = A[m^2] \times Q_A[L/m^2 \cdot min] \times T[min]$

$$= \frac{\pi \times (20^2 - 15^2)}{4}[m^2] \times 10[L/m^2 \cdot min] \times 20[min] = 27488.94[L]$$

답 | **27488.94 [L]**

2) $Q[L] = A[m^2] \times Q_A[L/m^2 \cdot min] \times T[min] \times (1 - S)$

$$= 27488.94[L] \times 0.94 = 25839.60[L]$$

답 | **25839.60 [L]**

3) $Q[L] = A[m^2] \times Q_A[L/m^2 \cdot min] \times T[min] \times S$

$$= 27488.94[L] \times 0.06 = 1649.34[L]$$

답 | **1649.34 [L]**

나. 계산과정

$$Q[L/min] = A[m^2] \times Q_A[L/m^2 \cdot min]$$

$$= \frac{\pi \times (20^2 - 15^2)}{4}[m^2] \times 10[L/m^2 \cdot min] = 1374.45[L/min]$$

답 | **1374.45 [L/min]**

다. 계산과정

$$\text{소요동력 } P[kW] = \frac{\gamma[kN/m^3] \times Q[m^3/s] \times H[m]}{\eta} \times K$$

$$P = \frac{9.8[kN/m^3] \times \dfrac{1.37445}{60}[m^3/s] \times 90[m]}{0.65} \times 1.1 = 34.19[kW]$$

답 | **34.19 [kW]**

라. 80 이상 1000 미만

참고 **팽창비율에 따른 포 및 포방출구의 종류**

팽창비율에 따른 포의 종류	포방출구의 종류
팽창비가 20 이하인 것(저발포)	포헤드, 압축공기포헤드
팽창비가 80 이상 1000 미만인 것(고발포)	고발포용 고정포방출구

핵심이론 포소화약제의 저장량 – 고정포방출구방식

포소화약제 저장량 Q	=	고정포방출구에서 방출하기 위해 필요한 양 Q_1	+	보조포소화전에서 방출하기 위해 필요한 양 Q_2	+	송액관에 충전하기 위해 필요한 양 Q_3

고정포방출구방식은 다음의 양을 합한 양 이상으로 할 것

(1) 고정포방출구에서 방출하기 위하여 필요한 양

$$Q_1 = A \cdot Q_A \cdot T \cdot S$$

Q_1 : 포소화약제의 양 [L]
A : 탱크의 액표면적 [m²]
Q_A : 단위 포소화수용액의 양 [L/m² · min]
T : 방출시간 [min]
S : 포소화약제의 사용농도 [%]

(2) 보조포소화전에서 방출하기 위하여 필요한 양

$$Q_2 = N \cdot 8000 \cdot S$$

Q_2 : 포소화약제의 양 [L]
N : 호스 접결구의 수(3개 이상인 경우는 3개)
S : 포소화약제의 사용농도 [%]

(3) 가장 먼 탱크까지의 송액관에 충전하기 위하여 필요한 양(내경 75 [mm] 이하의 송액관은 제외)

$$Q_3 = V \times S \times 1000[L/m^3]$$

Q_3 : 포소화약제의 양 [L]
V : 송액관 내부의 체적 [m³]
S : 포소화약제의 사용농도 [%]

※ 송액관 : 수원으로부터 포헤드, 고정포방출구 또는 이동식 노즐에 급수하는 배관

06

그림과 같은 옥내소화전설비를 다음 조건과 화재안전기술기준에 따라 설치하려고 한다. 다음 각 물음에 답하시오.

조건

(1) P_1 : 옥내소화전펌프

(2) P_2 : 잡수용 양수펌프

(3) 펌프의 풋밸브로부터 9층 옥내소화전함 호스접결구까지의 마찰손실 및 저항손실수두는 실양정의 25 [%]로 한다.

(4) 펌프의 효율은 70 [%]이며, 전달계수는 1.1이다.

(5) 옥내소화전의 개수는 각 층 2개씩이다.

(6) 소화호스의 마찰손실수두는 7.8 [m]이다.

(7) P_1 풋밸브와 바닥면과의 간격은 0.2 [m]이다.

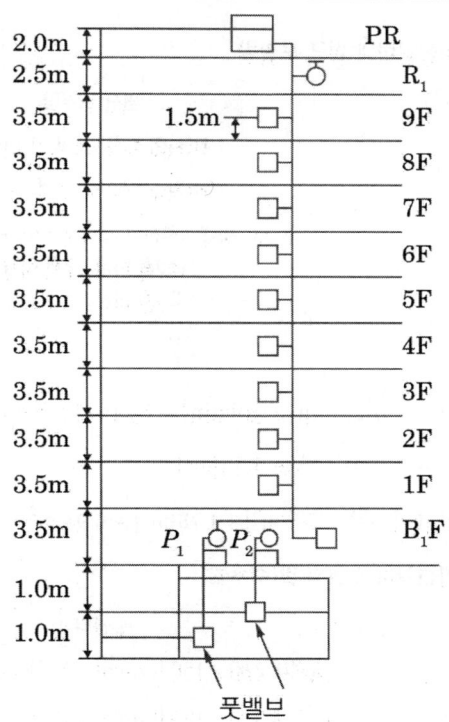

가. 펌프의 최소 토출량은 몇 [L/min]인가?

  ○ 계산과정 :

  ○ 답 :

나. 수원의 최소 유효저수량은 몇 [m³]인가? (단, 옥상수조를 포함한다)

  ○ 계산과정 :

  ○ 답 :

다. 펌프의 양정은 몇 [m]인가?

○ 계산과정 :

○ 답 :

라. 펌프의 동력은 몇 [kW]인가?

○ 계산과정 :

○ 답 :

정답

가. 계산과정

Q = 2 [개] × 130 [L/min] = 260 [L/min]

답 | 260 [L/min]

핵심이론 **옥내소화전설비의 펌프 토출량**

층수	펌프 토출량
29층 이하	**N(최대 2개) × 130 [L/min]**
30층 이상	N(최대 5개) × 130 [L/min]

※ N : 옥내소화전의 설치개수가 가장 많은 층의 설치개수
(29층 이하 : 2개 이상 설치된 경우에는 2개,
30층 이상 : 5개 이상 설치된 경우에는 5개)

나. 계산과정

① 지하수조 저수량 = $260[L/min] \times 20[min] = 5200[L] = 5.2[m^3]$

② 옥상수조 저수량 = $5.2[m^3] \times \frac{1}{3} = 1.73[m^3]$

∴ 총수원의 최소유효저수량 $= 5.2[m^3] + 1.73[m^3] = 6.93[m^3]$ 답 | 6.93 [m³]

핵심이론 **옥내소화전설비 수원의 양(주수원)**

층수	수원의 양
29층 이하	**N(최대 2개) × 130 [L/min] × 20 [min](= N × 2.6 [m³])**
30층 이상 49층 이하	N(최대 5개) × 130 [L/min] × 40 [min](= N × 5.2 [m³])
50층 이상	N(최대 5개) × 130 [L/min] × 60 [min](= N × 7.8 [m³])

※ N : 옥내소화전의 설치개수가 가장 많은 층의 설치개수
(29층 이하 : 2개 이상 설치된 경우에는 2개,
30층 이상 : 5개 이상 설치된 경우에는 5개)

다. 계산과정

　① 실양정 h_1 : $(1 - 0.2) + 1 + (3.5 \times 9) + 1.5 = 34.8$ [m]

　② 배관 및 관부속품의 마찰손실수두 h_2 : $34.8 \times 0.25 = 8.7$ [m]

　③ 소방용 호스 마찰손실수두 h_3 : 7.8 [m]

　∴ 전양정 $H = h_1 + h_2 + h_3 + 17 = 34.8 + 8.7 + 7.8 + 17 = 68.3$ [m]

★· 핵심이론 펌프의 전양정 [m]

$전양정\ H = h_1 + h_2 + h_3 + 17$	h_1 : 낙차(실양정) [m]

h_1 : 낙차(실양정) [m]

h_2 : 배관 및 관부속품의 마찰손실수두 [m]

h_3 : 소방용 호스 마찰손실수두 [m]

17 : 옥내소화전 최소 방수압 환산수두 [m]

(0.17 [MPa])

※ 호스릴옥내소화전설비 포함

답 | 68.3 [m]

라. 계산과정

$$소요동력\ P[kW] = \frac{\gamma[kN/m^3] \times Q[m^3/s] \times H[m]}{\eta} \times K$$

$$P = \frac{9.8[kN/m^3] \times \dfrac{0.26}{60}[m^3/s] \times 68.3[m]}{0.7} \times 1.1 = 4.56[kW]$$

답 | 4.56 [kW]

07

득점　　　배점　4

가로 10 [m], 세로 15 [m], 높이 5 [m]인 기계실에 할로겐화합물 및 불활성기체소화약제 중 IG-541을 사용할 경우 조건을 참고하여 다음 각 물음에 답하시오.

조건

(1) IG-541의 소화농도는 25 [%]이다.

(2) IG-541의 저장용기는 80 [L]용 15.8 [m³/병]을 적용한다.

(3) 소화약제량 산정 시 선형 상수를 이용하도록 하며 방출 시 기준온도는 20 [℃]이다.

소화약제	K_1	K_2
IG-541	0.65799	0.00239

(4) 기계실의 화재는 일반화재로 가정한다.

가. IG-541의 저장량은 몇 [m³]인지 구하시오.

○ 계산과정 :

○ 답 :

나. IG-541의 저장용기 수는 최소 몇 병인지 구하시오.

○ 계산과정 :

○ 답 :

정답

가. 계산과정

방출 시 기준온도는 20 [℃]이므로 $V_s = S$

$C = 25 \times 1.2 = 30 [\%]$ (안전계수 : <u>A급 화재 1.2</u>, B급 화재 1.3, C급 화재 1.35)

$V = 10 \times 15 \times 5 = 750 [\text{m}^3]$

$\therefore X = 2.303 \times \log_{10}\left(\dfrac{100}{100-30}\right) \times 750 = 267.55 [\text{m}^3]$

✦ 핵심이론 | 불활성기체소화설비의 소화약제량 산정

$$X[m^3] = 2.303 \times \frac{V_s[m^3/kg]}{S[m^3/kg]} \times \log\left[\frac{100}{100-C[\%]}\right] \times V[m^3]$$

여기서 X : 소화약제의 부피 [m³]

V_s : 20 [℃]에서 소화약제의 비체적 [m³/kg]

S : 소화약제별 선형상수$(K_1 + K_2 \times t)$ [m³/kg]

t : 방호구역의 최소예상온도 [℃]

C : 체적에 따른 소화약제의 설계농도 [%]

(설계농도는 소화농도(%)에 안전계수 [A급 화재 1.2, B급 화재

1.3, C급 화재 1.35]를 곱한 값 이상으로 할 것)

V : 방호구역의 체적 [m³]

답 | 267.55 [m³]

나. 계산과정

병 수 $= \dfrac{267.55 [\text{m}^3]}{15.8 [\text{m}^3/병]} = 16.93 [병] ≒ 17 [병]$

답 | 17 [병]

08

득점		배점	8

지상 11층인 사무소 건축물에 아래와 같은 조건에서 스프링클러설비를 설계하고자 할 때 이 건축물에 설치된 스프링클러 헤드의 총 개수는 몇 개인지 구하시오. (단, 정방형으로 배치한다)

조건

⑴ 건축물은 내화구조이며 기준층(1 ~ 11층)의 평면도는 다음과 같다.

⑵ 모든 규격치는 최소량을 적용한다.

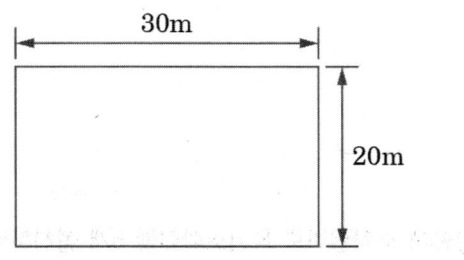

○ 계산과정 :

○ 답 :

정답

☑ 계산과정

설치장소별 수평거리 R

설치장소	수평거리(R)
• **특수**가연물을 저장 또는 취급하는 장소 • **무**대부	1.7 [m] 이하

• **기**타구조
• 라지드롭형 스프링클러헤드를 설치하는 **창**고
  (단, ① 특수가연물을 저장 또는 취급하는 창고 : 1.7 [m] 이하
      ② 내화구조로 된 창고 : 2.3 [m] 이하)
	2.1 [m] 이하

• **내**화구조	2.3 [m] 이하
• **아**파트등의 세대 내	2.6 [m] 이하

암기 ▶ 특수 무기 창 내아

R(수평거리) = 2.3 [m]

S(헤드 간 거리) = $2R\cos\theta = 2 \times 2.3 \times \cos45 = 3.25$[m]

가로열에 설치할 헤드 수 : $\dfrac{30[m]}{3.25[m/개]} = 9.23$[개] ≒ 10[개]

세로열에 설치할 헤드 수 : $\dfrac{20[m]}{3.25[m/개]} = 6.15$[개] ≒ 7[개]

∴ 1개 층에 설치할 헤드 개수 = 10 × 7 = 70 [개]

　 지상 1 ~ 11층까지의 헤드 개수 = 70 [개] × 11 = 770 [개]

답 | 770 [개]

09

득점　　　배점　　4

어떤 특정소방대상물의 소화설비로 옥외소화전을 5개 설치하려고 한다. 조건을 참조하여 다음 각 물음에 답하시오.

> **조건**
>
> (1) 옥외소화전은 지상용 A형을 사용한다.
> (2) 펌프에서 옥외소화전까지의 직관길이는 150 [m], 관의 내경은 100 [mm]이다.
> (3) 모든 규격치는 최소량을 적용한다.

가. 수원의 저수량 [m³]은 얼마 이상인가?

　○ 계산과정 :

　○ 답 :

나. 가압송수장치의 토출량 [L/min]은 얼마 이상인가?

　○ 계산과정 :

　○ 답 :

다. 직관 부분에서의 마찰손실수두 [m]는 얼마인가? (단, Darcy - Weisbach의 식을 사용하고, 마찰손실계수는 0.02이다)

　○ 계산과정 :

　○ 답 :

정답

가. 계산과정

$Q = N \times 350[\text{L/min}] \times 20[\text{min}] = 2 \times 350 \times 20 = 14000[\text{L}] = 14[\text{m}^3]$

답 | 14 [m³]

나. 계산과정

$Q = N \times 350[\text{L/min}] = 2 \times 350 = 700[\text{L/min}]$

답 | 700 [L/min]

다. 계산과정

Darcy - Weisbach방정식

$$h_L[m] = f \times \frac{L}{D} \times \frac{V^2}{2g}$$

h_L : 마찰손실 [m]

f : 마찰손실계수, L : 길이 [m], D : 직경 [m]

V : 유속 [m/s], g : 중력가속도 [m/s²]

$V = \dfrac{4Q}{\pi D^2} = \dfrac{4 \times \dfrac{0.7}{60}[\text{m}^3/\text{s}]}{\pi \times 0.1^2[\text{m}^2]} = 1.485[\text{m/s}]$

$\therefore \ h_L = 0.02 \times \dfrac{150}{0.1} \times \dfrac{1.485^2}{2 \times 9.8} = 3.38[\text{m}]$

답 | 3.38 [m]

참고 | 옥외소화전설비의 펌프토출량, 수원, 전양정

구분	옥외소화전설비
펌프 토출량	N × 350 [L/min] 여기서 N : 옥외소화전의 설치개수 (옥외소화전이 2개 이상 설치된 경우에는 2개)
수원의 유효수량	N × 350 [L/min] × 20 [min] (= N × 7[m³]) 여기서 N : 옥외소화전의 설치개수 (옥외소화전이 2개 이상 설치된 경우에는 2개)
전양정	H = h₁ + h₂ + h₃ + 25 여기서 H : 전양정 [m] h₁ : 낙차(실양정) [m] h₂ : 배관 및 관부속품의 마찰손실수두 [m] h₃ : 호스 마찰손실수두 [m] 25 : 최소 방수압 환산수두 [m](0.25 [MPa])

2020

10

득점		배점	7

절연유봉입변압기에 물분무소화설비를 그림과 같이 적용하고자 한다. 바닥 부분을 제외한 변압기의 표면적을 100 [m²]라고 할 때 노즐 1개당 필요한 유량 [L/min]인가?

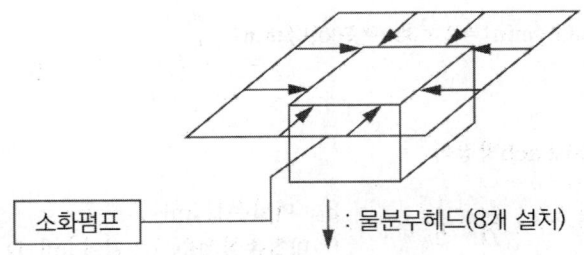

○ 계산과정 :

○ 답 :

정답

☑ 계산과정

[물분무소화설비 토출량/수원량 산정]

소방대상물	수원량 산정방법	비고
특수가연물을 저장·취급하는 특정소방대상물 또는 그 부분	A [m²] × 10 [L/min·m²] × 20 [min] 이상 (A : 바닥면적)	최대 방수구역의 바닥면적을 기준으로 함 50 [m²] 이하인 경우에는 50 [m²]
절연유 봉입 변압기	A [m²] × 10 [L/min·m²] × 20 [min] (A : 바닥부분을 제외한 표면적을 합한 면적)	–
컨베이어벨트 등	A [m²] × 10 [L/min·m²] × 20 [min] (A : 벨트 부분의 바닥면적)	–
케이블 트레이, 케이블 덕트 등	A [m²] × 12 [L/min·m²] × 20 [min] (A : 투영된 바닥면적)	–
차고·주차장	A [m²] × 20 [L/min·m²] × 20 [min] (A : 바닥면적)	최대 방수구역의 바닥면적을 기준으로 함 50 [m²] 이하인 경우에는 50 [m²]

물분무소화설비 유량 산정 $Q = A[m^2] \times 10[L/min \cdot m^2]$

① $A = 100[m^2]$

② $Q = A[m^2] \times 10[L/min \cdot m^2] = 100[m^2] \times 10[L/min \cdot m^2] = 1000[L/min]$

③ 노즐 1개당 필요한 유량 $= \dfrac{1000[L/min]}{8[개]} = 125[L/min \cdot 개]$

답 | 125 [L/min]

11

다음 내용은 제연설비에서 제연구역을 구획하는 기준을 나열한 것이다. ㉠ ~ ㉢까지의 빈칸을 채우시오.

- 하나의 제연구역의 면적은 (㉠) [m²] 이내로 한다.
- 거실과 통로는 각각 (㉡)한다.
- 통로상의 제연구역은 보행중심선의 길이가 (㉢) [m]를 초과하지 않아야 한다.
- 하나의 제연구역은 직경 (㉣) [m] 원 내에 들어갈 수 있도록 한다.
- 하나의 제연구역은 (㉤) 이상의 층에 미치지 않도록 한다. (단, 층의 구분이 불분명한 부분은 다른 부분과 별도로 제연구획할 것)

○ 답

㉠   ㉡   ㉢   ㉣   ㉤

정답

㉠ 1000, ㉡ 제연구획, ㉢ 60, ㉣ 60 , ㉤ 2

12

지름이 500 [mm] 배관 끝에 지름이 25 [mm]인 노즐이 부착되어 있고 이 노즐에서 분당 300 [L]의 물이 방출되고 있다. 노즐 끝에서 발생하는 압력손실 [kPa]을 구하시오. (단, 노즐의 부차적 손실계수는 5.5이다)

○ 계산과정 :

○ 답 :

정답

☑ 계산과정

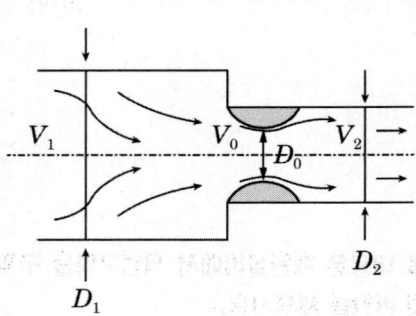

> **돌연 축소관 손실수두**
>
> $$h = \frac{(V_0 - V_2)^2}{2g} = K\frac{V_2^2}{2g}$$

h_L : 부차적 손실수두 [m]

K : 손실계수

$$\left[K = \left(\frac{A_2}{A_0} - 1\right)^2 = \left(\frac{1}{C_c} - 1\right)^2 \right]$$

C_c : 수축계수 $\left[C_c = \dfrac{A_0}{A_2} \right]$

V : 유속 [m/s]

g : 중력가속도 [m/s²]

① 수류 수축부의 유속 V_2[m/s]

$$V_2 = \frac{Q}{A_2} = \frac{\dfrac{0.3}{60}[\text{m}^3/\text{s}]}{\dfrac{0.025^2\pi}{4}[\text{m}^2]} = 10.186[\text{m/s}]$$

② 돌연축소관 손실수두 [m]

$$h = K \times \frac{V_2^2}{2g} = 5.5 \times \frac{10.186^2}{2 \times 9.8} = 29.115[\text{m}]$$

③ 돌연축소관 손실압력 [kPa]

$$P = 29.115[\text{m}] \times \frac{101.325[\text{kPa}]}{10.332[\text{m}]} = 285.53[\text{kPa}]$$

답 | 285.53 [kPa]

13

득점		배점	8

조건을 참조하여 제연설비에 대한 다음 각 물음에 답하시오.

조건

(1) 배연기의 풍량은 50000 [CMH]이다.

(2) 배연 Duct의 길이는 120 [m]이고, Duct의 저항은 1 [m]당 0.2 [mmAq]이다.

(3) 배출구 저항은 8 [mmAq], 배기그릴 저항은 4 [mmAq], 관부속품의 저항은 Duct 저항의 40 [%]이다.

(4) 효율은 50 [%]이고, 여유율은 10 [%]로 한다.

가. 배연기의 소요전압 [mmAq]은 얼마인가?

○ 계산과정 :

○ 답 :

나. 배출기의 이론소요동력 [kW]은?

○ 계산과정 :

○ 답 :

정답

가. 계산과정

$$P_t = (120[m] \times 0.2[mmAq/m]) + 8[mmAq] + 4[mmAq] + (120 \times 0.2)[mmAq]$$
$$\times 0.4$$
$$= 45.6[mmAq]$$

답 | 45.6 [mmAq]

나. 계산과정

$$\text{소요동력 } P[kW] = \frac{P_t[mmAq] \times Q[m^3/s]}{102\eta} \times K$$

$$P[kW] = \frac{P_t Q}{102\eta} \times K = \frac{45.6[mmAq] \times \frac{50000}{3600}[m^3/s]}{102 \times 0.5} \times 1.1 = 13.66[kW]$$

답 | 13.66 [kW]

14

| 득점 | | 배점 | 5 |

다음 조건에 따른 위험물 옥내저장소에 제1종 분말소화약제를 사용하는 분말소화설비를 전역방출방식으로 설치하고자 할 때 다음을 구하시오.

조건

(1) 건물 크기는 길이 20 [m], 폭 10 [m], 높이 3 [m]이고 개구부는 없다.
(2) 분말소화설비의 분사헤드의 사양은 1.5 [kg/초]이다.
(3) 방출시간은 30초 기준이다.

가. 필요한 분말소화약제 최소 소요량 [kg]을 구하시오.
　○ 계산과정 :
　○ 답 :

나. 가압용 가스(질소)의 최소 필요량 [L]을 구하시오. (단, 35 [℃], 1기압으로 환산한 값을 구할 것)
　○ 계산과정 :
　○ 답 :

다. 분말소화설비의 분사헤드의 최소 소요수량 [개]을 구하시오.
　○ 계산과정 :
　○ 답 :

정답

가. 계산과정

$$W \, [\text{kg}] = V \times \alpha$$
$$= (20 \times 10 \times 3) \, [\text{m}^3] \times 0.6 \, [\text{kg/m}^3] = 360 \, [\text{kg}]$$

★ 핵심이론 분말소화설비 전역방출방식의 소화약제량 산정

분말소화설비 전역방출방식의 약제량 $W \, [\text{kg}] = (V \times \alpha) + (A \times \beta)$
　V : 방호구역의 체적 [m³], α : 방호구역 1 [m³]에 대한 소화약제의 양 [kg/m³]
　A : 개구부 면적 [m²], β : 개구부 가산량 [kg/m²]

소화약제의 종별	방호구역의 체적 1 [m³]에 대한 소화약제량 [kg]	개구부 면적 1 [m²]에 대한 소화약제량 [kg]
제1종 분말	0.60 [kg]	4.5 [kg]
제2종·제3종 분말	0.36 [kg]	2.7 [kg]
제4종 분말	0.24 [kg]	1.8 [kg]

답 | 360 [kg]

나. 계산과정

가압용 가스	• 질소가스는 소화약제 1 [kg]마다 40 [L] 이상 • 이산화탄소는 소화약제 1 [kg]에 대하여 20 [g] 이상	+	배관 청소에 필요한 양 (이산화탄소만 해당)
축압용 가스	• 질소가스는 소화약제 1 [kg]에 대하여 10 [L] 이상 • 이산화탄소는 소화약제 1 [kg]에 대하여 20 [g] 이상	+	배관 청소에 필요한 양 (이산화탄소만 해당)

※ 배관의 청소에 필요한 양의 가스는 별도의 용기에 저장할 것

가압용 가스(질소) 양 = $360[kg] \times 40[L/kg] = 14400[L]$

답 | 14400 [L]

다. 계산과정

분사헤드의 최소 소요수량 $= \dfrac{360[kg]}{1.5[kg/s \cdot 개] \times 30[s]} = 8[개]$

답 | 8 [개]

15

독점 | 배점 | 4

소화펌프의 성능에서 임펠러 직경 150 [mm], 회전수 1770 [rpm], 유량 4000 [L/min]과 양정 50 [m]로 가압 송수하고 있을 때 펌프를 교환하여 임펠러 직경 200 [mm], 회전수 1170 [rpm]로 운전하면 유량 [L/min], 양정 [m]은 각각 얼마인가?

가. 유량 [L/min]

　○ 계산과정 :

　○ 답 :

나. 양정 [m]

　○ 계산과정 :

　○ 답 :

정답

가. 계산과정

$$Q_2 = \left(\frac{N_2}{N_1}\right)^1 \times \left(\frac{D_2}{D_1}\right)^3 \times Q_1$$

$$= \left(\frac{1170}{1770}\right)^1 \times \left(\frac{200}{150}\right)^3 \times 4000 = 6267.42 \, [L/min]$$

답 | 6267.42 [L/min]

★·**핵심이론** **펌프의 상사법칙**

서로 다른 치수의 펌프를 비교(상사)했을 때

(1) 유량 $[m^3/s]$ $Q_2 = \left(\dfrac{N_2}{N_1}\right)^1 \times \left(\dfrac{D_2}{D_1}\right)^3 \times Q_1$

(2) 양정(압력) [m] $H_2 = \left(\dfrac{N_2}{N_1}\right)^2 \times \left(\dfrac{D_2}{D_1}\right)^2 \times H_1$

(3) 동력 [kW] $L_2 = \left(\dfrac{N_2}{N_1}\right)^3 \times \left(\dfrac{D_2}{D_1}\right)^5 \times L_1$

나. 계산과정

$$H_2 = \left(\frac{N_2}{N_1}\right)^2 \times \left(\frac{D_2}{D_1}\right)^2 \times H_1 = \left(\frac{1170}{1770}\right)^2 \times \left(\frac{200}{150}\right)^2 \times 50 \ = 38.84 \ [m]$$

답 | 38.84 [m]

16

득점	배점	9

지하 1층, 지상 9층의 백화점 건물에 화재안전기술기준 및 다음 조건에 따라 스프링클러설비를 설계하려고 한다. 각 물음에 답하시오.

조건

(1) 펌프는 지하층에 설치되어 있고 펌프로부터 최상층 스프링클러헤드까지 수직거리는 50 [m]이다.

(2) 배관 및 관부속품의 마찰손실수두는 펌프로부터 최상층 스프링클러헤드까지 수직거리의 20 [%]로 한다.

(3) 펌프의 흡입 측 배관에 설치된 연성계는 300 [mmHg]를 나타낸다.

(4) 각 층에 설치된 스프링클러헤드(폐쇄형)는 80개씩이다.

(5) 펌프 효율은 68 [%]이다.

가. 펌프에 요구되는 전양정 [m]을 구하시오.

○ 계산과정 :

○ 답 :

나. 펌프에 요구되는 최소 토출량 [L/min]을 구하시오.

○ 계산과정 :

○ 답 :

다. 스프링클러설비에 요구되는 최소 유효수원의 양 [m³]을 구하시오. (단, 옥상수조 제외)

　○ 계산과정 :

　○ 답 :

라. 펌프의 효율을 고려한 축동력 [kW]을 구하시오.

　○ 계산과정 :

　○ 답 :

정답

가. 계산과정

　전양정 = 흡입양정 + 토출 실양정 + 토출 측 총 마찰손실 + 방사압

　① 흡입양정 : $300[mmHg] \times \dfrac{10.332[mAq]}{760[mmHg]} = 4.078[m]$

　② 토출 실양정 : 50 [m]

　③ 배관 및 관부속품의 마찰손실수두 $50[m] \times 0.2 = 10[m]$

　∴ 전양정 H = 흡입양정 + 토출 실양정 + 배관 및 관부속품의 마찰손실 + 방사압

　　　$= 4.078 + 50 + 10 + 10 = 74.078 ≒ 74.08[m]$

답 | 74.08 [m]

나. 계산과정

　Q = N × 80 [L/min] = 30 [개] × 80 [L/min] = 2400 [L/min]

　(지하층을 제외한 층수가 10층 이하인 특정소방대상물 중 판매시설이므로 기준개수 : 30개)

답 | 2400 [L/min]

다. 계산과정

　수원 = 2400 [L/min] × 20 [min] = 48000 [L] = 48 [m³]

답 | 48 [m³]

라. 계산과정

　소요동력 $P[kW] = \dfrac{\gamma[kN/m^3] \times Q[m^3/s] \times H[m]}{\eta} \times K$

　$P = \dfrac{9.8[kN/m^3] \times \frac{2.4}{60}[m^3/s] \times 74.08[m]}{0.68} = 42.704 ≒ 42.70[kW]$

답 | 42.7 [kW]

핵심이론 스프링클러설비 수원의 양(주수원) – 폐쇄형 스프링클러헤드의 경우

□ 수원의 양

층수	수원의 양
29층 이하	N(기준개수) × 80 [L/min] × 20 [min](= N × 1.6 [m³])
30층 이상 49층 이하	N(기준개수) × 80 [L/min] × 40 [min](= N × 3.2 [m³])
50층 이상	N(기준개수) × 80 [L/min] × 60 [min](= N × 4.8 [m³])

※ N : 스프링클러설비 설치장소별 스프링클러헤드의 기준개수
[스프링클러헤드의 설치개수가 가장 많은 층에 설치된 스프링클러헤드의 개수가
기준개수보다 작은 경우에는 그 설치개수를 말함]

□ 스프링클러설비 설치장소별 기준개수

스프링클러설비의 설치장소			기준개수
지하층을 제외한 층수가 10층 이하인 특정소방대상물	공장	특수가연물을 저장·취급하는 것	30
		그 밖의 것	20
	근린생활시설·판매시설· 운수시설 또는 복합건축물	판매시설 또는 복합건축물 (판매시설이 설치된 복합건축물)	30
		그 밖의 것	20
	그 밖의 것	헤드의 부착 높이가 8 [m] 이상인 것	20
		헤드의 부착 높이가 8 [m] 미만인 것	10
지하층을 제외한 층수가 11층 이상인 특정소방대상물(아파트 제외)·지하가 또는 지하역사			30
아파트등	아파트등의 각 동이 주차장으로 서로 연결되지 않은 구조인 경우		10
	아파트등의 각 동이 주차장으로 서로 연결된 구조인 경우		30
라지드롭형 스프링클러헤드를 설치한 창고시설			30

[비고] 하나의 소방대상물이 2 이상의 "스프링클러헤드의 기준개수"란에 해당하는 때에는 기준
개수가 많은 것을 기준으로 한다. 다만 각 기준개수에 해당하는 수원을 별도로 설치하는
경우에는 그렇지 않다.

※ 기준개수 : 화재발생 시 동시에 개방되는 스프링클러헤드의 개수

2020.11.29

2020년 5회

3회독	월	일
2회독	월	일
1회독	월	일

점수 :

01

득점 　　배점 3

옥내소화전설비의 화재안전기술기준에 관한 다음 각 물음에 답하시오.

가. 방수구 설치기준에 관한 내용이다. ( ) 안을 완성하시오.

- 특정소방대상물의 층마다 설치하되, 해당 특정소방대상물의 각 부분으로부터 하나의 옥내소화전 방수구까지의 수평거리가 (㉠) [m](호스릴옥내소화전설비를 포함한다) 이하가 되도록 할 것. 다만 복층형 구조의 공동주택의 경우에는 세대의 출입구가 설치된 층에만 설치할 수 있다.
- 바닥으로부터의 높이가 (㉡) [m] 이하가 되도록 할 것

○ 답

　　㉠ 　　　　　　　　㉡

나. 내연기관에 따른 펌프를 이용하는 가압송수장치의 설치기준에 관한 내용이다. ( ) 안을 완성하시오.

- 특정소방대상물의 어느 층에 있어서도 해당 층의 옥내소화전(2개 이상 설치된 경우에는 2개의 옥내소화전)을 동시에 사용할 경우 각 소화전의 노즐선단에서의 방수압력이 (㉠)(호스릴옥내소화전설비를 포함한다) 이상이고, 방수량이 (㉡)(호스릴옥내소화전설비를 포함한다) 이상이 되는 성능의 것으로 할 것. 다만 하나의 옥내소화전을 사용하는 노즐선단에서의 방수압력이 0.7 [MPa]을 초과할 경우에는 호스접결구의 인입 측에 감압장치를 설치해야 한다.
- 내연기관의 연료량은 펌프를 (㉢)분(층수가 30층 이상 49층 이하는 40분, 50층 이상은 60분) 이상 운전할 수 있는 용량일 것

○ 답

　　㉠ 　　　　　㉡ 　　　　　㉢

정답

가. ㉠ 25, ㉡ 1.5

나. ㉠ 0.17 [MPa], ㉡ 130 [L/min], ㉢ 20

02

그림과 같이 물분무소화설비를 설치하고자 한다. 도면을 보고 다음 각 물음에 답하시오.

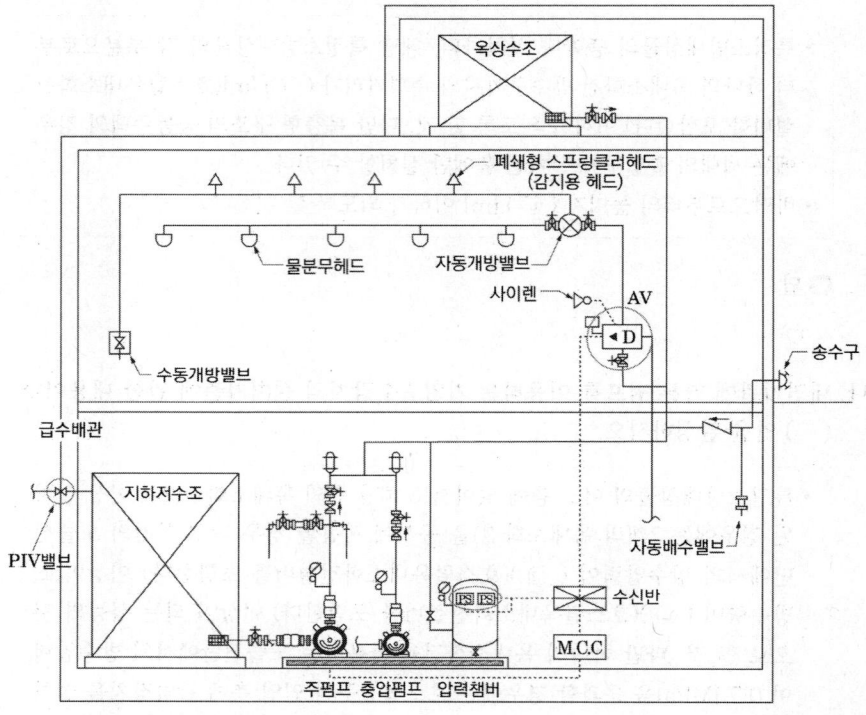

가. 도면에 주어진 PIV밸브의 기능을 설명하시오.

　⭕ 답 :

나. 도면에 주어진 PS의 기능을 설명하시오.

　⭕ 답 :

다. 도면에 주어진 AV의 기능을 설명하시오.

　⭕ 답 :

가. PIV밸브(Post Indicator Valve)의 기능

소화수의 공급 및 차단을 하기 위한 개폐표시형 개폐밸브로 지상에서 밸브의 개폐
상태를 쉽게 파악하기 위함

참고 PIV밸브(포스트 인디케이트밸브)

지하 소화수 공급 배관에 설치하는 개폐표시형 밸브로 지상에서 밸브의 개폐상
태를 쉽게 파악할 수 있는 표시창이 있다.

나. PS(압력스위치, Pressure Switch)의 기능

배관 내의 압력변동을 검지하여 펌프를 자동으로 기동 또는 정지시키기 위함

다. AV(알람체크밸브, Alarm Check Valve)의 기능

헤드의 개방으로 인하여 1차 측의 가압수를 2차 측으로 송수시키기 위함

03

득점		배점	6

어느 특정소방대상물에 옥외소화전 3개를 화재안전기술기준과 다음 조건에 따라
설치하려고 한다. 다음 각 물음에 답하시오.

조건

(1) 실양정은 20 [m]이고, 소방용 호스 및 배관의 마찰손실수두는 25 [m]이다.

(2) 펌프의 효율은 65 [%], 전달계수는 1.1이다.

(3) 모든 규격치는 최소량을 적용한다.

가. 전양정 [m]을 구하시오.

○ 계산과정 :

○ 답 :

나. 펌프의 토출량 [L/min]을 구하시오.

○ 계산과정 :

○ 답 :

다. 펌프의 최소동력 [kW]을 구하시오.

○ 계산과정 :

○ 답 :

2020

정답

가. 계산과정

① 실양정 h_1 : 20 [m]

② 소방용 호스 및 배관의 마찰손실수두 $h_2 + h_3$: 25 [m]

∴ 전양정 H = $h_1 + h_2 + h_3$ + 25 = 20 [m] + 25 [m] + 25 [m] = 70 [m]

핵심이론 펌프의 전양정 [m]

전양정 H = $h_1 + h_2 + h_3$ + 25	h_1 : 낙차(실양정) [m] h_2 : 배관 및 관부속품의 마찰손실수두 [m] h_3 : 소방용 호스 마찰손실수두 [m] 25 : 옥외소화전 최소 방수압 환산수두 [m] (0.25 [MPa])

답 | 70 [m]

나. 계산과정

$Q = N \times 350 [L/min] = 2 \times 350 = 700 [L/min]$ **답 | 700 [L/min]**

다. 계산과정

$$소요동력 \; P[kW] = \frac{\gamma [kN/m^3] \times Q[m^3/s] \times H[m]}{\eta} \times K$$

$$P = \frac{9.8[kN/m^3] \times \frac{0.7}{60}[m^3/s] \times 70[m]}{0.65} \times 1.1 = 13.54 [kW]$$ **답 | 13.54 [kW]**

참고 옥외소화전설비의 펌프토출량, 수원, 전양정

구분	옥외소화전설비
펌프 토출량	N × 350 [L/min] 여기서 N : 옥외소화전의 설치개수 (옥외소화전이 2개 이상 설치된 경우에는 2개)
수원의 유효수량	N × 350 [L/min] × 20 [min] (= N × 7[m³]) 여기서 N : 옥외소화전의 설치개수 (옥외소화전이 2개 이상 설치된 경우에는 2개)
전양정	H = $h_1 + h_2 + h_3$ + 25 여기서 H : 전양정 [m] h_1 : 낙차(실양정) [m] h_2 : 배관 및 관부속품의 마찰손실수두 [m] h_3 : 호스 마찰손실수두 [m] 25 : 최소 방수압 환산수두 [m](0.25 [MPa])

04

압력계에서 걸리는 압력 P [MPa]를 구하시오. (단, 중력가속도는 9.8 [m/s²]이다)

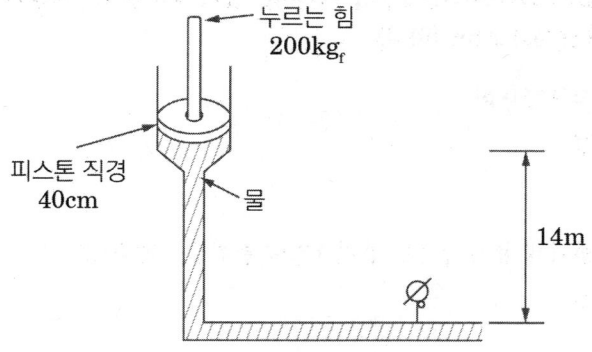

누르는 힘 200kg$_f$

피스톤 직경 40cm

물

14m

○ 계산과정 :

○ 답 :

정답

☑ 계산과정

① 피스톤에 작용하는 압력 P_1

$$P_1 = \frac{F\,[N]}{A\,[m^2]} = \frac{200\,[kg_f] \times \dfrac{9.8\,[N]}{1\,[kg_f]}}{\dfrac{\pi \times 0.4^2}{4}\,[m^2]} = 15597.18\,[N/m^2] = 15.597\,[kPa]$$

② 물의 높이에 따른 압력 P_2

$$P_2 = \gamma\,[kN/m^3] \times h\,[m] = 9.8\,[kN/m^3] \times 14\,[m] = 137.2\,[kN/m^2] = 137.2\,[kPa]$$

③ 압력계에 걸리는 압력

$$P_t = P_1 + P_2 = 15.597\,[kPa] + 137.2\,[kPa] = 152.797\,[kPa] = 0.15\,[MPa]$$

답 | 0.15 [MPa]

05

전산실을 방호하기 위하여 할론 1301을 소화약제로 사용하였을 때 다음 물음에 답하시오. (단, 실의 바닥면적은 5 [m] × 5 [m], 높이 4 [m]이고 자동폐쇄장치가 없으며 개구부의 면적은 2 [m²]이다)

가. 최소 약제소요량 [kg]

○ 계산과정 :

○ 답 :

나. 필요한 소화약제 용기 수 (단, 용기 1병당 충전량 : 50 [kg])

○ 계산과정 :

○ 답 :

정답

가. 계산과정

$$W = (V \times \alpha) + (A \times \beta)$$
$$= (5 \times 5)[\text{m}^2] \times 4[\text{m}] \times 0.32[\text{kg/m}^3] + 2[\text{m}^2] \times 2.4[\text{kg/m}^2] = 36.80[\text{kg}]$$

⚡ 핵심이론 할론소화설비(할론 1301) 전역방출방식 약제량 산정

$$W = (V \times \alpha) + (A \times \beta)$$

W : 약제량 [kg], V : 방호구역의 체적 [m³]
α : 방호구역 1 [m³]에 대한 소화약제의 양 [kg/m³]
A : 개구부 면적 [m²], β : 개구부 가산량 [kg/m²]
(개구부에 자동폐쇄장치 미설치 시 가산)

소방대상물 또는 그 부분	방호구역의 체적 1 [m³]당 소화약제의 양 [kg/m³] α	개구부 가산량 [kg/m²] β
• 차고 · 주차장 · 전기실 · 통신기기실 · 전산실 등 이와 유사한 전기설비가 설치되어 있는 부분 • 특수가연물(가연성 고체류, 가연성 액체류, 합성수지류)을 저장 · 취급하는 소방대상물 또는 그 부분	**0.32 이상** 0.64 이하	**2.4**
특수가연물(면화류, 나무껍질 및 대팻밥, 넝마 및 종이부스러기, 사류, 볏짚류, 목재가공품 및 나무부스러기)을 저장 · 취급하는 소방대상물 또는 그 부분	0.52 이상 0.64 이하	3.9

답 | 36.8 [kg]

나. 계산과정

$$\text{용기 수} = \frac{36.8[\text{kg}]}{50[\text{kg/병}]} = 0.74[\text{병}] ≒ 1[\text{병}]$$

답 | 1 [병]

06

| 득점 | | 배점 | 4 |

건식 스프링클러설비에서 건식 밸브의 클래퍼 상부에 일정한 수면(Priming Water Level)을 유지하는 이유를 2가지만 쓰시오.

○ 답 :

정답

- 평상시 2차 측의 저압의 공기로도 클래퍼를 닫힌 상태로 유지
- 누수를 확인하여 클래퍼의 개폐상태 확인

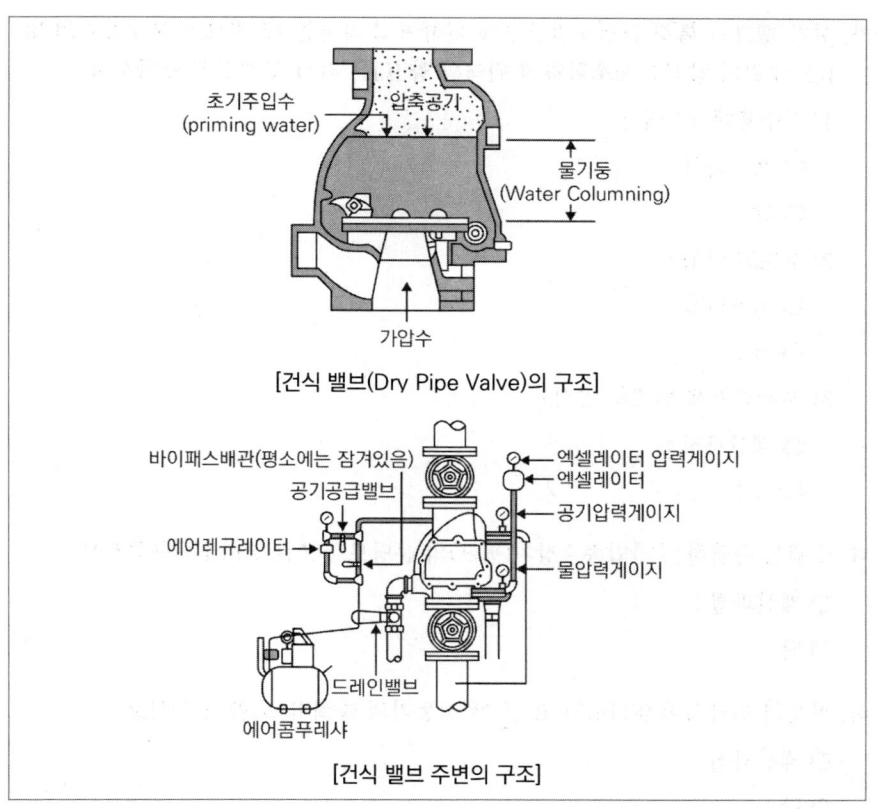

[건식 밸브(Dry Pipe Valve)의 구조]

[건식 밸브 주변의 구조]

2020

07

| 득점 | | 배점 | 10 |

경유를 저장하는 탱크의 내부 직경이 30 [m]인 플로팅루프탱크(Floating Roof Tank)에 포소화설비의 특형 방출구를 설치하여 방호하려고 할 때 다음 각 물음에 답하시오.

조건

(1) 소화약제는 6 [%]용의 단백포를 사용하며, 포수용액의 분당방출량은 8 [L/m²·분]이고, 방사시간은 20분을 기준으로 한다.

(2) 탱크의 내면과 굽도리판의 간격은 1 [m]로 한다.

(3) 펌프의 효율은 65 [%], 전달계수는 1.1로 한다.

가. 상기 탱크의 특형 고정포방출구에 의하여 소화하는 데 필요한 포수용액의 양 [L], 수원의 양 [L], 포소화약제 원액의 양 [L]은 각각 얼마인지 구하시오.

　　1) 포수용액의 양 [L]

　　　◯ 계산과정 :

　　　◯ 답 :

　　2) 수원의 양 [L]

　　　◯ 계산과정 :

　　　◯ 답 :

　　3) 포소화약제 원액의 양 [L]

　　　◯ 계산과정 :

　　　◯ 답 :

나. 수원을 공급하는 가압송수장치(펌프)의 분당토출량 [L/min]을 구하시오.

　　◯ 계산과정 :

　　◯ 답 :

다. 펌프의 전양정이 90 [m]라고 할 때 전동기의 출력 [kW]을 구하시오.

　　◯ 계산과정 :

　　◯ 답 :

라. 고발포용 포소화약제의 팽창비 범위를 쓰시오.

　　◯ 답 :

정답

가. 계산과정

1) $Q[L] = A[m^2] \times Q_A[L/m^2 \cdot min] \times T[min]$

$= \dfrac{\pi \times (30^2 - 28^2)}{4}[m^2] \times 8[L/m^2 \cdot min] \times 20[min] = 14576.99[L]$

답 | **14576.99 [L]**

2) $Q[L] = A[m^2] \times Q_A[L/m^2 \cdot min] \times T[min] \times (1-S)$

$= 14576.99[L] \times 0.94 = 13702.37[L]$

답 | **13702.37 [L]**

3) $Q[L] = A[m^2] \times Q_A[L/m^2 \cdot min] \times T[min] \times S$

$= 14576.99[L] \times 0.06 = 874.62[L]$

답 | **874.62 [L]**

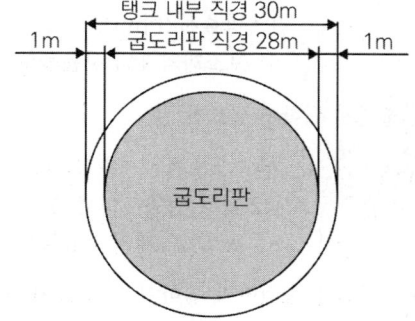

나. 계산과정

$Q[L/min] = A[m^2] \times Q_A[L/m^2 \cdot min]$

$= \dfrac{\pi \times (30^2 - 28^2)}{4}[m^2] \times 8[L/m^2 \cdot min] = 728.85[L/min]$

답 | **728.85 [L/min]**

다. 계산과정

$$\text{소요동력 } P[kW] = \dfrac{\gamma[kN/m^3] \times Q[m^3/s] \times H[m]}{\eta} \times K$$

$P = \dfrac{9.8[kN/m^3] \times \dfrac{0.72885}{60}[m^3/s] \times 90[m]}{0.65} \times 1.1 = 18.13[kW]$

답 | **18.13 [kW]**

라. 80 이상 1000 미만

참고 **팽창비율에 따른 포 및 포방출구의 종류**

팽창비율에 따른 포의 종류	포방출구의 종류
팽창비가 20 이하인 것(저발포)	포헤드, 압축공기포헤드
팽창비가 80 이상 1000 미만인 것(고발포)	고발포용 고정포방출구

★ 핵심이론 포소화약제의 저장량 – 고정포방출구방식

포소화약제 저장량 Q	=	고정포방출구에서 방출하기 위해 필요한 양 Q_1	+	보조포소화전에서 방출하기 위해 필요한 양 Q_2	+	송액관에 충전하기 위해 필요한 양 Q_3

고정포방출구방식은 다음의 양을 합한 양 이상으로 할 것

(1) 고정포방출구에서 방출하기 위하여 필요한 양

$$Q_1 = A \cdot Q_A \cdot T \cdot S$$

Q_1 : 포소화약제의 양 [L]

A : 탱크의 액표면적 $[m^2]$

Q_A : 단위 포소화수용액의 양 $[L/m^2 \cdot min]$

T : 방출시간 [min]

S : 포소화약제의 사용농도 [%]

(2) 보조포소화전에서 방출하기 위하여 필요한 양

$$Q_2 = N \cdot 8000 \cdot S$$

Q_2 : 포소화약제의 양 [L]

N : 호스 접결구의 수(3개 이상인 경우는 3개)

S : 포소화약제의 사용농도 [%]

(3) 가장 먼 탱크까지의 송액관에 충전하기 위하여 필요한 양(내경 75 [mm] 이하의 송액관은 제외)

$$Q_3 = V \times S \times 1000 [L/m^3]$$

Q_3 : 포소화약제의 양 [L]

V : 송액관 내부의 체적 $[m^3]$

S : 포소화약제의 사용농도 [%]

※ 송액관 : 수원으로부터 포헤드, 고정포방출구 또는 이동식 노즐에 급수하는 배관

08

득점		배점	8	

다음 그림은 가로 14.4 [m], 세로 12 [m]인 사각형 형태의 지하가에 설치되어 있는 실의 평면도이다. 이곳에 특수가연물을 저장하고자 할 때 각 물음에 답하시오.

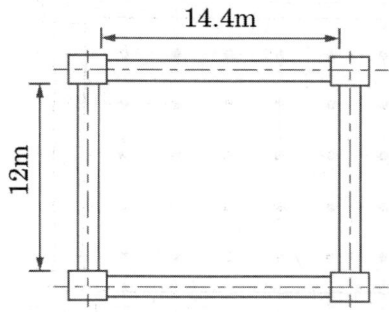

가. 실에 설치 가능한 스프링클러 헤드의 최소개수는 몇 개인가? (단, 헤드 간 거리는 소수점 셋째자리에서 반올림하여 소수점 둘째자리까지 구한다)

　　○ 계산과정 :

　　○ 답 :

나. 헤드를 도면에 알맞게 배치하시오.

정답

가. 계산과정

설치장소별 수평거리 R

설치장소	수평거리(R)
• **특수**가연물을 저장 또는 취급하는 장소 • **무**대부	1.7 [m] 이하
• **기**타구조 • 라지드롭형 스프링클러헤드를 설치하는 **창**고 　(단, ① 특수가연물을 저장 또는 취급하는 창고 : 1.7 [m] 이하 　　　② 내화구조로 된 창고 : 2.3 [m] 이하)	2.1 [m] 이하
• **내**화구조	2.3 [m] 이하
• **아**파트등의 세대 내	2.6 [m] 이하

R(수평거리) = 1.7 [m]

S(헤드 간 거리) = 2Rcosθ $= 2 \times 1.7 \times \cos 45 = 2.40 [m]$

가로열에 설치할 헤드 수 : $\dfrac{14.4[m]}{2.4[m/개]} = 6[개]$

세로열에 설치할 헤드 수 : $\dfrac{12[m]}{2.4[m/개]} = 5[개]$

∴ 6 × 5 = 30 [개]

답 | 30 [개]

암기 ▶ 특수 무기 창 내아

2020

나.

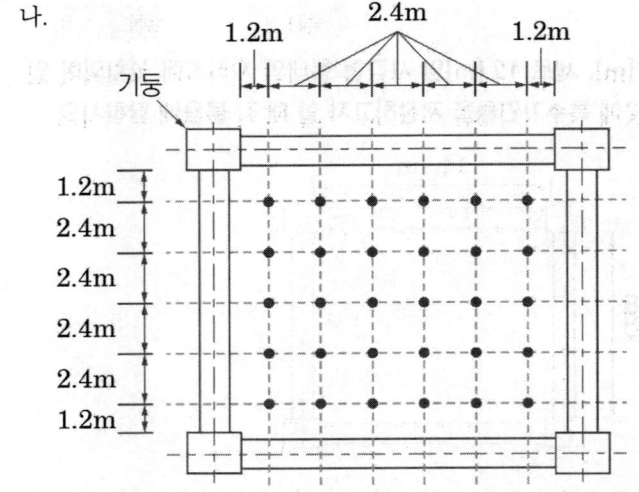

09

다음 도면은 분말소화설비(Dry Chemical System)의 기본설계 계통도이다. 도식에 표기된 항목 ①, ②, ③, ④의 장치 및 밸브류의 명칭과 주된 기능을 설명하시오.

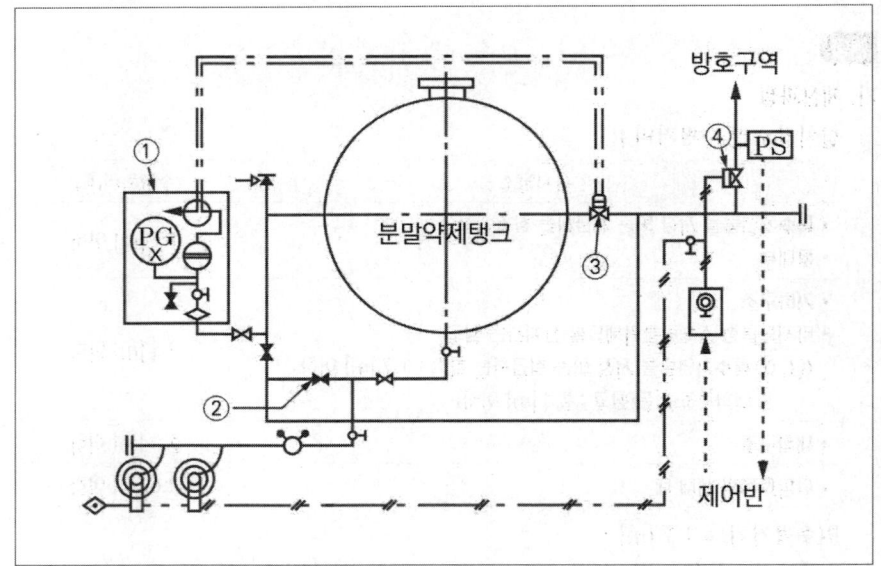

구분	밸브류 명칭	주된 기능
①		
②		
③		
④		

정답

구분	밸브류 명칭	주된 기능
①	정압작동장치	분말약제탱크의 압력이 설정압력에 도달하면 주밸브를 개방시켜 약제를 방출시키는 기능
②	클리닝밸브	소화약제 방출 후 잔여 약제를 배출하여 청소하는 기능
③	주밸브	분말약제탱크를 개방시켜 약제를 방출시키는 기능
④	선택밸브	소화약제 방출 시 해당 방호구역으로 약제를 방출시키는 기능

10

득점		배점	10

각 층의 평면구조가 모두 같은 지하 1층 ~ 지상 10층의 사무실 용도 근린생활시설 건물이 있다. 이 건물의 전 층에 걸쳐 습식 스프링클러설비 및 옥내소화전설비를 하나의 수조 및 소화펌프와 연결하여 적법하게 설치하되 옥내소화전은 각 층에 3개씩 있다. 다음의 각 물음에 답하시오. (단, 소방펌프로부터 최고위 헤드까지의 수직거리는 30 [m]라고 가정한다)

가. 수원의 저수량 [m³]을 구하시오. (단, 옥상수조 포함)

○ 계산과정 :

○ 답 :

나. 펌프의 정격토출량 [L/min]을 구하시오.

○ 계산과정 :

○ 답 :

다. 전동기의 소요동력은 몇 [kW]인가? (단, 펌프의 효율은 65 [%], 동력전달계수는 1.1이다)

○ 계산과정 :

○ 답 :

정답

가. 계산과정

① 옥내소화전

지하수원 $= 2[개] \times 2.6[m^3] = 5.2[m^3]$

옥상수원 $= 5.2[m^3] \times \dfrac{1}{3} = 1.73[m^3]$

∴ 옥내소화전 필요 유효수량 = 5.2 [m³] + 1.73 [m³] = 6.93 [m³]

② 스프링클러설비

지하수원 $= 20[개] \times 1.6[m^3] = 32[m^3]$

(지하층을 제외한 층수가 10층 이하인 특정소방대상물이고 근린생활시설이므로 기준개수 20개)

옥상수원 $= 32[m^3] \times \dfrac{1}{3} = 10.67[m^3]$

∴ 스프링클러설비 필요 유효수량 = 32 [m³] + 10.67 [m³] = 42.67 [m³]

③ 수원의 저수량

옥내소화전의 수원 + 스프링클러설비의 수원 = 6.93 [m³] + 42.67 [m³]

= 49.6 [m³]

답 | 49.6 [m³]

나. 계산과정

① 옥내소화전 정격토출량 $= 2[개] \times 130[L/min] = 260[L/min]$

② 스프링클러설비 정격토출량 $= 20[개] \times 80[L/min] = 1600[L/min]$

∴ 펌프의 정격토출량 = 260 [L/min] + 1600 [L/min] = 1860 [L/min]

답 | 1860 [L/min]

다. 계산과정

$$소요동력 \ P[kW] = \frac{\gamma[kN/m^3] \times Q[m^3/s] \times H[m]}{\eta} \times K$$

$$P[kW] = \frac{\gamma QH}{\eta} \times K = \frac{9.8[kN/m^3] \times \frac{1.86}{60}[m^3/s] \times 30[m]}{0.65} \times 1.1 = 15.42[kW]$$

답 | 15.42 [kW]

핵심이론 1 옥내소화전설비 수원의 양(주수원)

□ 수원의 양

층수	수원의 양
29층 이하	**N(최대 2개) × 130 [L/min] × 20 [min](= N × 2.6 [m³])**
30층 이상 49층 이하	N(최대 5개) × 130 [L/min] × 40 [min](= N × 5.2 [m³])
50층 이상	N(최대 5개) × 130 [L/min] × 60 [min](= N × 7.8 [m³])

※ N : 옥내소화전의 설치개수가 가장 많은 층의 설치개수

(29층 이하 : 2개 이상 설치된 경우에는 2개,

30층 이상 : 5개 이상 설치된 경우에는 5개)

□ 펌프토출량

층수	펌프 토출량
29층 이하	**N(최대 2개) × 130 [L/min]**
30층 이상	N(최대 5개) × 130 [L/min]

※ N : 옥내소화전의 설치개수가 가장 많은 층의 설치개수
(29층 이하 : 2개 이상 설치된 경우에는 2개,
30층 이상 : 5개 이상 설치된 경우에는 5개)

📌 핵심이론 2 스프링클러설비 수원의 양(주수원) – 폐쇄형 스프링클러헤드의 경우

□ 수원의 양

층수	수원의 양
29층 이하	**N(기준개수) × 80 [L/min] × 20 [min](= N × 1.6 [m³])**
30층 이상 49층 이하	N(기준개수) × 80 [L/min] × 40 [min](= N × 3.2 [m³])
50층 이상	N(기준개수) × 80 [L/min] × 60 [min](= N × 4.8 [m³])

※ N : 스프링클러설비 설치장소별 스프링클러헤드의 기준개수
[스프링클러헤드의 설치개수가 가장 많은 층에 설치된 스프링클러헤드의 개수가
기준개수보다 작은 경우에는 그 설치개수를 말함]

□ 스프링클러설비 설치장소별 기준개수

스프링클러설비의 설치장소			기준개수
지하층을 제외한 층수가 10층 이하인 특정소방대상물	공장	특수가연물을 저장·취급하는 것	30
		그 밖의 것	20
	근린생활시설·판매시설· 운수시설 또는 복합건축물	판매시설 또는 복합건축물 (판매시설이 설치된 복합건축물)	30
		그 밖의 것	20
	그 밖의 것	헤드의 부착 높이가 8 [m] 이상인 것	20
		헤드의 부착 높이가 8 [m] 미만인 것	10
지하층을 제외한 층수가 11층 이상인 특정소방대상물(아파트 제외)·지하가 또는 지하역사			30
아파트등	아파트등의 각 동이 주차장으로 서로 연결되지 않은 구조인 경우		10
	아파트등의 각 동이 주차장으로 서로 연결된 구조인 경우		30
라지드롭형 스프링클러헤드를 설치한 창고시설			30

[비고] 하나의 소방대상물이 2 이상의 "스프링클러헤드의 기준개수"란에 해당하는 때에는 기준개수가 많은 것을 기준으로 한다. 다만 각 기준개수에 해당하는 수원을 별도로 설치하는 경우에는 그렇지 않다.

※ 기준개수 : 화재발생 시 동시에 개방되는 스프링클러헤드의 개수

11

옥내소화전설비가 설치된 어느 건물이 있다. 옥내소화전이 2층에 3개, 3층에 4개, 4층에 5개일 때 조건을 참고하여 다음 각 물음에 답하시오.

조건

(1) 실양정은 20 [m], 배관의 손실수두는 실양정의 20 [%]로 본다.
(2) 소방호스의 마찰손실수두는 5 [m]이다.
(3) 펌프효율은 65 [%], 전달계수는 1.1이다.

가. 펌프의 토출량 [m³/min]은?

   ○ 계산과정 :

   ○ 답 :

나. 지하수조의 수원 저수량 [m³]은?

   ○ 계산과정 :

   ○ 답 :

다. 펌프의 전양정 [m]은?

   ○ 계산과정 :

   ○ 답 :

라. 전동기의 용량 [kW]은?

   ○ 계산과정 :

   ○ 답 :

정답

가. 계산과정

$$2[개] \times 130[L/min] = 260[L/min] = 0.26[m^3/min]$$ 답 | 0.26 [m³/min]

✦· 핵심이론 옥내소화전설비의 펌프 토출량

층수	펌프 토출량
29층 이하	**N(최대 2개) × 130 [L/min]**
30층 이상	N(최대 5개) × 130 [L/min]

※ N : 옥내소화전의 설치개수가 가장 많은 층의 설치개수
(29층 이하 : 2개 이상 설치된 경우에는 2개,
30층 이상 : 5개 이상 설치된 경우에는 5개)

나. 계산과정

지하수원 $= 2[개] \times 2.6[m^3] = 5.2[m^3]$

📌• 핵심이론 **옥내소화전설비 수원의 양(주수원)**

층수	수원의 양
29층 이하	**N(최대 2개) × 130 [L/min] × 20 [min](= N × 2.6 [m³])**
30층 이상 49층 이하	N(최대 5개) × 130 [L/min] × 40 [min](= N × 5.2 [m³])
50층 이상	N(최대 5개) × 130 [L/min] × 60 [min](= N × 7.8 [m³])

※ N : 옥내소화전의 설치개수가 가장 많은 층의 설치개수

(29층 이하 : 2개 이상 설치된 경우에는 2개,

30층 이상 : 5개 이상 설치된 경우에는 5개)

답 | 5.2 [m³]

다. 계산과정

① 실양정 h_1 : 20 [m]

② 배관의 마찰손실수두 h_2 : 20 × 0.2 = 4 [m]

③ 소방용 호스 마찰손실수두 h_3 : 5 [m]

∴ 전양정 H [m] $= h_1 + h_2 + h_3 + 17$ = 20 + 4 + 5 + 17 = 46 [m]

📌• 핵심이론 **펌프의 전양정 [m]**

전양정 H = $h_1 + h_2 + h_3 + 17$

h_1 : 낙차(실양정) [m]

h_2 : 배관 및 관부속품의 마찰손실수두 [m]

h_3 : 소방용 호스 마찰손실수두 [m]

17 : 옥내소화전 최소 방수압 환산수두 [m]

(0.17 [MPa])

※ 호스릴옥내소화전설비 포함

답 | 46 [m]

라. 계산과정

소요동력 $P[kW] = \dfrac{\gamma[kN/m^3] \times Q[m^3/s] \times H[m]}{\eta} \times K$

$P[kW] = \dfrac{\gamma QH}{\eta} \times K = \dfrac{9.8[\text{kN/m}^3] \times \frac{0.26}{60}[\text{m}^3/\text{s}] \times 46[\text{m}]}{0.65} \times 1.1 = 3.31[\text{kW}]$

답 | 3.31 [kW]

12

| 득점 | | 배점 | 4 |

습식 스프링클러설비 배관 내 사용압력이 1.2 [MPa] 이상일 경우에 사용해야 하는 배관 2가지를 쓰시오.

○ 답 :

정답

압력배관용 탄소강관, 배관용 아크용접 탄소강 강관

13

| 득점 | | 배점 | 4 |

그림과 조건을 참조하여 펌프의 유효흡입양정(NPSH$_{av}$)을 계산하시오.

조건

(1) 설계기준온도는 25 [℃]이다.
(2) 25 [℃]에서의 수증기압 : 0.015 [MPa]
(3) 펌프흡입배관에서의 마찰손실수두 : 4 [m]
(4) 대기압은 10.332 [m]이다.
(5) 비중량은 9800 [N/m³]이다.

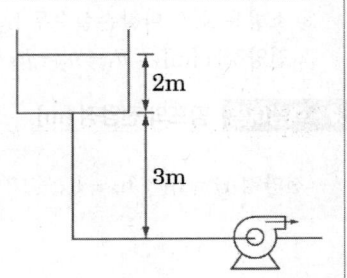

○ 계산과정 :   ○ 답 :

정답

📷 참고   유효흡입양정 $NPSH_{av}$

$$NPSH_{av} = \frac{P_a}{\gamma} - \frac{P_v}{\gamma} - H_f \pm H_s [\text{m}]$$

여기서 $\dfrac{P_a}{\gamma}$: 흡입 수면의 대기압 환산수두 [m]

$\dfrac{P_v}{\gamma}$: 유체의 온도에 상당하는 포화증기압 환산수두 [m]

H_f : 흡입 측 배관의 마찰손실수두 [m]

H_s : 흡입 양정으로 흡상일 때 (-), 압입일 때 (+) [m]

☑ 계산과정

$$NPSH_{av} = 10.332\,[\text{m}] - \frac{15\,[\text{kPa}]}{9.8\,[\text{kN/m}^3]} - 4\,[\text{m}] + 5\,[\text{m}] = 9.80\,[\text{m}]$$ 답 | 9.8 [m]

14

득점   배점   6

임펠러의 회전속도가 1000 [rpm]일 때 토출량은 1000 [L/min], 전압은 50 [mmAq]의 성능을 보여주는 어떤 원심펌프가 있다. 이를 1400 [rpm]으로 회전수를 변경하였다고 할 때 토출량 [L/min]과 전압 [mmAq]은 각각 얼마가 되는지 구하시오.

가. 토출량 [L/min]

⭕ 계산과정 :

⭕ 답 :

나. 전압 [mmAq]

⭕ 계산과정 :

⭕ 답 :

정답

📌 **핵심이론** 펌프의 상사법칙

서로 다른 치수의 펌프를 비교(상사)했을 때

(1) 유량 $[m^3/s]$ $Q_2 = \left(\dfrac{N_2}{N_1}\right)^1 \times \left(\dfrac{D_2}{D_1}\right)^3 \times Q_1$

(2) 양정(압력) [m] $H_2 = \left(\dfrac{N_2}{N_1}\right)^2 \times \left(\dfrac{D_2}{D_1}\right)^2 \times H_1$

(3) 동력 [kW] $L_2 = \left(\dfrac{N_2}{N_1}\right)^3 \times \left(\dfrac{D_2}{D_1}\right)^5 \times L_1$

가. 계산과정

상사의 법칙 $Q_2 = \dfrac{N_2}{N_1} \times Q_1$

$Q_2 = \dfrac{1400[rpm]}{1000[rpm]} \times 1000[L/min]$

$\therefore Q_2 = 1400[L/min]$ 답 | 1400 [L/min]

나. 계산과정

상사의 법칙 $H_2 = \left(\dfrac{N_2}{N_1}\right)^2 \times H_1$

$H_2 = \left(\dfrac{1400[rpm]}{1000[rpm]}\right)^2 \times 50[mmAq]$

$\therefore H_2 = 98[mmAq]$ 답 | 98 [mmAq]

2020

15

이산화탄소소화설비에서 다음의 기준에 따른 시간에 방출될 수 있는 것으로 해야 한다. ( ) 안을 채우시오.

- 전역방출방식에 있어서 가연성 액체 또는 가연성 가스 등 표면화재 방호대상물의 경우에는 (㉠)
- 전역방출방식에 있어서 종이, 목재, 석탄, 섬유류, 합성수지류 등 심부화재 방호 대상물의 경우에는 (㉡), 이 경우 설계농도가 2분 이내에 30 [%]에 도달하여야 한다.
- 국소방출방식의 경우에는 (㉢)

○ **답**

㉠   ㉡   ㉢

정답

㉠ 1분   ㉡ 7분   ㉢ 30초

이산화탄소소화설비의 화재안전기술기준(NFTC 106)
2.5.2 배관의 구경은 이산화탄소소화약제의 소요량이 다음의 기준에 따른 시간 내에 방출될 수 있는 것으로 해야 한다.
2.5.2.1 전역방출방식에 있어서 가연성 액체 또는 가연성 가스 등 표면화재 방호대상물의 경우에는 1분
2.5.2.2 전역방출방식에 있어서 종이, 목재, 석탄, 섬유류, 합성수지류 등 심부화재 방호대상물의 경우에는 7분. 이 경우 설계농도가 2분 이내에 30 [%]에 도달하여야 한다.
2.5.2.3 국소방출방식의 경우에는 30초

16

폐쇄형 헤드를 사용한 스프링클러설비의 도면이다. 스프링클러헤드가 모두 개방되었을 때 다음 각 물음에 답하시오. (단, 주어진 조건을 적용하여 계산하고, 설비 도면의 길이단위는 [mm]이다)

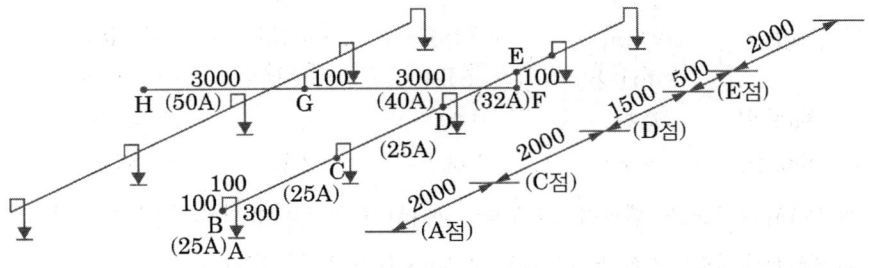

조건

(1) 급수관 중 H점에서의 가압수 압력은 0.35 [MPa]로 계산한다.

(2) 엘보는 배관지름과 동일한 지름의 엘보를 사용하고 티의 크기는 다음 표와 같이 사용한다. 그리고 관경 축소는 오직 레듀셔만을 사용한다.

지점	C지점	D지점	E지점	G지점
티의 크기	25 [A]	32 [A]	40 [A]	50 [A]

(3) 스프링클러헤드는 15 [A]용 헤드가 설치된 것으로 한다.

(4) 직관의 100 [m]당 마찰손실수두(단, A점에서의 헤드 방수량을 80 [L/min]로 계산한다)

(단위 : [m])

헤드 개수	유량	25 [A]	32 [A]	40 [A]	50 [A]
1	80 [L/min]	30.45	8.32	4.03	1.22
2	160 [L/min]	109.76	30.00	14.53	4.38
3	240 [L/min]	232.39	63.53	30.76	9.28
4	320 [L/min]	395.69	108.17	52.38	15.79
5	400 [L/min]	597.92	163.45	79.15	23.87
6	480 [L/min]	837.76	229.01	110.90	33.44
7	560 [L/min]	–	304.59	147.50	44.47
8	640 [L/min]	–	389.94	188.83	56.94
9	720 [L/min]	–	484.88	234.80	70.80
10	800 [L/min]	–	589.22	285.33	86.04

(5) 관이음쇠의 마찰손실에 해당되는 직관길이(등가길이)　　　　　　(단위 : [m])

구분	25 [A]	32 [A]	40 [A]	50 [A]
엘보 (90°)	0.90	1.20	1.50	2.10
레듀셔	0.54 (25 [A] × 15 [A])	0.72 (32 [A] × 25 [A])	0.90 (40 [A] × 32 [A])	1.20 (50 [A] × 40 [A])
티(직류)	0.27	0.36	0.45	0.60
티(분류)	1.50	1.80	2.10	3.00

※ 25 [A] 크기의 90°엘보의 손실수두는 25 [A], 직관 0.9 [m]의 손실수두와 같다.

(6) 가지배관 말단(B지점)과 교차배관 말단(F지점)은 엘보로 한다.

(7) 관경이 변하는 관부속품은 관경이 큰 쪽으로 손실수두를 계산한다.

(8) 중력가속도는 9.8 $[m/s^2]$로 한다.

(9) 구간별 관경은 다음 표와 같다.

구간	관경
A ~ D	25 [A]
D ~ E	32 [A]
E ~ G	40 [A]
G ~ H	50 [A]

가. B ~ C 사이의 유량 [L/min] (단, 마찰손실은 고려하지 말 것)

　　◯ 계산과정 :

　　◯ 답 :

나. C ~ D 사이의 유량 [L/min] (단, 마찰손실은 고려하지 말 것)

　　◯ 계산과정 :

　　◯ 답 :

다. A ~ H까지의 전체 배관 마찰손실수두 [m] (단, 직관 및 관이음쇠를 모두 고려하여 구한다)

구간	관경	유량	등가 관장길이 [m]	마찰손실수두 [m]
G – H	50 [A]	800 [L/min] (헤드 10개)	– 직관길이 : – 상당길이 : ∴ 총합 :	
E – G	40 [A]	400 [L/min] (헤드 5개)	– 직관길이 : – 상당길이 : ∴ 총합 :	
D – E	32 [A]	240 [L/min] (헤드 3개)	– 직관길이 : – 상당길이 : ∴ 총합 :	
C – D	25 [A]	160 [L/min] (헤드 2개)	– 직관길이 : – 상당길이 : ∴ 총합 :	
A – C	25 [A]	80 [L/min] (헤드 1개)	– 직관길이 : – 상당길이 : ∴ 총합 :	

• 전체 배관 마찰손실수두 [m] :

라. A에서의 방사압력 [MPa]

O 계산과정 :

O 답 :

[정답]

가. 계산과정

80 [L/min] × 1 [개] = 80 [L/min]   답 | 80 [L/min]

나. 계산과정

80 [L/min] × 2 [개] = 160 [L/min]   답 | 160 [L/min]

다.

구간	관경	유량	등가 관장길이 [m]	마찰손실수두 [m]
G – H	50 [A]	800 [L/min] (헤드 10개)	– 직관길이 : 3 [m] – 상당길이 ① 분류T 1개 : 3 [m] ② 레듀셔(50 × 40) 1개 : 1.2 [m] ∴ 총합 : 3 + 3 + 1.2 = 7.2 [m]	$7.2[m] \times \dfrac{86.04[m]}{100[m]}$ $= 6.194[m]$
E – G	40 [A]	400 [L/min] (헤드 5개)	– 직관길이 : 0.1 + 3 = 3.1 [m] – 상당길이 ① 90°엘보 1개 : 1.5 [m] ② 분류T 1개 : 2.1 [m] ③ 레듀셔(40 × 32) 1개 : 0.9 [m] ∴ 총합 : 3.1 + 1.5 + 2.1 + 0.9 = 7.6 [m]	$7.6[m] \times \dfrac{79.15[m]}{100[m]}$ $= 6.015[m]$
D – E	32 [A]	240 [L/min] (헤드 3개)	– 직관길이 : 1.5 [m] – 상당길이 ① 분류T 1개 : 1.8 [m] ② 레듀셔(32 × 25) 1개 : 0.72 [m] ∴ 총합 : 1.5 + 1.8 + 0.72 = 4.02 [m]	$4.02[m] \times \dfrac{63.53[m]}{100[m]}$ $= 2.553[m]$
C – D	25 [A]	160 [L/min] (헤드 2개)	– 직관길이 : 2 [m] – 상당길이 ① 분류T 1개 : 1.5 [m] ∴ 총합 : 2 + 1.5 = 3.5 [m]	$3.5[m] \times \dfrac{109.76[m]}{100[m]}$ $= 3.841[m]$
A – C	25 [A]	80 [L/min] (헤드 1개)	– 직관길이 : 2 + 0.1 + 0.1 + 0.3 = 2.5 [m] – 상당길이 ① 90°엘보 3개 : 3 × 0.9 = 2.7 [m] ② 레듀셔(25 × 15) 1개 : 0.54 [m] ∴ 총합 : 2.5 + 2.7 + 0.54 = 5.74 [m]	$5.74[m] \times \dfrac{30.45[m]}{100[m]}$ $= 1.747[m]$

• 전체 배관 마찰손실수두 [m] : 6.194 + 6.015 + 2.553 + 3.841 + 1.747 = 20.35

라. 계산과정

A점에서의 방사압력 = H점에서의 압력 – H점과 A점 사이 마찰손실압력 – 낙차압
= 0.35 – 0.2035 – (0.001 + 0.001 – 0.003) = 0.1475
≒ 0.15 [MPa]

답 | 0.15 [MPa]

MOAG

모아바 www.moa-ba.com
모아소방전기학원 www.moate.co.kr

격차를 뛰어넘어 압도적인 격차를 만들다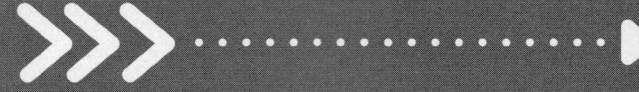

2019

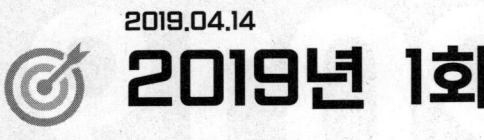

2019.04.14
2019년 1회

점수 :

01

득점 | 배점 | 4

포소화설비에서 혼합장치의 혼합방식 4가지를 쓰시오. (단, 프레셔사이드 프로포셔너방식을 제외한 나머지 4가지를 쓰시오)

○ 답 :

정답

① 펌프 프로포셔너방식
② 라인 프로포셔너방식
③ 프레셔 프로포셔너방식
④ 압축공기포 믹싱챔버방식

참고 포소화약제의 혼합장치

종류	설명	
라인 프로포셔너 방식	펌프와 발포기의 중간에 설치된 벤추리관의 벤추리작용에 따라 포소화약제를 흡입·혼합하는 방식	혼합기 발포기 / 펌프 / 약제탱크 / 수원
펌프 프로포셔너 방식	펌프의 토출관과 흡입관 사이의 배관 도중에 설치한 흡입기에 펌프에서 토출된 물의 일부를 보내고, 농도 조정밸브에서 조정된 포소화약제의 필요량을 포소화약제탱크에서 펌프 흡입측으로 보내어 이를 혼합하는 방식	포방출구 / 펌프 혼합기 / 약제탱크 / 수원

482 2026 초격차 소방설비산업기사 과년도 7개년 | 실기 기계

종류	설명	
프레셔 프로포셔너 방식	펌프와 발포기의 중간에 설치된 벤추리관의 벤추리작용과 펌프 가압수의 포소화약제 저장탱크에 대한 압력에 따라 포소화약제를 흡입·혼합하는 방식이다.	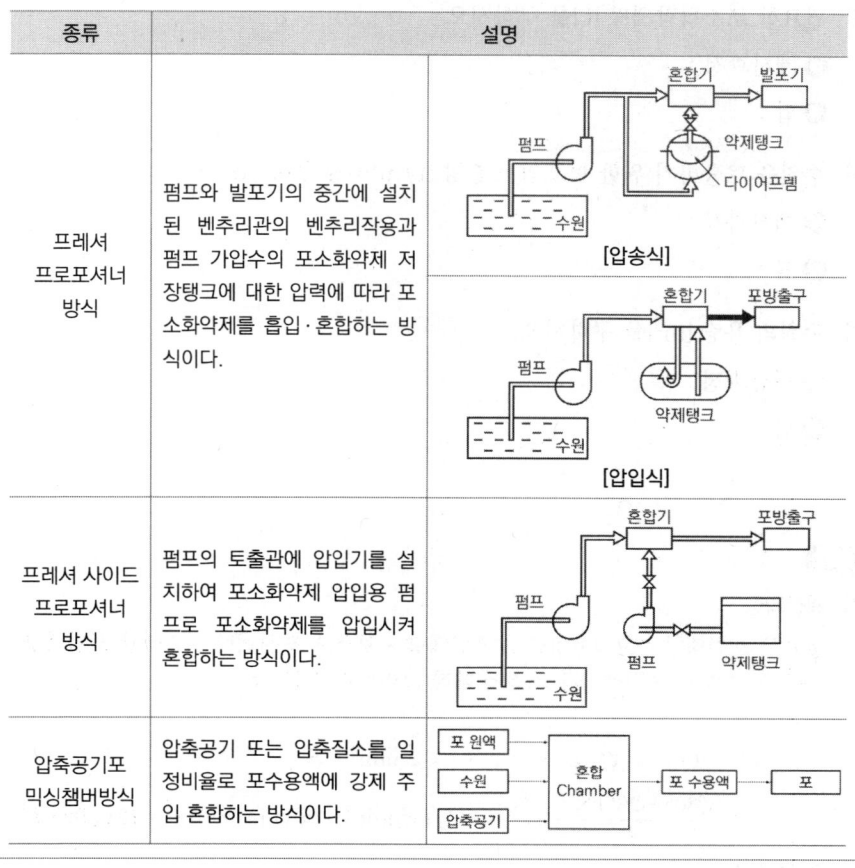
프레셔 사이드 프로포셔너 방식	펌프의 토출관에 압입기를 설치하여 포소화약제 압입용 펌프로 포소화약제를 압입시켜 혼합하는 방식이다.	
압축공기포 믹싱챔버방식	압축공기 또는 압축질소를 일정비율로 포수용액에 강제 주입 혼합하는 방식이다.	

02

득점 　　　 배점 　 7

휘발유 저장용 부상지붕구조탱크(Floating Roof Tank)에 포소화설비를 설치하고자 한다. 조건을 참고하여 다음 각 물음에 답하시오.

조건

(1) 탱크의 안지름은 30 [m], 탱크 내 측면과 굽도리판과의 이격거리는 1 [m]이다.

(2) 보조포소화전은 6개 설치되어 있으며, 배관 내를 채우기 위하여 필요한 포수용액의 양은 무시한다.

(3) 포원액의 농도는 6 [%]이고, 포수용액 방출량은 8 [L/m² · min], 방사시간은 30분이다.

(4) 혼합방식은 프레셔사이드 프로포셔너방식을 채용한다.

2 0 1 9

가. **필요한 포소화약제량 [L]를 구하시오.**

 ⭕ 계산과정 :

 ⭕ 답 :

나. **수원을 토출하기 위한 펌프의 토출량 [L/min]을 구하시오.**

 ⭕ 계산과정 :

 ⭕ 답 :

다. **수원의 용량 [m³]을 구하시오.**

 ⭕ 계산과정 :

 ⭕ 답 :

정답

가. **계산과정**

  필요한 포원액량 = 고정포방출구 포원액량 + 보조포 포원액량 + 송액관 포원액량
  (여기서 송액관 포원액량은 조건에 따라 고려하지 않는다)

  ① 고정포

$$Q_1[L] = A[m^2] \times Q_A[L/m^2 \cdot min] \times T[min] \times S$$

$$= \frac{(30^2 - 28^2) \times \pi}{4}[m^2] \times 8[L/m^2 \cdot min] \times 30[min] \times 0.06 = 1311.929[L]$$

  ② 보조포

$$Q_2[L] = N \times 400[L/min] \times 20[min] \times S$$

$$= 3[개] \times 8000[L] \times 0.06 = 24000[L]$$

$$\therefore Q = ① + ② = 1311.929 + 1440 = 2751.93[L]$$

답 | 2751.93 [L]

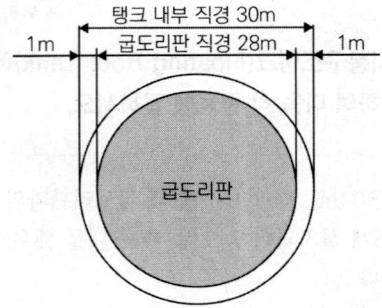

나. **계산과정**

  ① 고정포

$$Q_1[L/min] = A[m^2] \times Q_A[L/m^2 \cdot min]$$

$$= \frac{\pi \times (30^2 - 28^2)}{4}[m^2] \times 8[L/m^2 \cdot min] = 728.849[L/min]$$

② 보조포

$$Q_2[L/\min] = N \times 400[L/\min]$$
$$= 3[개] \times 400[L/\min] = 1200[L]$$
$$\therefore Q = ① + ② = 728.849 + 1200 = 1928.85[L/\min]$$

답 | 1928.85 [L/min]

다. 계산과정

① 고정포

$$Q_1[L] = A[m^2] \times Q_A[L/m^2 \cdot \min] \times T[\min] \times (1-S)$$
$$= \frac{\pi \times (30^2 - 28^2)}{4}[m^2] \times 8[L/m^2 \cdot \min] \times 30[\min] \times 0.94 = 20553[L]$$

② 보조포

$$Q_2[L] = N \times 400[L/\min] \times 20[\min] \times (1-S)$$
$$= 3[개] \times 8000[L] \times 0.94 = 22560[L]$$
$$\therefore Q = ① + ② = 20553 + 22560 = 43113[L] \fallingdotseq 43.11[m^3]$$

답 | 43.11 [m³]

★ 핵심이론 포소화약제의 저장량 – 고정포방출구방식

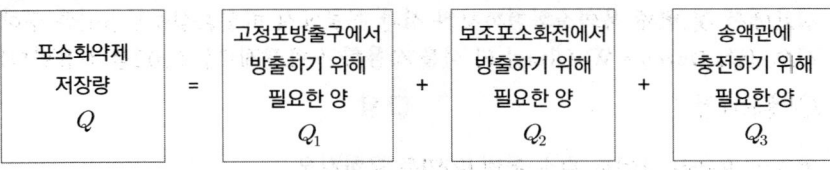

고정포방출구방식은 다음의 양을 합한 양 이상으로 할 것

(1) 고정포방출구에서 방출하기 위하여 필요한 양

$$Q_1 = A \cdot Q_A \cdot T \cdot S$$

Q_1 : 포소화약제의 양 [L]

A : 탱크의 액표면적 [m²]

Q_A : 단위 포소화수용액의 양 [L/m² · min]

T : 방출시간 [min]

S : 포소화약제의 사용농도 [%]

(2) 보조포소화전에서 방출하기 위하여 필요한 양

$$Q_2 = N \cdot 8000 \cdot S$$

Q_2 : 포소화약제의 양 [L]

N : 호스 접결구의 수(3개 이상인 경우는 3개)

S : 포소화약제의 사용농도 [%]

(3) 가장 먼 탱크까지의 송액관에 충전하기 위하여 필요한 양(내경 75 [mm] 이하의 송액관은 제외)

$$Q_3 = V \times S \times 1000[L/m^3]$$

Q_3 : 포소화약제의 양 [L]

V : 송액관 내부의 체적 [m³]

S : 포소화약제의 사용농도 [%]

※ 송액관 : 수원으로부터 포헤드, 고정포방출구 또는 이동식 노즐에 급수하는 배관

03

어떤 소방대상물에 옥외소화전 5개를 화재안전기술기준과 다음 조건에 따라 설치하려고 한다. 다음 각 물음에 답하시오.

조건

(1) 펌프에서 첫 번째 옥외소화전까지의 직관길이는 200 [m], 관의 안지름은 100 [mm]이다.

(2) 펌프에 요구되는 전양정은 50 [m], 효율은 65 [%]이다.

(3) 모든 규격치는 최소량을 적용한다.

가. 수원의 최소 유효저수량 [m³]을 구하시오.

⊙ 계산과정 :   ⊙ 답 :

나. 펌프의 최소 토출량 [L/min]을 구하시오.

⊙ 계산과정 :   ⊙ 답 :

다. 펌프에서 첫 번째 옥외소화전까지의 직관 부분에서 마찰손실수두 [m]를 구하시오. (단, Darcy - Weisbach의 식을 사용하고 마찰계수는 0.02를 적용한다)

⊙ 계산과정 :   ⊙ 답 :

라. 펌프의 효율을 고려한 최소 동력 [kW]을 구하시오.

⊙ 계산과정 :   ⊙ 답 :

마. 노즐 선단에서의 최소방수압력 [MPa]은 얼마인지 쓰시오.

⊙ 답 :

바. 옥외소화전설비에서 소화전함의 설치기준에 관한 설명 중 괄호 안의 알맞은 말을 쓰시오.

옥외소화전설비에는 옥외소화전마다 그로부터 (㉠) [m] 이내의 장소에 소화전함을 다음의 기준에 따라 설치해야 한다.

• 옥외소화전이 10개 이하 설치된 때에는 옥외소화전마다 (㉡) [m] 이내의 장소에 1개 이상의 소화전함을 설치해야 한다.

• 옥외소화전이 11개 이상 30개 이하 설치된 때에는 (㉢)개 이상의 소화전함을 각각 분산하여 설치해야 한다.

• 옥외소화전이 31개 이상 설치된 때에는 옥외소화전 (㉣)개마다 1개 이상의 소화전함을 설치해야 한다.

⊙ 답

    ㉠   ㉡   ㉢   ㉣

사. 옥외소화전함에 설치되는 호스의 구경 [mm]은 얼마인지 쓰시오.

○ 답 :

정답

가. 계산과정

$Q = N \times 350 [\text{L/min}] \times 20 [\text{min}] = 2 \times 350 \times 20 = 14000 [\text{L}] = 14 [\text{m}^3]$

답 | 14 [m³]

나. 계산과정

$Q = N \times 350 [\text{L/min}] = 2 \times 350 = 700 [\text{L/min}]$

답 | 700 [L/min]

다. 계산과정

Darcy - Weisbach방정식

$$h_L[m] = f \times \frac{L}{D} \times \frac{V^2}{2g}$$

h_L : 마찰손실 [m]
f : 마찰손실계수
L : 길이 [m], D : 직경 [m]
V : 유속 [m/s]
g : 중력가속도 [m/s²]

$V = \dfrac{4Q}{\pi D^2} = \dfrac{4 \times \dfrac{0.7}{60} [\text{m}^3/\text{s}]}{\pi \times 0.1^2 [\text{m}^2]} = 1.485 [\text{m/s}]$

$\therefore h_L = 0.02 \times \dfrac{200}{0.1} \times \dfrac{1.485^2}{2 \times 9.8} = 4.50 [\text{m}]$

답 | 4.5 [m]

라. 계산과정

$$\text{소요동력 } P[kW] = \frac{\gamma[kN/m^3] \times Q[m^3/s] \times H[m]}{\eta} \times K$$

$P = \dfrac{9.8 [\text{kN/m}^3] \times \dfrac{0.7}{60} [\text{m}^3/\text{s}] \times 50 [\text{m}]}{0.65} = 8.79 [\text{kW}]$

답 | 8.79 [kW]

마. 0.25 [MPa]

바. ㉠ 5, ㉡ 5, ㉢ 11, ㉣ 3

사. 65 [mm]

참고 **옥외소화전설비의 펌프토출량, 수원, 전양정**

구분	옥외소화전설비
펌프 토출량	$N \times 350$ [L/min] 여기서 N : 옥외소화전의 설치개수 (옥외소화전이 2개 이상 설치된 경우에는 2개)
수원의 유효수량	$N \times 350$ [L/min] $\times 20$ [min] $(= N \times 7 [m^3])$ 여기서 N : 옥외소화전의 설치개수 (옥외소화전이 2개 이상 설치된 경우에는 2개)
전양정	$H = h_1 + h_2 + h_3 + 25$ 여기서 H : 전양정 [m] h_1 : 낙차(실양정) [m] h_2 : 배관 및 관부속품의 마찰손실수두 [m] h_3 : 호스 마찰손실수두 [m] 25 : 최소 방수압 환산수두 [m](0.25 [MPa])

04

득점		배점	5

피난구조설비 중 노유자시설의 1 ~ 3층에 적응성이 있는 피난기구의 종류를 5가지 쓰시오.

①   ②   ③   ④   ⑤

정답

① 미끄럼대, ② 구조대, ③ 다수인피난장비, ④ 승강식 피난기, ⑤ 피난교

참고

층별 장소별	1층	2층	3층	4층 이상 10층 이하
1. 노유자시설	• **미끄럼대** • **구조대** • **다수인피난장비** • **승강식 피난기** • **피난교**	• **미끄럼대** • **구조대** • **다수인피난장비** • **승강식 피난기** • **피난교**	• **미끄럼대** • **구조대** • **다수인피난장비** • **승강식 피난기** • **피난교**	• 구조대[1] • 다수인피난장비 • 승강식 피난기 • 피난교

[비고]

1) 구조대의 적응성은 장애인 관련 시설로서 주된 사용자 중 스스로 피난이 불가한 자가 있는 경우 추가로 설치하는 경우에 한한다.

05

| 득점 | 배점 | 4 |

임펠러의 회전속도가 1700 [rpm]일 때 토출압력은 0.05 [MPa], 토출량은 1000 [L/min]의 성능을 보여주는 어떤 원심펌프가 있다. 이를 3400 [rpm]으로 회전수를 변경하였다고 할 때 그 토출압력 [MPa]과 토출량 [L/min]은 각각 얼마가 되는지 구하시오.

가. 토출압력 [MPa]

⭘ 계산과정 :

⭘ 답 :

나. 토출량 [L/min]

⭘ 계산과정 :

⭘ 답 :

정답

📌 **핵심이론** **펌프의 상사법칙**

서로 다른 치수의 펌프를 비교(상사)했을 때

(1) 유량 $[m^3/s]$　$Q_2 = \left(\dfrac{N_2}{N_1}\right)^1 \times \left(\dfrac{D_2}{D_1}\right)^3 \times Q_1$

(2) 양정(압력) [m]　$H_2 = \left(\dfrac{N_2}{N_1}\right)^2 \times \left(\dfrac{D_2}{D_1}\right)^2 \times H_1$

(3) 동력 [kW]　$L_2 = \left(\dfrac{N_2}{N_1}\right)^3 \times \left(\dfrac{D_2}{D_1}\right)^5 \times L_1$

가. 계산과정

상사의 법칙 $H_2 = \left(\dfrac{N_2}{N_1}\right)^2 \times H_1$

$H_2 = \left(\dfrac{3400[rpm]}{1700[rpm]}\right)^2 \times 0.05[MPa]$

∴ $H_2 = 0.2[\text{MPa}]$

답 | 0.2 [MPa]

나. 계산과정

상사의 법칙 $Q_2 = \dfrac{N_2}{N_1} \times Q_1$

$Q_2 = \dfrac{3400[rpm]}{1700[rpm]} \times 1000[L/min]$

∴ $Q_2 = 2000[L/min]$

답 | 2000 [L/min]

2019

06

득점 | | 배점 | 4

지름이 40 [mm]인 소방호스에 구경이 13 [mm]인 노즐이 부착되어 있고, 200 [L/min]의 물을 대기 중으로 방수할 경우 다음 각 물음에 답하시오. (단, 유동에는 마찰이 없는 것으로 한다)

가. 소방호스의 평균유속 [m/s]을 구하시오.

　　○ 계산과정 :

　　○ 답 :

나. 소방호스에 연결된 방수노즐에서의 평균유속 [m/s]을 구하시오.

　　○ 계산과정 :

　　○ 답 :

정답

가. 계산과정

$$Q[\text{m}^3/\text{s}] = A[\text{m}^2] \times V[\text{m/s}] = \frac{\pi D^2}{4}[\text{m}^2] \times V[\text{m/s}]$$

호스 유속 $V = \dfrac{4Q}{\pi D^2} = \dfrac{4 \times \frac{0.2}{60}}{\pi \times 0.04^2} = 2.65[\text{m/s}]$

답 | 2.65 [m/s]

나. 계산과정

노즐 유속 $V = \dfrac{4Q}{\pi D^2} = \dfrac{4 \times \frac{0.2}{60}}{\pi \times 0.013^2} = 25.11[\text{m/s}]$

답 | 25.11 [m/s]

07

득점 | | 배점 | 5

20층 규모의 계단실형 아파트 3동(전체 360세대)에 습식 스프링클러설비를 계획하려고 한다. 다음 물음에 답하시오. (단, 아파트의 각 동이 주차장으로 서로 연결된 구조가 아니다)

가. 스프링클러헤드의 층별 기준개수는 몇 개인지 쓰시오. (단, 스프링클러헤드는 화재안전기술기준상 최대 기준개수 이상 설치된 것으로 가정한다)

　　○ 답 :

나. 스프링클러설비에 요구되는 최소 유효수원의 양 [m³]을 구하시오. (단, 옥상수원은 고려하지 않는다)

　○ 계산과정 :

　○ 답 :

다. 소화펌프의 최소 토출량 [L/min]을 구하시오.

　○ 계산과정 :

　○ 답 :

라. 소화펌프의 전양정은 60 [m], 전동기의 효율은 60 [%], 전달계수 1.2일 때 필요한 소화펌프의 최소동력 [kW]을 구하시오.

　○ 계산과정 :

　○ 답 :

정답

▶참고 **공동주택의 화재안전성능기준(NFPC 608) – 제7조(스프링클러설비) [시행 2024.1.1.]**

제7조(스프링클러설비) 스프링클러설비는 다음 각 호의 기준에 따라 설치해야 한다.

1. 폐쇄형 스프링클러헤드를 사용하는 아파트등은 기준개수 10개(스프링클러헤드의 설치개수가 가장 많은 세대에 설치된 스프링클러헤드의 개수가 기준개수보다 작은 경우에는 그 설치개수를 말한다)에 1.6 [m³]를 곱한 양 이상의 수원이 확보되도록 할 것. 다만 아파트등의 각 동이 주차장으로 서로 연결된 구조인 경우 해당 주차장 부분의 기준개수는 30개로 할 것

가. 10개

나. 계산과정

$$N \times 1.6[m^3] = 10[개] \times 1.6[m^3] = 16[m^3]$$

답 | 16 [m³]

다. 계산과정

$$N \times 80[L/min] = 10[개] \times 80[L/min] = 800[L/min]$$

답 | 800 [L/min]

라. 계산과정

$$소요동력 \ P[kW] = \frac{\gamma[kN/m^3] \times Q[m^3/s] \times H[m]}{\eta} \times K$$

$$P = \frac{9.8[kN/m^3] \times \frac{0.8}{60}[m^3/s] \times 60[m]}{0.6} \times 1.2 = 15.68[kW]$$

답 | 15.68 [kW]

2019

★ 핵심이론 스프링클러설비 수원의 양(주수원) – 폐쇄형 스프링클러헤드의 경우

□ 수원의 양

층수	수원의 양
29층 이하	N(기준개수) × 80 [L/min] × 20 [min](= N × 1.6 [m³])
30층 이상 49층 이하	N(기준개수) × 80 [L/min] × 40 [min](= N × 3.2 [m³])
50층 이상	N(기준개수) × 80 [L/min] × 60 [min](= N × 4.8 [m³])

※ N : 스프링클러설비 설치장소별 스프링클러헤드의 기준개수
[스프링클러헤드의 설치개수가 가장 많은 층에 설치된 스프링클러헤드의 개수가
기준개수보다 작은 경우에는 그 설치개수를 말함]

□ 스프링클러설비 설치장소별 기준개수

스프링클러설비의 설치장소			기준개수
지하층을 제외한 층수가 10층 이하인 특정소방대상물	공장	특수가연물을 저장·취급하는 것	30
		그 밖의 것	20
	근린생활시설·판매시설· 운수시설 또는 복합건축물	판매시설 또는 복합건축물 (판매시설이 설치된 복합건축물)	30
		그 밖의 것	20
	그 밖의 것	헤드의 부착 높이가 8 [m] 이상인 것	20
		헤드의 부착 높이가 8 [m] 미만인 것	10
지하층을 제외한 층수가 11층 이상인 특정소방대상물(아파트 제외)·지하가 또는 지하역사			30
아파트등	아파트등의 각 동이 주차장으로 서로 연결되지 않은 구조인 경우		10
	아파트등의 각 동이 주차장으로 서로 연결된 구조인 경우		30
라지드롭형 스프링클러헤드를 설치한 창고시설			30

[비고] 하나의 소방대상물이 2 이상의 "스프링클러헤드의 기준개수"란에 해당하는 때에는 기준
개수가 많은 것을 기준으로 한다. 다만 각 기준개수에 해당하는 수원을 별도로 설치하는
경우에는 그렇지 않다.

※ 기준개수 : 화재발생 시 동시에 개방되는 스프링클러헤드의 개수

08

득점   배점   4

물분무소화설비를 설치하는 차고 또는 주차장에는 배수설비를 설치하여야 한다. 이 설치기준과 관련하여 (   ) 안에 들어갈 알맞은 내용을 쓰시오.

- 차량이 주차하는 장소의 적당한 곳에 높이 (㉠) [cm] 이상의 경계턱으로 배수구를 설치할 것
- 배수구에는 새어나온 기름을 모아 소화할 수 있도록 길이 (㉡) [m] 이하마다 집수관, 소화피트 등 기름분리장치를 설치할 것
- 차량이 주차하는 바닥은 배수구를 향하여 (㉢) 이상의 기울기를 유지할 것
- 배수설비는 가압송수장치의 최대송수능력의 수량을 유효하게 배수할 수 있는 크기 및 기울기로 할 것

정답

㉠ 10, ㉡ 40, ㉢ $\dfrac{2}{100}$

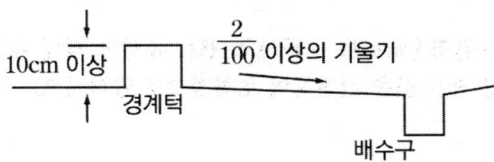

09

펌프를 이용하여 지하수원의 물을 22.4 [m³/h]의 유량으로 소화설비의 2차 수원으로 사용하기 위하여 옥상수조에 양수하는 경우 다음 물음에 답하시오.

조건

(1) 유체의 유속은 최대 2 [m/s]이고, 배관의 길이는 90 [m], 실양정은 45 [m]이다.

(2) 관이음쇠 및 밸브는 90°엘보 5개, 게이트밸브 1개, 체크밸브·풋밸브가 각 1개씩 설치되었다.

(3) 관의 길이 1 [m]당 마찰손실은 80 [mmAq]라고 가정한다.

(4) 관이음쇠 및 밸브에 따른 상당관 길이는 아래 표와 같다.

[관 이음쇠 및 밸브류의 상당길이 [m]]

관경 [mm]	90°엘보	45°엘보	게이트밸브	체크밸브	풋밸브
40	1.50	0.90	0.30	13.5	13.5
50	2.10	1.20	0.39	16.5	16.5
65	2.40	1.50	0.48	19.5	19.5
80	3.00	1.80	0.60	24.0	24.0

가. 펌프의 토출 측 관경 [mm]을 구하시오. (단, 유체의 최대 유속을 만족하는 관의 내경 중 가장 작은 값을 선정하여 호칭경으로 답하시오)

◯ 계산과정 :

◯ 답 :

나. 사용되는 관이음쇠 및 밸브에 대한 상당길이 [m]의 총합을 구하시오. (단, '가' 항에서 구한 값을 기준으로 표에서 선정하여 구하시오)

◯ 계산과정 :

◯ 답 :

다. 양수에 요구되는 펌프의 최소 소요양정 [m]을 구하시오.

◯ 계산과정 :

◯ 답 :

라. 펌프의 최소 소요동력 [kW]을 구하시오. (단, 펌프효율은 50 [%], 동력전달계수는 1.0을 적용한다)

◯ 계산과정 :

◯ 답 :

정답

가. 계산과정

$$Q[\text{m}^3/\text{s}] = A[\text{m}^2] \times V[\text{m/s}] = \frac{\pi D^2}{4}[\text{m}^2] \times V[\text{m/s}]$$

$$D = \sqrt{\frac{4 \times Q}{\pi \times V}} = \sqrt{\frac{4 \times \frac{22.4}{3600}}{\pi \times 2}} = 0.0629[\text{m}] = 62.9[\text{mm}]$$

따라서 호칭경 65 [mm] 이상으로 할 것

답 | 65 [mm]

나. 계산과정

① 90°엘보 : 5 [개] × 2.40 [m] = 12 [m]
② 게이트밸브 : 1 [개] × 0.48 [m] = 0.48 [m]
③ 체크밸브 : 1 [개] × 19.5 [m] = 19.5 [m]
④ 풋밸브 : 1 [개] × 19.5 [m] = 19.5 [m]
∴ 상당길이 [m] = 12 [m] + 0.48 [m] + 19.5 [m] + 19.5 [m] = 51.48 [m]

답 | 51.48 [m]

다. 계산과정

전양정 H [m] = 실양정 + 마찰손실수두 + 방사압
= 45 [m] + (90 + 51.48) × 0.08 [m] = 56.32 [m]

답 | 56.32 [m]

TIP 방사압은 조건에 주어져 있지 않으므로 무시한다.

라. 계산과정

$$\text{소요동력 } P[kW] = \frac{\gamma[kN/m^3] \times Q[m^3/s] \times H[m]}{\eta} \times K$$

$$P = \frac{9.8[\text{kN/m}^3] \times \frac{22.4}{3600}[\text{m}^3/\text{s}] \times 56.32[\text{m}]}{0.5} \times 1 = 6.87[\text{kW}]$$

답 | 6.87 [kW]

10

옥외소화전의 노즐선단에서 방수압력이 0.5 [MPa], 방수량이 350 [L/min]일 때 노즐의 안지름 [mm]을 구하시오.

O 계산과정 :

O 답 :

정답

☑ 계산과정

$$350[L/min] = 2.086 \times D^2 \times \sqrt{0.5[MPa]}$$

$$\therefore D = 15.40[mm]$$

참고 방수량공식

$$Q = 2.086 \times D^2 \times \sqrt{P}$$

　　　　　Q : 방수량 [L/min], D : 관경(노즐구경) [mm], P : 방수압력 [MPa]

답 | 15.4 [mm]

11

화재안전기술기준에서 정하는 할론소화설비의 각각의 배관재료에 따라 배관 두께의 기준을 쓰시오.

가. 강관(압력배관용 탄소강관)을 사용할 때 배관 두께의 기준

　O 답 :

나. 동관(동 및 동합금관)을 사용할 때 배관 두께의 기준

　O 답 :

정답

가. 스케줄 40 이상

나. • 고압식인 경우 : 16.5 [MPa] 이상

　　• 저압식인 경우 : 3.75 [MPa] 이상

12

득점		배점	8

다음 그림은 수계소화설비에서 소화펌프의 계통을 나타내고 있다. 이 계통도에서 일부 설비가 누락되었거나 잘못 설치된 부분 4가지를 지적하고 올바른 수정방법을 설명하시오. (단, 누락된 사항에 대해서는 누락된 장치명과 설치위치를 명시해야 하며, 잘못 설치된 사항에 대해서는 잘못된 부분과 올바른 설치방법을 설명해야 한다)

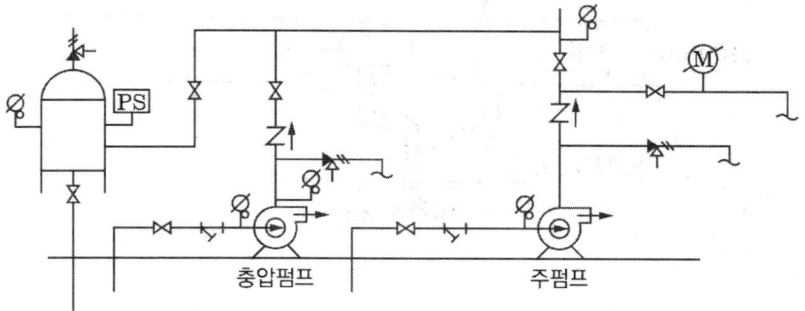

충압펌프   주펌프

○ 답

잘못된 점	수정방법
①	①
②	②
③	③
④	④

정답

잘못된 점	수정방법
① 충압펌프와 주펌프의 흡입배관의 흡입구에 풋밸브 미설치	① 충압펌프와 주펌프의 흡입배관 흡입구에 풋밸브 설치
② 충압펌프와 주펌프의 흡입배관에 압력계 설치	② 충압펌프와 주펌프의 흡입배관에 연성계(진공계) 설치
③ 주펌프의 토출배관에 압력계의 설치 위치	③ 압력계는 주펌프에 가까이 설치
④ 주펌프의 성능시험 배관에 유량조절밸브 누락	④ 주펌프의 성능시험배관에 유량조절밸브를 설치
⑤ 충압펌프의 순환배관 및 릴리프밸브 설치	⑤ 충압펌프의 순환배관 및 릴리프밸브 제거
⑥ 물올림장치 누락	⑥ 물올림장치를 설치하여 주펌프 및 충압펌프의 흡입 측으로 물을 공급할 수 있도록 함
⑦ 압력챔버의 압력스위치 부족	⑦ 압력챔버의 압력스위치 1개 더 설치

2019

13

그림과 같은 벤추리미터(Venturi-Meter)에서 관 속에 흐르는 물의 유량 [L/s]을 구하시오. (단, 유량계수는 0.9, 입구 지름은 100 [mm], 목(Throat) 지름은 50 [mm], 수은주 높이 차이(△h)는 46 [cm], 수은의 비중은 13.6이다)

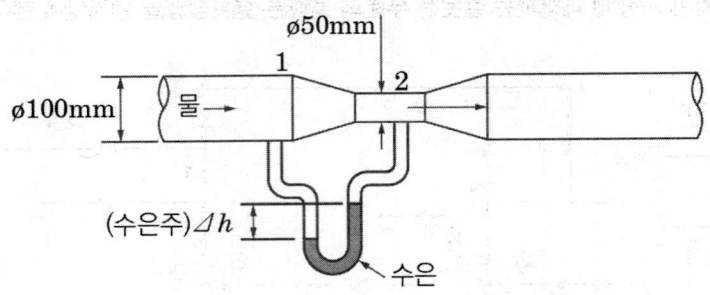

정답

벤추리미터의 유량공식

$$Q = C_d \frac{A_2}{\sqrt{1 - \left(\frac{A_2}{A_1}\right)^2}} \sqrt{2gh\left(\frac{S_0}{S} - 1\right)}$$

Q : 유량 [m³/s], C_d : 유량계수

A_1 : 배관 단면적 [m²], A_2 : 벤추리관 단면적 [m²], $\frac{A_2}{A_1}$: 개구비

h : 마노미터 높이차 [m], S : 배관유체 비중, S_0 : U자관 액주계유체 비중

$$Q = C \frac{A_2}{\sqrt{1 - \left(\frac{A_2}{A_1}\right)^2}} \sqrt{2gh\left(\frac{S_0}{S} - 1\right)}$$

$$= 0.9 \times \frac{\pi \times 0.05^2}{4} \times \frac{1}{\sqrt{1 - \left(\frac{0.05^2}{0.1^2}\right)^2}} \times \sqrt{2 \times 9.8 \times 0.46 \times \left(\frac{13.6}{1} - 1\right)}$$

$$= 0.019452[\text{m}^3/\text{s}] ≒ 19.45[\text{L/s}]$$

답 | 19.45 [L/s]

14

지상 4층 건물(각 층의 층고는 3 [m])의 전 층에 옥내소화전을 설치하고자 한다. [조건]을 참고하여 다음 물음에 답하시오.

조건

(1) 옥내소화전은 전 층에 각 2개씩 설치되어 있고, 방수구 중심은 각 층별로 바닥으로부터 1 [m] 위에 설치되어 있다.
(2) 펌프는 1층 바닥면에 설치되어 있다고 가정하고, 펌프의 풋밸브로부터 펌프 흡입 측까지의 높이와 손실은 무시한다.
(3) 펌프로부터 가장 멀리 떨어진 소화전까지의 배관 직관거리는 40 [m]이다.
(4) 펌프는 전동기와 직결시켜 설치하며 동력전달계수는 1.1로 한다.
(5) 펌프의 운전효율은 60 [%]로 한다.
(6) 배관의 마찰손실수두의 합계는 가장 멀리 떨어진 소화전까지의 배관 직관거리의 30 [%]에 해당하는 값으로 가정한다(호스의 마찰손실 포함).

가. 펌프의 최소 토출량 [L/min]을 구하시오.
  ○ 계산과정 :   ○ 답 :

나. 펌프에 요구되는 최소 양정 [m]을 구하시오.
  ○ 계산과정 :   ○ 답 :

다. 펌프를 작동하기 위한 최소 전동기 동력 [kW]을 구하시오.
  ○ 계산과정 :   ○ 답 :

정답

가. 계산과정

$Q = 2[개] \times 130[L/min] = 260[L/min]$

📌 핵심이론 옥내소화전설비의 펌프 토출량

층수	펌프 토출량
29층 이하	**N(최대 2개) × 130 [L/min]**
30층 이상	N(최대 5개) × 130 [L/min]

※ N : 옥내소화전의 설치개수가 가장 많은 층의 설치개수
(29층 이하 : 2개 이상 설치된 경우에는 2개,
30층 이상 : 5개 이상 설치된 경우에는 5개)

답 | 260 [L/min]

나. 계산과정

① 실양정 $h_1 = 3[층] \times 3[m] + 1[m] = 10[m]$

② 배관 및 호스의 마찰손실수두 $h_2 + h_3 = 40[m] \times 0.3 = 12[m]$

∴ 전양정 $H = h_1 + h_2 + h_3 + 17 = 10 + 12 + 17 = 39[m]$

★·핵심이론 펌프의 전양정 [m]

$전양정\ H = h_1 + h_2 + h_3 + 17$	h_1 : 낙차(실양정) [m]

h_1 : 낙차(실양정) [m]
h_2 : 배관 및 관부속품의 마찰손실수두 [m]
h_3 : 소방용 호스 마찰손실수두 [m]
17 : 옥내소화전 최소 방수압 환산수두 [m]
(0.17 [MPa])

※ 호스릴옥내소화전설비 포함

답 | 39 [m]

다. 계산과정

$$소요동력\ P[kW] = \frac{\gamma[kN/m^3] \times Q[m^3/s] \times H[m]}{\eta} \times K$$

$$P = \frac{9.8[kN/m^3] \times \dfrac{0.26}{60}[m^3/s] \times 39[m]}{0.6} \times 1.1 = 3.04[kW]$$

답 | 3.04 [kW]

15

득점	배점	12

그림과 같이 각 실이 벽으로 구획된 공동예상제연구역에 제연설비를 설치하려고 한다. 제시된 [조건]을 참조하여 각 물음에 답하시오. (단, 각 물음에 대한 답안 작성 시 계산과정과 답을 모두 기재하도록 한다)

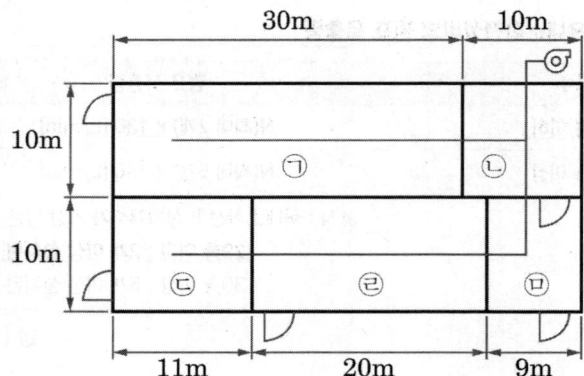

조건

(1) 메인덕트(Main Duct)는 사각형으로 높이는 500 [mm]이다.

(2) 배출기는 터보형 원심식 송풍기를 사용하는 것으로 한다.

(3) 공동예상제연구역의 배출량은 각 예상제연구역의 배출량을 합한 것 이상으로 한다.

(4) 제연구역의 각 부분으로부터 하나의 배출구까지의 수평거리는 10 [m] 이내가 되도록 설치한다.

가. 각 실의 배출구 개수를 구하시오.

① ㉠실의 배출구 개수

　　◯ 계산과정 :　　　　　　　◯ 답 :

② ㉡실의 배출구 개수

　　◯ 계산과정 :　　　　　　　◯ 답 :

③ ㉢실의 배출구 개수

　　◯ 계산과정 :　　　　　　　◯ 답 :

④ ㉣실의 배출구 개수

　　◯ 계산과정 :　　　　　　　◯ 답 :

⑤ ㉤실의 배출구 개수

　　◯ 계산과정 :　　　　　　　◯ 답 :

나. 각 실의 배출량 [m³/h]을 구하고 배출기의 최저 배출량 [CMH]을 구하시오.

① ㉠실의 배출량 [m³/h]

　　◯ 계산과정 :　　　　　　　◯ 답 :

② ㉡실의 배출량 [m³/h]

　　◯ 계산과정 :　　　　　　　◯ 답 :

③ ㉢실의 배출량 [m³/h]

　　◯ 계산과정 :　　　　　　　◯ 답 :

④ ㉣실의 배출량 [m³/h]

　　◯ 계산과정 :　　　　　　　◯ 답 :

⑤ ㉤실의 배출량 [m³/h]

　　◯ 계산과정 :　　　　　　　◯ 답 :

⑥ 배출기의 최저풍량 [CMH]

　　◯ 계산과정 :　　　　　　　◯ 답 :

다. 송풍기의 최소동력 [kW]을 구하시오. (단, 전압은 28.55 [mmAq], 효율은 60 [%], 여유율은 10 [%]이다)

○ 계산과정 :

○ 답 :

라. 배출기의 흡입 측과 토출 측 풍도의 최소폭 [m]을 각각 구하시오.

① 흡입 측 풍도의 최소폭

○ 계산과정 :　　　　　　　　　　　○ 답 :

② 토출 측 풍도의 최소폭

○ 계산과정 :　　　　　　　　　　　○ 답 :

정답

가. **계산과정**

① 예상제연구역의 각 부분으로부터 하나의 배출구까지의 수평거리 : 10 [m] 이내

㉠실의 배출구의 개수 = $\dfrac{\sqrt{30^2+10^2}\,[\text{m}]}{20\,[\text{m/개}]}$ = 1.58 ≒ 2[개]　　　　**답 | 2 [개]**

② ㉡실의 배출구의 개수 = $\dfrac{\sqrt{10^2+10^2}\,[\text{m}]}{20\,[\text{m/개}]}$ = 0.71 ≒ 1[개]　　　　**답 | 1 [개]**

③ ㉢실의 배출구의 개수 = $\dfrac{\sqrt{11^2+10^2}\,[\text{m}]}{20\,[\text{m/개}]}$ = 0.74 ≒ 1[개]　　　　**답 | 1 [개]**

④ ㉣실의 배출구의 개수 = $\dfrac{\sqrt{20^2+10^2}\,[\text{m}]}{20\,[\text{m/개}]}$ = 1.12 ≒ 2[개]　　　　**답 | 2 [개]**

⑤ ㉤실의 배출구의 개수 = $\dfrac{\sqrt{9^2+10^2}\,[\text{m}]}{20\,[\text{m/개}]}$ = 0.67 ≒ 1[개]　　　　**답 | 1 [개]**

나. **계산과정**

① (1) ㉠실의 바닥면적 : $30 \times 10 = 30\,[m^2]$ → 바닥면적이 400 [m²] 미만

(2) ㉠실의 배출량 = 300 [m²](소규모 거실) × 1 [CMM/m²] = 300 [CMM]

→ 최소 배출량 5000[CMH](= 83.33[CMM])보다 크므로 배출량은 300$[m^3/\text{min}]$이다.

∴ ㉠실의 배출량 = $300\,[m^3/\text{min}] \times \dfrac{60\,[\text{min}]}{1\,[hr]}$ = 18000 [m³/h]

답 | 18000 [m³/h]

② (1) ㉡실의 바닥면적 : $10 \times 10 = 100\,[m^2]$ → 바닥면적이 400 [m²] 미만

(2) ㉡실의 배출량 = 100 [m²](소규모 거실) × 1 [CMM/m²] = 100 [CMM]

→ 최소 배출량 5000[CMH](= 83.33[CMM])보다 크므로 배출량은 100$[m^3/\text{min}]$이다.

∴ ㉡실의 배출량 = $100\,[m^3/\text{min}] \times \dfrac{60\,[\text{min}]}{1\,[hr]}$ = 6000 [m³/h] **답 | 6000 [m³/h]**

③ (1) ©실의 바닥면적 : $11 \times 10 = 110[m^2]$ → 바닥면적이 400 [m²] 미만
  (2) ©실의 배출량 = 110 [m²](소규모 거실) × 1 [CMM/m²] = 110 [CMM]
    → 최소 배출량 $5000[CMH](=83.33[CMM])$ 보다 크므로 배출량은
      $110[m^3/\min]$이다.

  ∴ ©실의 배출량 = $110[m^3/\min] \times \dfrac{60[\min]}{1[hr]}$ = 6600 [m³/h]

답 | 6600 [m³/h]

④ (1) ②실의 바닥면적 : $20 \times 10 = 200[m^2]$ → 바닥면적이 400 [m²] 미만
  (2) ②실의 배출량 = 200 [m²](소규모 거실) × 1 [CMM/m²] = 200 [CMM]
    → 최소 배출량 $5000[CMH](=83.33[CMM])$ 보다 크므로 배출량은
      $200[m^3/\min]$이다.

  ∴ ②실의 배출량 = $200[m^3/\min] \times \dfrac{60[\min]}{1[hr]}$ = 12000 [m³/h]

답 | 12000 [m³/h]

⑤ (1) ⑩실의 바닥면적 : $9 \times 10 = 90[m^2]$ → 바닥면적이 400 [m²] 미만
  (2) ⑩실의 배출량 = 90 [m²](소규모 거실) × 1 [CMM/m²] = 90 [CMM]
    → 최소 배출량 $5000[CMH](=83.33[CMM])$ 보다 크므로 배출량은
      $90[m^3/\min]$이다.

  ∴ ⑩실의 = $90[m^3/\min] \times \dfrac{60[\min]}{1[hr]}$ = 5400 [m³/h]

답 | 5400 [m³/h]

⑥ 조건 (4)에 의하여 18000 + 6000 + 6600 + 12000 + 5400 = 48000 [m³/h]

답 | 48000 [CMH]

다. 계산과정

$$소요동력 \ P[kW] = \dfrac{P_t[mmAq] \times Q[m^3/s]}{102\eta} \times K$$

$P[kW] = \dfrac{P_t[mmAq] \times Q[m^3/s]}{102\eta} \times K$

$= \dfrac{28.55[mmAq] \times \frac{48000}{3600}[m^3/s]}{102 \times 0.6} \times 1.1 = 6.842 ≒ 6.84[kW]$

답 | 6.84 [kW]

라. 계산과정

① 흡입 측 주덕트 최소 면적(배출기 흡입 측 최대 유속 : 15 [m/s])

$A = \dfrac{Q}{V} = \dfrac{\frac{48000}{3600}[m^3/s]}{15[m/s]} = 0.888[m^2]$

$0.888[m^2] = 0.5[m] \times L[m]$

∴ $L = 1.776 ≒ 1.78[m]$

답 | 1.78 [m]

② 배출 측 주덕트 최소 면적(배출기 배출 측 최대 유속 : 20 [m/s])

$$A = \frac{Q}{V} = \frac{\frac{48000}{3600}[\text{m}^3/\text{s}]}{20[\text{m/s}]} = 0.666[\text{m}^2]$$

$$0.666[\text{m}^2] = 0.5[\text{m}] \times L[\text{m}]$$

$$\therefore L = 1.332 \fallingdotseq 1.33[\text{m}]$$

답 | 1.33 [m]

참고 제연설비의 화재안전기술기준(NFTC 501) – 배출량

(1) 거실의 바닥면적이 400 [m²] 미만으로 구획된 예상제연구역에 대한 배출량

바닥면적 1 [m²]당 1 [m³/min] 이상으로 하되, 예상제연구역에 대한 최소 배출량은 5000 [m³/hr] 이상으로 할 것

$$Q = A[\text{m}^2] \times 1[\text{m}^3/\text{min}\cdot\text{m}^2] \times 60[\text{min/hr}]$$

여기서 Q : 배출량 [m³/hr] (최소 배출량은 5000 [m³/hr] 이상)

A : 바닥면적 [m²]

(2) 바닥면적 400 [m²] 이상인 거실의 예상제연구역의 배출량

① 예상제연구역이 직경 40 [m]인 원의 범위 안에 있을 경우

배출량 40000 [m³/hr] 이상

다만 예상제연구역이 제연경계로 구획된 경우에는 그 수직거리에 따른 배출량으로 산정

수직거리	배출량
2 [m] 이하	40000 [m³/hr] 이상
2 [m] 초과 2.5 [m] 이하	45000 [m³/hr] 이상
2.5 [m] 초과 3 [m] 이하	50000 [m³/hr] 이상
3 [m] 초과	60000 [m³/hr] 이상

② 예상제연구역이 직경 40 [m]인 원의 범위를 초과할 경우

배출량 45000 [m³/hr] 이상

다만 예상제연구역이 제연경계로 구획된 경우에는 그 수직거리에 따른 배출량으로 산정

수직거리	배출량
2 [m] 이하	45000 [m³/hr] 이상
2 [m] 초과 2.5 [m] 이하	50000 [m³/hr] 이상
2.5 [m] 초과 3 [m] 이하	55000 [m³/hr] 이상
3 [m] 초과	65000 [m³/hr] 이상

16

득점		배점	11

그림과 같은 건축물 내에 이산화탄소(CO_2)소화설비를 전역방출방식으로 시설하고자 한다. 제시된 [조건]을 참조하여 다음 각 물음에 답하시오. (단, 계산 및 설계업무 수행 시 화장실, 용기실은 제외하고 보일러실 및 전기실만 적용한다)

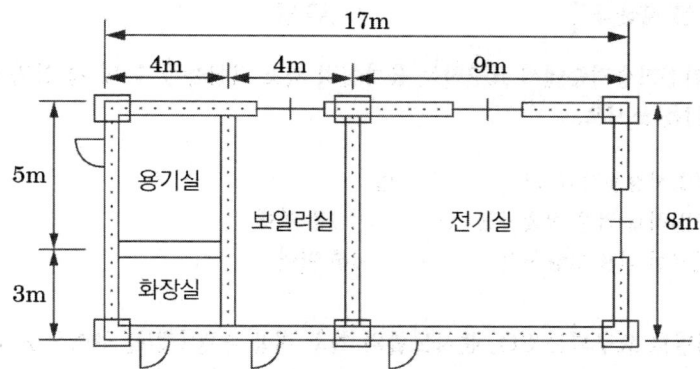

조건

※ 시설적용기준은 다음과 같다.

1. 건축개요

   건축 층고는 4 [m]이고, 개구부 면적은 다음과 같다.

   ① 보일러실 : 2 [m] × 1.5 [m], 1개소, 자동폐쇄장치 없음

   ② 전기실 : 2 [m] × 3 [m], 2개소, 자동폐쇄장치 없음

2. 적용조건

   ① 보일러실은 표면화재기준이고, 설계농도는 34 [%]로 방호구역의 체적 1 [m³]당 CO_2 약제 0.9 [kg]을 적용한다.

   ② 전기실은 심부화재기준으로 설계농도는 50 [%]로 방호구역의 체적 1 [m³]당 CO_2 약제 1.3 [kg]을 적용한다.

   ③ 개구부 가산량은 표면화재의 경우는 5 [kg/m²], 심부화재의 경우는 10 [kg/m²]을 적용한다.

   ④ CO_2소화약제 저장용기는 1병당 45 [kg]으로 적용한다.

   ⑤ 고압식 CO_2설비 및 전역방출방식으로 설계한다.

   ⑥ CO_2 분사노즐 기준사양은 분당 45 [kg]의 약제 방출기준으로 적용한다.

가. 각 실별로 요구되는 CO_2 약제량 [kg] 및 용기 수 [병]를 구하시오.

   ① 보일러실

   ㉠ CO_2 약제량 [kg]

   ○ 계산과정 :   ○ 답 :

   ㉡ 용기 수 [병]

   ○ 계산과정 :   ○ 답 :

② 전기실

   ⊙ CO_2 약제량 [kg]

     ⭕ 계산과정 :   ⭕ 답 :

   ⓛ 용기 수 [병]

     ⭕ 계산과정 :   ⭕ 답 :

나. 화재안전기술기준에서 요구하는 용기실의 최소 저장용기 수 및 각 실별 방출시간 [분]을 쓰시오.

• 최소저장용기 수 : (   )병
• 보일러실 적용 방출시간 : (   )분 이내
• 전기실 적용 방출시간 : (   )분 이내

다. 각 실별로 요구되는 CO_2 분사노즐의 최소 적용 수량 [개]을 구하시오. (단, 심부화재 시 설계농도가 2분 이내에 30 [%]에 도달해야 하는 것은 고려하지 않고 산출한다)

① 보일러실

  ⭕ 계산과정 :

  ⭕ 답 :

② 전기실

  ⭕ 계산과정 :

  ⭕ 답 :

정답

가. 계산과정

📌 • 핵심이론 이산화탄소소화설비 전역방출방식 약제량 산정

□ 표면화재

$$W = (V \times \alpha) \times N + (A \times \beta)$$

W : 약제량 [kg], V : 방호구역의 체적 [m³]

α : 방호구역 1 [m³]에 대한 소화약제의 양 [kg/m³]

A : 개구부 면적 [m²], β : 개구부 가산량 [kg/m²]

N : 보정계수(설계농도가 34 [%] 이상인 방호대상물의 소화약제량을 구할 때 보정계수를 곱하여 산출함)

방호구역의 체적	방호구역의 체적 1 [m³]에 대한 소화약제의 양 α	최저한도의 양	개구부 가산량 [kg/m²] β (자동폐쇄장치 미설치 시)
45 [m³] 미만	1 [kg/m³]	45 [kg](1병)	5 [kg/m²]
45 [m³] 이상 150 [m³] 미만	0.9 [kg/m³]		
150 [m³] 이상 1450 [m³] 미만	0.8 [kg/m³]	135 [kg](3병)	
1450 [m³] 이상	0.75 [kg/m³]	1125 [kg](25병)	

□ 심부화재

$$W = (V \times \alpha) + (A \times \beta)$$

W : 약제량 [kg], V : 방호구역의 체적 [m³]
α : 방호구역 1 [m³]에 대한 소화약제의 양 [kg/m³]
A : 개구부 면적 [m²], β : 개구부 가산량 [kg/m²]

방호대상물	방호구역 1 [m³]에 대한 소화약제의 양 α	설계농도 [%]	개구부 가산량 [kg/m²] β (자동폐쇄장치 미설치 시)
유압기기를 제외한 전기설비, 케이블실	1.3 [kg/m³]	50	10 [kg/m²]
체적 55 [m³] 미만의 전기설비	1.6 [kg/m³]	50	
서고, **전**자제품창고, **목**재가공품 창고, **박**물관	2.0 [kg/m³]	65	
고무류, **모**피창고, **집**진설비, **석**탄창고, **면**화류 창고	2.7 [kg/m³]	75	

암기 ▶ 서전목박

암기 ▶ 고모집석면

① 보일러실

㉠ ㉮ V = 4 × 8 × 4 = 128 [m³]

➡ 방호구역의 체적이 45 [m³] 이상 150 [m³] 미만이므로

α = 0.9 [kg/m³]

㉯ V × α = 128 [m³] × 0.9 [kg/m³] = 115.2 [kg]

➡ 최저한도의 양 45 [kg] 이상이므로 위 계산 값으로 적용

㉰ W = 115.2 [kg] + (2 × 1.5 [m²] × 5 [kg/m²]) = 130.2 [kg]

답 | 130.2 [kg]

㉡ 용기 수 = $\frac{130.2[kg]}{45[kg/병]}$ = 2.89[병] ≒ 3[병]

답 | 3 [병]

② 전기실

ⓐ $V = 9 \times 8 \times 4 = 288 \, [\text{m}^3]$

$W = (V \times \alpha) + (A \times \beta)$

$= (288 \, [\text{m}^3] \times 1.3 \, [\text{kg/m}^3]) + (2 \times 3 \, [\text{m}^2] \times 2 \, [\text{개}] \times 10 \, [\text{kg/m}^2])$

$= 494.4 \, [\text{kg}]$

답 | 494.4 [kg]

ⓑ 용기 수 $= \dfrac{494.4 \, [\text{kg}]}{45 \, [\text{kg/병}]} = 10.99 \, [\text{병}] ≒ 11 \, [\text{병}]$

답 | 11 [병]

나. 11 [개], 1 [분], 7 [분]

> **이산화탄소소화설비의 화재안전기술기준(NFTC 106)**
> 2.5.2 배관의 구경은 이산화탄소소화약제의 소요량이 다음의 기준에 따른 시간 내에 방출될 수 있는 것으로 해야 한다.
> 2.5.2.1 전역방출방식에 있어서 가연성 액체 또는 가연성 가스 등 표면화재 방호대상물의 경우에는 1분
> 2.5.2.2 전역방출방식에 있어서 종이, 목재, 석탄, 섬유류, 합성수지류 등 심부화재 방호대상물의 경우에는 7분. 이 경우 설계농도가 2분 이내에 30 [%]에 도달하여야 한다.
> 2.5.2.3 국소방출방식의 경우에는 30초

다. 계산과정

① 약제의 방출량 $= \dfrac{45 \, [\text{kg}] \times 3 \, [\text{병}]}{1 \, [\text{min}]} = 135 \, [\text{kg/min}]$

분사노즐개수 $= \dfrac{135 \, [\text{kg/min}]}{45 \, [\text{kg/min} \cdot \text{개}]} = 3 \, [\text{개}]$

답 | 3 [개]

② 약제의 방출량 $= \dfrac{45 \, [\text{kg}] \times 11 \, [\text{병}]}{7 \, [\text{min}]} = 70.71 \, [\text{kg/min}]$

분사노즐개수 $= \dfrac{70.71 \, [\text{kg/min}]}{45 \, [\text{kg/min} \cdot \text{개}]} = 1.57 \, [\text{개}] ≒ 2 \, [\text{개}]$

답 | 2 [개]

2019.06.29
2019년 2회

점수 :

01

| 득점 | | 배점 | 6 |

옥내소화전설비가 그림과 같이 설치되어 있을 때 다음 각 물음에 답하시오.

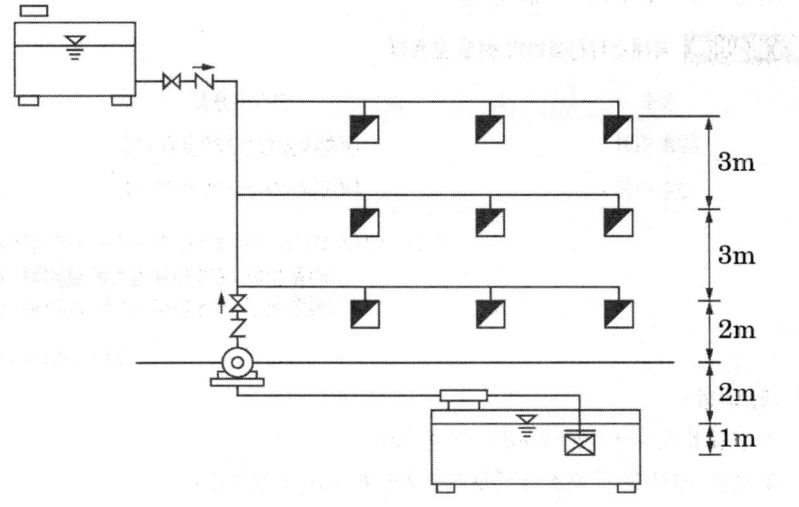

가. 펌프의 토출량 [L/min]이 최소 얼마 이상이어야 하는지 구하시오.

　○ 계산과정 :

　○ 답 :

나. 펌프에 요구되는 최소 전양정 [m]을 구하시오. (단, 배관, 관부속 및 호스의 마찰손실수두는 35 [m]이다)

　○ 계산과정 :

　○ 답 :

다. 펌프 운전용 전동기의 출력 [kW]은 얼마 이상이어야 하는지 구하시오. (단, 펌프의 효율은 50 [%], 전동기의 전달계수는 1.1로 한다)

　○ 계산과정 :

　○ 답 :

2026 초격차 소방설비산업기사 과년도 7개년 실기 기계

라. 소방대상물에 저장하여야 할 총 수원(지하수조 + 옥상수조)의 양은 몇 [L] 이상이어야 하는지 구하시오.

○ 계산과정 :

○ 답 :

정답

가. 계산과정

$$2[\text{개}] \times 130[L/\min] = 260[L/\min]$$

📌 **핵심이론** 옥내소화전설비의 펌프 토출량

층수	펌프 토출량
29층 이하	**N(최대 2개) × 130 [L/min]**
30층 이상	N(최대 5개) × 130 [L/min]

※ N : 옥내소화전의 설치개수가 가장 많은 층의 설치개수

(29층 이하 : 2개 이상 설치된 경우에는 2개,

30층 이상 : 5개 이상 설치된 경우에는 5개)

답 | 260 [L/min]

나. 계산과정

① 실양정 $h_1 = 1 + 2 + 2 + 3 + 3 = 11[\text{m}]$

② 배관, 관부속 및 호스의 마찰손실수두 $h_2 + h_3 = 35[\text{m}]$

∴ H(전양정) $= h_1$(실양정) $+ h_2$(배관마찰) $+ h_3$(호스마찰) $+ 17$

$\quad = 11 + 35 + 17 = 63[\text{m}]$

📌 **핵심이론** 펌프의 전양정 [m]

전양정 H = h₁ + h₂ + h₃ + 17

h_1 : 낙차(실양정) [m]

h_2 : 배관 및 관부속품의 마찰손실수두 [m]

h_3 : 소방용 호스 마찰손실수두 [m]

17 : 옥내소화전 최소 방수압 환산수두 [m]
  (0.17 [MPa])

※ 호스릴옥내소화전설비 포함

답 | 63 [m]

510 2026 초격차 소방설비산업기사 과년도 7개년 | 실기 기계

다. 계산과정

$$소요동력 \ P[kW] = \frac{\gamma[kN/m^3] \times Q[m^3/s] \times H[m]}{\eta} \times K$$

$$P = \frac{9.8[kN/m^3] \times \frac{0.26}{60}[m^3/s] \times 63[m]}{0.5} \times 1.1 = 5.89[kW]$$

답 | 5.89 [kW]

라. 계산과정

지하수조 $2[개] \times 2.6[m^3/개] = 5.2[m^3]$

옥상수조 $5.2[m^3] \times \frac{1}{3} = 1.73[m^3]$

수조의 유효수량 = 5.2 [m³] + 1.73 [m³] = 6.93 [m³] = 6930 [L]

핵심이론 옥내소화전설비 수원의 양(주수원)

층수	수원의 양
29층 이하	**N(최대 2개) × 130 [L/min] × 20 [min](= N × 2.6 [m³])**
30층 이상 49층 이하	N(최대 5개) × 130 [L/min] × 40 [min](= N × 5.2 [m³])
50층 이상	N(최대 5개) × 130 [L/min] × 60 [min](= N × 7.8 [m³])

※ N : 옥내소화전의 설치개수가 가장 많은 층의 설치개수
(29층 이하 : 2개 이상 설치된 경우에는 2개,
30층 이상 : 5개 이상 설치된 경우에는 5개)

답 | 6930 [L]

02

득점 | | 배점 | 4

10층 건물인 소방대상물에 옥내소화전을 각 층에 5개씩 설치하였다. 이때 다음 물음에 답하시오.

가. 지하수원의 최소 유효저수량 [m³]을 구하시오.

○ 계산과정 :

○ 답 :

나. 가압송수장치의 최소 토출량 [L/min]을 구하시오.

○ 계산과정 :

○ 답 :

정답

가. 계산과정

$$2[개] \times 2.6[m^3/개] = 5.2[m^3]$$

📌 **핵심이론 옥내소화전설비 수원의 양(주수원)**

층수	수원의 양
29층 이하	**N(최대 2개) × 130 [L/min] × 20 [min](= N × 2.6 [m³])**
30층 이상 49층 이하	N(최대 5개) × 130 [L/min] × 40 [min](= N × 5.2 [m³])
50층 이상	N(최대 5개) × 130 [L/min] × 60 [min](= N × 7.8 [m³])

※ N : 옥내소화전의 설치개수가 가장 많은 층의 설치개수
(29층 이하 : 2개 이상 설치된 경우에는 2개,
30층 이상 : 5개 이상 설치된 경우에는 5개)

답 | 5.2 [m³]

나. 계산과정

$$2[개] \times 130[L/min] = 260[L/min]$$

📌 **핵심이론 옥내소화전설비의 펌프 토출량**

층수	펌프 토출량
29층 이하	**N(최대 2개) × 130 [L/min]**
30층 이상	N(최대 5개) × 130 [L/min]

※ N : 옥내소화전의 설치개수가 가장 많은 층의 설치개수
(29층 이하 : 2개 이상 설치된 경우에는 2개,
30층 이상 : 5개 이상 설치된 경우에는 5개)

답 | 260 [L/min]

03

| 득점 | | 배점 | 9 |

소방대상물에 옥외소화전 5개를 화재안전기술기준 및 [조건]에 따라 설치하려고 한다. 다음 각 물음에 답하시오.

조건

(1) 옥외소화전은 지상식 표준형을 사용한다.

(2) 펌프에서 첫 번째 옥외소화전까지의 직관길이는 200 [m], 관의 내경은 100 [mm]이다.

(3) 펌프의 전양정은 50 [m], 효율은 65 [%] 적용한다.

(4) 모든 규격치는 최소량을 적용한다.

가. 지하수원의 최소 유효저수량 [m³]을 구하시오.

○ 계산과정 :

○ 답 :

나. 펌프의 최소토출량 [L/min]을 구하시오.

○ 계산과정 :

○ 답 :

다. 펌프에서 첫 번째 옥외소화전까지 직관부분에서의 마찰손실수두 [m]를 구하시오. (단, Darcy - Weisbach의 식을 사용하고, 마찰손실계수는 0.02이다)

○ 계산과정 :

○ 답 :

라. 펌프작동용 전동기의 동력 [kW]을 구하시오. (단, 동력전달계수는 1로 간주한다)

○ 계산과정 :

○ 답 :

정답

가. 계산과정

$Q = N \times 350[\text{L/min}] \times 20[\text{min}] = 2 \times 350 \times 20 = 14000[\text{L}] = 14[\text{m}^3]$

답 | 14 [m³]

나. 계산과정

$Q = N \times 350[\text{L/min}] = 2 \times 350 = 700[\text{L/min}]$

답 | 700 [L/min]

2019

다. 계산과정

Darcy - Weisbach방정식

$$h_L[m] = f \times \frac{L}{D} \times \frac{V^2}{2g}$$

h_L : 마찰손실 [m]

f : 마찰손실계수, L : 길이 [m], D : 직경 [m]

V : 유속 [m/s], g : 중력가속도 [m/s^2]

$$V = \frac{4Q}{\pi D^2} = \frac{4 \times \frac{0.7}{60}[m^3/s]}{\pi \times 0.1^2[m^2]} = 1.485[m/s]$$

$$\therefore h_L = 0.02 \times \frac{200}{0.1} \times \frac{1.485^2}{2 \times 9.8} = 4.50[m]$$

답 | 4.5 [m]

라. 계산과정

$$소요동력 \ P[kW] = \frac{\gamma[kN/m^3] \times Q[m^3/s] \times H[m]}{\eta} \times K$$

$$P[kW] = \frac{9.8[kN/m^3] \times \frac{0.7}{60}[m^3/s] \times 50[m]}{0.65} \times 1 = 8.79[kW]$$

답 | 8.79 [kW]

▶ 참고 옥외소화전설비의 펌프토출량, 수원, 전양정

구분	옥외소화전설비
펌프 토출량	N × 350 [L/min] 여기서 N : 옥외소화전의 설치개수 (옥외소화전이 2개 이상 설치된 경우에는 2개)
수원의 유효수량	N × 350 [L/min] × 20 [min] (= N × 7[m^3]) 여기서 N : 옥외소화전의 설치개수 (옥외소화전이 2개 이상 설치된 경우에는 2개)
전양정	H = h$_1$ + h$_2$ + h$_3$ + 25 여기서 H : 전양정 [m] h$_1$: 낙차(실양정) [m] h$_2$: 배관 및 관부속품의 마찰손실수두 [m] h$_3$: 호스 마찰손실수두 [m] 25 : 최소 방수압 환산수두 [m](0.25 [MPa])

04

득점   배점   4

물소화설비 설치 시 가압송수장치용 펌프가 수조(수원)보다 상부에 있어 물올림수조(Priming Tank)를 설치하고자 한다. 다음 각 물음에 답하시오.

가. 펌프 흡입 측 배관 끝에 설치되는 밸브의 명칭을 쓰시오.

○ 답 :

나. 해당 밸브를 설치하는 이유에 대해 설명하시오. (단, 펌프기동과 관련된 사항을 위주로 설명한다)

○ 답 :

정답

가. 풋밸브(Foot Valve)

나. 풋밸브의 역류방지 기능으로 인하여 흡입관 내에 물을 만충하여 펌프 기동 시 공동 현상을 방지하기 위하여 설치한다.

05

득점   배점   5

옥내소화전설비의 노즐에서 20분간 방수하면서 받아낸 소화수량을 측정하였더니 2860 [L]이었다. 이 노즐의 방수압 [kPa]을 구하시오. (단, 노즐의 구경은 20 [mm]이다)

○ 계산과정 :

○ 답 :

정답

☑ 계산과정

$$\frac{2860}{20}[L/\min] = 2.086 \times 20^2 \times \sqrt{P}$$

$$\therefore P = 0.02937[\text{MPa}] = 29.37[\text{kPa}]$$

▶ **참고** 방수량공식

$Q = 2.086 \times D^2 \times \sqrt{P}$

Q : 방수량 [L/min], D : 관경(노즐구경) [mm], P : 방수압력 [MPa]

답 | 29.37 [kPa]

06

득점		배점	5

건축물 무대부의 넓이(내측기준)가 가로 60 [m] × 세로 20 [m]인 곳에 정사각형 형태로 스프링클러헤드를 배치하고자 한다. 최소 소요 헤드개수를 구하시오.

O 계산과정 :

O 답 :

정답

☑ 계산과정

설치장소별 수평거리 R

설치장소	수평거리(R)
• **특수**가연물을 저장 또는 취급하는 장소 • **무**대부	1.7 [m] 이하
• **기**타구조 • 라지드롭형 스프링클러헤드를 설치하는 **창**고 　(단, ① 특수가연물을 저장 또는 취급하는 창고 : 1.7 [m] 이하 　　　② 내화구조로 된 창고 : 2.3 [m] 이하)	2.1 [m] 이하
• **내**화구조	2.3 [m] 이하
• **아**파트등의 세대 내	2.6 [m] 이하

암기 ▶ 특수 무기 창 내아

R(수평거리) = 1.7 [m]

S(헤드 간 거리) = $2R\cos\theta = 2\times1.7\times\cos45 = 2.40$[m]

가로열에 설치할 헤드 수 : $\dfrac{60[m]}{2.4[m/개]} = 25$[개]

세로열에 설치할 헤드 수 : $\dfrac{20[m]}{2.4[m/개]} = 8.33$[개] ≒ 9[개]

∴ 25 × 9 = 225 [개]

답 | 225 [개]

참고 창고시설의 화재안전성능기준(NFPC 609) 제7조(스프링클러설비) [시행 2024.1.1.]

① 스프링클러설비의 설치방식은 다음 각 호에 따른다.

　1. <u>창고시설에 설치하는 스프링클러설비는 라지드롭형 스프링클러헤드를 습식으로 설치할 것.</u> 다만 다음 각 목의 어느 하나에 해당하는 경우에는 건식 스프링클러설비로 설치할 수 있다.

　　가. 냉동창고 또는 영하의 온도로 저장하는 냉장창고

　　나. 창고시설 내에 상시 근무자가 없어 난방을 하지 않는 창고시설

　2. 랙식 창고의 경우에는 제1호에 따라 설치하는 것 외에 라지드롭형 스프링클러헤드를 랙 높이 3 [m] 이하마다 설치할 것. 이 경우 수평거리 15 [cm] 이상의 송기공간이 있는 랙식 창고에는 랙 높이 3 [m] 이하마다 설치하는 스프링클러헤드를 송기공간에 설치할 수 있다.

3. 창고시설에 적층식 랙을 설치하는 경우 적층식 랙의 각 단 바닥면적을 방호구역 면적으로 포함할 것

4. 제1호 내지 제3호에도 불구하고 천장 높이가 13.7 [m] 이하인 랙식 창고에는 「화재조기진압용 스프링클러설비의 화재안전성능기준(NFPC 103B)」에 따른 화재조기진압용 스프링클러설비를 설치할 수 있다.

② <u>수원의 저수량</u>은 다음 각 호의 기준에 적합해야 한다.

1. <u>라지드롭형 스프링클러헤드의 설치개수가 가장 많은 방호구역의 설치개수(30개 이상 설치된 경우에는 30개)에 3.2</u>(랙식 창고의 경우에는 9.6) <u>[m³]를 곱한 양 이상이 되도록 할 것</u>

2. 제1항 제4호에 따라 화재조기진압용 스프링클러설비를 설치하는 경우 「화재조기진압용 스프링클러설비의 화재안전성능기준(NFPC 103B)」 제5조 제1항에 따를 것

③ 가압송수장치의 송수량은 다음 각 호의 기준에 적합해야 한다.

1. 가압송수장치의 송수량은 <u>0.1 [MPa]의 방수압력기준</u>으로 <u>분당 160 [L] 이상의</u> 방수성능을 가진 기준 개수의 모든 헤드로부터의 방수량을 충족시킬 수 있는 양 이상인 것으로 할 것. 이 경우 속도수두는 계산에 포함하지 않을 수 있다.

2. 제1항 제4호에 따라 화재조기진압용 스프링클러설비를 설치하는 경우 「화재조기진압용 스프링클러설비의 화재안전성능기준(NFPC 103B)」 제6조 제1항 제9호에 따를 것

④ 교차배관에서 분기되는 지점을 기점으로 한쪽 가지배관에 설치되는 헤드의 개수 (반자 아래와 반자 속의 헤드를 하나의 가지배관 상에 병설하는 경우에는 반자 아래에 설치하는 헤드의 개수)는 4개 이하로 해야 한다. 다만 제1항 제4호에 따라 화재조기진압용 스프링클러설비를 설치하는 경우에는 그렇지 않다.

⑤ 스프링클러헤드는 다음 각 호의 기준에 적합해야 한다.

1. 라지드롭형 스프링클러헤드를 설치하는 천장·반자·천장과 반자 사이·덕트·선반 등의 각 부분으로부터 하나의 스프링클러헤드까지의 <u>수평거리</u>는 「화재의 예방 및 안전관리에 관한 법률 시행령」 별표 2의 <u>특수가연물을 저장 또는 취급하는 창고는 1.7 [m] 이하, 그 외의 창고는 2.1 [m]</u>(내화구조로 된 경우에는 2.3 [m]를 말한다) 이하로 할 것

2. 화재조기진압용 스프링클러헤드는 「화재조기진압용 스프링클러설비의 화재안전성능기준(NFPC 103B)」 제10조에 따라 설치할 것

07
득점   배점   10

그림은 동력을 이용한 제연설비 계통도이다. 다음의 [계통도]와 [조건]을 참고하여 각 물음에 답하시오.

[계통도]

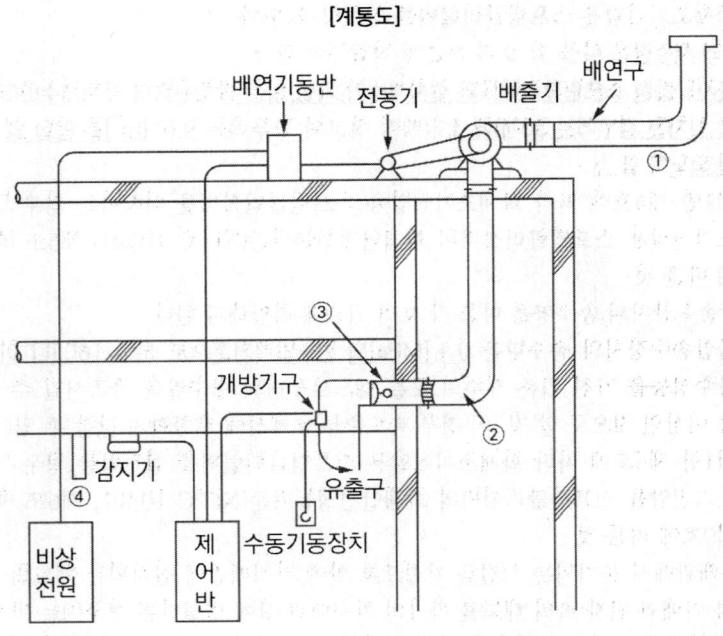

조건

(1) 제연구역 면적은 300 [m²]이다.

(2) 풍도 안의 전압은 2665.8 [Pa]이다.

(3) 전동기의 효율은 60 [%]이다.

(4) 전압력 손실과 제연량 누설을 고려한 여유율은 10 [%]로 한다.

가. 계통도는 제연설비의 방식 중 어떤 종류인지 쓰시오.

　○ 답 :

나. ① "배출 측"과 ② "흡입 측" 부분을 지나는 풍속은 각각 최대 몇 [m/s] 이하이어야 하는지 쓰시오.

　○ 답 :

다. ③ 기기에 "MD"라고 쓰여 있다면 무엇인지 해당 기기의 명칭을 쓰시오.

　○ 답 :

라. 공기유입구 면적의 최소크기 [m²]를 구하시오.

　　○ 계산과정 :

　　○ 답 :

마. 다음 ㉠ ~ ㉡의 (　)에 들어갈 내용을 쓰시오.

> 제연경계는 제연경계의 폭이 (㉠) [m] 이상이고, 수직거리는 (㉡) [m] 이내이
> 어야 한다. 다만 구조상 불가피한 경우는 2 [m]를 초과할 수 있다.

바. 배출기용 전동기의 최소 동력 [kW]을 구하시오.

　　○ 계산과정 :

　　○ 답 :

정답

가. 제3종 기계제연방식

나. ① 20 [m/s], ② 15 [m/s]

다. 모터댐퍼

라. 계산과정

　　공기유입구의 크기는 배출량 1 [CMM]당 35 [cm²] 이상

　　바닥면적이 400 [m²] 미만이므로 배출량은

　　300 [m²] × 1 [CMM/m²] = 300 [CMM]

　　∴ 35 [cm²/CMM] × 300 [CMM] = 10500 [cm²] = 1.05 [m²]

답 | 1.05 [m²]

참고 제연설비의 화재안전기술기준(NFTC 501) – 배출량

(1) 거실의 바닥면적이 400 [m²] 미만으로 구획된 예상제연구역에 대한 배출량
바닥면적 1 [m²]당 1 [m³/min] 이상으로 하되, 예상제연구역에 대한 최소 배출
량은 5000 [m³/hr] 이상으로 할 것

$$Q = A[m^2] \times 1[m^3/min \cdot m^2] \times 60[min/hr]$$

여기서 Q : 배출량 [m³/hr]
(최소 배출량은 5000 [m³/hr] 이상)
A : 바닥면적 [m²]

(2) 바닥면적 400 [m²] 이상인 거실의 예상제연구역의 배출량

① 예상제연구역이 직경 40 [m]인 원의 범위 안에 있을 경우

배출량 40000 [m³/hr] 이상

다만 예상제연구역이 제연경계로 구획된 경우에는 그 수직거리에 따른 배출량으로 산정

수직거리	배출량
2 [m] 이하	40000 [m³/hr] 이상
2 [m] 초과 2.5 [m] 이하	45000 [m³/hr] 이상
2.5 [m] 초과 3 [m] 이하	50000 [m³/hr] 이상
3 [m] 초과	60000 [m³/hr] 이상

② 예상제연구역이 직경 40 [m]인 원의 범위를 초과할 경우

배출량 45000 [m³/hr] 이상

다만 예상제연구역이 제연경계로 구획된 경우에는 그 수직거리에 따른 배출량으로 산정

수직거리	배출량
2 [m] 이하	45000 [m³/hr] 이상
2 [m] 초과 2.5 [m] 이하	50000 [m³/hr] 이상
2.5 [m] 초과 3 [m] 이하	55000 [m³/hr] 이상
3 [m] 초과	65000 [m³/hr] 이상

마. ㉠ 0.6, ㉡ 2

바. 계산과정

$$\text{소요동력 } P[kW] = \frac{P_t[mmAq] \times Q[m^3/s]}{102\eta} \times K$$

① P_t(풍압) $= 2665.8[\text{Pa}] \times \dfrac{10332[\text{mmAq}]}{101325[\text{Pa}]} = 271.829[\text{mmAq}]$

② Q(풍량) $= 300[m^3/\text{min}]$

$\therefore P[kW] = \dfrac{271.829[mmAq] \times \dfrac{300}{60}[m^3/s]}{102 \times 0.6} \times 1.1 = 24.43[kW]$

답 | 24.43 [kW]

08
득점 | | 배점 | 4

최상층 방수구의 높이가 70 [m]인 계단식 아파트에 설치하는 연결송수관설비의 가압송수장치에 관하여 다음 각 물음에 답하시오.

가. 펌프의 토출량 [L/min]은 얼마 이상이어야 하는지 쓰시오. (단, 해당층의 방수구는 1개이다)

○ 답 :

나. '가'항에서 설치된 방수구를 4개로 늘릴 경우 펌프의 토출량 [L/min]은 얼마 이상이어야 하는지 구하시오.

○ 계산과정 :

○ 답 :

다. 펌프의 양정은 최상층에 설치된 노즐선단의 압력 [MPa]이 얼마 이상이어야 하는지 쓰시오.

○ 답 :

정답

가. 1200 [L/min]

나. 계산과정

$$1200 + 400 = 1600 [L/min]$$

답 | 1600 [L/min]

다. 0.35 [MPa]

⚡ 핵심이론 연결송수관설비의 화재안전기술기준(NFTC 502)

2.5.1.7 펌프의 토출량은 2400 [L/min](계단식 아파트의 경우에는 1200 [L/min]) 이상이 되는 것으로 할 것. 다만 해당 층에 설치된 방수구가 3개를 초과(방수구가 5개 이상인 경우에는 5개)하는 것에 있어서는 1개마다 800 [L/min](계단식 아파트의 경우에는 400 [L/min])를 가산한 양이 되는 것으로 할 것

2.5.1.8 펌프의 양정은 최상층에 설치된 노즐선단의 압력이 0.35 [MPa] 이상의 압력이 되도록 할 것

구분 \ 층당 방수구	1 ~ 3개 이하	4개	5개 이상
일반건축물	2400 [L/min] 이상	3200 [L/min] 이상	4000 [L/min] 이상
계단식 아파트	1200 [L/min] 이상	1600 [L/min] 이상	2000 [L/min] 이상

09

득점 | 배점 | 6

다음 용어를 설명하시오.

가. 리타딩챔버(Retarding Chamber)

　○ 답 :

나. 익져스터(Exhauster)

　○ 답 :

다. 탬퍼스위치(Tamper Switch)

　○ 답 :

정답

가. 리타딩챔버(Retarding Chamber) : 습식 스프링클러설비의 부속장치로 알람체크밸브의 오동작방지

나. 익져스터(Exhauster) : 건식 스프링클러설비의 부속장치로 빠른 소화를 위해 건식밸브 2차 측 압축공기의 배출속도 가속장치

다. 탬퍼스위치(Tamper Switch) : 개폐표시형 밸브에 부착하여 밸브의 개폐상태를 제어반에서 감시

10

득점 | 배점 | 6

주차장 공간에 분말소화설비를 설치하려고 한다. [조건]을 참고하여 다음 각 물음에 답하시오.

조건

(1) 분말소화설비를 전역방출방식으로 설계한다.

(2) 특정소방대상물의 크기는 가로 12 [m], 세로 15 [m], 높이 3.5 [m]이고, 면적이 6 [m²]인 개구부가 1개 설치되어 있으며 자동폐쇄장치는 설치되어 있지 않다.

(3) 분출용 가스용기는 가압식으로 한다.

(4) 중앙에는 가로 1 [m], 세로 1 [m], 기둥이 있으며 기둥을 중심으로 가로, 세로 보가 교차되어 있으며 보는 천장으로부터 0.6 [m], 너비 0.4 [m] 크기이다. 단, 기둥과 보는 불연성 구조, 내열성 밀폐재료로 되어 있다.

(5) 방호공간에 불연성 구조, 내열성 밀폐재료가 설치된 경우에는 방호공간에서 제외할 수 있다.

가. 주차장에 설치하여야 하는 분말소화설비의 소화약제의 종류와 주성분에 대하여 쓰시오.

　○ 종류 :

　○ 주성분 :

나. 방호구역의 체적 [m³]을 구하시오.

　○ 계산과정 :

　○ 답 :

다. 방호구역에 대한 분말소화약제의 최소저장량 [kg]을 구하시오.

　○ 계산과정 :

　○ 답 :

정답

가. • 종류 : 제3종 분말소화약제

　• 주성분 : 제1인산암모늄 [$NH_4H_2PO_4$]

나. 계산과정

$W [kg] = V \times \alpha$

= (12 × 15 × 3.5) [m³]

－ (1 × 1 × 3.5 + 0.6 × 0.4 × 5.5 × 2개 + 0.6 × 0.4 × 7 × 2개) [m³]

= 620.5 [m³]

답 | 620.5 [m³]

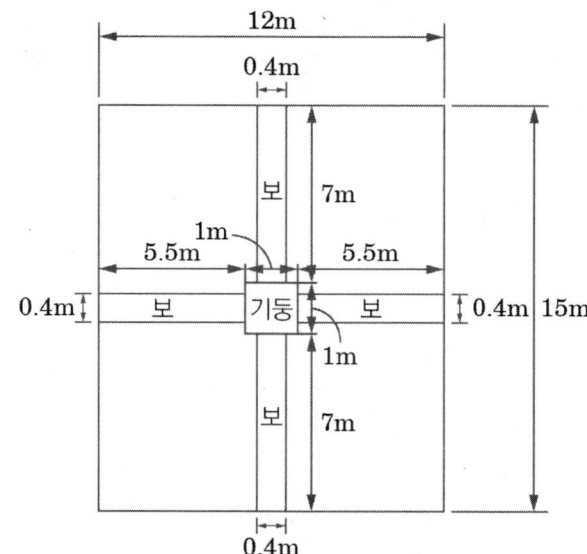

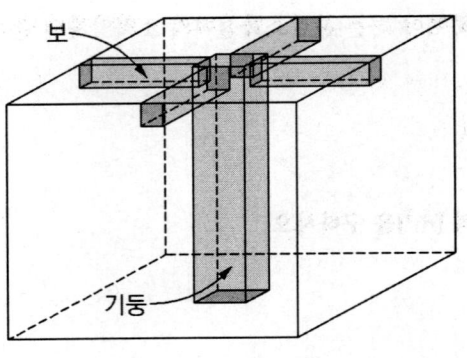

[보 및 기둥의 배치]

다. 계산과정

$$W\,[kg] = (V \times \alpha) + (A \times \beta)$$
$$= 620.5\,[m^3] \times 0.36\,[kg/m^3] + 6\,[m^2] \times 2.7\,[kg/m^2] = 239.58\,[kg]$$

★ 핵심이론 **분말소화설비 전역방출방식의 소화약제량 산정**

분말소화설비 전역방출방식의 약제량 $W\,[kg] = (V \times \alpha) + (A \times \beta)$

V : 방호구역의 체적 $[m^3]$

α : 방호구역 1 $[m^3]$에 대한 소화약제의 양 $[kg/m^3]$

A : 개구부 면적 $[m^2]$, β : 개구부 가산량 $[kg/m^2]$

소화약제의 종별	방호구역의 체적 1 $[m^3]$에 대한 소화약제량 $[kg]$	개구부 면적 1 $[m^2]$에 대한 소화약제량 $[kg]$
제1종 분말	0.60 [kg]	4.5 [kg]
제2종 · 제3종 분말	0.36 [kg]	2.7 [kg]
제4종 분말	0.24 [kg]	1.8 [kg]

답 | 239.58 [kg]

11

폐쇄형 스프링클러설비를 지상 7층의 백화점 건물에 설치할 경우 [조건]과 [그림]을 참고하여 다음 각 물음에 답하시오.

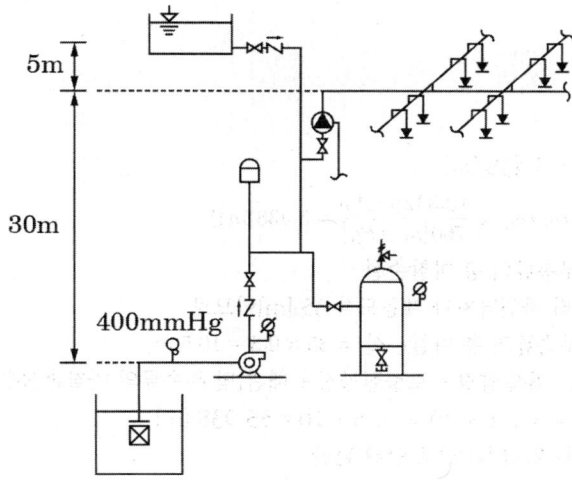

조건

(1) 배관 및 부속류의 총 마찰손실수두는 펌프로부터 자연낙차의 30 [%]이다.

(2) 펌프 입구의 연성계 눈금은 400 [mmHg]이다.

(3) 펌프 출구로부터 최고위 말단헤드까지의 수직 높이는 30 [m]이다.

(4) 헤드 수는 각 층별로 50개씩 설치되어 있다.

(5) 펌프의 체적효율은 0.9, 기계효율은 0.8, 수력효율은 0.7이다.

(6) 전동기의 동력전달계수는 1.1이다.

(7) 1기압은 101.3 [kPa](= 760 [mmHg])이다.

(8) 펌프로부터 최고위 말단헤드까지 높이는 최고위 말단 교차배관의 높이를 말한다.

가. 주펌프의 최소토출압력 [kPa]을 구하시오.

   ● 계산과정 :

   ● 답 :

나. 주펌프의 최소토출량 [L/min]을 구하시오.

   ● 계산과정 :

   ● 답 :

다. 주펌프의 전효율 [%]을 구하시오.

   ● 계산과정 :

   ● 답 :

라. 주펌프를 작동하기 위한 전동기의 최소동력 [kW]을 구하시오.

　　○ 계산과정 :

　　○ 답 :

정답

가. 계산과정

① 흡입양정 = 5.438 [m]

$$(\because 400[mmHg] \times \frac{10.332[mAq]}{760[mmHg]} = 5.438[m])$$

② 배관 및 부속류의 총 마찰손실

펌프로부터 자연낙차가 계통도상 35 [m]이므로

배관 및 부속류의 총 마찰손실 $= 35 \times 0.3 = 10.5[m]$

③ 전양정 H = 흡입양정 + 토출실양정 + 배관 및 부속류의 마찰손실수두 + 방사압

$= 5.438 + 30 + 10.5 + 10 = 55.938 [m]$

④ 수두 [m]를 압력 [kPa]로 단위 환산

$$55.938[m] \times \frac{101.3[kPa]}{10.332[m]} = 548.44[kPa]$$

답 | 548.44 [kPa]

나. 계산과정

$N \times 80[L/min] = 30[개] \times 80[L/min] = 2400[L/min]$

(지하층을 제외한 층수가 10층 이하인 특정소방대상물이고 판매시설(백화점)이므로 기준개수 30개)

답 | 2400 [L/min]

다. 계산과정

$0.9 \times 0.8 \times 0.7 = 0.504 = 50.4[\%]$

답 | 50.4 [%]

라. 계산과정

$$\text{소요동력 } P[kW] = \frac{\gamma[kN/m^3] \times Q[m^3/s] \times H[m]}{\eta} \times K$$

$$P[kW] = \frac{9.8[kN/m^2] \times \frac{2.4}{60}[m^3/s] \times 55.938[m]}{0.504} \times 1.1 = 47.858 \fallingdotseq 47.86[kW]$$

답 | 47.86 [kW]

핵심이론 스프링클러설비 수원의 양(주수원) – 폐쇄형 스프링클러헤드의 경우

□ 수원의 양

층수	수원의 양
29층 이하	**N(기준개수) × 80 [L/min] × 20 [min](= N × 1.6 [m³])**
30층 이상 49층 이하	N(기준개수) × 80 [L/min] × 40 [min](= N × 3.2 [m³])
50층 이상	N(기준개수) × 80 [L/min] × 60 [min](= N × 4.8 [m³])

※ N : 스프링클러설비 설치장소별 스프링클러헤드의 기준개수
[스프링클러헤드의 설치개수가 가장 많은 층에 설치된 스프링클러헤드의 개수가
기준개수보다 작은 경우에는 그 설치개수를 말함]

□ 스프링클러설비 설치장소별 기준개수

스프링클러설비의 설치장소			기준개수
지하층을 제외한 층수가 10층 이하인 특정소방대상물	공장	특수가연물을 저장·취급하는 것	30
		그 밖의 것	20
	근린생활시설·판매시설·운수시설 또는 복합건축물	판매시설 또는 복합건축물 (판매시설이 설치된 복합건축물)	30
		그 밖의 것	20
	그 밖의 것	헤드의 부착 높이가 8 [m] 이상인 것	20
		헤드의 부착 높이가 8 [m] 미만인 것	10
지하층을 제외한 층수가 11층 이상인 특정소방대상물(아파트 제외)·지하가 또는 지하역사			30
아파트등	아파트등의 각 동이 주차장으로 서로 연결되지 않은 구조인 경우		10
	아파트등의 각 동이 주차장으로 서로 연결된 구조인 경우		30
라지드롭형 스프링클러헤드를 설치한 창고시설			30

[비고] 하나의 소방대상물이 2 이상의 "스프링클러헤드의 기준개수"란에 해당하는 때에는 기준개수가 많은 것을 기준으로 한다. 다만 각 기준개수에 해당하는 수원을 별도로 설치하는 경우에는 그렇지 않다.

※ 기준개수 : 화재발생 시 동시에 개방되는 스프링클러헤드의 개수

12

득점   배점   8

등유를 저장하는 위험물 옥외탱크저장소에 포소화설비를 설치하려고 한다. 다음 [조건]을 참고하여 각 물음에 답하시오.

조건
(1) 보조포소화전 1개를 적용한다.
(2) 콘루프탱크 지름은 30 [m]이다.
(3) Ⅱ형 포방출구를 적용하며, 방출량 4 [L/min · m²], 방사시간 30 [min]이다.
(4) 포소화약제는 3 [%] 단백포이다.
(5) 혼합방식은 프레셔사이드 프로포셔너방식을 적용한다.
(6) 송액관에 저장되는 양은 무시한다.
(7) 계산은 관련 법에서 요구하는 최솟값을 구한다.

가. 고정포방출구에 대한 포소화약제의 저장량 [L]을 구하시오.

   ⭕ 계산과정 :

   ⭕ 답 :

나. 고정포방출구에 대한 수원의 양 [L]을 구하시오.

   ⭕ 계산과정 :

   ⭕ 답 :

다. 고정포방출구에 대한 포수용액의 양 [m³]을 구하시오.

   ⭕ 계산과정 :

   ⭕ 답 :

라. 보조포소화전에 대한 포소화약제의 저장량 [L]을 구하시오.

   ⭕ 계산과정 :

   ⭕ 답 :

마. 보조포소화전에 대한 수원의 양 [L]을 구하시오.

   ⭕ 계산과정 :

   ⭕ 답 :

바. 포소화약제탱크에 필요한 약제의 총 양 [L]을 구하시오.

   ⭕ 계산과정 :

   ⭕ 답 :

사. 포소화설비 운영에 필요한 수원의 총 저수량 [m³]을 구하시오.

○ 계산과정 :

○ 답 :

정답

가. 계산과정

고정포방출구 포소화약제량 $Q_1[L] = A \cdot tQ \cdot T \cdot S$

A : 탱크의 액표면적 [m²]

Q : 단위 포소화수용액의 양(방출률) [L/min·m²]

T : 방출시간 [min], S : 포소화약제의 사용농도 [%]

$Q = A[m^2] \times Q_A[L/min \cdot m^2] \times T[min] \times S$

$= \left(\dfrac{30^2 \times \pi}{4} \right)[m^2] \times 4[L/min \cdot m^2] \times 30[min] \times 0.03 = 2544.69[L]$

답 | 2544.69 [L]

나. 계산과정

$Q = A[m^2] \times Q_A[L/min \cdot m^2] \times T[min] \times (1-S)$

$= \left(\dfrac{30^2 \times \pi}{4} \right)[m^2] \times 4[L/min \cdot m^2] \times 30[min] \times 0.97 = 82278.31[L]$

답 | 82278.31 [L]

다. 계산과정

$Q = A[m^2] \times Q_A[L/min \cdot m^2] \times T[min]$

$= \left(\dfrac{30^2 \times \pi}{4} \right)[m^2] \times 4[L/min \cdot m^2] \times 30[min] = 84823[L] = 84.82[m^3]$

답 | 84.82 [m³]

라. 계산과정

호스접결구가 단구형인지 쌍구형인지 주어지지 않았을 경우(조건 미흡일 경우), 보조포소화전의 개수를 호스접결구의 수로 간주하여 풀이한다.

보조포소화전 포소화약제량 $Q_2[L] = N \cdot 8000 \cdot S$

N : 호스접결구의 수(최대 3개), S : 포소화약제의 사용농도 [%]

$Q = N \times 400[L/min] \times 20[min] \times S$

$= 1[개] \times 400[L/min] \times 20[min] \times 0.03 = 240[L]$

답 | 240 [L]

2019

마. 계산과정

$$Q = N \times 400[L/\text{min}] \times 20[\text{min}] \times (1 - S)$$
$$= 1[개] \times 400[L/\text{min}] \times 20[\text{min}] \times 0.97 = 7760[L]$$

답 | 7760 [L]

바. 계산과정

고정포방출구 에 필요한 포소화약제량 + 보조포소화전에 필요한 포소화약제량

= 2544.69 [L] + 240 [L] = 2784.69 [L]

답 | 2784.69 [L]

사. 계산과정

고정포방출구에 필요한 수원의 양 + 보조포소화전에 필요한 수원의 양

= 82278.31 [L] + 7760 [L] = 90038.31 [L] = 90.04 [m³]

답 | 90.04 [m³]

✏ 핵심이론 포소화약제의 저장량 – 고정포방출구방식

포소화약제 저장량 Q	=	고정포방출구에서 방출하기 위해 필요한 양 Q_1	+	보조포소화전에서 방출하기 위해 필요한 양 Q_2	+	송액관에 충전하기 위해 필요한 양 Q_3

고정포방출구방식은 다음의 양을 합한 양 이상으로 할 것

(1) 고정포방출구에서 방출하기 위하여 필요한 양

$$Q_1 = A \cdot Q_A \cdot T \cdot S$$

Q_1 : 포소화약제의 양 [L]
A : 탱크의 액표면적 [m²]
Q_A : 단위 포소화수용액의 양 [L/m²·min]
T : 방출시간 [min]
S : 포소화약제의 사용농도 [%]

(2) 보조포소화전에서 방출하기 위하여 필요한 양

$$Q_2 = N \cdot 8000 \cdot S$$

Q_2 : 포소화약제의 양 [L]
N : 호스 접결구의 수(3개 이상인 경우는 3개)
S : 포소화약제의 사용농도 [%]

(3) 가장 먼 탱크까지의 송액관에 충전하기 위하여 필요한 양(내경 75 [mm] 이하의 송액관은 제외)

$$Q_3 = V \times S \times 1000[L/m^3]$$

Q_3 : 포소화약제의 양 [L]
V : 송액관 내부의 체적 [m³]
S : 포소화약제의 사용농도 [%]

※ 송액관 : 수원으로부터 포헤드, 고정포방출구 또는 이동식 노즐에 급수하는 배관

13

| 득점 | | 배점 | 5 |

사무소 건물의 지하층에 있는 가연성 액체 저장창고에 전역방출방식 이산화탄소소화설비를 설치하려고 한다. [조건]을 참고하여 다음 각 물음에 답하시오.

조건

(1) 소화설비는 고압식으로 한다.

(2) 실크기 : 가로 5 [m] × 세로 8 [m] × 높이 4 [m]

개구부의 크기 : 1.8 [m] × 3 [m], 2개소(자동폐쇄장치 있음)

(3) 가스용기 1병당 충전량 : 45 [kg]

(4) 이산화탄소소화약제 저장량기준

방호구역체적	방호구역 1 [m³]에 대한 소화약제의 양	소화약제 저장량의 최저한도의 양
45 [m³] 미만	1.00 [kg]	45 [kg]
45 [m³] 이상 150 [m³] 미만	0.90 [kg]	
150 [m³] 이상 1450 [m³] 미만	0.80 [kg]	135 [kg]
1450 [m³] 이상	0.75 [kg]	1125 [kg]

(5) 개구부 단위면적당 소화약제 가산량 : 5 [kg/m²]

가. 가스용기는 몇 병이 필요한지 구하시오.

○ 계산과정 :

○ 답 :

나. 개방밸브 직후의 소화약제 최소유량 [kg/s]을 구하시오.

○ 계산과정 :

○ 답 :

정답

가. 계산과정

$W = (V \times \alpha) + (A \times \beta)$

W : 약제량 [kg], V : 방호구역 체적 [m³]

α : 방호구역 1 [m³]에 대한 소화약제의 양 [kg/m³]

A : 개구부 면적 [m²], β : 개구부 가산량 [kg/m²]

저장량 $W = V \times \alpha = (5 \times 8 \times 4)$ [m³] × 0.80 [kg/m³] = 128 [kg]

→ 최저한도량 135 [kg]

2019

$$가스용기 = \frac{135[kg](최저 한도량)}{45[kg/병]} = 3[병]$$

답 | 3 [병]

나. 계산과정

> 이산화탄소소화설비의 화재안전기술기준(NFTC 106)
>
> 2.5.2 배관의 구경은 이산화탄소소화약제의 소요량이 다음의 기준에 따른 시간 내에 방출될 수 있는 것으로 해야 한다.
>
> 2.5.2.1 전역방출방식에 있어서 가연성 액체 또는 가연성 가스 등 표면화재 방호대상물의 경우에는 1분
>
> 2.5.2.2 전역방출방식에 있어서 종이, 목재, 석탄, 섬유류, 합성수지류 등 심부화재 방호대상물의 경우에는 7분. 이 경우 설계농도가 2분 이내에 30 [%]에 도달하여야 한다.
>
> 2.5.2.3 국소방출방식의 경우에는 30초

$$용기밸브 직후의 유량 = \frac{45[kg]}{60[s]} = 0.75[kg/s]$$

※ 개방밸브는 선택밸브가 아님을 유의한다. 이는 용기 자체의 개방밸브를 의미하는 것으로 '개방밸브 직후의 소화약제 최소유량'을 구할 때, 용기 1병에서 방출되는 최소 유량을 구한다.

답 | 0.75 [kg/s]

14

득점	배점	10

전역방출방식의 할론 1301 소화설비를 다음과 같은 [조건]으로 설계하고자 할 때 물음에 답하시오.

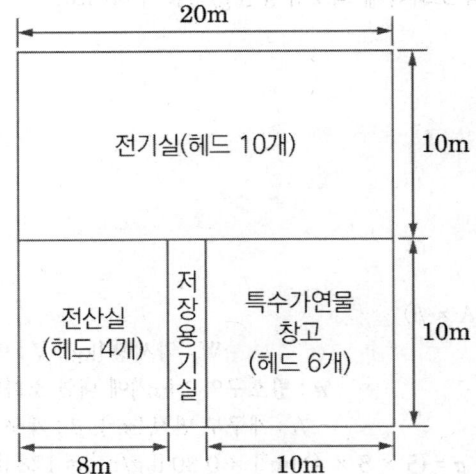

조건

(1) 방호구역의 할론 1301 소요약제량은 아래 표와 같다.

방호구역	방호구역의 최적 1 [m³]당의 소요약제량
차고, 주차장, 전기실, 전산실	0.32 [kg]
특수가연물창고	0.34 [kg]

(2) 설계가스농도의 식은 아래와 같다. (단, 소화약제량은 방호구역 내에 방출된 실제량을 기준으로 한다)

$$농도 [\%] = \frac{소화약제량[kg] \times 0.16[m^3/kg]}{방호구역의\ 체적[m^3]} \times 100$$

(3) 저장용기의 내용적은 64 [L], 저장용기 하나의 충전가스량은 40 [kg]이다.

(4) 방출시간은 10초 이내에 이루어져야 한다.

(5) 방호구역 천장고는 모두 4 [m]이다.

(6) 각 실의 크기 및 헤드 수는 위 그림과 같고, 각 실의 개구부는 모두 자동폐쇄장치가 설치되어 있다.

(7) 제시된 조건을 기준으로 하여 계산결과는 모두 최솟값으로 구한다.

가. 각 실별로 요구되는 총 소요약제량 [kg]과 저장용기 수 [병]를 구하시오.

① 전기실
ㅇ 계산과정 :　　　　　　　　ㅇ 답 :

② 전산실
ㅇ 계산과정 :　　　　　　　　ㅇ 답 :

③ 특수가연물창고
ㅇ 계산과정 :　　　　　　　　ㅇ 답 :

나. 저장용기의 충전비를 구하시오.

ㅇ 계산과정 :

ㅇ 답 :

다. 각 실의 분사헤드 하나에서 분사되는 분당방출량 [kg/min·개]을 구하시오.

① 전기실
ㅇ 계산과정 :　　　　　　　　ㅇ 답 :

② 전산실
ㅇ 계산과정 :　　　　　　　　ㅇ 답 :

③ 특수가연물창고
ㅇ 계산과정 :　　　　　　　　ㅇ 답 :

라. 각 실의 설계가스농도는 몇 [%]인지 구하시오.

① 전기실

  ○ 계산과정 :   ○ 답 :

② 전산실

  ○ 계산과정 :   ○ 답 :

③ 특수가연물창고

  ○ 계산과정 :   ○ 답 :

정답

가. 계산과정

① 소요약제량 = (20 × 10 × 4) [m³] × 0.32 [kg/m³] = 256 [kg]

저장용기 수 = $\dfrac{256[\text{kg}]}{40[\text{kg/병}]} = 6.4[병] ≒ 7[병]$

> **참고** **할론소화설비(할론 1301) 전역방출방식 약제량 산정**
>
> W = (V × α) + (A × β)
>
> W : 약제량 [kg], V : 방호구역 체적 [m³]
>
> α : 방호구역 1 [m³]에 대한 소화약제의 양 [kg/m³]
>
> A : 개구부 면적 [m²], β : 개구부 가산량 [kg/m²]
>
> (개구부에 자동폐쇄장치 미설치 시 가산)

소방대상물 또는 그 부분	방호구역의 체적 1 [m³]당 소화약제의 양 [kg/m³] α	개구부 가산량 [kg/m²] β
• 차고·주차장·전기실·통신기기실·전산실 등 이와 유사한 전기설비가 설치되어 있는 부분 • 특수가연물(가연성 고체류, 가연성 액체류, 합성수지류)을 저장·취급하는 소방대상물 또는 그 부분	**0.32 이상** **0.64 이하**	**2.4**
특수가연물(면화류, 나무껍질 및 대팻밥, 넝마 및 종이부스러기, 사류, 볏짚류, 목재가공품 및 나무부스러기)을 저장·취급하는 소방대상물 또는 그 부분	0.52 이상 0.64 이하	3.9

답 | 256 [kg], 7 [병]

② 소요약제량 = (8 × 10 × 4) [m³] × 0.32 [kg/m³] = 102.4 [kg]

저장용기 수 = $\dfrac{102.4[\text{kg}]}{40[\text{kg/병}]} = 2.56[병] ≒ 3[병]$

농도 [%] = $\dfrac{\text{소화약제량}[\text{kg}] × 0.16[\text{m}^3/\text{kg}]}{\text{방호구역의 체적}[\text{m}^3]} × 100$

답 | 102.4 [kg], 3 [병]

③ 소요약제량 = (10 × 10 × 4) [m³] × 0.34 [kg/m³] = 136 [kg]

저장용기 수 $= \dfrac{136\,[\mathrm{kg}]}{40\,[\mathrm{kg/병}]} = 3.4\,[병] \fallingdotseq 4\,[병]$

답 | 136 [kg], 4 [병]

나. 계산과정

충전비 $= \dfrac{64\,[\mathrm{L}]}{40\,[\mathrm{kg}]} = 1.6$

답 | 1.6

다. 계산과정

① $\dfrac{40\,[kg/병] \times 7\,[병]}{10\,[개] \times 10\,[s]} = 2.8\,[kg/s \cdot 개] = 168\,[kg/min \cdot 개]$

답 | 168 [kg/min · 개]

② $\dfrac{40\,[kg/병] \times 3\,[병]}{4\,[개] \times 10\,[s]} = 3\,[kg/s \cdot 개] = 180\,[kg/min \cdot 개]$

답 | 180 [kg/min · 개]

③ $\dfrac{40\,[kg/병] \times 4\,[병]}{6\,[개] \times 10\,[s]} = 2.67\,[kg/s \cdot 개] = 160.2\,[kg/min \cdot 개]$

답 | 160.2 [kg/min · 개]

라. 계산과정

① 농도 [%] $= \dfrac{소화약제량\,[kg] \times 0.16\,[m^3/kg]}{방호구역의\ 체적\,[m^3]} \times 100$

$= \dfrac{(40\,[kg/병] \times 7\,[병]) \times 0.16\,[m^3/kg]}{(20 \times 10 \times 4)\,[m^3]} \times 100 = 5.6\,[\%]$

답 | 5.6 [%]

② 농도 [%] $= \dfrac{소화약제량\,[kg] \times 0.16\,[m^3/kg]}{방호구역의\ 체적\,[m^3]} \times 100$

$= \dfrac{(40\,[kg/병] \times 3\,[병]) \times 0.16\,[m^3/kg]}{(8 \times 10 \times 4)\,[m^3]} \times 100 = 6\,[\%]$

답 | 6 [%]

③ 농도 [%] $= \dfrac{소화약제량\,[kg] \times 0.16\,[m^3/kg]}{방호구역의\ 체적\,[m^3]} \times 100$

$= \dfrac{(40\,[kg/병] \times 4\,[병]) \times 0.16\,[m^3/kg]}{(10 \times 10 \times 4)\,[m^3]} \times 100 = 6.4\,[\%]$

답 | 6.4 [%]

15

| 득점 | | 배점 | 7 |

다음은 이산화탄소소화설비 배관의 설치기준이다. 각 물음에 답하시오.

가. 이산화탄소설비의 배관설치에 관한 사항 중 ( ) 안의 내용을 쓰시오.

> (1) 이산화탄소소화설비의 배관은 다음의 기준에 따라 설치해야 한다.
> - 배관은 전용으로 할 것
> - 강관을 사용하는 경우의 배관은 (①) 중 이음이 없는 스케줄 (②) 이상의 것 (저압식에 있어서는 스케줄 (③) 이상의 것)을 사용하거나 또는 이와 동등 이상의 강도를 가진것으로 (④) 등으로방식 처리된 것을 사용할 것. 다만 배관의 호칭구경이 20 [mm] 이하인 경우에는 스케줄 40 이상인 것을 사용할 수 있다.
> - 동관을 사용하는 경우의 배관은 이음이 없는 동 및 동합금관(KS D 5301)으로서 고압식은 (⑤) [MPa] 이상, 저압식은 (⑥) [MPa] 이상의 압력에 견딜 수 있는 것을 사용할 것
> - 고압식의 1차 측(개폐밸브 또는 선택밸브 이전) 배관부속의 최소사용설계압력은 9.5 [MPa]로 하고, 고압식의 2차 측과 저압식의 배관부속의 최소사용설계압력은 4.5 [MPa]로 할 것

나. 이산화탄소설비의 배관구경에 관한 사항 중 ( ) 안의 내용을 쓰시오.

> (2) 배관의 구경은 이산화탄소의 소요량이 다음의 기준에 따른 시간 내에 방출될 수 있는 것으로 해야 한다.
> - 전역방출방식에 있어서 가연성 액체 또는 가연성 가스 등 표면화재 방호대상물의 경우에는 (①)
> - 전역방출방식에 있어서 종이, 목재, 섬유류, 합성수지류 등 심부화재 방호대상물의 경우에는 (②), 이 경우 설계농도가 (③) 이내에 (④)에 도달하여야 한다.
> - 국소방출방식의 경우에는 (⑤)

정답

가. ① 압력배관용 탄소강관, ② 80, ③ 40, ④ 아연도금, ⑤ 16.5, ⑥ 3.75

나. ① 1분, ② 7분, ③ 2분, ④ 30 [%], ⑤ 30초

16

| 득점 | | 배점 | 4 |

총 15층인 건물에서 지상 1층부터 지상 3층 부분을 주차장으로 사용하는 건축물로서 소방관계법령상 소화설비 설치대상이 된다면 이곳에 설치 가능한 소화설비를 4가지 쓰시오. (단, 각 층별 주차장의 바닥면적은 300 [m^2]이고, 대상 소화설비 중 분말소화설비와 할론소화설비는 제외하고 작성한다)

○ 답 :

정답

① 포소화설비

② 이산화탄소소화설비

③ 미분무소화설비

④ 물분무소화설비

2019.11.09

2019년 4회

점수 :

01

득점 | 배점 | 6

어느 특정소방대상물에 옥외소화전 5개를 화재안전기술기준과 다음 조건에 따라 설치하려고 한다. 다음 각 물음에 답하시오.

> **조건**
> (1) 옥외소화전은 지상용 A형을 사용한다.
> (2) 펌프에서 첫째 옥외소화전까지의 직관길이는 200 [m], 관의 내경은 100 [mm] 이다.
> (3) 펌프의 전양정 H = 50 [m], 효율 η = 65 [%]
> (4) 모든 규격치는 최소량을 적용한다.

가. 지하수원의 최소유효저수량 [m³]을 구하시오.

ㅇ 계산과정 :

ㅇ 답 :

나. 펌프의 최소토출량 [L/min]을 구하시오.

ㅇ 계산과정 :

ㅇ 답 :

다. 펌프에서 첫 번째 옥외소화전까지 직관부분에서의 마찰손실수두 [m]를 구하시오. (단, Darcy - Weisbach의 식을 사용하고, 마찰손실계수는 0.02이다)

ㅇ 계산과정 :

ㅇ 답 :

라. 펌프작동용 전동기의 동력 [kW]을 구하시오. (단, 동력전달계수는 1로 간주한다)

ㅇ 계산과정 :

ㅇ 답 :

정답

가. 계산과정

$$Q = N \times 350[\text{L/min}] \times 20[\text{min}] = 2 \times 350 \times 20 = 14000[\text{L}] = 14[\text{m}^3]$$

답 | 14 [m³]

나. 계산과정

$$Q = N \times 350[\text{L/min}] = 2 \times 350 = 700[\text{L/min}]$$

답 | 700 [L/min]

다. 계산과정

Darcy - Weisbach방정식

$$h_L[m] = f \times \frac{L}{D} \times \frac{V^2}{2g}$$

h_L : 마찰손실 [m]

f : 마찰손실계수, L : 길이 [m], D : 직경 [m]

V : 유속 [m/s], g : 중력가속도 [m/s²]

$$V = \frac{4Q}{\pi D^2} = \frac{4 \times \frac{0.7}{60}[\text{m}^3/\text{s}]}{\pi \times 0.1^2[\text{m}^2]} = 1.485[\text{m/s}]$$

$$\therefore \; h_L = 0.02 \times \frac{200}{0.1} \times \frac{1.485^2}{2 \times 9.8} = 4.50[\text{m}]$$

답 | 4.5 [m]

라. 계산과정

$$\text{소요동력 } P[kW] = \frac{\gamma[kN/m^3] \times Q[m^3/s] \times H[m]}{\eta} \times K$$

$$P[kW] = \frac{9.8[\text{kN/m}^3] \times \frac{0.7}{60}[\text{m}^3/\text{s}] \times 50[\text{m}]}{0.65} \times 1 = 8.79[\text{kW}]$$

답 | 8.79 [kW]

▶ 참고 옥외소화전설비의 펌프토출량, 수원, 전양정

구분	옥외소화전설비
펌프 토출량	N × 350 [L/min] 여기서 N : 옥외소화전의 설치개수 (옥외소화전이 2개 이상 설치된 경우에는 2개)
수원의 유효수량	N × 350 [L/min] × 20 [min] (= N × 7[m³]) 여기서 N : 옥외소화전의 설치개수 (옥외소화전이 2개 이상 설치된 경우에는 2개)
전양정	H = h₁ + h₂ + h₃ + 25 여기서 H : 전양정 [m] h₁ : 낙차(실양정) [m] h₂ : 배관 및 관부속품의 마찰손실수두 [m] h₃ : 호스 마찰손실수두 [m] 25 : 최소 방수압 환산수두 [m](0.25 [MPa])

2019

02
득점　　배점　6

LPG탱크에 물분무소화설비를 설치하려고 한다. 탱크의 반지름은 10 [m]이고 펌프의 토출량은 10 [L/min · m²]이다. 다음 각 물음에 답하시오. (단, 탱크 내 저장물은 소방법에서 규정하는 특수가연물에 해당한다)

가. 방수량 [L/min]을 구하시오.

　O 계산과정 :

　O 답 :

나. 수원의 용량 [m³]을 구하시오.

　O 계산과정 :

　O 답 :

정답

[물분무소화설비 토출량/수원량 산정]

소방대상물	수원량 산정방법	비고
특수가연물을 저장·취급하는 특정소방대상물 또는 그 부분	A [m²] × 10 [L/min · m²] × 20 [min] 이상 (A : 바닥면적)	최대 방수구역의 바닥면적을 기준으로 함 50 [m²] 이하인 경우에는 50 [m²]
절연유 봉입 변압기	A [m²] × 10 [L/min · m²] × 20 [min] (A : 바닥부분을 제외한 표면적을 합한 면적)	–
컨베이어벨트 등	A [m²] × 10 [L/min · m²] × 20 [min] (A : 벨트 부분의 바닥면적)	–
케이블 트레이, 케이블 덕트 등	A [m²] × 12 [L/min · m²] × 20 [min] (A : 투영된 바닥면적)	–
차고·주차장	A [m²] × 20 [L/min · m²] × 20 [min] (A : 바닥면적)	최대 방수구역의 바닥면적을 기준으로 함 50 [m²] 이하인 경우에는 50 [m²]

가. 계산과정

$$Q = A[m^2] \times 10[L/m^2 \cdot min]$$
$$= (10^2 \times \pi)[m^2] \times 10[L/m^2 \cdot min] = 3141.59[L/min]$$

답 | 3141.59 [L/min]

나. 계산과정

$$Q = A[m^2] \times 10[L/m^2 \cdot min] \times 20[min]$$
$$= 3141.59[L/min] \times 20[min] = 62831.8[L] = 62.83[m^3]$$

답 | 62.83 [m³]

03

| 득점 | | 배점 | 4 |

층마다 2개 이상 공기호흡기만 설치하는 특정소방대상물 4가지를 쓰시오.

O 답 :

정답

수용인원 100명 이상의 영화상영관, 대규모점포, 지하상가 및 지하역사

참고

특정소방대상물	인명구조기구	설치 수량
• 5층 이상인 병원 • 7층 이상인 관광호텔 (모두 지하층 포함 층수)	• 방열복 또는 방화복 (안전모, 보호장갑 및 안전화 포함) • 공기호흡기 • 인공소생기	각 2개 이상 비치할 것 (단, 병원은 인공소생기 설치하지 않을 수 있다)
• **문화 및 집회시설 중 수용인 원 100명 이상의 영화상영관** • **판매시설 중 대규모 점포** • **운수시설 중 지하역사** • **지하가 중 지하상가**	• 공기호흡기	층마다 2개 이상 비치할 것 (단, 각 층마다 갖추어 두어야 할 공기호흡기 중 일부를 직원이 상주 하는 인근 사무실에 갖추어 둘 수 있다)
• 이산화탄소소화설비를 설치 해야 하는 특정소방대상물	• 공기호흡기	이산화탄소소화설비가 설치된 장 소의 출입구 외부 인근에 1개 이상 비치할 것

04

| 득점 | | 배점 | 4 |

할로겐화합물 및 불활성기체소화설비에서 다음 약제의 구분에 따라 필요한 원소의
기본성분 2가지씩을 쓰시오.

O 답 :

정답

2가지만 쓰면 됨
- 할로겐화합물소화약제 : 불소(또는 플루오린) [F], 염소 [Cl], 브롬 [Br], 요오드 [I]
- 불활성기체소화약제 : 헬륨 [He], 네온 [Ne], 아르곤 [Ar], 질소가스 [N_2]

05

득점   배점   4

간이스프링클러설비를 설치해야 할 특정소방대상물에 있어서 ( ) 안에 알맞은 것을 쓰시오.

가. 근린생활시설로 사용하는 부분의 바닥면적 합계가 ( ) [m²] 이상인 것은 모든 층

나. 교육연구시설 내에 합숙소로서 연면적 ( ) [m²] 이상인 경우에는 모든 층

다. 요양병원(정신병원과 의료재활시설은 제외)으로 사용되는 바닥면적의 합계가 ( ) [m²] 미만인 시설

라. 숙박시설로 사용되는 바닥면적의 합계가 300 [m²] 이상 ( ) [m²] 미만인 시설

정답

가. 1000, 나. 100, 다. 600, 라. 600

06

득점   배점   4

1 [%]형 합성계면활성제포소화약제 2.5 [L]를 취해서 포를 방출시켰더니 포의 체적은 75 [m³]이었다. 다음 각 물음에 답하시오.

가. 방출 전 포수용액의 양은 몇 [L]인가?

⭕ 계산과정 :

⭕ 답 :

나. 합성계면활성제포의 팽창비는?

⭕ 계산과정 :

⭕ 답 :

정답

가. 계산과정

$$포소화약제량 = 포수용액 \times S(약제\,농도[\%])$$

포원액 1 [%], 포수용액 100 [%]이므로

$$포수용액량 = \frac{포소화약제량}{S(약제\,농도)} = \frac{2.5[L]}{0.01} = 250[L]$$

답 | 250 [L]

나. 계산과정

$$팽창비 = \frac{최종\,발생한\,포\,체적}{포수용액의\,체적}$$

$$팽창비 = \frac{75[m^3]}{250[L]} = \frac{75[m^3]}{0.25[m^3]} = 300$$

답 | 300

07

득점		배점	4

위험물탱크에 설치하는 물분무소화설비의 자동식 기동장치의 기동방식 2가지를 쓰시오.

○ 답

①

②

정답

① 자동화재탐지설비의 감지기 작동과 연동하는방식

② 자동화재탐지설비의 폐쇄형 스프링클러헤드 개방과 연동하는방식

08

득점		배점	12

지하 1층, 지상 9층의 백화점 건물에 화재안전기술기준 및 다음 조건에 따라 스프링클러설비를 설계하려고 한다. 각 물음에 답하시오.

조건

(1) 펌프는 지하층에 설치되어 있고 펌프로부터 최상층 스프링클러헤드까지 수직거리는 20 [m]이다.

(2) 배관 및 관부속 마찰손실수두는 자연낙차의 45 [%]로 한다.

(3) 1, 2층에 설치하는 헤드 수는 각 35개, 3 ~ 9층에는 각각 20개의 헤드가 설치되어 있다.

(4) 모든 규격차는 최소량을 적용한다.

(5) 펌프는 체적효율 85 [%], 기계효율 95 [%], 수력효율 90 [%]이다.

(6) 펌프의 전달계수 K = 1.1이다.

(7) 호칭구경에 따른 내경은 다음 표와 같다.

호칭구경	DN 15	DN 20	DN 25	DN 32	DN 40	DN 50	DN 65	DN 80	DN 100	DN 125
내경 [mm]	16.4	21.9	27.5	36.2	42.1	53.2	69	81	105.3	129.7

(8) 주어지지 않은 사항은 무시한다.

가. 수원의 저수량 [m³]을 구하시오. (단, 옥상수원은 고려하지 않는다)

○ 계산과정 :　　　　　　　　　　○답 :

나. 펌프의 토출량 [m³/min]을 구하시오.

○ 계산과정 :　　　　　　　　　　○답 :

다. 전양정 [m]을 구하시오.

○ 계산과정 :　　　　　　　　　　○답 :

라. 펌프의 전효율 [%]을 구하시오.

○ 계산과정 :　　　　　　　　　　○답 :

마. 펌프의 전동력 [kW]을 구하시오.

○ 계산과정 :　　　　　　　　　　○답 :

바. 토출 측 배관의 최소구경 [호칭구경]을 구하시오. (단, 토출 측 배관의 유속은 5 [m/s]이다)

○ 계산과정 :　　　　　　　　　　○답 :

정답

가. 계산과정

N × 1.6 [m³] = 30 [개] × 1.6 [m³] = 48 [m³]

(지하층을 제외한 층수가 10층 이하인 특정소방대상물이고 판매시설(백화점)이므로 기준개수 30개)

답 | 48 [m³]

나. 계산과정

Q = N × 80 [L/min] = 30 [개] × 80 [L/min] = 2400 [L/min] = 2.4 [m³/min]

답 | 2.4 [m³/min]

다. 계산과정

h = 실양정 + 마찰손실환산수두 + 방사압

= h_1 + h_2 + 10

= 20 + (20 × 0.45) + 10 = 39 [m]

핵심이론 | **펌프의 전양정 [m]**

전양정 H = h_1 + h_2 + 10

h_1 : 낙차(실양정) [m]
h_2 : 배관 및 관부속품의 마찰손실수두 [m]
10 : 스프링클러 최소 방수압 환산수두 [m]
(0.1 [MPa])

답 | 39 [m]

라. 계산과정

전효율 = 체적효율 × 기계효율 × 수력효율

= 0.85 × 0.95 × 0.9 = 0.72675 = 72.68 [%]

답 | 72.68 [%]

마. 계산과정

소요동력 $P[kW] = \dfrac{\gamma[kN/m^3] \times Q[m^3/s] \times H[m]}{\eta} \times K$

$P = \dfrac{9.8[kN/m^3] \times \dfrac{2.4}{60}[m^3/s] \times 39[m]}{0.7268} \times 1.1 = 23.14[kW]$

답 | 23.14 [kW]

바. 계산과정

$Q = \dfrac{(D^2 \times \pi)}{4} \times V$

$\dfrac{2.4}{60}[m^3/s] = \dfrac{(D^2 \times \pi)}{4} \times 5[m/s]$

$D = 0.10093[m] = 100.93[mm]$

따라서 DN100(내경 105.3 [mm]) 적용

답 | DN100

2019

★· 핵심이론 **스프링클러설비 수원의 양(주수원) – 폐쇄형 스프링클러헤드의 경우**

□ 수원의 양

층수	수원의 양
29층 이하	**N(기준개수) × 80 [L/min] × 20 [min](= N × 1.6 [m³])**
30층 이상 49층 이하	N(기준개수) × 80 [L/min] × 40 [min](= N × 3.2 [m³])
50층 이상	N(기준개수) × 80 [L/min] × 60 [min](= N × 4.8 [m³])

※ N : 스프링클러설비 설치장소별 스프링클러헤드의 기준개수
[스프링클러헤드의 설치개수가 가장 많은 층에 설치된 스프링클러헤드의 개수가
기준개수보다 작은 경우에는 그 설치개수를 말함]

□ 스프링클러설비 설치장소별 기준개수

스프링클러설비의 설치장소			기준개수
지하층을 제외한 층수가 10층 이하인 특정소방대상물	공장	특수가연물을 저장·취급하는 것	30
		그 밖의 것	20
	근린생활시설·판매시설·운수시설 또는 복합건축물	판매시설 또는 복합건축물 (판매시설이 설치된 복합건축물)	30
		그 밖의 것	20
	그 밖의 것	헤드의 부착 높이가 8 [m] 이상인 것	20
		헤드의 부착 높이가 8 [m] 미만인 것	10
지하층을 제외한 층수가 11층 이상인 특정소방대상물(아파트 제외)·지하가 또는 지하역사			30
아파트등	아파트등의 각 동이 주차장으로 서로 연결되지 않은 구조인 경우		10
	아파트등의 각 동이 주차장으로 서로 연결된 구조인 경우		30
라지드롭형 스프링클러헤드를 설치한 창고시설			30

[비고] 하나의 소방대상물이 2 이상의 "스프링클러헤드의 기준개수"란에 해당하는 때에는 기준
개수가 많은 것을 기준으로 한다. 다만 각 기준개수에 해당하는 수원을 별도로 설치하는
경우에는 그렇지 않다.

※ 기준개수 : 화재발생 시 동시에 개방되는 스프링클러헤드의 개수

09

옥외소화전 방수노즐에 피토관을 설치하여 압력을 측정하였더니 0.5 [MPa]이었다. 이 노즐의 방수량이 600 [L/min]일 때 노즐의 구경은 몇 [mm]인지 계산하시오.

○ 답 :

[정답]

$$600[L/min] = 2.086 \times D^2 \times \sqrt{0.5[MPa]}$$

$$\therefore D = 20.17[mm]$$

■ 참고 방수량공식

$$Q = 2.086 \times D^2 \times \sqrt{P}$$

Q : 방수량 [L/min], D : 관경(노즐구경) [mm], P : 방수압력 [MPa]

답 | 20.17 [mm]

10

다음은 옥외소화전설비의 화재안전기술기준에서 옥외소화전설비용 수조의 설치기준이다. ( ) 안에 알맞은 말을 쓰시오.

- 수조의 외측에 (①)를 설치할 것. 다만 구조상 불가피한 경우에는 수조의 댄홀 등을 통하여 수조 안의 물의 양을 쉽게 확인할 수 있도록 해야 한다.
- 수조의 상단이 바닥보다 높은 때에는 수조의 외측에 (②)를 설치할 것
- 수조가 실내에 설치된 때에는 그 실내에 (③)를 설치할 것
- 수조의 밑부분에는 (④) 또는 배수관을 설치할 것
- 옥외소화전펌프의 (⑤) 또는 옥외소화전설비의 수직 배관과 수조의 접속부분에는 "옥외소화전설비용 배관"이라고 표시한 표지를 할 것

○ 답

①　　　　②　　　　③　　　　④　　　　⑤

[정답]

① 수위계, ② 고정식 사다리, ③ 조명설비, ④ 청소용 배수밸브, ⑤ 흡수배관

2 0 1 9

11

| 득점 | | 배점 | 10 |

할론 1301을 사용하는 전역방출방식의 축압식 할론소화설비에 대한 내용 중 다음 물음에 답하시오.

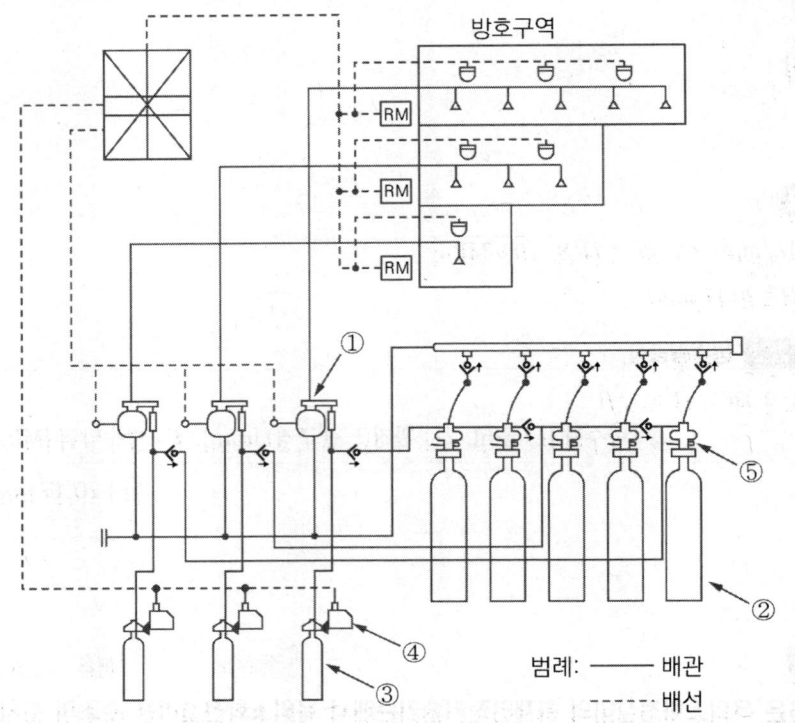

범례: ── 배관
      ---- 배선

가. 기호 ① ~ ⑤번의 명칭을 쓰시오.

○답

①　　　　②　　　　③　　　　④　　　　⑤

나. ⑤번의 작동방식 3가지를 쓰시오. (단, 자동식 및 수동식은 제외한다)

○답 :

다. 수동식 기동장치의 조작부는 바닥으로부터 높이 몇 [m] 이상, 몇 [m] 이하의 위치에 설치하여야 하는지 쓰시오.

○답 :

라. ③번의 체적은 몇 [L] 이상으로 하고, 해당 용기에 저장하는 질소 등의 비활성 기체는 몇 [MPa] 이상(21 [℃] 기준)의 압력으로 충전해야 하는지 쓰시오.

○답 :

마. ③번에 사용하는 밸브는 몇 [MPa] 이상의 압력에 견딜 수 있어야 하는가?

○답 :

정답

가. ① 선택밸브, ② 저장용기, ③ 기동용 가스용기,
    ④ 기동용 솔레노이드밸브(전자개방밸브), ⑤ 저장용기 개방장치

나. 전기식, 기계식, 가스압력식

다. 0.8 [m] 이상 1.5 [m] 이하

라. 5 [L], 6 [MPa]

마. 25 [MPa]

12

득점		배점	10

그림과 같은 옥내소화전설비를 조건에 따라 설치하려고 할 때 다음 물음에 답하시오.

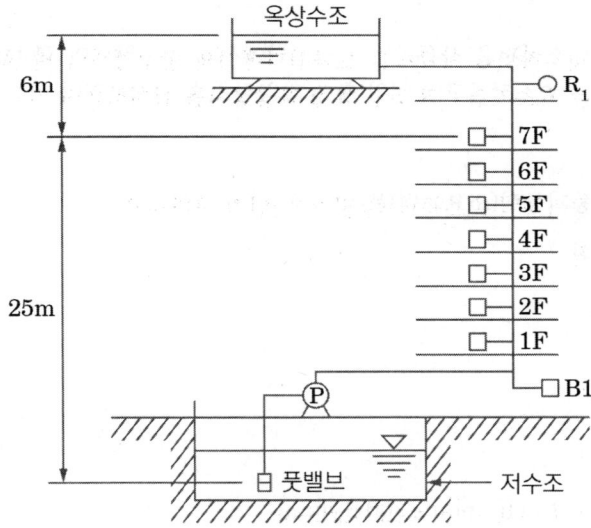

조건

(1) 풋밸브로부터 7층 옥내소화전함 호스접결구까지의 마찰손실 및 저항손실수두는 실양정의 40 [%]로 한다.

(2) 펌프의 체적효율(η_v) = 0.95, 기계효율(η_m) = 0.9, 수력효율(η_h) = 0.85이다.

(3) 옥내소화전의 개수는 각 층에 4개씩이 있다.

(4) 소방호스의 마찰손실수두는 10 [m]이다.

(5) 전동기 전달계수(K)는 1.1이다.

(6) 그 외 사항은 국가화재안전기술기준에 준한다.

가. 펌프의 최소 토출량 [L/min]을 구하시오.

○ 계산과정 :

○ 답 :

나. 저수조의 최소 수원량 [m³]을 구하시오(옥상수조를 포함한다).

○ 계산과정 :

○ 답 :

다. 펌프의 최소 양정 [m]을 구하시오.

○ 계산과정 :

○ 답 :

라. 펌프의 전효율 [%]을 구하시오.

○ 계산과정 :

○ 답 :

마. 하나의 옥내소화전을 사용하는 노즐선단에서의 방수압력이 몇 [MPa]을 초과할 경우에는 호스접결구의 인입 측에 감압장치를 설치하여야 하는지 쓰시오.

○ 답 :

바. 펌프의 전동기동력(소요동력)은 몇 [kW]인지 구하시오.

○ 계산과정 :

○ 답 :

정답

가. 계산과정

$Q = 2$ [개] $\times 130$ [L/min] $= 260$ [L/min]

답 | 260 [L/min]

★ 핵심이론 옥내소화전설비의 펌프 토출량

층수	펌프 토출량
29층 이하	**N(최대 2개) × 130 [L/min]**
30층 이상	N(최대 5개) × 130 [L/min]

※ N : 옥내소화전의 설치개수가 가장 많은 층의 설치개수
(29층 이하 : 2개 이상 설치된 경우에는 2개,
30층 이상 : 5개 이상 설치된 경우에는 5개)

나. 계산과정

지하수조 저수량 $= 260[L/min] \times 20[min] = 5200[L] = 5.2[m^3]$

옥상수조 저수량 $= 5.2[m^3] \times \dfrac{1}{3} = 1.73[m^3]$

∴ 총 수원의 최소유효저수량 $= 5.2[m^3] + 1.73[m^3] = 6.93[m^3]$ **답 | 6.93 [m³]**

📌 핵심이론 옥내소화전설비 수원의 양(주수원)

층수	수원의 양
29층 이하	**N(최대 2개) × 130 [L/min] × 20 [min](= N × 2.6 [m³])**
30층 이상 49층 이하	N(최대 5개) × 130 [L/min] × 40 [min](= N × 5.2 [m³])
50층 이상	N(최대 5개) × 130 [L/min] × 60 [min](= N × 7.8 [m³])

※ N : 옥내소화전의 설치개수가 가장 많은 층의 설치개수

(29층 이하 : 2개 이상 설치된 경우에는 2개,

30층 이상 : 5개 이상 설치된 경우에는 5개)

다. 계산과정

① 실양정 h_1 : 25 [m]

② 배관 및 관부속품의 마찰손실수두 h_2 : 25 × 0.4 = 10 [m]

③ 소방용 호스 마찰손실수두 h_3 : 10 [m]

∴ 전양정 H = $h_1 + h_2 + h_3$ + 17 = 25 + 10 + 10 + 17 = 62 [m]

📌 핵심이론 펌프의 전양정 [m]

전양정 H = $h_1 + h_2 + h_3$ + 17

h_1 : 낙차(실양정) [m]

h_2 : 배관 및 관부속품의 마찰손실수두 [m]

h_3 : 소방용 호스 마찰손실수두 [m]

17 : 옥내소화전 최소 방수압 환산수두 [m]
  (0.17 [MPa])

※ 호스릴옥내소화전설비 포함

답 | 62 [m]

라. 계산과정

전효율 = 체적효율 × 기계효율 × 수력효율

  = 0.95 × 0.9 × 0.85 = 0.72675 = 72.68 [%]   **답 | 72.68 [%]**

마. 0.7 [MPa]

바. 계산과정

소요동력 $P[kW] = \dfrac{\gamma[kN/m^3] \times Q[m^3/s] \times H[m]}{\eta} \times K$

$P = \dfrac{9.8[kN/m^3] \times \dfrac{0.26}{60}[m^3/s] \times 62[m]}{0.7268} \times 1.1 = 3.98[kW]$ **답 | 3.98 [kW]**

13

| 득점 | | 배점 | 3 |

옥외소화전설비의 화재안전기술기준에서 하나의 옥외소화전을 사용하는 노즐선단에서의 방수압력이 몇 [MPa]을 초과할 경우에는 호스접결구의 인입 측에 감압장치를 설치하여야 하는지 쓰시오.

○ 답 :

정답

0.7 [MPa]

핵심이론 옥외소화전설비의 화재안전기술기준(NFTC 109) – 2.2 가압송수장치

2.2.1.3 특정소방대상물에 설치된 옥외소화전(2개 이상 설치된 경우에는 2개의 옥외소화전)을 동시에 사용할 경우 각 옥외소화전의 노즐선단에서의 방수압력이 0.25 [MPa] 이상이고, 방수량이 350 [L/min] 이상이 되는 성능의 것으로 할 것. 다만 하나의 옥외소화전을 사용하는 노즐선단에서의 방수압력이 0.7 [MPa]을 초과할 경우에는 호스접결구의 인입 측에 감압장치를 설치해야 한다.

14

| 득점 | | 배점 | 4 |

분말소화설비의 화재안전기술기준에 따라 분말소화설비를 설치하고 분말소화약제 50 [kg]을 충전하였다. 축압용 가스로 이산화탄소를 사용할 경우 몇 [kg] 이상으로 하여야 하는지 구하시오.

○ 계산과정 :

○ 답 :

정답

☑ 계산과정

가압용 가스	• 질소가스는 소화약제 1 [kg]마다 40 [L] 이상 • 이산화탄소는 소화약제 1 [kg]에 대하여 20 [g] 이상	+	배관 청소에 필요한 양 (이산화탄소만 해당)
축압용 가스	• 질소가스는 소화약제 1 [kg]에 대하여 10 [L] 이상 • 이산화탄소는 소화약제 1 [kg]에 대하여 20 [g] 이상	+	배관 청소에 필요한 양 (이산화탄소만 해당)

※ 배관의 청소에 필요한 양의 가스는 별도의 용기에 저장할 것

축압용 가스(이산화탄소) 양 = 분말소화약제 $[kg] \times 20 [g/kg]$

$= 50 [kg] \times 20 [g/kg] = 1000 [g] = 1 [kg]$ **답 | 1 [kg]**

15

득점   배점   6

어떤 사무소 건물의 지하층에 있는 발전기실에 전역방출방식의 이산화탄소소화설비를 설치하려고 한다. 화재안전기술기준과 주어진 조건에 의하여 다음 각 물음에 답하시오.

조건

(1) 소화설비는 고압식으로 한다.

(2) 발전기실의 크기 : 가로 5 [m] × 세로 8 [m] × 높이 4 [m]

(3) 발전기실의 개구부 크기 : 1.8 [m] × 3 [m] × 2개소(자동폐쇄장치 없음)

(4) 가스용기 1병당 충전량 : 50 [kg]

(5) 가스량은 다음 표를 이용하여 산출한다.

방호구역의 체적 [m³]	소화약제의 양 [kg/m³]	소화약제저장량의 최저한도 [kg]
50 이상 150 미만	0.9	45
150 이상 1450 미만	0.8	135

※ 개구부 가산량은 5 [kg/m²]로 한다.

가. 발전기실에 필요한 가스용기의 수는 몇 병인지 구하시오.

⭘ 계산과정 :

⭘ 답 :

나. 분사헤드의 방출압력은 21 [℃]에서 몇 [MPa] 이상이어야 하는지 쓰시오.

⭘ 답 :

다. 강관을 사용하는 경우의 배관은 압력배관용 탄소강관(KS D 3562) 중 스케줄 얼마 이상의 것을 사용하여야 하는지 쓰시오.

⭘ 답 :

라. 소화약제 저장용기실의 온도는 몇 [℃] 이하이어야 하는지 쓰시오.

⭘ 답 :

정답

가. 계산과정

$V \times \alpha = (5 \times 8 \times 4)$ [m³] × 0.8 [kg/m³] = 128 [kg] → 최저한도의 양 135 [kg]

이산화탄소저장량 = 135 [kg] + (1.8 × 3) [m²] × 5 [kg/m²] × 2 [개소]

              = 189 [kg]

가스용기 수 = $\dfrac{189[kg]}{50[kg/병]}$ = 3.78[병] ≒ 4[병]   **답 | 4 [병]**

핵심이론 이산화탄소소화설비 전역방출방식 표면화재 약제량 산정

$$W = (V \times \alpha) \times N + (A \times \beta)$$

W : 약제량 [kg], V : 방호구역의 체적 [m³]
α : 방호구역 1 [m³]에 대한 소화약제의 양 [kg/m³]
A : 개구부 면적 [m²], β : 개구부 가산량(표면화재 : 5 [kg/m²])
N : 보정계수(설계농도가 34 [%] 이상인 방호대상물의 소화약제량을 구할 때 보정계수를 곱하여 산출함)

방호구역의 체적	방호구역의 체적 1 [m³]에 대한 소화약제의 양 α	최저한도의 양	개구부 가산량 [kg/m²] β (자동폐쇄장치 미설치 시)
45 [m³] 미만	1 [kg/m³]	45 [kg](1병)	5 [kg/m²]
45 [m³] 이상 150 [m³] 미만	0.9 [kg/m³]	45 [kg](1병)	5 [kg/m²]
150 [m³] 이상 1450 [m³] 미만	0.8 [kg/m³]	135 [kg](3병)	5 [kg/m²]
1450 [m³] 이상	0.75 [kg/m³]	1125 [kg](25병)	5 [kg/m²]

나. 2.1 [MPa] 이상

다. 스케줄 80 이상

라. 40 [℃] 이하

16

득점 · 배점 8

바닥면적이 360 [m²]인 거실의 제연설비에 대해 다음 물음에 답하시오.

가. 소요 배출량 [m³/h]을 구하시오.

  ○ 계산과정 :   ○ 답 :

나. 배출기의 배출 측 풍도의 높이를 600 [mm]로 할 때 풍도의 최소폭 [mm]을 구하시오.

  ○ 계산과정 :   ○ 답 :

다. 송풍기의 전압이 25 [mmAq], 회전수는 1200 [rpm]이고 효율이 55 [%]인 다익송풍기 사용 시 전동기 동력 [kW]을 구하시오. (단, 송풍기의 여유율은 20 [%]이다)

  ○ 계산과정 :   ○ 답 :

라. 송풍기의 회전차 크기를 변경하지 않고 배출량을 20 [%] 증가시킨 경우의 회전수로 운전할 때 송풍기의 전압 [mmAq]을 구하시오.

  ○ 계산과정 :   ○ 답 :

마. 예상제연구역의 각 부분으로부터 하나의 배출구까지의 수평거리는 몇 [m] 이
내가 되도록 하여야 하는지 쓰시오.

○ 답 :

정답

가. 계산과정

바닥면적이 360 [m²]로 거실의 바닥면적이 400 [m²] 미만으로 구획된 예상제연구역

360 [m²](소규모거실) × 1 [CMM/m²] = 360 [CMM] = 21600 [m³/h]

참고 제연설비의 화재안전기술기준(NFTC 501) - 배출량

(1) 거실의 바닥면적이 400 [m²] 미만으로 구획된 예상제연구역에 대한 배출량

바닥면적 1 [m²]당 1 [m³/min] 이상으로 하되, 예상제연구역에 대한 최소 배출
량은 5000 [m³/hr] 이상으로 할 것

$$Q = A[m^2] \times 1[m^3/min \cdot m^2] \times 60[min/hr]$$

여기서 Q : 배출량 [m³/hr] (최소 배출량은 5000 [m³/hr] 이상)

A : 바닥면적 [m²]

(2) 바닥면적 400 [m²] 이상인 거실의 예상제연구역의 배출량

① 예상제연구역이 직경 40 [m]인 원의 범위 안에 있을 경우

배출량 40000 [m³/hr] 이상

다만 예상제연구역이 제연경계로 구획된 경우에는 그 수직거리에 따른 배출량
으로 산정

수직거리	배출량
2 [m] 이하	40000 [m³/hr] 이상
2 [m] 초과 2.5 [m] 이하	45000 [m³/hr] 이상
2.5 [m] 초과 3 [m] 이하	50000 [m³/hr] 이상
3 [m] 초과	60000 [m³/hr] 이상

② 예상제연구역이 직경 40 [m]인 원의 범위를 초과할 경우

배출량 45000 [m³/hr] 이상

다만 예상제연구역이 제연경계로 구획된 경우에는 그 수직거리에 따른 배출량
으로 산정

수직거리	배출량
2 [m] 이하	45000 [m³/hr] 이상
2 [m] 초과 2.5 [m] 이하	50000 [m³/hr] 이상
2.5 [m] 초과 3 [m] 이하	55000 [m³/hr] 이상
3 [m] 초과	65000 [m³/hr] 이상

답 | 21600 [m³/h]

2019

나. 계산과정

배출기 배출 측 풍도 유속은 20 [m/s] 이하이므로

배출 측 풍도 최소 단면적 $A = \dfrac{Q}{V} = \dfrac{\frac{21600}{3600}\,[\text{m}^3/\text{s}]}{20\,[\text{m/s}]} = 0.3\,[\text{m}^2]$

$\therefore$ 최소 폭 $= \dfrac{0.3\,[\text{m}^2]}{0.6\,[\text{m}]} = 0.5\,[\text{m}] = 500\,[\text{mm}]$

답 | 500 [mm]

다. 계산과정

$$\text{소요동력 } P[kW] = \frac{P_t[mmAq] \times Q[m^3/s]}{102\eta} \times K$$

$P[kW] = \dfrac{25\,[\text{mmAq}] \times \frac{21600}{3600}\,[\text{m}^3/\text{s}]}{102 \times 0.55} \times 1.2 = 3.208 \fallingdotseq 3.21\,[kW]$

답 | 3.21 [kW]

라. 계산과정

1) 배출량을 20 [%] 증가시킨 경우의 회전수 N_2

상사의 법칙 $Q_2 = Q_1 \times \left(\dfrac{N_2}{N_1}\right)$ 이므로

$N_2 = N_1 \times \left(\dfrac{Q_2}{Q_1}\right) = 1200 \times \left(\dfrac{21600 \times 1.2}{21600}\right) = 1200 \times 1.2 = 1440\,[rpm]$

2) 회전수 N_2로 운전할 때 송풍기의 전압(H_2) [mmAq]

상사의 법칙 $H_2 = \left(\dfrac{N_2}{N_1}\right)^2 \times H_1$

$\therefore H_2 = H_1 \times \left(\dfrac{N_2}{N_1}\right)^2 = 25 \times \left(\dfrac{1440}{1200}\right)^2 = 36\,[\text{mmAq}]$

★ 핵심이론 **펌프의 상사법칙**

서로 다른 치수의 펌프를 비교(상사)했을 때

(1) 유량 [m^3/s] $Q_2 = \left(\dfrac{N_2}{N_1}\right)^1 \times \left(\dfrac{D_2}{D_1}\right)^3 \times Q_1$

(2) 양정(압력) [m] $H_2 = \left(\dfrac{N_2}{N_1}\right)^2 \times \left(\dfrac{D_2}{D_1}\right)^2 \times H_1$

(3) 동력 [kW] $L_2 = \left(\dfrac{N_2}{N_1}\right)^3 \times \left(\dfrac{D_2}{D_1}\right)^5 \times L_1$

답 | 36 [mmAq]

마. 10 [m]

17

| 득점 | 배점 | 6 |

어느 특정소방대상물에 옥내소화전 5개를 화재안전기술기준과 다음 조건에 따라 설치하려고 한다. 다음 각 물음에 답하시오.

조건

⑴ 수조는 지하수조의 저수량만 고려하고 옥상수조는 고려하지 않는다.
⑵ 펌프에서 가장 높은 옥내소화전까지의 직관길이는 300 [m], 관의 내경은 80 [mm]이다.
⑶ 펌프의 실양정 $H = 50$ [m], 효율 $\eta = 65$ [%], 전달계수 $K = 1.2$
⑷ 모든 규격치는 최소량을 적용한다.

가. 배관의 유속 [m/s]은 얼마인가?

   O 계산과정 :

   O 답 :

나. 펌프에서 가장 높은 옥내소화전까지 직관부분에서의 마찰손실수두는 얼마인가? (단, Darcy - Weisbach의 식을 사용하고 마찰손실계수는 0.02)

   O 계산과정 :

   O 답 :

다. 펌프의 최소동력은 몇 [kW]인가?

   O 계산과정 :

   O 답 :

정답

가. 계산과정

$$Q = 2 \times 130 [L/\min] = 260 [L/\min]$$

$$Q = AV = \frac{\pi D^2}{4} \times V$$

$$\therefore V = \frac{4Q}{\pi D^2} = \frac{4 \times \dfrac{0.26}{60} [m^3/s]}{\pi \times (0.08 [m])^2} = 0.86 [m/s]$$

답 | 0.86 [m/s]

📌· 핵심이론 | 옥내소화전설비의 펌프 토출량

층수	펌프 토출량
29층 이하	**N(최대 2개) × 130 [L/min]**
30층 이상	N(최대 5개) × 130 [L/min]

※ N : 옥내소화전의 설치개수가 가장 많은 층의 설치개수
(29층 이하 : 2개 이상 설치된 경우에는 2개,
30층 이상 : 5개 이상 설치된 경우에는 5개)

나. 계산과정

Darcy - Weisbach방정식

$$h_L[m] = f \times \frac{L}{D} \times \frac{V^2}{2g}$$

h_L : 마찰손실 [m]
f : 마찰손실계수, L : 길이 [m], D : 직경 [m]
V : 유속 [m/s], g : 중력가속도 [m/s^2]

$$\therefore h_L = 0.02 \times \frac{300}{0.08} \times \frac{0.86^2}{2 \times 9.8} = 2.83[m]$$

답 | 2.83 [m]

다. 계산과정

$$소요동력 \ P[kW] = \frac{\gamma[kN/m^3] \times Q[m^3/s] \times H[m]}{\eta} \times K$$

H = 50 + 2.83 + 17 = 69.83 [m]

$$P[kW] = \frac{9.8[kN/m^3] \times \frac{0.26}{60}[m^3/s] \times 69.83[m]}{0.65} \times 1.2 = 5.47[kW]$$

답 | 5.47 [kW]

MOAG

모아바 www.moa-ba.com
모아소방전기학원 www.moate.co.kr

격차를 뛰어넘어 압도적인 격차를 만들다

모아's Pick! *plus* N제⁺

15개년 소방설비기사부터 산업기사까지의 이전 기출문제를 폭넓게 분석, 가장 중요하고 핵심적인 문제들만 주제별로 Pick!
최신 출제경향에 맞게 변경한 신유형 문제인 "plus N제"를 풀어보고 기출 유형을 폭넓게 경험함으로써 수험생들이 마지막 한 문제까지 놓치지 않도록 구성하였습니다.

plusN제÷

CHAPTER
01 수계소화설비

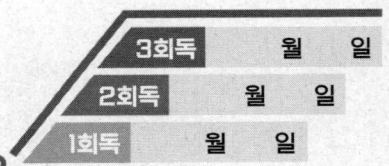

01

지상 200 [m] 높이의 고층건축물에서 1층 부분에 발생하는 압력차는 몇 [Pa]인지 계산하시오. (단, 겨울철의 외기온도는 0 [℃], 실내온도는 22 [℃]이다. 중성대는 건물의 높이 중앙에 있다) 2015년 1회(기사)

🔘 계산과정 :

🔘 답 :

정답

☑ 계산과정

> **중성대의 높이를 이용한 압력차 ΔP**
>
> $$\triangle P = 3460 \left(\frac{1}{T_1} - \frac{1}{T_2} \right) h$$
>
> 여기서 $\triangle P$: 굴뚝효과에 따른 압력차 [Pa](= 부력에 의한 상승력)
> T_1 : 외기절대온도 [K], T_2 : 실내절대온도 [K](= 화재실 화염의 온도)
> h : 중성대로부터 건물(또는 실)의 높이 [m]
> (※ 중성대 : 실내와 실외의 정압이 같아지는 경계면)

$$\triangle P = 3460 \times \left(\frac{1}{273+0} - \frac{1}{273+22} \right) \times \frac{200}{2} = 94.52 [Pa]$$

답 | 94.52 [Pa]

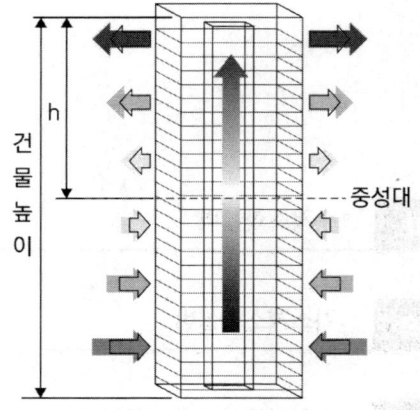

02

지름이 500 [mm] 배관의 끝에 지름이 25 [mm]인 노즐이 부착되어 있고, 이 노즐에서 300 [L/min]의 물이 방출되고 있다. 노즐 끝에서 발생하는 압력손실[kPa]을 구하시오. (단, 노즐의 부차적 손실계수는 5.5이다) 2015년 2회(기사)

○ 계산과정 :

○ 답 :

정답

☑ 계산과정

돌연 축소관에서의 손실 $H = K \dfrac{V_2^2}{2g}$

① $V_2 = \dfrac{Q}{A_2} = \dfrac{4Q}{\pi D_2^2} = \dfrac{4 \times \dfrac{0.3}{60}}{\pi \times (0.025)^2} = 10.186[m/s]$

② $H = K \dfrac{V_2^2}{2g} = 5.5 \times \dfrac{10.186^2}{2 \times 9.8} = 29.115[m]$

③ $P = 29.115[m] \times \dfrac{101.325[kPa]}{10.332[m]} = 285.528 ≒ 285.53[kPa]$

답 | 285.53 [kPa]

돌연 축소관 손실수두

$$h = \dfrac{(V_0 - V_2)^2}{2g} = K \dfrac{V_2^2}{2g}$$

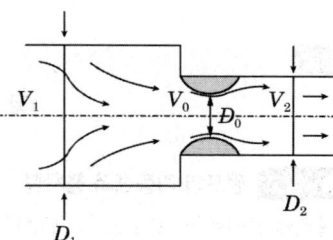

h_L : 부차적 손실수두 [m]

K : 손실계수

$$\left[K = \left(\dfrac{A_2}{A_0} - 1 \right)^2 = \left(\dfrac{1}{C_c} - 1 \right)^2 \right]$$

C_c : 수축계수 $\left[C_c = \dfrac{A_0}{A_2} \right]$

V : 유속 [m/s]

g : 중력가속도 [m/s²]

돌연 확대관 손실수두

$$h_L = \frac{(V_1 - V_2)^2}{2g} = K\frac{V_1^2}{2g}$$

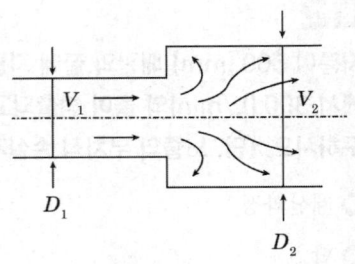

h_L : 부차적 손실수두 [m]

K : 손실계수 $\left[K = \left(1 - \dfrac{A_1}{A_2} \right)^2 \right]$

V : 유속 [m/s]

g : 중력가속도 [m/s²]

03

기동용 수압개폐장치(압력챔버)에 설치되는 압력스위치에 표시되어 있는 DIFF와 RANGE가 의미하는 것을 쓰시오. ⟮2015년 2회(기사)⟯

○ 답 - DIFF :
  - RANGE :

정답

답 | DIFF : 펌프의 작동정지점에서 기동점과의 압력 차이
RANGE : 펌프의 작동정지점

▶·참고 펌프의 기동점과 정지점

압력스위치에는 "Range", "Diff" 눈금이 있어 압력스위치 상단에 있는 나사를 조정하여 세팅

Range는 펌프의 정지점이며 Diff는 "정지점과 기동점의 차"펌프가 Diff만큼 압력이 떨어지면 펌프는 기동하게 된다.

1) Range : 펌프의 정지점(기동정지압력)
(단, 주펌프의 정지점은 주펌프의 체절운전점 이상으로 해야 한다. 화재 시 한번 기동된 주펌프는 자동정지되어서는 안 되며 수동 정지해야 하기 때문이다. 따라서 주펌프는 체절운전점 이상으로 설정하여 기동 후 정지되지 않도록 한다)

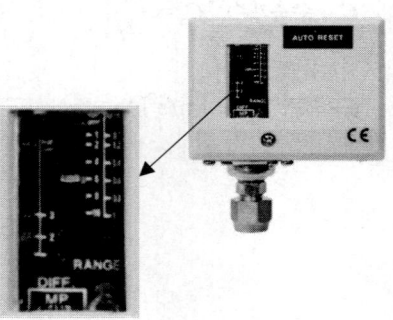

2) Diff : 펌프 정지점과 기동점의 압력 차이(Difference)
3) 펌프의 기동점
　　펌프의 기동점(기동압력) = Range값 – Diff값

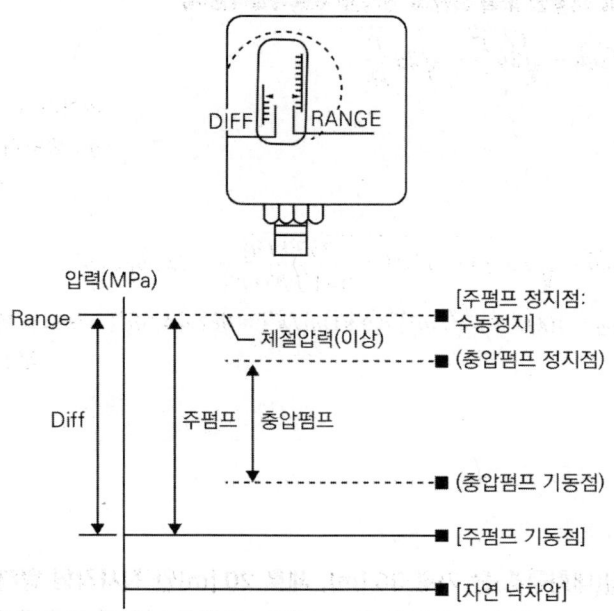

[주의] 충압펌프의 기동점은 자연낙차압보다 높아야 한다.

펌프의 기동압력이 펌프에 가해지는 자연낙차압보다 작은 경우 자동기동이 불가능하다. 왜냐하면 압력챔버는 수직배관에 차 있는 물로 인해 자연낙차압이 가해지고 있으므로 평상시 압력챔버 내의 압력이 건물의 자연낙차압 아래로 내려가지 않기 때문이다.

04

옥내소화전설비를 작동시켜 호스의 노즐로부터 살수하면서 피토게이지를 사용하여 노즐 선단의 방수압을 측정하였더니 0.25 [MPa]이었다. 노즐 선단으로부터 방사되는 순간의 물의 유속은 몇 [m/s]인가? (단, 중력가속도는 9.81로 가정한다)

[2015년 4회(기사)]

◯ 계산과정 :

◯ 답 :

정답

☑ 계산과정

방수압을 이용한 노즐 선단의 유속공식(토리첼리공식)

$$V = \sqrt{2gh} = \sqrt{2g\frac{P}{\gamma}} = \sqrt{2g\frac{P}{\rho g}}$$

여기서 V : 유속[m/s]
g : 중력가속도[m/s^2]
h : 수두[m]

$$V = \sqrt{2gh} = \sqrt{2 \times 9.81[m/s^2] \times \frac{250[kPa]}{9.81[kN/m^3]}} = 22.36[m/s]$$

$$(\because \gamma = \rho g = 1000[N \cdot s^2/m^4] \times 9.81[m/s^2] = 9810[N/m^3] = 9.81[kN/m^3])$$

답 | 22.36 [m/s]

05

어느 사무실(내화구조)은 가로 30 [m], 세로 20 [m]인 직사각형 형태의 실평면도
이다. 이 사무실 내부에는 기둥이 없고 상부는 반자로 고르게 마감되어 있다. 이 사
무실에 스프링클러헤드를 직사각형으로 배치하여 가로 및 세로 변의 최대 및 최소
개수를 구하고자 할 때 다음을 구하시오. (단, 반자 속에는 헤드를 설치하지 아니하
며 전등 또는 공조용 디퓨져 등 모듈(MODULE)을 무시하고, 헤드 배치 간격은 헤
드 배치 각도를 30°, 60° 2가지로 최소, 최대치를 정하시오) 〔2012년 4회(기사)〕

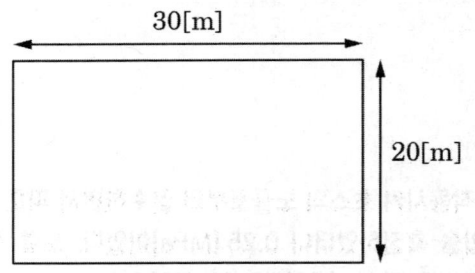

가. 가로변 설치 헤드 최대 개수를 구하시오.

　○ 계산과정 :

　○ 답 :

나. 가로변 설치 헤드 최소 개수를 구하시오.

　○ 계산과정 :

　○ 답 :

다. 세로변 설치 헤드 최대 개수를 구하시오.

　○ 계산과정 :

　○ 답 :

라. 세로변 설치 헤드 최소 개수를 구하시오.

　○ 계산과정 :

　○ 답 :

마. 보기와 같은 방법으로 표를 만들어서 헤드 배치수량을 나타내시오.

――― [보기] ―――

가로변 최소 헤드 수 [6개], 가로변 최대 헤드 수 [9개],

세로변 최소 헤드 수 [3개], 세로변 최대 헤드 수 [5개]라고 가정하면

가로변 헤드 수 세로변 헤드 수	6	7	8	9
3	18	21	24	27
4	24	28	32	36
5	30	35	40	45

○ 답

가로변 헤드 수 세로변 헤드 수				

바. 만약 정방형으로 헤드를 배치할 때 헤드의 설치 간격[m]을 구하시오.

　○ 계산과정 :

　○ 답 :

사. 정사각형으로 헤드 배치 시 설치해야 하는 헤드 개수를 구하시오.

　○ 계산과정 :

　○ 답 :

아. 헤드가 폐쇄형으로 표시온도가 79 [℃]일 때 작동온도의 범위를 구하시오.
(단, 유리벌브를 사용하지 아니한 헤드이다)

○ 계산과정 :

○ 답 :

정답

설치장소별 수평거리 R

설치장소	수평거리(R)
• **특수**가연물을 저장 또는 취급하는 장소 • **무**대부	1.7 [m] 이하
• **기**타구조로 된 경우 • 라지드롭형 스프링클러헤드를 설치하는 **창**고 　(단, ① 특수가연물을 저장 또는 취급하는 창고 : 1.7 [m] 이하 　　　② 내화구조로 된 창고 : 2.3 [m] 이하)	2.1 [m] 이하
• **내**화구조로 된 경우	2.3 [m] 이하
• **아**파트	2.6 [m] 이하

공동주택 및 창고시설의 화재안전성능기준 제정 [시행 2024.1.1.]

암기 ▶ 특수 무기 창 내아

★·핵심이론 스프링클러 헤드를 장방형 배치할 때 헤드 간 거리

헤드 간 거리 $S_{긴변}, S_{짧은변}$

① $S_{긴변} = 2R\sin(\theta_{큰})$

② $S_{짧은변} = 2R\sin(\theta_{작은})$

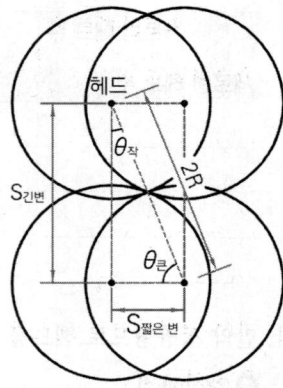

가. 가로변 헤드 최대 개수

계산과정 : $\dfrac{가로변 길이}{S_{짧은변}} = \dfrac{가로변 길이}{2R\sin30^o} = \dfrac{30}{2 \times 2.3 \times \sin30^o} = 13.04 ≒ 14[개]$

답 | 14개

나. 가로변 헤드 최소 개수

계산과정 : $\dfrac{가로변 길이}{S_{긴변}} = \dfrac{가로변 길이}{2R\sin60^o} = \dfrac{30}{2 \times 2.3 \times \sin60^o} = 7.53 ≒ 8[개]$

답 | 8개

다. 세로변 헤드 최대 개수

계산과정 : $\dfrac{\text{세로변 길이}}{S_{\text{짧은변}}} = \dfrac{\text{세로변 길이}}{2R\sin 30^o} = \dfrac{20}{2 \times 2.3 \times \sin 30^o} = 8.70 \fallingdotseq 9[\text{개}]$

답 | 9개

라. 세로변 헤드 최소 개수

계산과정 : $\dfrac{\text{세로변 길이}}{S_{\text{긴변}}} = \dfrac{\text{세로변 길이}}{2R\sin 60^o} = \dfrac{20}{2 \times 2.3 \times \sin 60^o} = 5.02 \fallingdotseq 6[\text{개}]$

답 | 6개

마. 헤드 배치 수량표

세로＼가로	8	9	10	11	12	13	14
6	48	54	60	66	72	78	84
7	56	63	70	77	84	91	98
8	64	72	80	88	96	104	112
9	72	81	90	99	108	117	126

바. 계산과정

$S = 2R\cos 45^{\circ}$(정방형 배치 헤드 간 거리)

$= 2 \times 2.3 \times \cos 45^{\circ} = 3.25[m]$

답 | 3.25 [m]

사. 계산과정

① 가로변에 설치할 헤드 수 : $\dfrac{\text{가로변 길이}}{S} = \dfrac{30}{3.25} = 9.23 \fallingdotseq 10[\text{개}]$

② 세로변에 설치할 헤드 수 : $\dfrac{\text{세로변 길이}}{S} = \dfrac{20}{3.25} = 6.15 \fallingdotseq 7[\text{개}]$

∴ 설치개수 : 10 × 7 = 70 [개]

답 | 70 [개]

아. 계산과정

(79 × 0.97) ~ (79 × 1.03) [℃] → 76.63 ~ 81.37 [℃]

답 | 76.63 ~ 81.37 [℃]

참고 스프링클러헤드의 형식승인 및 제품검사의 기술기준 – 제12조(작동시험)

폐쇄형 헤드는 작동시험에서 다음 각 호의 규정에 적합해야 한다.

1. 폐쇄형 헤드를 액조 내에 넣어 그 헤드의 표시온도보다 10 [℃] 낮은 온도로부터 매분 1 [℃] 이내의 비율로 온도를 상승시키는 경우 헤드가 작동하는 온도의 실제 측정한 값은 그 표시온도의 97 [%]에서 103 [%]까지(유리벌브를 사용한 헤드는 95 [%]에서 115 [%]까지)의 범위 안이어야 한다.

…

06

다음 그림은 어느 작은 주차장에 설치하고자 하는 포소화설비의 평면도이다. 그림과 주어진 조건을 이용하여 요구사항에 답하시오. 2010년 1회(기사)

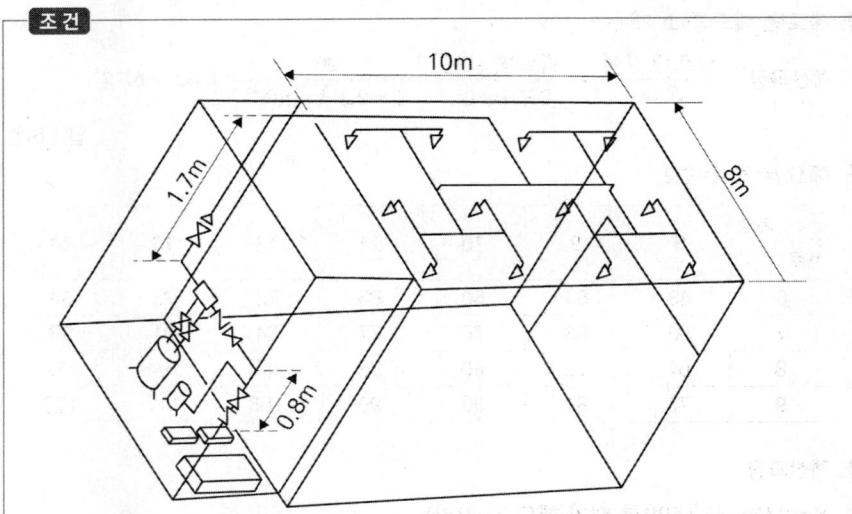

(1) 주차장에 설치된 포소화설비는 포헤드이며, 포헤드의 최소 방사압력은 0.25 [MPa]이다.
(2) 펌프 토출구로부터 말단 포헤드까지 마찰손실압력은 0.14 [MPa]이다.
(3) 포수용액의 비중은 물의 비중과 같다고 가정한다.
(4) 사용하는 포원액은 단백포로서 3 [%]용이다.
(5) 펌프의 효율은 0.6, 축동력 전달계수는 1.1이다.

가. 포원액의 최소 소요량[L]은 얼마인가?

　○ 계산과정 :

　○ 답 :

나. 펌프의 최소양정[m], 최소토출량[L/min], 최소소요동력[kW]을 계산하시오.

　1) 최소양정

　　○ 계산과정 :

　　○ 답 :

　2) 최소토출량

　　○ 계산과정 :

　　○ 답 :

3) 최소소요동력

○ 계산과정 :

○ 답 :

다. 펌프 흡입 측에 설치된 레듀셔는 편심레듀셔를 사용하는 것이 가장 합리적이다. 이유는 무엇인가?

○ 답 :

핵심이론 **포헤드 설치기준**

1. 포헤드는 특정소방대상물의 천장 또는 반자에 설치하되, 바닥면적 9 [m²]마다 1개 이상으로 하여 해당 방호대상물의 화재를 유효하게 소화할 수 있도록 할 것

2. 포헤드는 특정소방대상물별로 그에 사용되는 포소화약제에 따라 1분당 방사량이 다음 표에 따른 양 이상이 되는 것으로 할 것(10분간 방사할 수 있는 양 이상)

$$Q = A \times Q_A \times T[10\text{min}] \times S$$

Q : 포소화약제의 양 [L]

A : 포헤드설비가 설치된 부분의 바닥면적 [m²](단, ① 특수가연물을 저장·취급하는 공장·창고, ② 차고·주차장 : 최대 바닥면적 200 [m²])

Q_A : 1분당 바닥면적 1 [m²]에 대한 방사량 [L/m²·min]

S : 포소화약제의 사용농도 [%]

소방대상물	포소화약제의 종류	바닥면적 1 [m²]당 방사량 (Q_A)
차고·주차장 및 항공기격납고	단백포소화약제	6.5 [L] 이상
	합성계면활성제포소화약제	8.0 [L] 이상
	수성막포소화약제	3.7 [L] 이상
특수가연물 저장 취급하는 소방대상물	단백포소화약제	6.5 [L] 이상
	합성계면활성제포소화약제	
	수성막포소화약제	

가. 포원액의 최소 소요량[L]

계산과정

$Q = A \times Q_A \times T[10\text{min}] \times S$

$= (10 \times 8)[m^2] \times 6.5[L/m^2 \cdot \text{min}] \times 10[\text{min}] \times 0.03 = 156[L]$　　**답 | 156 [L]**

나. 1) 최소양정

계산과정

$$H = h_1 + h_2 + h_3$$

여기에서 H : 펌프의 양정[m]

h_1 : 낙차

h_2 : 배관의 마찰손실수두

h_3 : 방출구의 설계압력 환산수두 또는 노즐 선단의 방사압력 환산수두

$$H = (0.8 + 1.7) + 14 + 25 = 41.5[m]$$

답 | 41.5 [m]

2) 최소토출량

계산과정 : $Q = A \times Q_A = (10 \times 8) \times 6.5 = 520[L/min]$

답 | 520 [L/min]

3) 최소소요동력

계산과정

$$P[kW] = \frac{\gamma[kN/m^3] \times Q[m^3/s] \times H[m]}{\eta} \times K$$

$$P = \frac{9.8 \times \frac{0.52}{60} \times 41.5}{0.6} \times 1.1 = 6.462 ≒ 6.46[kW]$$

답 | 6.46 [kW]

다. 공기고임이 생기는 것을 방지하고 마찰손실을 줄이기 위하여

📂 참고 원심레듀셔와 편심레듀셔

원심레듀셔(Concentric Reducer)	편심레듀셔(Eccentric Reducer)

07

각 층당 48 [m^2]의 주차면적을 가지고 있는 지상 4층 규모의 주차용 건축물에 물분무소화설비를 설치하려고 한다. 다음 물음에 답하시오. (2024년 1회(기사) 변형)

가. 물분무소화설비의 펌프 최소 토출량[L/min]을 계산하시오.

○ 계산과정 :

○ 답 :

나. 수원의 최소 저수량[m^3]을 계산하시오.

○ 계산과정 :

○ 답 :

정답

☑ 계산과정

가. $Q = A \, [m^2] \times 20 \, [L/min \cdot m^2]$

여기서 A : 바닥면적 (단, 최대 방수구역의 바닥면적을 기준으로 함. 50 [m^2] 이하인 경우에는 50 [m^2])

$Q = 50 \, [m^2] \times 20 \, [L/m^2 \cdot min] = 1000 \, [L/min]$

답 | 1000 [L/min]

나. 수원의 양$[m^3] = 1000 \, [L/min] \times 20 \, [min] = 20000 \, [L] = 20 \, [m^3]$

답 | 20 [m^3]

핵심이론 물분무소화설비 수원의 저수량

소방대상물	수원량 산정방법	비고
특수가연물을 저장·취급하는 특정소방대상물 또는 그 부분	A [m^2] × 10 [L/min·m^2] × 20 [min] 이상 (A : 바닥면적)	최대 방수구역의 바닥면적을 기준으로 함 50 [m^2] 이하인 경우에는 50 [m^2]
절연유 봉입 변압기	A [m^2] × 10 [L/min·m^2] × 20 [min] 이상 (A : 바닥부분을 제외한 표면적을 합한 면적)	–
컨베이어벨트 등	A [m^2] × 10 [L/min·m^2] × 20 [min] 이상 (A : 벨트 부분의 바닥면적)	–
케이블 트레이, 케이블 덕트 등	A [m^2] × 12 [L/min·m^2] × 20 [min] 이상 (A : 투영된 바닥면적)	–
차고·주차장	A [m^2] × 20 [L/min·m^2] × 20 [min] 이상 (A : 바닥면적)	최대 방수구역의 바닥면적을 기준으로 함 50 [m^2] 이하인 경우에는 50 [m^2]

08

폭 1 [m], 길이 285 [m]의 컨베이어벨트에 물분무소화설비를 설치하고자 할 때 다음 물음에 답하시오. 2020년 2회(산업기사)

가. 펌프의 최소 토출량[L/min]을 구하시오.

  ◯ 계산과정 :

  ◯ 답 :

나. 필요한 최소 수원의 양[L]을 구하시오.

  ◯ 계산과정 :

  ◯ 답 :

정답

☑ 계산과정

가. $Q = A\,[m^2] \times 10\,[L/min \cdot m^2]$

  여기서 A : 벨트 부분의 바닥면적

  $Q = (1[m] \times 285[m]) \times 10[L/m^2 \cdot min] = 2850[L/min]$

답 | 2850 [L/min]

나. 수원의 양$[m^3] = 2850[L/min] \times 20[min] = 57000[L]$

답 | 57000 [L]

📌 핵심이론   물분무소화설비 수원의 저수량

소방대상물	수원량 산정방법	비고
특수가연물을 저장·취급하는 특정소방대상물 또는 그 부분	A [m²] × 10 [L/min·m²] × 20 [min] 이상 (A : 바닥면적)	최대 방수구역의 바닥면적을 기준으로 함 50 [m²] 이하인 경우에는 50 [m²]
절연유 봉입 변압기	A [m²] × 10 [L/min·m²] × 20 [min] 이상 (A : 바닥부분을 제외한 표면적을 합한 면적)	-
컨베이어벨트 등	A [m²] × 10 [L/min·m²] × 20 [min] 이상 (A : 벨트 부분의 바닥면적)	-
케이블 트레이, 케이블 덕트 등	A [m²] × 12 [L/min·m²] × 20 [min] 이상 (A : 투영된 바닥면적)	-
차고·주차장	A [m²] × 20 [L/min·m²] × 20 [min] 이상 (A : 바닥면적)	최대 방수구역의 바닥면적을 기준으로 함 50 [m²] 이하인 경우에는 50 [m²]

CHAPTER 02 가스계소화설비

09

위험물 저장탱크에 국소방출방식의 고압식 이산화탄소소화설비를 설치하려고 한다. 다음 위험물 저장탱크의 평면도와 조건을 참조하여 각 물음에 답하시오.

〔기출 변형〕

조건

(1) 위험물 저장탱크의 크기는 가로 3 [m], 세로 2 [m], 높이 2 [m]이다.

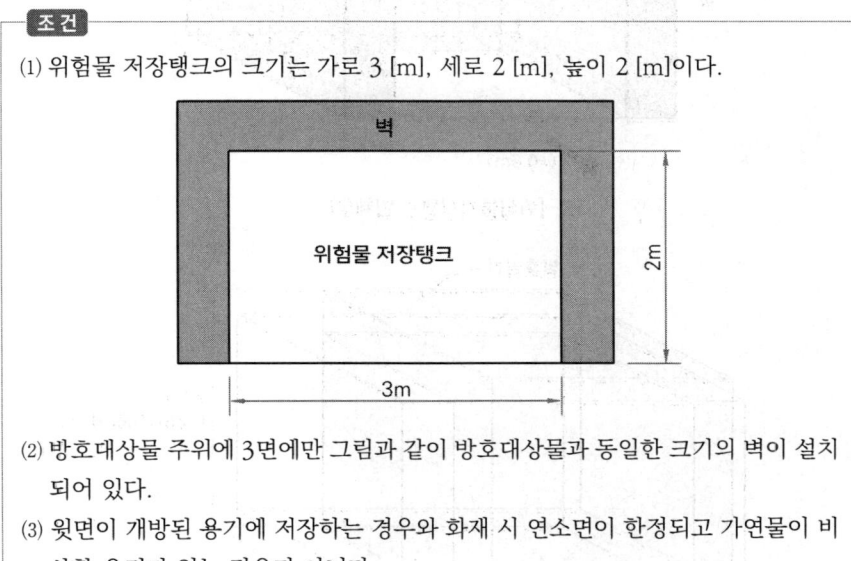

(2) 방호대상물 주위에 3면에만 그림과 같이 방호대상물과 동일한 크기의 벽이 설치되어 있다.

(3) 윗면이 개방된 용기에 저장하는 경우와 화재 시 연소면이 한정되고 가연물이 비산할 우려가 없는 경우가 아니다.

가. 방호공간의 체적[m³]을 구하시오.

 ○ 계산과정 :

 ○ 답 :

나. 필요한 소화약제량[kg]은 얼마인가?

 ○ 계산과정 :

 ○ 답 :

다. 필요한 소화약제량을 기준으로 이산화탄소를 모두 방출한다고 할 때 방출량[kg/min]은 얼마인가?

 ○ 계산과정 :

 ○ 답 :

정답

☑ **계산과정**

가. 방호공간의 체적[m³]

$$V = 3 \times (2 + 0.6) \times (2 + 0.6) = 20.28 \, [m^3]$$

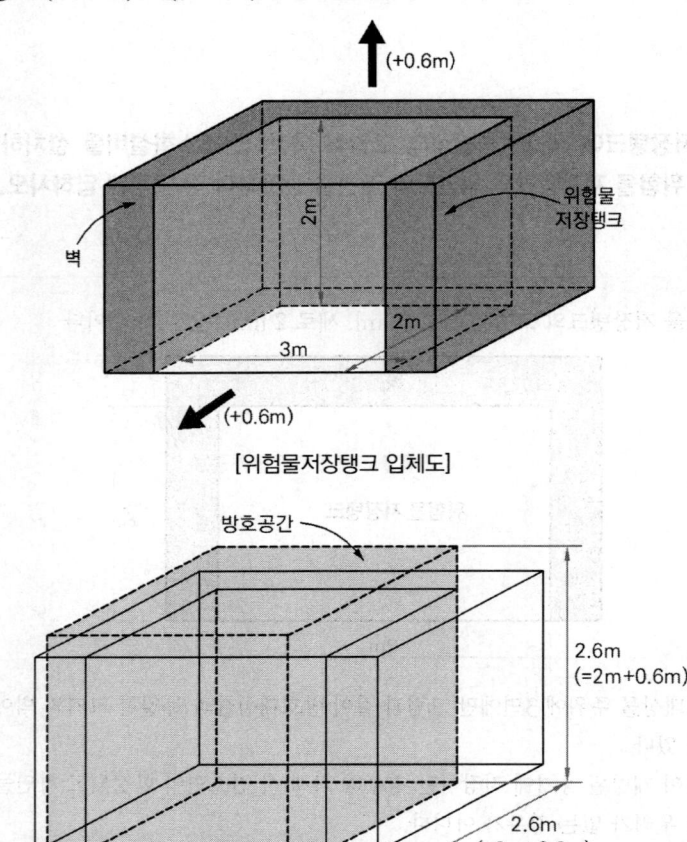

[위험물저장탱크 입체도]

[방호공간 입체도]

답 | 20.28[m³]

나. 이산화탄소소화설비 국소방출방식 약제량 산정

★· 핵심이론 이산화탄소소화설비 국소방출방식 약제량

1) 윗면이 개방된 용기에 저장하는 경우와 화재 시 연소면이 한정되고 가연물이 비산할 우려가 없는 경우에는 방호대상물의 표면적 1 [m²]에 대하여 13 [kg]을 저장한다.

$$W[kg] = A[m^2] \times 13[kg/m^2] \times h$$

W : 약제량 [kg]
A : 방호대상물의 표면적 [m²]
h : 할증계수(고압식 : 1.4,
저압식 : 1.1)

2) 그 외의 경우

$$W[kg] = V[m^3] \times \left(8 - 6\frac{a}{A}\right)[kg/m^3] \times h$$

W : 약제량 [kg]

V : 방호공간의 체적 [m³]
(방호대상물의 각 부분으로부터 0.6 [m]의 거리에 따라 둘러싸인 공간)

a : 방호대상물 주위에 설치된 벽면적의 합계 [m²]

A : 방호공간의 벽면적의 합계 [m²](벽이 없는 경우 : 벽이 있는 것으로 가정한 당해 부분의 면적)

h : 할증계수(고압식 : 1.4, 저압식 : 1.1)

$$W[kg] = V[m^3] \times \left(8 - 6\frac{a}{A}\right)[kg/m^3] \times h$$

① a : (3 × 2) + (2 × 2) × 2 = 14 [m²]

② A : (3 × 2.6 × 2) + (2.6 × 2.6 × 2) = 29.12 [m²]

$$\therefore W = 20.28[m^3] \times \left(8 - 6 \times \frac{14}{29.12}\right)[kg/m^3] \times 1.4 = 145.236 ≒ 145.24[kg]$$

답 | 145.24 [kg]

다. 방출량[kg/min]

$$\frac{145.24[kg]}{0.5[min]} = 290.48[kg/min]$$

답 | 290.48 [kg/min]

▶·참고 이산화탄소소화설비의 화재안전기술기준(NFTC 106)

2.5.2 배관의 구경은 이산화탄소소화약제의 소요량이 다음의 기준에 따른 시간 내에 방출될 수 있는 것으로 해야 한다.

2.5.2.1 전역방출방식에 있어서 가연성 액체 또는 가연성 가스 등 표면화재 방호대상물의 경우에는 1분

2.5.2.2 전역방출방식에 있어서 종이, 목재, 석탄, 섬유류, 합성수지류 등 심부화재 방호대상물의 경우에는 7분. 이 경우 설계농도가 2분 이내에 30 [%]에 도달하여야 한다.

2.5.2.3 <u>국소방출방식의 경우에는 30초</u>

10

컴퓨터실(바닥면적이 1000 [m²], 층고가 3 [m])에 할론 1301 소화설비를 전역방출방식으로 설치하려고 한다. 다음 물음에 답하시오. (다만 컴퓨터실은 내화구조이며, 3 [m] × 2 [m]의 자동폐쇄되지 않는 개구부 1개소가 있다) (심화)

가. 할론 1301의 최소 약제량[kg]을 계산하시오.

　○ 계산과정 :

　○ 답 :

나. 할론 1301 소화약제 저장용기 수를 계산하시오. (다만 저장용기는 50 [kg/1병] 약제를 저장한다)

　○ 계산과정 :

　○ 답 :

다. 약제 방출률이 2 [kg/sec·cm²]이고, 방사 헤드수가 25개, 노즐 1개의 방사압이 20 [kg/cm²]일 경우 노즐의 최소 오리피스 분구면적[mm²]을 계산하시오.

　○ 계산과정 :

　○ 답 :

정답

☑ 계산과정

가. 할론 1301의 최소 약제량[kg]

> **참고** 할론소화설비(할론 1301) 전역방출방식 약제량 산정

$$W = (V \times \alpha) + (A \times \beta)$$

W : 약제량 [kg], V : 방호구역체적 [m³]
α : 방호구역 1 [m³]에 대한 소화약제의 양 [kg/m³]
A : 개구부면적 [m²], β : 개구부 가산량 [kg/m²]
(개구부에 자동폐쇄장치 미설치 시 가산)

소방대상물 또는 그 부분	방호구역의 체적 1 [m³]당 소화약제의 양 [kg/m³] α	개구부 가산량 [kg/m²] β
• 차고, 주차장, **전기실, 전산실, 통신기기실 등 이와 유사한 전기설비** • 특수가연물(가연성 고체류, 가연성 액체류, 합성수지류)을 저장·취급하는 소방대상물 또는 그 부분	**0.32 이상** 0.64 이하	**2.4**
특수가연물(면화류, 나무껍질 및 대팻밥, 넝마 및 종이부스러기, 사류, 볏짚류, 목재가공품 및 나무부스러기)을 저장·취급하는 소방대상물 또는 그 부분	0.52 이상 0.64 이하	3.9

$$W = (V \times \alpha) + (A \times \beta)$$
$$= (1000 \times 3)[m^3] \times 0.32[kg/m^3] + (3 \times 2)[m^2] \times 2.4[kg/m^2] = 974.4[kg]$$

답 | 974.4 [kg]

나. 할론 1301 소화약제 저장용기 수

$$\frac{974.4[kg]}{50[kg/병]} = 19.49 \rightarrow 20병$$

답 | 20 [병]

다. 노즐의 최소 오리피스 분구면적[mm^2]

$$2[kg/sec \cdot cm^2 \cdot 개] = \frac{50[kg] \times 20[병]}{10[sec] \times x[cm^2] \times 25[개]}$$

$$x = 2[cm^2] = 2[cm^2] \times \frac{100[mm^2]}{1[cm^2]} = 200[mm^2]$$

답 | 200 [mm^2]

11

조건과 같이 제4류 위험물을 저장하는 위험물 저장탱크에 국소방출방식의 이산화탄소소화설비를 설치하고자 한다. 다음 물음에 답하시오. 기출 변형

조 건

(1) 위험물 저장탱크에 저압식 이산화탄소소화설비를 국소방출방식 설치한다.

(2) 직경이 5 [m]인 저장탱크는 윗면이 개방된 용기이며, 연소면이 한정되어 비산할 우려가 없다.

(3) 설치된 이산화탄소의 헤드 수량은 2개이며, 이산화탄소의 순도는 99 [%]이다.

가. 소화약제의 양[kg]을 계산하시오.

 ○ 계산과정 :

 ○ 답 :

나. 계산된 약제량에 따른 헤드의 방출량[kg/s]을 계산하시오.

 ○ 계산과정 :

 ○ 답 :

정답

☑ 계산과정

가. 소화약제의 양[kg]

📌·핵심이론 **이산화탄소소화설비 국소방출방식 약제량**

1) 윗면이 개방된 용기에 저장하는 경우와 화재 시 연소면이 한정되고 가연물이 비산할 우려가 없는 경우에는 방호대상물의 표면적 1 [m²]에 대하여 13 [kg]을 저장한다.

$$W[kg] = A[m^2] \times 13[kg/m^2] \times h$$

W : 약제량 [kg]
A : 방호대상물의 표면적 [m²]
h : 할증계수(고압식 : 1.4, 저압식 : 1.1)

2) 그 외의 경우

$$W[kg] = V[m^3] \times \left(8 - 6\frac{a}{A}\right)[kg/m^3] \times h$$

W : 약제량 [kg]
V : 방호공간의 체적 [m³]
a : 방호대상물 주위에 설치된 벽면적의 합계 [m²]
A : 방호공간의 벽면적의 합계 [m²](벽이 없는 경우 : 벽이 있는 것으로 가정한 당해 부분의 면적)
h : 할증계수(고압식 : 1.4, 저압식 : 1.1)

$$W[kg] = A[m^2] \times 13[kg/m^2] \times h\,(\text{할증계수})$$

$$= \frac{\pi \times 5^2}{4}[m^2] \times 13[kg/m^2] \times 1.1 = 280.78[kg]$$

순도를 고려한 약제량 $= \dfrac{280.78[kg]}{0.99} = 283.62[kg]$　　　　**답 | 283.62 [kg]**

나. 헤드의 방출량[kg/s]

헤드의 방출량 $= \dfrac{283.62[kg]}{30[s] \times 2[\text{개}]} = 4.727 ≒ 4.73[kg/s]$

📁·참고 **이산화탄소소화설비의 화재안전기술기준(NFTC 106)**

2.5.2 배관의 구경은 이산화탄소소화약제의 소요량이 다음의 기준에 따른 시간 내에 방출될 수 있는 것으로 해야 한다.
2.5.2.1 전역방출방식에 있어서 가연성 액체 또는 가연성 가스 등 표면화재 방호대상물의 경우에는 1분
2.5.2.2 전역방출방식에 있어서 종이, 목재, 석탄, 섬유류, 합성수지류 등 심부화재 방호대상물의 경우에는 7분. 이 경우 설계농도가 2분 이내에 30 [%]에 도달하여야 한다.
2.5.2.3 <u>국소방출방식의 경우에는 30초</u>

답 | 4.73 [kg/s]

CHAPTER
03 소화활동설비 및 기타설비

12

다음 그림과 같이 무도회장에 제연설비를 설치하려고 한다. 배출구 1개당 배출량 [m³/hr]를 구하시오. 심화

조건

(1) 무도회장의 제연구역 도면은 다음과 같다.

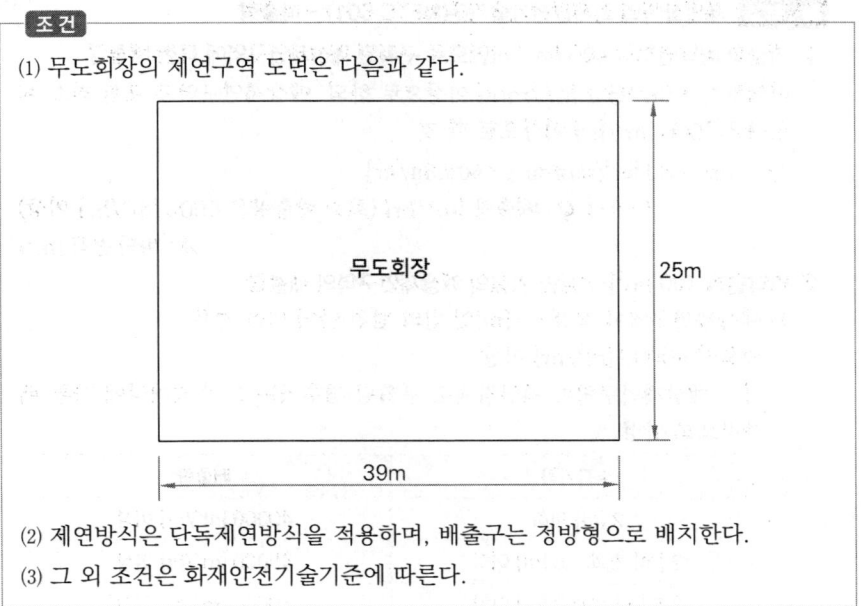

(2) 제연방식은 단독제연방식을 적용하며, 배출구는 정방형으로 배치한다.

(3) 그 외 조건은 화재안전기술기준에 따른다.

○ 계산과정 :   ○ 답 :

정답

☑ 계산과정

① 무도회장의 바닥면적 : 39 × 25 = 975 [m²] (바닥면적이 400 [m²] 이상)

② 실의 대각선 거리 : $\sqrt{39^2 + 25^2} = 46.32$[m]이므로 직경 40 [m] 원의 범위를 초과함

③ 무도회장의 최소 배출량은 45000 [m³/hr]

④ 배출구의 설치 수량

제연설비의 화재안전기술기준(NFTC 501)

2.4.2 예상제연구역의 각 부분으로부터 하나의 배출구까지의 수평거리는 <u>10 [m] 이내</u>가 되도록 해야 한다.

$$S = 2R\cos45°$$

㉠ 배출구 간의 거리 $S = 2R\cos45° = 2 \times 10[m] \times \cos45° = 14.142 ≒ 14.14[m]$

㉡ 가로 변에 설치할 배출구 수 : $\dfrac{39[m]}{14.14[m]} = 2.76 \Rightarrow 3$개

㉢ 세로 변에 설치할 배출구 수 : $\dfrac{25[m]}{14.14[m]} = 1.77 \Rightarrow 2$개

∴ 전체 배출구의 설치개수 $= 3 \times 2 = 6$[개]

⑤ 배출구의 1개당 배출량[m³/hr] : $\dfrac{45000[m^3/hr]}{6[개]} = 7500[m^3/hr]$

답 | 7500 [m³/hr]

▶참고 제연설비의 화재안전기술기준(NFTC 501) – 배출량

1. 거실의 바닥면적이 400 [m²] 미만으로 구획된 예상제연구역에 대한 배출량

   바닥면적 1 [m²]당 1 [m³/min] 이상으로 하되, 예상제연구역에 대한 최소 배출량은 5000 [m³/hr] 이상으로 할 것

   $$Q = A[m^2] \times 1[m^3/min·m^2] \times 60[min/hr]$$

   여기서 Q : 배출량 [m³/hr] (최소 배출량은 5000 [m³/hr] 이상)

   A : 바닥면적 [m²]

2. 바닥면적 400 [m²] 이상인 거실의 예상제연구역의 배출량

   1) 예상제연구역이 직경 40 [m]인 원의 범위 안에 있을 경우

      배출량 40000 [m³/hr] 이상

      다만 예상제연구역이 제연경계로 구획된 경우에는 그 수직거리에 따른 배출량으로 산정

수직거리	배출량
2 [m] 이하	40000 [m³/hr] 이상
2 [m] 초과 2.5 [m] 이하	45000 [m³/hr] 이상
2.5 [m] 초과 3 [m] 이하	50000 [m³/hr] 이상
3 [m] 초과	60000 [m³/hr] 이상

   2) 예상제연구역이 직경 40 [m]인 원의 범위를 초과할 경우

      배출량 45000 [m³/hr] 이상

      다만 예상제연구역이 제연경계로 구획된 경우에는 그 수직거리에 따른 배출량으로 산정

수직거리	배출량
2 [m] 이하	45000 [m³/hr] 이상
2 [m] 초과 2.5 [m] 이하	50000 [m³/hr] 이상
2.5 [m] 초과 3 [m] 이하	55000 [m³/hr] 이상
3 [m] 초과	65000 [m³/hr] 이상

13

옥내와의 차압이 60 [Pa]로 급기되고 있는 특별피난계단 부속실의 출입문을 모두
닫은 상태에서 크기가 1.2 [m] × 2.1 [m]인 출입문을 부속실 쪽으로 열 때, 필요한
힘[N]을 계산하시오. (다만 이 출입문의 자동폐쇄장치의 폐쇄력과 출입문 경첩의
마찰력은 각각 13 [N], 2 [N]이며 손잡이는 출입문 끝으로부터 10 [cm] 떨어져 있
다) (기출 변형 | 심화)

○ 계산과정 :

○ 답 :

정답

☑ 계산과정

문을 개방하는 데 필요한 힘

$F = F_{dc} + F_P$

$= F_{dc} + K_d \cdot \Delta P \cdot A \cdot \dfrac{W}{2(W-d)}$

여기서 F_{dc} : 도어체크의 저항력 [N]

F_P : 차압이 작용할 때 방화문을 개방하기
위한 힘 [N]

$(F_P = K_d \cdot \Delta P \cdot A \cdot \dfrac{W}{2(W-d)})$

K_d : 출입문의 마찰계수

ΔP : 제연구역과 비제연구역의 차압 [Pa]

A : 방화문 면적 [m²], W : 문의 폭 [m]

d : 손잡이에서 문의 끝까지의 거리[m]

① 도어체크의 저항력 F_{dc}[N]

도어체크의 저항력 F_{dc} = 자동폐쇄장치의 폐쇄력 + 경첩의 마찰력

$= 13[N] + 2[N] = 15[N]$

② 출입문을 개방하는 데 필요한 힘[N]

$F = F_{dc} + \Delta P \cdot A \cdot \dfrac{W}{2(W-d)}$

$F[N] = 15[N] + 1 \times 60[Pa] \cdot (1.2[m] \times 2.1[m]) \cdot \dfrac{1.2[m]}{2(1.2[m]-0.1[m])}$

$\therefore F = 97.472 ≒ 97.47[N]$

답 | 97.47 [N]

14

특별피난계단의 계단실 및 부속실 제연설비의 화재안전기술기준에 따라 부속실에 제연설비를 설치하고자 한다. 아래 조건에 따라 다음에 대하여 답하시오. (심화)

> **조건**
>
> (1) 제연구역에 설치된 출입문의 크기는 폭 1.6 [m], 높이 2.0 [m]이다.
> (2) 외여닫이문으로 제연구역의 실내 쪽으로 열린다.
> (3) 출입문의 틈새면적은 다음의 식에 따라 산출하는 수치를 기준으로 한다.
>
> $$A = (L / \ell) \times Ad$$
>
> 여기에서,
> A : 출입문의 틈새 [m²]
> L : 출입문 틈새의 길이 [m]
> 　다만 L의 수치가 ℓ의 수치 이하인 경우에는 ℓ의 수치로 할 것
> ℓ : 외여닫이문이 설치되어 있는 경우에는 5.6, 쌍여닫이문이 설치되어 있는 경우에는 9.2, 승강기의 출입문이 설치되어 있는 경우에는 8.0으로 할 것
> Ad : 외여닫이문으로 제연구역의 실내 쪽으로 열리도록 설치하는 경우에는 0.01, 제연구역의 실외 쪽으로 열리도록 설치하는 경우에는 0.02, 쌍여닫이문의 경우에는 0.03, 승강기의 출입문에 대하여는 0.06으로 할 것
> (4) 주어진 조건 외에는 고려하지 않으며 계산값은 소수점 넷째자리에서 반올림하여 소수점 셋째자리까지 구한다.

가. 출입문의 누설틈새 면적[m²]을 산출하시오.

　○ 계산과정 :

　○ 답 :

나. 위 '가'의 누설틈새를 통한 최소 누설량[m³/s]을 아래의 식을 이용하여 산출하시오.

> ——— **[보기]** ———
>
> $$Q = 0.827 \times A \times \sqrt{P}$$
>
> 여기서 Q : 누출되는 공기의 양 [m³/s]
> A : 문의 전체 누설틈새면적 [m²]
> P : 문을 경계로 한 기압차 [Pa]

　○ 계산과정 :

　○ 답 :

정답

✓ 계산과정

가. 출입문의 누설틈새 면적[m²]

A = (L/ℓ) × Ad

여기서 출입문 틈새의 길이 ($L = 2 \times (1.6 + 2) = 7.2\,[m]$)를 적용하고, 외여닫이 문 기준 틈새길이($ℓ$ = 5.6 [m])에 따른 틈새면적 (Ad = 0.01 [m²])을 대입하면,

$$A = \frac{7.2\,[m]}{5.6\,[m]} \times 0.01\,[m^2] = 0.0128 ≒ 0.013\,[m^2]$$

답 | 0.013 [m²]

나. 누설량

$$Q = 0.827 \times A \times \sqrt{P}$$
$$= 0.827 \times 0.013 \times \sqrt{40} = 0.0679 ≒ 0.068\,[m^3/s]$$

답 | 0.068 [m³/s]

특별피난계단의 계단실 및 부속실 제연설비의 화재안전기술기준(NFTC 501A)

2.9.1 제연구역으로부터 공기가 누설하는 틈새면적은 다음의 기준에 따라야 한다.

2.9.1.1 출입문의 틈새면적은 다음의 식 (2.9.1.1)에 따라 산출하는 수치를 기준으로 할 것. 다만 방화문의 경우에는 「한국산업표준」에서 정하는 「문세트(KS F 3109)」에 따른 기준을 고려하여 산출할 수 있다.

$$A = (L/ℓ) \times Ad \cdots (2.9.1.1)$$

여기에서

A : 출입문의 틈새[m²]

L : 출입문 틈새의 길이[m]

　　다만 [L]의 수치가 [ℓ]의 수치 이하인 경우에는 [ℓ]의 수치로 할 것

ℓ : <u>외여닫이문이 설치되어 있는 경우에는 5.6</u>, 쌍여닫이문이 설치되어 있는 경우에는 9.2, 승강기의 출입문이 설치되어 있는 경우에는 8.0으로 할 것

Ad : <u>외여닫이문으로 제연구역의 실내 쪽으로 열리도록 설치하는 경우에는 0.01</u>, 제연구역의 실외 쪽으로 열리도록 설치하는 경우에는 0.02, 쌍여닫이문의 경우에는 0.03, 승강기의 출입문에 대하여는 0.06으로 할 것

15

각 제연구역의 소요 배출량을 산출하였다. 그 결과 A실은 6000 [CMH], B실은 7000 [CMH], C실은 5000 [CMH], D실은 13000 [CMH], E실은 15000 [CMH] 로 산정되었다. 제연방식으로 A, B, C실은 공동제연방식으로, D, E실은 단독제연 방식으로 설치할 경우 배출 FAN의 소요풍량[CMH]을 계산하시오. (기출 변형)

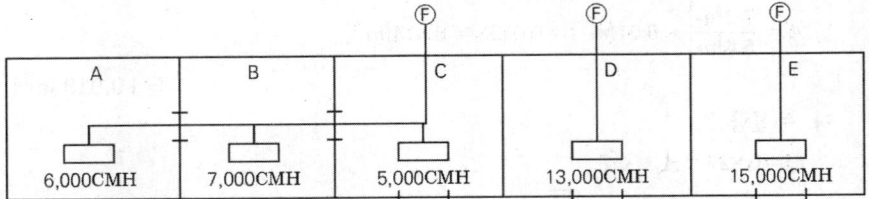

○ 계산과정 :

○ 답

① A, B, C실 :

② D실 :

③ E실 :

정답

☑ 계산과정
① A, B, C실 공동제연 : 6000 + 7000 + 5000 = 18000 [CMH]
② D실 단독제연 : 13000 [CMH]
③ E실 단독제연 : 15000 [CMH]

답 | ① A, B, C실 : 18000 [CMH]
② D실 : 13000 [CMH]
③ E실 : 15000 [CMH]

2026 초격차 소방설비산업기사 과년도 7개년 실기 기계

발행일	2026년 1월 1일 개정판 1쇄
지은이	황모아, 이지원
발행인	황모아
발행처	(주)모아교육그룹
주 소	서울특별시 영등포구 영신로 32길 29 세화빌딩 2층
전 화	02-2068-2393(출판, 주문)
등 록	제2015-000006호 (2015.1.16.)
이메일	moagbooks@naver.com
ISBN	979-11-6804-519-4 (13500)

이 책의 가격은 뒤표지에 있습니다.

MOAG